Raketentechnik in Deutschland

Studien zur Technik-, Wirtschafts- und Sozialgeschichte

Herausgegeben von Hans-Joachim Braun

Band 14

PETER LANG

Frankfurt am Main · Berlin · Bern · Bruxelles · New York · Oxford · Wien

Ralf Pulla

Raketentechnik in Deutschland

Ein Netzwerk aus Militär, Industrie und Hochschulen 1930 bis 1945

PETER LANG

Europäischer Verlag der Wissenschaften

Bibliografische Information Der Deutschen Bibliothek
Die Deutsche Bibliothek verzeichnet diese Publikation in der
Deutschen Nationalbibliografie; detaillierte bibliografische
Daten sind im Internet über <http://dnb.ddb.de> abrufbar.

Zugl.: Dresden, Techn. Univ., Diss., 2004

88
ISSN 0175-9868
ISBN 3-631-54172-4

© Peter Lang GmbH
Europäischer Verlag der Wissenschaften
Frankfurt am Main 2006
Alle Rechte vorbehalten.

www.peterlang.de

Vorbemerkung des Herausgebers

Das Thema Raketentechnik im Zweiten Weltkrieg, verbunden mit Namen wie V2, Peenemünde oder Wernher v. Braun, stößt auch heute noch auf erhebliches öffentliches Interesse. Die Medien sind immer noch voll von Berichten über die „Wunderwaffen" des Zweiten Weltkriegs, deren Konstrukteure später in den USA und in der Sowjetunion die dortige Raketenentwicklung maßgeblich vorangebracht haben. Eine Faszination über solche „technischen Höchstleistungen" im „Dritten Reich" weicht dabei rasch der Betroffenheit darüber, dass die Waffen natürlich für ein verbrecherisches Regime konstruiert und weitgehend von Kriegsgefangenen und KZ-Häftlingen unter Bedingungen produziert wurden, die mit dem Begriff „Vernichtung durch Arbeit" angemessen zu beschreiben sind.

Ist zum Thema „Raketen im ‚Dritten Reich'" nicht bereits alles gesagt? „Nein", lautet die Antwort des Verfassers der vorliegenden Studie. In seiner Untersuchung stellt Ralf Pulla die Entwicklung des Netzwerkes aus Militär, Industrie und Technischen Hochschulen – hier exemplarisch der TH Dresden und der TH Darmstadt – in den Vordergrund, das bisher wenig Aufmerksamkeit gefunden hat. Auch beschäftigt er sich, anders als Untersuchungen, die sich mit der Entwicklung der Raketentechnik in den USA und der Sowjetunion nach dem Zweiten Weltkrieg und dem deutschen Beitrag dazu befassen, vergleichend mit der Entwicklung der Raketenforschung in beiden Ländern während des Zweiten Weltkriegs. Er stellt heraus, dass die Vereinigten Staaten bei Starthilferaketen für Flugzeuge durchaus erfolgreich waren, während man in der Sowjetunion bei der Entwicklung von Raketenwerfern Erfolge erzielte. Bei seinen Untersuchungen leistet dem Verfasser das Modell des Netzwerks gute Dienste, ein Phasenmodell technischer Entwicklung, mit dessen Hilfe es ihm gelingt, die wechselnden Akteursgruppen und -konstellationen bei der Entwicklung der V2 zu analysieren. Über die Präsentation neuer Forschungsergebnisse hinaus wirft Pulla Fragen etwa zu Aspekten der Hochschulforschung im „Dritten Reich" auf, denen weiter nachgegangen werden sollte.

Hans-Joachim Braun

Vorwort

Die vorliegende Untersuchung wurde im Sommersemester 2004 von der Philosophischen Fakultät der Technischen Universität Dresden als Dissertation im Fach Technikgeschichte angenommen. Die Arbeit ist von Herrn Professor Dr. Thomas Hänseroth wissenschaftlich betreut und in ihrem Fortgang mit Verständnis und großem Interesse befördert worden. Dafür gebührt ihm an erster Stelle Dank.

Mein besonderer Dank gilt dem Deutschen Museum für die Finanzierung eines dreimonatigen Forschungsaufenthalts in München, dessen Resultate die Arbeit nachhaltig beeinflusst haben. Dank schulde ich zudem Herrn Professor Dr. Hans-Joachim Braun für die Aufnahme der Schrift in die von ihm herausgegebene Reihe „*Studien zur Technik-, Wirtschafts- und Sozialgeschichte*".

Darüber hinaus danke ich den Mitarbeitern des Dresdner Instituts für Geschichte der Technik und der Technikwissenschaften sowie des Münchner Zentrums für Wissenschafts- und Technikgeschichte, die mir mit konstruktiver Kritik den Weg gewiesen haben. Besonders Frau Dr. Karin Fischer hat mit der akribischen Durchsicht des Manuskripts wesentlichen Anteil an der Drucklegung der Dissertation.

Nicht zuletzt gebührt all jenen Dank, die mir bei den zahlreichen Recherchen in Archiven, Bibliotheken und Museen sachkundig geholfen haben. Herzlich bedanken möchte ich mich schließlich bei meinen Eltern für ihre Unterstützung über lange Jahre.

Dresden, im April 2005   Ralf Pulla

Inhalt

10

Einleitung

Die Raketentechnik gehört zu den aufsehenerregenden technischen Entwicklungen des Zweiten Weltkrieges. Zusammen mit der Atombombentechnologie entstanden mit der Fernraketentechnik die Grundlagen für einen interkontinentalen Atomkrieg. Interkontinentalraketen wurden im Kalten Krieg zum Abschreckungsmittel der Supermächte schlechthin. Von daher rührt auch das Interesse der historischen Forschung an der Raketentechnologie. In der vorliegenden Arbeit geht es um die neuen Formen der Forschungsorganisation, die im Zuge der Raketenentwicklung in den Jahren 1930 bis 1945 in Deutschland entstanden.

Am Ende des Zweiten Weltkrieges finden wir in Deutschland eine beachtliche Vielfalt von Institutionen vor, die sich mit Erforschung und Entwicklung reaktiv getriebener Flugkörper bzw. Raketen befassten. Sowohl Industrieunternehmen wie Rheinmetall und Borsig, Henschel, Ruhrstahl oder BMW als auch militärische Institutionen wie das Heereswaffenamt, das Waffenamt der Waffen-SS und die Luftfahrtforschungsanstalt des Reichsluftfahrtministeriums beschäftigten sich unter dem Kommando des Heeres bzw. der Luftwaffe mit der Entwicklung von Raketen und Raketentriebwerken für den ausschließlich militärischen Einsatz. Zur Seite standen ihnen dabei Hochschul- und eigenständige Forschungsinstitute, die von den federführenden Stellen der Raketenentwicklung angeleitet wurden. Waren diese Ergebnisse aber nicht eher Zufallsprodukte des polykratischen Machtgefüges des Nationalsozialismus denn Folgen gezielter Steuerungsprozesse?

Die Befunde ermutigen dazu, neue „kooperative Forschungsweisen"[1] und Formen „institutionalisierter Wissensproduktion" näher zu beleuchten, deren Entstehung zu beobachten und Transformationen zu betrachten. Der integrative und interdisziplinäre Charakter der Raketentechnologie bietet zudem die Möglichkeit, nach der Organisation der Raketentechnik und der institutionellen Vernetzung der Forschungseinrichtungen und Wirtschaftsunternehmen zu fragen. Schließlich bleibt zu untersuchen, ob sich ähnliche Organisationsformen auch in

---

1   „Dem technischen Niveau in einem Produktionsprozeß, der Formen angewandter Forschung annahm, wären längst kooperative Forschungsweisen adäquat gewesen. Außerhalb der Chemie und im größeren Stil setzten sich diese aber nur im Raketenbau durch, und zwar als leidenschaftliche Tätigkeit enthusiastischer Natur- und Ingenieurwissenschaftler, die sich um den destruktiven Endzweck ihrer Aufgabe freilich wenig bekümmerten." Zitiert nach Ludwig, K.-H.: Technik und Ingenieure im Dritten Reich, Königstein/ Ts. 1979, S. 228f.

der Sowjetunion oder den USA, den Ländern also, die nach Ende des Zweiten Weltkrieges den intensivsten Transfer von deutscher Raketentechnologie betrieben, abzeichneten.

Welchen Einfluss übten schließlich militärische Interessen auf die Forschungsorganisation der Raketentechnik in Deutschland aus? Neufelds These, die deutsche Fernrakete *„Aggregat 4"* sei in Bezug auf ihre strategische Konzeption *„im Grunde nichts anderes als eine weitere 'Paris-Kanone'"* sowie *„das Produkt eines beschränkten technologischen Denkens, das den strategischen Bankrott des Konzepts nicht erkannte"*[2] sollte den Blick von vornherein schärfen. Neufelds Verdikt von *„soldatischer Brillanz und strategischem Dilettantismus"*[3] der deutschen Raketenentwickler lässt jede Suche nach dem *„Erfolg"* bestimmter Entwicklungen von vornherein als kontraproduktiv und sinnlos erscheinen. Auch wenn es dem Heereswaffenamt Ende der 1930er Jahre gelungen ist, Militär, Hochschulen und Industrie in einem Entwicklungsnetzwerk für Fernraketen zusammenzuführen und 1941 der Funktionsnachweis dieser Technologie erbracht wurde, kann sich das Projekt nicht von dem Vorwurf lösen, man habe angesichts der seit 1939 bestehenden Kriegslage Ressourcen falsch gebunden und somit trotz *„technischer Brillanz"* den eigenen Untergang eher beschleunigt als hinausgezögert. Reine Technikbegeisterung machte die Fernrakete eher zu einem eifersüchtig verteidigten *„Spielzeug"* der Artilleristen des Heereswaffenamtes und der zur Realisierung angeheuerten Chefingenieure. Auch Hans Mommsen entzaubert den *„Mythos der Modernität"* des Nationalsozialismus, indem er das Raketenprogramm zu den *„chronischen Fehldispositionen der militärischen Führung"* zählt.[4] Die nicht zu leugnende Raumfahrtbegeisterung vieler Akteure auf deutscher Seite – stellvertretend sei hier Wernher v. Braun genannt – tat dazu ihr Übriges.

Militärische Planungen – zumal in Kriegszeiten – erfolgen in der Regel so rigoros, dass sie auf Verluste an Menschenleben keine Rücksicht nehmen. Die Forschung hat bereits die menschenverachtenden und verbrecherischen Praktiken des Nationalsozialismus, z. B. beim Einsatz von Zwangsarbeitern, Kriegsgefangenen und KZ-Häftlingen zur Fertigung der ballistischen Fernrakete A4/V2 im Mittelwerk Nordhausen und beim Aufbau dieser Fertigungsstätten selbst,

---

2   Neufeld, M. J.: Die Rakete und das Reich. Wernher von Braun, Peenemünde und der Beginn des Raketenzeitalters, Berlin 1997, S. 70.

3   Ebd., S. 71.

4   *„Nur wenige Industrielle, Manager und leitende Ingenieure fanden den Mut, den Widersinn der 'Vergeltungswaffen' aufzudecken oder sich den völlig fehlgeleiteten Rüstungsanstrengungen in der Spätphase zu entziehen, die bestenfalls einen offensichtlich verlorenen Krieg nur noch verlängern halfen."* Zitiert nach Mommsen, H.: Der Mythos der Modernität. Zur Entwicklung der Rüstungsindustrie im Dritten Reich, Essen 1999, S. 16 und 32.

umfassend herausgearbeitet.[5] Die vorliegende Arbeit kann daher die Kehrseite dieser Praktiken untersuchen und die Strukturen von Forschung und Entwicklung auf dem Gebiet der Raketentechnik in den Mittelpunkt stellen. Letztendlich fanden – soweit man diese Bilanz überhaupt aufstellen kann – beim Bau der Produktions- und Versuchsanlagen sowie bei der Herstellung des Waffensystems der ballistischen Fernrakete mehr Menschen den Tod als bei deren Kriegseinsatz. Jegliche Raumfahrtambitionen können den damals beteiligten Akteuren des Heereswaffenamtes bestenfalls als technisches Feigenblatt dienen. Vom Verdikt der Kollaboration und einer fehlenden Reflexion ihrer Verantwortung spricht sie das nicht frei.

Unterlagen die technologisch neuen Konzeptionen der Raketentechnik, wie die Überschallaerodynamik, die Theorie und Konstruktion flüssigkeitsgetriebener Reaktionsantriebe sowie der Entwurf und die apparatetechnische Umsetzung von Kurs- und Lageregelungen vorrangig den Entwicklungszwängen der militärischen Aufgabenstellung oder diktierten die Entwickler die Lastenhefte des Militärs? Hat es sich darüber hinaus bei der Raketentechnik um das Zusammenführen mehrerer in anderen Zusammenhängen entwickelter Technologien unter einem bestimmten Anwendungsaspekt gehandelt?[6] Um diese Fragen zu beantworten, konzentriert sich die vorliegende Arbeit auf das Fernraketenprojekt des Heereswaffenamtes. Das Arsenal der deutschen Wehrmacht füllte sich im Verlauf des Zweiten Weltkrieges mit ballistischen Fernraketen, Fliegerabwehrraketen, Raketenwerfern, Bord- und Starthilfsraketen sowie Raketenantrieben für Flugzeuge. 1945 befanden sich einige dieser Waffen im militärischen Einsatz, andere harrten noch in einem Projektstadium der Entwicklung.[7] Das für die Nutzung im

---

5   Garlinski, J.: Hitler's Last Weapons, The Underground War against the V1 and V2, New York 1978; Michel, J.: Dora, London 1979; Fröbe, R.: Der Arbeitseinsatz von KZ-Häftlingen und die Perspektive der Industrie 1943–1945. In: Hamburger Stiftung zur Förderung von Wissenschaft und Kultur (Hrsg.): „Deutsche Wirtschaft" – Zwangsarbeit von KZ-Häftlingen für Industrie und Behörden, Hamburg 1991, S. 33–65, Eisfeld, R.: Mondsüchtig. Wernher v. Braun und die Geburt der Raumfahrt aus dem Geist der Barbarei, Reinbek bei Hamburg 1996, Sellier, A.: Zwangsarbeit im Raketentunnel. Geschichte des Lagers Dora, Lüneburg 2000; Wagner, J.-Chr.: Produktion des Todes. Das KZ Mittelbau-Dora, Göttingen 2001, Ders.: Noch einmal: Arbeit und Vernichtung im KZ Mittelbau-Dora 1943–1945. In: Frei, N.; Steinbacher, S., Wagner, B. C. (Hrsg.): Ausbeutung, Vernichtung, Öffentlichkeit. Neue Studien zur nationalsozialistischen Lagerpolitik (Darstellungen und Quellen zur Geschichte von Auschwitz, Bd. 4), München 2000, S. 11–41.

6   Vgl. Becklake, J.: The V2-Rocket – A Convergence of Technologies? In: Transactions of the Newcomen-Society 67 (1995/96), S. 109–123.

7   Zur Typenvielfalt siehe Anlage: German Guided Missile Research. Die Auflistung und Kurzbeschreibung aller wichtigen, bis Kriegsende durchgeführten deutschen Entwicklungen gelenkter Flugkörper wurde vom Combined Intelligence Objectives Subcommit-

Heer realisierte Projekt der ballistischen Fernrakete „*Aggregat 4*" (A4) bzw. „*Vergeltungswaffe 2*" (V2) eignet sich dabei bevorzugt als Untersuchungsobjekt, weil sich auf einem Niveau unterhalb der offiziellen Forschungsförderung im Dritten Reich, unabhängig also von Reichsforschungsrat oder später Wehrforschungsgemeinschaft, ein Forschungsnetzwerk herausgebildet hat. Dieses wäre ohne die Protektion durch die führenden Stellen von Staat und Militär nicht existenzfähig gewesen. Die federführende Rolle des Militärs wird in diesem Rahmen sofort so offensichtlich, dass man beim Verhältnis zwischen Hochschulen, Militär und Industrie nicht von Gleichberechtigung sprechen kann. Damit ist die Vergleichbarkeit dieser Prozesse mit Verläufen in den USA und der UdSSR nur bedingt gegeben. Im Zuge der Untersuchung wird aber auch sichtbar werden, dass sich vor allem bei der Institutionalisierung der Raketentechnik in Deutschland und der Sowjetunion sehr auffällige Parallelen nachzeichnen lassen. Die Großraketenforschung in Deutschland von 1930 bis 1945 soll keineswegs ein beliebiges, austauschbares Vehikel sein.

Es ist darüber hinaus von Interesse, wie die Themenkreise Raketentechnik und Weltraumfahrt jenseits aller nationalen Grenzen seit den 1920er Jahren als Gemeinplätze des Fortschrittsdenkens gehandelt wurden. Unabhängig davon, ob wir nach Europa oder Nordamerika schauen, eine privat organisierte Bastler- und Amateurszene greift zu diesem Zeitpunkt das Phänomen Raketenantrieb begeistert auf. Man schwelgt in den Gedanken, die Menschheit könne mittels Raketen auf der Erde näher zusammenrücken oder sogar den Planeten dank raketengetriebener Raumschiffe ganz verlassen. Inwiefern diese Visionen nicht nur technisch umgesetzt, sondern auch „*militarisiert*" wurden, bleibt einem eigenen Kapitel vorbehalten.

1. Forschungsdiskussion

Trotz der teilweise leidenschaftlich und kontrovers geführten gesellschaftlichen Debatten um die Wertung technischen Schaffens im Nationalsozialismus und trotz des Anspruchs der modernen Technikgeschichte, tradierte Mythen zu entzaubern, ist die Menge der Forschungsliteratur zum Themenkreis Raketenentwicklung im Dritten Reich überschaubar geblieben.

---

tee (CIOS) vorgenommen und unter dem Aktenzeichen E/CIOS-XXXII-125 abgelegt. Deutsches Museum München, Archiv, Persönlichkeiten: Walter Dornberger. Die Anlage liefert eine unkommentierte Abschrift der englischsprachigen Quelle.

In der seit den 1960er Jahren international publizierten Literatur findet sich zwar ein relativ breites Spektrum an Darstellungen, eine kontextualisierte Geschichte, die vor allem die Zusammenarbeit zwischen Militär, Hochschule und Industrie in den Mittelpunkt stellt, fehlt aber – bis auf die Arbeiten von Freeman und Neufeld – noch immer.[8]

In den seit 1945 veröffentlichten Biographien und Memoiren von Peenemünder Akteuren überwiegen weitgehend apologetisch gefärbte Akzente.[9] Demgegenüber gibt es nur eine einzige Biographie, in der die Figur Wernher v. Brauns umfassend in ihrem historischen Kontext betrachtet wird.[10] In der Tradition der Artefaktgeschichte entstanden darüber hinaus technozentrische Darstellungen, die allein das Sachsystem der Raketentechnik in den Mittelpunkt rücken.[11] Dieses Manko wurde auch von institutionengeschichtlich orientierten Arbeiten nicht wettgemacht.[12] Erste Ansätze einer neuen Sichtweise brachten Darstellungen, die sich zwar an speziellen technischen Teilproblemen der Raketentechnik orientierten, aber darüber hinaus auch einen Seitenblick auf den forschungspolitischen Rahmen dieser Arbeiten geworfen haben.[13] Ingenieure waren ein wesent-

---

8 Neufeld, M. J.: The guided missile and the Third Reich: Peenemünde and the forging of a technological revolution. In: Renneberg, M.; Walker, M. (Hrsg.): Science, Technology and National Socialism, Cambridge 1994, S. 51–71; Ders.: The Rocket and the Reich. Peenemünde and the coming of the ballistic missile era, Cambridge (Mass.) 1996; Freeman, M.: Hin zu neuen Welten. Die Geschichte der deutschen Raumfahrt, Wiesbaden 1995.

9 Braun, W. v.: Reminiscences of German Rocketry. In: Journal of the British Interplanetary Society 15 (1956), S. 125–145; Ders.: „German Rocketry", The Coming of the Space Age, New York 1967; Dornberger, W.: Peenemünde. Die Geschichte der V-Waffen, 3. Aufl., Frankfurt a. M./ München 1992; Huzel, D.: Von Peenemünde nach Canaveral, Berlin 1994; Klee, E.; Merk, O.: Damals in Peenemünde. An der Geburtsstätte der Weltraumfahrt. Ein Dokumentarbericht, Oldenburg/Hamburg 1963; Ruland, B.: Wernher von Braun. Mein Leben für die Raumfahrt, Offenburg 1969; Stuhlinger, E.; Ordway, F. I.: Wernher von Braun. Aufbruch in den Weltraum, Esslingen/ München 1992.

10 Weyer, J.: Wernher v. Braun, Reinbek bei Hamburg 1999.

11 Benecke, T.; Hedwig, K.-H., Hermann, J. (Hrsg.): Flugkörper und Lenkraketen. Die Entwicklungsgeschichte der deutschen gelenkten Flugkörper vom Beginn dieses Jahrhunderts bis heute, Koblenz 1987; Hahn, F.: Waffen und Geheimwaffen des deutschen Heeres 1933–1945, 2. Aufl., Bonn 1992, Kens, K.; Nowarra, H. J.: Die deutschen Flugzeuge 1933–1945, München 1961; Reisig, Gerhard H. R.: Raketenforschung in Deutschland. Wie Menschen das All eroberten, Münster 1997.

12 Siehe z. B. Ehricke, K. A.: The Peenemuende Rocket Center. In: Rocketscience 4 (1950), Nr. 1, S. 17–22; Nr. 2, S. 31–36; Nr. 3, S. 57–63; Nr. 4, S. 81–88.

13 Ludwig, K.-H.: Raketentreibstoffe im Zweiten Weltkrieg. In: Technikgeschichte 42 (1975), S. 44–71; Wegener, P. P.: The Peenemünde Wind Tunnels, New Haven/ London 1996.

licher Faktor im Herrschaftssystem des Nationalsozialismus, ihr technisches Schaffen muss demnach auch hinterfragt werden. Beiträge, die sich dieses Problems annehmen und sich primär am politischen Kontext der Raketenentwicklung orientieren, liegen bereits vor.[14] Auch Arbeiten, die sich mit den Verbrechen gegen die Menschlichkeit bei Produktion und Kriegseinsatz der Raketen beschäftigen, haben eine neue Sichtweise auf die Raketenentwicklung im Dritten Reich erschlossen.[15]

Die Thematik Raketentechnik gewinnt neuerdings für Fragen der historischen Forschung an Bedeutung, die über den Zeitraum des Nationalsozialismus hinausgehen. So stehen Fragen des Technologietransfers – insbesondere dem von Raketentechnik – aus Deutschland in die USA und UdSSR im Blickfeld zahlreicher neuerer Arbeiten.[16] Nicht das Problemfeld Peenemünde an sich, sondern die Bedeutung der Raketentechnik für die Schaffung des nuklearen Bedrohungspotentials der Supermächte USA und UdSSR in der Zeit des Kalten Krieges bzw. die Bedeutung militärischer Großforschungsprogramme für die technologische Entwicklung der USA bilden so den Untersuchungsgegenstand neuerer Werke amerikanischer Technikhistoriker.[17] Darüber hinaus erlebt auch die Frage nach

---

14　Hölsken, D.: Die V-Waffen. Entstehung, Propaganda, Kriegseinsatz, Stuttgart 1984; Trischler, H.: Luft- und Raumfahrtforschung in Deutschland 1900–1970. Politische Geschichte einer Wissenschaft, Frankfurt a. M./ New York 1992; Schabel, R.: Die Illusion der Wunderwaffen: Die Rolle der Düsenflugzeuge und Flugabwehrraketen in der Rüstungspolitik des Dritten Reiches, München 1994.

15　Bornemann, M.: Geheimprojekt Mittelbau. Vom Öllager des Deutschen Reiches zur größten Raketenfabrik im Zweiten Weltkrieg, 2. Aufl., Bonn 1994; Fröbe, R.: Hans Kammler – Technokrat der Vernichtung. In: Smelser, R.; Syring, E. (Hrsg.): Die SS: Elite unter dem Totenkopf, Paderborn 2000, S. 305–319; Neufeld, M. J.: Die Rakete und das Reich. Wernher von Braun, Peenemünde und der Beginn des Raketenzeitalters, Berlin 1997.

16　Uhl, M.: Stalins V2. Der Technologietransfer der deutschen Fernlenkwaffentechnik in die UdSSR und der Aufbau der sowjetischen Raketenindustrie 1945 bis 1955, Bonn 2001; Gimbel, J: Science, Technology and Reparations: Exploitation and Plunder in Postwar Germany, Stanford 1990; Albrecht, U.; Heinemann-Grüder, A.; Wellmann, A.: Die Spezialisten. Deutsche Naturwissenschaftler und Techniker in der Sowjetunion nach 1945, Berlin 1992; Ciesla, B.: Der Spezialistentransfer in die UdSSR und seine Auswirkungen in der SBZ und DDR. In: Aus Politik und Zeitgeschichte 49/50 (1993), S. 23–31, Ders.: Das „Project Paperclip" – deutsche Naturwissenschaftler und Techniker in den USA (1946 bis 1952). In: Kocka, J. (Hrsg.): Historische DDR-Forschung, Berlin 1993, S. 287–301.

17　MacKenzie, D.: Inventing Accuracy. A Historical Sociology of Nuclear Missile Guidance System, Cambridge (Mass.) 1990; Ders.: Missile Accuracy: A Case Study in the Social Progress of Technological Change. In: Bijker, W. E.; Hughes, T. P.; Pinch, T. (Hrsg.): The Social Construction of Technological Systems. New Directions in the Sociology and History of Technology, 4. Aufl., Cambridge (Mass.) 1993, S. 195–222.

Zusammenarbeit und Innovationsdynamik zwischen Staat, Industrie und Wissenschaft in der zweiten Hälfte des 20. Jahrhunderts sowie nach neuen Formen des Managements und der Forschungsplanung gegenwärtig eine Konjunktur in den Forschungsdebatten der Historiker.[18] Gleichzeitig wird die Diskussion um die Selbstmobilisierung der Technikwissenschaften im Dritten Reich weitergeführt.[19]

War das Peenemünder Fernraketenprogramm „Big Science"?[20] Dieser Fragestellung widmen sich komparative Studien, die vor allem Entwicklungen in den USA und Deutschland miteinander vergleichen.[21] Ausgangspunkt ist dort der Ansatz, dass der Staat Forschung finanziert und diese damit in die Nähe des jeweiligen politischen Systems rückt. Nach einer Inkubationsphase, die national abhängig vom Beginn des 20. Jahrhunderts bis 1940 dauerte, entstand ein forschungspolitisches Netzwerk aus Staat, Wirtschaft, Militär und Wissenschaft. Die endgültige Verflechtung von Staat, Wirtschaft und Wissenschaft wird aber erst im letzten Viertel des 20. Jahrhunderts prägend.[22] So wird der *„militärindustrielle Komplex"* tatsächlich zu einem *„militärindustriell-akademischen*

Darüber hinaus siehe Zachary, P.: Endless Frontier. Vannevar Bush, Engineer of the American Century, Cambridge 1999.

18 Zur FuE von Interkontinentalraketen in den USA siehe das Kapitel „Managing a Military-Industrial Complex: Atlas". In: Hughes, T. P.: Rescuing Prometheus, New York 1998, S. 69–140.

19 Eine profunde neuere Darstellung der Wehrforschung im Dritten Reich liefert der von Helmut Maier herausgegebene Sammelband: Rüstungsforschung im Nationalsozialismus. Organisation, Mobilisierung und Entgrenzung der Technikwissenschaften, Göttingen 2002. Verschiedene Autoren diskutieren dort unter anderem die Rolle des Heereswaffenamtes, des Reichsforschungsrates und der Lenkwaffenforschung bei der AEG in Bezug auf die Interessenkonvergenz von Wissenschaft und Rüstungspolitik.

20 Zum Begriff der Großforschung (Big Science) siehe Szöllösi-Janze, M.; Trischler, H. (Hrsg.): Großforschung in Deutschland, Frankfurt a. M. 1990; Galison, P.; Thompson, E. (Hrsg.): The architecture of science, Cambridge (Mass.) 1999.

21 Tarter, D. E.: Peenemünde and Los Alamos – Two Studies. In: History of Technology 14 (1992), S. 150–170 und Ciesla, B.; Trischler, H.: Legitimation through Use: Rocket and Aeronautic Research in the Third Reich and the USA. In: Walker, M. (Hrsg.): Science and Ideology: A Comparative History, London 2002.

22 Die in aktuellen Debatten der Innovationsforschung diskutierten Modelle *„Innovationssystem"* und *„Triple Helix"* sind nicht Bestandteil der Argumentation dieser Arbeit. Siehe dazu unter anderem Nelson, R. (Hrsg.): National Innovation Systems. A Comparative Analysis, New York 1993; Etzkowitz, H.; Leydesdorff, L.: The Dynamics of Innovation. From National Systems and „Mode 2" to a Triple Helix of University -Industry-Government Relations. In: Research Policy 29 (2000), S. 109–123.

Komplex"[23], die Verwertbarkeit dieses Modells für die erste Hälfte des 20. Jahrhunderts ist demnach problematisch. Trotzdem finden wir bereits in der ersten Hälfte Kristallisationspunkte dieses Modells, so dass der Ansatz gerechtfertigt zu sein scheint.

Starke Parallelen in Bezug auf Umfang und Organisationsform drängen sich dem Betrachter zwischen dem amerikanischen Atombomben-Projekt in Los Alamos und den deutschen Fernraketen in Peenemünde auf: Nach Anlegen eines gemeinsamen Dollar-Maßstabes sollen ca. 150% der Kosten für das *„Manhattan-Project"* (2 Mrd. US $) in die A4-Entwicklung (3 Mrd. US $ oder 36 Mrd. Reichsmark) geflossen sein. Allerdings wird in diesen Berechnungen nicht erläutert, welche Kosten (reine Entwicklungskosten, Kosten für den Aufbau der Fertigungsanlage usw.) für den Vergleich verrechnet wurden.[24] Allein das aufgewendete Finanzvolumen würde noch keinen Vergleich legitimieren, regt ihn jedoch an. Unbestritten bleibt, dass beide Projekte – Atombombentechnologie und Fernraketentechnik – zusammen das Schreckensszenario eines globalen Atomkriegs geschaffen haben.

Die vorliegende Arbeit will vor dem Hintergrund der Debatten um *„reaktionären Modernismus"[25]* die Geschichte der Technologiepolitik im Dritten Reich, die Großforschung und den Technologietransfer sowie die neuen Formen der Forschungsorganisation, die sich mit der Raketentechnik während des Zweiten Weltkrieges herauskristallisierten, in den Mittelpunkt rücken.

Die Untersuchung stützt sich auf Quellen aus dem Archiv des Deutschen Museums München, dem Bundesarchiv/Militärarchiv Freiburg, dem Unternehmensarchiv der Firma Siemens in München und dem Bundesarchiv Berlin. In den Archiven in Freiburg und München lagern Akten zur Entwicklung gelenkter Raketen, die vorrangig in den Beständen RH 8 (Freiburg) sowie HVP11, ARCH und G[erman] D[ocuments] (München) erschlossen sind. Da die Aktenbestände am Ende des Zweiten Weltkriegs für die Siegermächte wehrtechnisch interes-

---

23 Zum Terminus *„militärindustriell-akademischer Komplex"* siehe Stuart Leslie: The Cold War and American Science: The Military-Industrial-Academic Complex at MIT and Stanford, New New York 1993.

24 Tarter, D. E.: Peenemünde and Los Alamos – Two Studies. In: History of Technology 14 (1992), S. 150–170 und Tarter, D. E. : Peenemünde and Los Alamos: Two Studies. In: Cornett, L. H. (Hrsg.): History of Rocketry and Astronautics, San Diego 1993.

25 Herf, J.: Der nationalsozialistische Technikdiskurs. Die deutschen Eigenheiten des reaktionären Modernismus. In: Emmrich, W.; Wege, C. (Hrsg.): Der Technikdiskurs der Hitler-Stalin-Ära, Stuttgart/ Weimar 1985, S. 72–93; Ders.: Reactionary Modernism. Technology, Culture and Politics in Weimar and the Third Reich, Cambridge u. a. 1984; Ludwig, K.-H.: Politische Lösungen für technische Innovationen 1933–1945. Die antitechnische Mobilisierung, Ausformung und Instrumentalisierung von Technik. In: Technikgeschichte 62 (1995), S. 333–344.

santes Material dargestellt haben, ist ein Großteil der heute im Deutschen Museum lagernden Akten damals als Kriegsbeute von den USA aufgegriffen und zunächst nach Nordamerika verbracht worden. Nach Sichtung, Bewertung und teilweiser Aufnahme auf Mikrofilm durch die US-Army gelangte das Material nach Deutschland zurück und wurde auf die Standorte München und Freiburg aufgeteilt.[26] Als Ergebnis der nachrichtendienstlichen Behandlung der Beuteakten in den USA und der großzügigen Erstellung von Mikrofilmmaterial konnte im National Air and Space Museum (NASM) in Washington D.C. eine örtlich höhere Quellenkonzentration erzielt werden als irgendwo in Deutschland. Die Ergebnisse amerikanischer Technikhistoriker bei der Behandlung des Themas Großraketenforschung in Deutschland bis 1945 können neben dem mit weniger Berührungsängsten als in Deutschland geführten Diskurs nicht zuletzt auf die Geschlossenheit dieser Aktenbestände zurückgeführt werden.

Das im Historisch-Technischen Informationszentrum Peenemünde gelagerte Material ist weitgehend nicht durch Findmittel erschlossen. Eine vom Land Mecklenburg-Vorpommern eingesetzte Arbeitsgruppe zur Neukonzipierung der musealen Präsentation des Standorts Peenemünde stellte den Kontakt zum NASM her. Daraufhin gelangten zahlreiche mikroverfilmte Akten nach Peenemünde.

Die Archive der in den Fallstudien der vorliegenden Arbeit untersuchten Hochschulen an den Standorten Dresden und Darmstadt konnten keinen wesentlichen Beitrag liefern, da dort große Aktenbestände bei Kriegsende zum Teil durch Bombeneinwirkung vernichtet oder, wie in Dresden, Beute der Roten Armee wurden.

Da die Dokumentationsform des technischen Berichts in der Regel implizite Elemente technischen Wissens ausschließt, oder auch weil die Motive für die Mitarbeit der Hochschulinstitute am Fernraketenprojekt des Heereswaffenamtes nur unbefriedigend aus den Ergebnisprotokollen zu rekonstruieren waren, wurden für die Untersuchung auch Interviews mit Zeitzeugen einbezogen. Es handelt sich dabei um Ingenieurwissenschaftler bzw. technisches Fachpersonal, Spezialisten also, die in Dresden und Darmstadt im sogenannten *„Vorhaben Peenemünde"* (VP) für die Heeresversuchsanstalt gearbeitet hat. Die methodischen Probleme bei der Verwertung dieser Oral-History-Elemente werden rasch

---

26 Reisig, G.: Zentrale Dokumentation der deutschen Raketentechnologie, Denkschrift vom 15. August 1994. Bereits in den 1950er Jahren wurde zwischen dem US-State Departement und dem Auswärtigen Amt der Bundesrepublik Deutschland eine Vereinbarung über die Rückgabe von Akten deutscher Provenienz getroffen. Zunächst trafen aber in Deutschland vornehmlich Kopien der Originale ein. Reisig – selbst ehemaliger Peenemünder – stieß infolge der Arbeiten an einem eigenen Buchprojekt in den Redstone Missile Laboraties auf einen Satz originaler Peenemünder Archivberichte, die seit 1988 in das Deutsche Museum München verlagert wurden.

offensichtlich.[27] Mit den Interview-Protokollen sind einerseits neue Quellen entstanden, andererseits ließen sich gerade wegen der Ereignisdichte des erinnerten Materials Aussagen nur in Einzelfällen durch Aktenmaterial oder Vergleich der Aussagen unterschiedlicher Zeitzeugen verifizieren. Auffällig war aber, dass alle Zeitzeugen vorrangig von wissenschaftlichem Wissen sprachen, wenn sie zu den ihrer Meinung nach prägenden kognitiven Faktoren für die Verwirklichung des Fernraketenprojektes gefragt wurden. Diese Feststellung verwundert jedoch nicht, wenn man zugleich das akademische Milieu, aus dem die Interviewpartner stammen, berücksichtigt.

2. Methodische Orientierung und Aufbau der Arbeit

Das Modell des Netzwerks scheint sich in besonderem Maße für technikhistorische Untersuchungen des 20. Jahrhunderts zu eignen. Erste Arbeiten, die Netzwerke zur Behandlung der historischen Entwicklung von Raumfahrt und Raketentechnik nach dem Zweiten Weltkrieg nutzten, haben sich als aussagekräftig erwiesen. In der vorliegenden Arbeit wird nun die Raketenentwicklung in Deutschland von 1930 bis 1945 mit diesem Instrumentarium untersucht.[28]

Welche Bedeutung haben netzwerktheoretische Ansätze in der modernen Technikgeschichte?[29] Eine denkbare Fragestellung wäre, wie es einem Akteur gelingen kann, andere Akteure zur Zusammenarbeit zu bewegen und wie sich das Netzwerk wechselseitig konstituiert. Die gegenwärtige Debatte betrachtet

---

27 Niethammer, L.: Fragen – Antworten – Fragen. Methodische Erfahrungen und Erwägungen zur Oral History. In: Niethammer, L.; Plato, L. von (Hrsg.): „Wir kriegen jetzt andere Zeiten." Auf der Suche nach der Erfahrung des Volkes in nachfaschistischen Ländern, Bonn 1985, S. 392–445; Niethammer, L. (Hrsg.): Lebenserfahrung und kollektives Gedächtnis. Die Praxis der „Oral History", Frankfurt a. M. 1985.

28 Weyer, J. (Hrsg.): Technische Visionen – politische Kompromisse. Geschichte und Perspektiven der deutschen Raumfahrt, Berlin 1993. Die Beiträge der Studie untersuchen zum Teil auf netzwerktheoretischer Basis deutsche Raumfahrtinnovationen seit 1945 und fühlen sich dem Konzept der Technikfolgenabschätzung verpflichtet. Zum netzwerktheoretischen Konzept siehe auch: Weyer, J.: System und Akteur. Zum Nutzen zweier soziologischer Paradigmen bei der Erklärung erfolgreichen Scheiterns. In: Kölner Zeitschrift für Soziologie und Sozialpsychologie 45 (1993), S. 1–22.

29 Weyer, J. u. a. (Hrsg.): Technik, die Gesellschaft schafft. Soziale Netzwerke als Ort der Technikgenese, Berlin 1997, S. 26f. Um ein soziologisches Modell des Innovationsprozesses zu schaffen, werden Technikgeneseforschung und Netzwerkanalyse miteinander verknüpft. Der Erfolg einer neuen Technik hängt somit davon ab, ob es den Technikkonstrukteuren gelingt, soziale Netzwerke zu schaffen und zu stabilisieren.

die Vernetzung als grundlegenden Mechanismus der Kooperation autonomer Akteure und sieht im Wechselspiel von Organisationsstruktur und Handlung einen wesentlichen Faktor des Innovationsgeschehens.[30]

Welche Vorteile sind von dieser Methode zu erwarten? Produktiv wirkt sich ein Phasenmodell technischer Entwicklung auf die Möglichkeit aus, wechselnde Akteursgruppen und Akteurskonstellationen zu verorten. Damit kann man die den Innovationsprozess scheinbar völlig irrational und zufällig begleitenden Wechsel der handelnden Akteure und ihrer Absichten aus einer neuen Perspektive betrachten. Technikgenese ist das Ergebnis der Wechselwirkung von Handlungs- und Strukturebene und schenkt sowohl dem einzelnen Akteur als auch der Struktur, in der er agiert, Beachtung. Die institutionellen Strukturen geben den darin eingebundenen Akteuren mehr oder weniger Randbedingungen vor und beschränken die Anzahl möglicher Handlungen. Die Institution wirkt in diesem Sinne reglementierend. Die Interessen der Akteure gerinnen in Netzwerken, doch treiben erst die Handlungsprogramme strategiefähiger sozialer Akteure Innovationen an.[31]

Es lässt sich die Auffassung vertreten, Technikgenese wird von der Fähigkeit der Akteure bestimmt, soziale Netzwerke zu bilden und diese zu stabilisieren. Das Phasenmodell nach Weyer geht davon aus, dass die Akteurskonstellation in einem mehrstufigen Prozess der Technikgenese immer wieder wechselt. Das Problem der staatlichen Steuerung von Technik wird damit durch eine neue Fragestellung ersetzt: Wie gelingt es unterschiedlichen Akteuren, sich zu vernetzen und damit ihre Technikprojekte zu stabilisieren und gesellschaftlich durchzusetzen?[32]

Unter der Annahme eines mehrstufigen Prozesses der Genese von Technik gibt Weyer eine idealtypische Abfolge von Phasen, die sich im Speziellen auf die Genese der Raketentechnik in Deutschland anwenden lässt. Er unterscheidet die Phasen „*Entstehung*" des sozio-technischen Kerns einer technischen Innovation, deren „*Stabilisierung*" und anschließende „*Durchsetzung*".[33] Mit jedem Phasenübergang kann jeweils ein Wechsel der Akteursnetzwerkstrukturen sowie der Nutzungsabsichten des Artefakts verbunden sein. Da jeder Akteur individuelle, aber auch gruppenspezifische Wissensinhalte in das Netzwerk einbringt, können sich auch die Wissensformen, die zu einzelnen Schließungen führen, wandeln. So ist es denkbar, dass die erste Phase der Entstehung viel stärker von

---

30 Eine ausführliche Zusammenfassung sowie Kritik der hier nur kursorisch betrachteten Konzepte und ausreichende Literaturverweise liefert Weyer, Technik, S. 54–62.

31 Weyer, Technik, S. 18f.

32 Ebd., S. 20f.

33 Siehe Weyer, Technik, S. 31ff. Eine Tafel mit idealtypischen Aussagen zur Akteurskonstellation, dem sozialen Mechanismus und der zugehörigen Leistung sowie Beispiele konkreter Projekte finden sich auf S. 36.

Umgangswissen getragen und bestimmt wird als die Phase der Stabilisierung, in der oft wissenschaftliches Wissen als legitimierendes Element dominieren kann. Die Entstehungsphase der Raketentechnik wird Weyer zufolge von einer Gruppe „*innovativer*" oder „*visionärer*" Akteure geprägt, die ohne eine bestehende Nachfrage Innovationen anstoßen. Dadurch, dass sich diese Akteure in ihrer Herangehensweise von etablierten Verhaltensmustern absetzen und neue Konzepte nur unter der Gefahr persönlichen Misserfolgs ausprobieren können oder als „*Quereinsteiger*" bzw. „*Außenseiter*" fernab des Interesses der institutionalisierten Forschung in Industrie und Wissenschaft agieren, verhelfen sie einer zunächst unscharfen Idee zu konkreten Ausformungen.[34] „*Private Bastler- und Erfinderclubs in subkulturellen Nischen spielen in dieser Phase oftmals eine bedeutende Rolle, da sie einen Informationsaustausch zwischen den – häufig isolierten – Anhängern der neuen Vision ermöglichen und so unkonventionellen Problemlösungen den Weg bahnen.*"[35]

Die Akteure finden sich, wie in den zahlreichen Raketenerfindergruppen der 1920er und 1930er Jahre, zu teilweise sehr lose gebundenen Vereinigungen zusammen, die sich intern durch eine dezentrale und eher informelle Kommunikation auszeichnen, jedoch in der Öffentlichkeit auch durch eine intensive Präsentation ihrer Vorstellungen auffallen können. In Abkehr von tradierten Einzelerfindermythen sind es die Aushandlungsprozesse innerhalb von Gruppen, die hier zu untersuchen sind. Die „*Erfindertätigkeit*" dieser Gruppen ist dabei teilweise von Zufallskonstellationen abhängig. Als Produkt dieser Entstehungsphase wird von den Akteuren ein soziotechnischer Kern generiert, der auch in weiteren Ausformungen des Projekts unveränderlich ist. Die netzwerktheoretische Techniksoziologie weist diesem Kern zwei Grundeigenschaften zu: Einerseits stellt er eine „*technisch-instrumentelle Konfiguration (in Form eines allgemeinen Konstruktionsprinzips)*" dar, andererseits – und das ist das neue Element – ist er durch „*eine soziale Konfiguration (in Form eines zugehörigen Arrangements der beteiligten Akteure)*" gekennzeichnet.[36] Der soziotechnische Kern entsteht

---

34 So wurde die von der Universität Heidelberg als Dissertation abgelehnte Schrift Oberths, in der er eine umfangreiche Theorie der Raketentechnik zu Raumfahrtzwecken aufstellt, später im Oldenbourg-Verlag München unter dem Titel „*Die Rakete zu den Planeten-räumen*" veröffentlicht. Auch nach dieser Publikation attackierte das wissenschaftliche Establishment Oberths Thesen zur Realisierung der Weltraumfahrt. Siehe z. B.: Lorenz, W.: Die Möglichkeit der Weltraumfahrt. In: Z. VDI 71 (1927), Nr. 19, S. 651–654. Der Autor kommt nach einer raumfahrtmechanischen Ableitung zu dem kategorischen Urteil: „*Auch diese Werte schließen die Verwirklichung der Raketenfahrt [in den Welt-raum] völlig aus...*"

35 Weyer, Technik, S. 35.

36 Ebd., S. 37. Weyer gibt damit dem bereits durch Knie eingeführten Begriff „*technischer Kern*" einen anderen Bedeutungsinhalt.

demnach in kommunikativen Milieus und dient den Technikkonstrukteuren als Orientierung bei der Suche nach Problemlösungen.

Bei der Genese von Flüssigtreibstoffraketen in den 1920er und 1930er Jahren finden wir in Deutschland, der UdSSR und, in abgeschwächter Form, auch in den USA in der Entstehungsphase relativ unstrukturierte Erfindergruppen und Einzelerfinder. In dieser Akteurskonstellation herrscht eine informelle Kommunikation. Meist aus dem Lager der Astronomie- und Raumfahrtbegeisterten kommend, sehen diese Akteure im Flüssigkeitstriebwerk das entscheidende Mittel zur Weltraumfahrt und forcieren dessen experimentelle Erprobung und konstruktive Weiterentwicklung. In der Anfangsphase ist es noch verfrüht, von Netzwerken zu sprechen. So ist für die in Deutschland entstehenden raketentechnischen Interessen- und Experimentalgruppen wie den Verein für Raumschiffahrt, die Gesellschaft für Weltraumforschung, den Raketenflugplatz Berlin, die Versuchsanstalt Dessau oder die Gesellschaft für Raketenforschung Hannover eher die Bezeichnung „Raketenszene" angebracht.[37]

Zu den Grundbedingungen für den Übergang in die Stabilisierungsphase bzw. die Phase der systematischen Exploration zählen das Auftreten strategiefähiger Akteure und die Ausformung eines Netzwerkes, das dem Projekt Nachdruck verleiht. So kann letztendlich die „Stabilisierung einer technischen Innovation durch soziale Vernetzung – in turbulenten, oftmals sogar feindlichen Umwelten"[38] erreicht werden. Entscheidend für die Vernetzung heterogener Akteure ist das gemeinsame Interesse an einem Projekt, wobei die Impulse, Intentionen und Ziele der Akteure durchaus auseinanderlaufen können. Am Ende dieser Phase existiert ein Prototyp, der aber noch keineswegs marktfähig sein muss. Insbesondere im abgeschlossenen Milieu des Militärs sind kostenbezogene Regulative eher zweitrangig. Das Projekt wird während der Stabilisierungsphase zumeist aus seinem ursprünglichen Kontext herausgelöst. Zudem spielten für die Exploration der Flüssigkeitsraketentechnologie durch das Heereswaffenamt die Raumfahrtvisionen der deutschen Raketenszene keine Rolle mehr. Das Heereswaffenamt ließ sich zwar von den Raketenamateuren anregen, distanzierte sich aber von deren Raumfahrtvisionen. Viele Akteure, die wie Wernher v. Braun aus der Raketenszene in das stabilisierende Netzwerk des Heereswaffenamtes wechselten, wollten diese Vision trotzdem nicht fallen lassen. Die Rakete wurde im Heereswaffenamt ausschließlich als Fernwaffe betrachtet, die innerhalb ihrer Reichweite möglichst mit großer Präzision beliebig vorgegebene Zielpunkte

---

37 Freeman, M.: Hin zu neuen Welten. Die Geschichte der deutschen Raumfahrt, Wiesbaden 1995, S. 53ff und Neufeld, M.: Weimar Culture and Futuristic Technology. The Rocket and Spaceflight Fad in Germany 1923–1933. In: Technology and Culture 31 (1990), S. 725–752.
38 Weyer, Technik, S. 40.

treffen sollte. Es ist interessant, dass der ursprüngliche Kontext der Raumfahrt zur Überdeckung und Legitimierung der waffentechnischen Aktivitäten weiterhin Bestand hatte.[39]

Zusätzlich zu der einsetzenden Vernetzung treten neue Akteure in das Geschehen ein. So ist es denkbar, dass zum Beispiel Wissenschaft oder Militär in das Netzwerk einbezogen werden. Auf jeden Fall formiert sich die eher ungeordnete Akteurkonstellation der Entstehungsphase zu einem Netzwerk, in dem es zu grenzüberschreitender Kooperation der Akteure kommt. Die strategiefähigen Akteure besitzen jetzt die Fähigkeit und die Pflicht, miteinander zu verhandeln und reflektiert Ziele abzustecken.[40]

Als wichtiger Effekt ist zu beobachten, dass diese sozialen Netzwerke, begründet durch die internen Aushandlungs- und Abstimmungsprozesse, eine bestimmte Sachlogik entwickeln. Das Netzwerk entwickelt eine *„Eigendynamik"*[41], die auch von dominanten Akteuren nur schwer zu steuern ist.[42] Bei der Großraketenentwicklung in Deutschland fällt dem Heereswaffenamt die stabilisierende Funktion der Flüssigkeitsraketentechnologie zu. Durch Einbeziehung von Industrie und Hochschulen konnte das Ziel der Stabilisierungsphase, der Bau eines Prototyps, 1941 erreicht werden.

In der vorliegenden Arbeit soll dieses idealtypische Phasenschema als Argumentationsgrundlage genutzt werden, ohne jedoch zum Prokrustesbett zu werden. Über die Prozesse in Deutschland hinaus spielt der Vergleich mit der Sowjetunion und den USA eine wichtige Rolle, da nur so eine Relativierung der Prozesse möglich ist. Welchen Zweck verfolgt dieser Vergleich und welche möglichen Schlüsse können daraus gezogen werden? Nicht nur in Deutschland, sondern auch in Nordamerika und der Sowjetunion entstanden in den 1920er Jahren Gruppen von Raketenamateuren und Raumfahrtbegeisterten. War es dort auch das Militär, das die Raketentechnologie aufgriff und stabilisierte, oder bewirkte eher privatwirtschaftliches Interesse die gleichen Effekte? Ähnelten sich die mit

---

39 Der technische Direktor der Heeresversuchsanstalt Peenemünde, Wernher v. Braun, wurde im März 1944 von der Gestapo verhaftet und ca. zwei Wochen in Untersuchungshaft genommen. Das eigentliche Ansinnen der SS, auf den dominanten Akteur v. Braun Druck auszuüben und ihn zu einer Zusammenarbeit mit der SS zu bewegen, verdeckte man mit dem später durch v. Braun zur Verteidigung genutzten Argument, er sabotiere das Fernraketenprojekt, *„indem er sich mehr dem Raumflug als seinen Pflichten gewidmet hätte"*. Siehe Neufeld, Die Rakete und das Reich, S. 264.

40 Weyer, Technik, S. 41.

41 Thomas P. Hughes hat den Begriff *„technologisches Momentum"* in die technikgeschichtliche Literatur eingeführt. Siehe auch Radkau, J.: Technik und Umwelt. In: Ambrosius, G.; Petzina, D.; Plumpe, W. (Hrsg.): Moderne Wirtschaftsgeschichte, München 1996, S. 128f.

42 Weyer, Technik, S. 43.

der Raketentechnik verbundenen Organisationsformen der Forschung oder war das Netzwerk in Deutschland eine singuläre Erscheinung? Die Arbeit möchte den Themenkreis Forschungsorganisation der Großraketenentwicklung aus mehreren Blickwinkeln in mehreren Durchläufen erzählen. Im ersten Teil soll untersucht werden, wie der soziotechnische Kern der Flüssigkeitsrakete in der Erfinder- und Bastlerszene der 1920er Jahre entstand und wie das Militär in Deutschland dessen Stabilisierung bewerkstelligte. Neben der Klärung zugehöriger Motive sowie der Darstellung beteiligter Akteure wird in diesem Abschnitt auch von Interesse sein, ob Deutschland international ein Monopol auf raketentechnische Visionen gehalten hat. Das soll vor allem durch einen kurzen Exkurs in die wissenschaftlich-phantastische und raketentechnische Literatur der 1920er und 1930er Jahre in Deutschland, der Sowjetunion und den USA geschehen. Am Phänomen der Science Fiction-Literatur soll festgemacht werden, wie die Idee der Weltraumfahrt und der Raketentechnik als universelles Fortschrittsprinzip in allen drei genannten geographischen Räumen existierte, sich Geltung verschaffte und zur Bildung von Interessengruppen führte. Dabei ist von Interesse, ob das deutsche Militär diese Visionen der Raumfahrt- und Raketenliteratur direkt oder indirekt aufgegriffen hat.

Im Mittelpunkt des zweiten Teils wird stehen, wie das Heereswaffenamt die Stabilisierung des soziotechnischen Kerns der Flüssigkeitsrakete durch Einbeziehung von technischen Hochschulen und der Industrie im Reichsgebiet vollzog. Dazu werden ausgewählte Fallbeispiele dienen, in denen die Einbeziehung der Industrie sowie die Beteiligung der TH Dresden und der TH Darmstadt insbesondere auf dem Gebiet der Raketensteuerungen beleuchtet wird.

Im dritten Teil werden in einem bis 1945 reichenden, vor allem institutionengeschichtlichen Abriss die Strukturen der Raketenentwicklung in der Sowjetunion und den USA dargestellt und mit Deutschland verglichen. In diesem Zusammenhang rücken auch die besonderen Motive der beiden späteren Siegermächte, sich bis zum Ende des Zweiten Weltkriegs auf ganz andere Zweige der Raketentechnik als die in Deutschland verfolgten zu konzentrieren, in den Mittelpunkt. Beherrschte und bestimmte in Deutschland das militärisch letztendlich gescheiterte Fernraketenprojekt des Heereswaffenamtes das FuE-Netzwerk, erwarben die Sowjetunion besondere Erfahrungen bei der Entwicklung von überaus wirkungsvollen Raketenwerfern als taktische Gefechtsfeldwaffe und die USA bei der Entwicklung von Starthilfsraketen für Flugzeuge. Diese Beispiele zeigen bereits, dass an die Kategorie *„Erfolg von Raketenentwicklungen"* unterschiedliche Maßstäbe angelegt werden können.

Das große Gewicht des Heeres als dominierender Teil von Reichswehr und Wehrmacht bei den militärischen Plänen des Dritten Reichs sicherte letztendlich die erforderlichen Mittel zur Umsetzung des Fernraketenprogramms. Seine militärische Relevanz wurde, nachdem man immer mehr in das Programm investiert hatte, immer weniger in Frage gestellt.[43]

---

43 Siehe auch Neufeld, Die Rakete und das Reich, S. 66–72.

I. Raumfahrt als Medium einer technischen Utopie

Spätestens in den 1920er und 1930er Jahren wurden Rakete und Raumfahrt in Europa, der Sowjetunion und Nordamerika zu einer Projektionsfläche für technische und soziale Wünsche und Sehnsüchte. In einem noch nicht ausdifferenzierten Gemenge, das die Ideen der Rakete und der Weltraumfahrt nahezu als Glaubensbekenntnis wertete, inszenierten sich Erfinder, Industrielle, Literaten, Wissenschaftler und technisch Begeisterte jeglicher Couleur. In dieser Euphoriephase rückte neben den nahezu klassischen Anwendungen von Pulverraketen bei Feuerwerk, dem artilleristischen Einsatz oder zur Seenotrettung der Transportaspekt in den Vordergrund. Man plante in terrestrischer Sphäre die Verbindung der Kontinente und in extraterrestrischer Sphäre den Exkurs des Menschen in den Weltraum.[44] Die als Symbole einer Fortschrittsmetaphorik gebrauchten Raketenprojekte waren von den waffentechnischen Intentionen des Militärs abgekoppelt. Im Gegensatz dazu waren es privat operierende Raketenamateure, die sich bei der ethischen Bewertung der neuen Technologie des Arguments bedienten, man brauche nur eine leistungsstarke Waffe wie die gelenkte Flüssigtreibstoff-Rakete, um vor einem Krieg abzuschrecken und ihn letztendlich unmöglich zu machen. Damit konterkarierten sie ihre eigenen pazifistischen Ambitionen. So bezeichnete ein Literat 1930 die Rakete als *„Überkriegsmittel"* und *„Weltfriedenstaube"*.[45]

Inwiefern haben sich technisches und literarisches Schaffen in dieser Zeit gegenseitig beeinflusst? Waren die viel berufenen literarischen Vorbilder der Raketenpioniere der 1920er Jahre tatsächlich Anregung oder sind sie im Nachhinein für Autoritätsbeweise verwendet worden, die über bestimmte Motive – zum Beispiel beim militärischen Einsatz der Rakete – hinwegtäuschen sollten? Um einschätzen zu können, wie weit die Grenzen des Raumfahrt- und Raketensujets im imaginären Reich der wissenschaftlichen Phantastik gesteckt waren, soll zunächst diese wissenschaftlich-phantastische Literatur daraufhin untersucht werden.

---

44 Zur Vielfalt der Erfindungen und Erfinder auf dem Gebiet der Raketentechnik siehe Film *„Raketenflug"*, Bundesarchiv/Filmarchiv Berlin, Signatur-Nr. 1139.
45 Siehe Baumgarten-Crusius, A.: Die Rakete als Weltfriedenstaube, Leipzig 1931.

1. Reflexion in der wissenschaftlich-phantastischen Literatur

Bereits am Ausgang des 19. Jahrhunderts und in den ersten Jahrzehnten des 20. Jahrhunderts hatte die Weltraumfahrt Hochkonjunktur – zumindest auf dem Papier.[46] In zahllosen Schriften, die im weiten Spannungsfeld zwischen utopischem Roman und technischem Sachbuch angesiedelt sind, starteten Projektile bzw. Raketen in das Weltall und erweiterten Menschen ihren Lebensraum außerhalb des Planeten Erde durch technische Artefakte. Neben der Darstellung der Weltraumreise und ihrer technischen Grundlagen[47] rückten der Weltraum und fremde Planeten auch als technischer und ethischer Fluchtpunkt[48] der menschlichen Zivilisation in das Blickfeld. Die 1920er Jahre lieferten schließlich in Deutschland eine Fülle technischer Sachbücher, die über Raketentechnik und Raumfahrt exakt belehren wollen.[49] Oft war dabei jedoch noch nicht entschieden, ob wissenschaftliche Phantastik oder technisches Kalkül dominierte.

---

[46] Einen ergiebigen Beitrag der neueren Forschung zum Verhältnis zwischen Literatur- und Technikgeschichte liefert Innerhofer, R.: Deutsche Science Fiction 1870–1914. Rekonstruktion und Analyse der Anfänge einer Gattung, Wien/Köln/Weimar 1996, S. 233ff. Dort werden Weltraumflugszenarien als fester Bestandteil der frühen deutschsprachigen SF-Literatur behandelt. Zum Bild des Ingenieurs in den Werken der wissenschaftlichen Phantastik siehe Segeberg, H.: Literarische Technik-Bilder. Studien zum Verhältnis von Technik und Literaturgeschichte im 19. und frühen 20. Jahrhundert, Tübingen 1987 und Ders.: Literatur im technischen Zeitalter Von der Frühzeit der deutschen Aufklärung bis zum Beginn des Ersten Weltkriegs, Darmstadt 1997, S. 250–263.

[47] Im Umfeld von industrieller Revolution und einem Klima, das Wissenschaft als Fortschrittsmetapher auffasste, entstanden die Werke Jules Vernes: „*De la terre à la lune*" (1865, dt.: Von der Erde zum Mond) und „*Autour de la lune*" (1869, dt.: Reise um den Mond).

[48] Nachdem Konstantin Ziolkowski seine Theorie der Raketendynamik begründet hatte, schrieb er 1896 für ein breites Publikum die wissenschaftlich-phantastische Erzählung „*Außerhalb der Erde*". Der deutsche Autor Kurd Lasswitz problematisierte etwa zur gleichen Zeit in seinem 1897 erschienenen Roman „*Auf zwei Planeten*" sowohl Aspekte der Raumfahrt als auch des Zusammentreffens der Menschheit mit der imaginierten Zivilisation des Mars.

[49] In den 1920er Jahren wird das Raumfahrtthema in Deutschland sowohl in belletristischen Werken als auch in technischen Sach- und Fachbüchern verarbeitet. Paradigmatisch für die letztgenannte Gattung ist sicherlich Hermann Oberths „*Die Rakete zu den Planetenräumen*" (1923), in dem das erste Mal ein Raketenantrieb mit flüssigen Treibstoffen vorgestellt wird. Aber auch Max Valiers „*Vorstoß in den Weltenraum*" (1924) und Hermann Noordungs „*Das Problem der Befahrung des Weltraums*" (1929) wollten über die Propagierung des Raumfahrtgedankens hinaus analytische technische Handlungsanweisungen geben.

Planetenreise und Raumfahrt sind etablierte Topoi der phantastischen Literatur und fanden seit den „*voyages extraordinaires*" des 17. Jahrhunderts dort ihren Niederschlag.[50] Eine zunehmende Konjunktur lässt sich jedoch im Kontext des verwissenschaftlichten Weltbildes am Ende des 19. Jahrhunderts ausmachen. Seit dem Wechsel vom 19. zum 20. Jahrhundert bedienten sich die einschlägigen Autoren vermehrt der Raketentechnik – insbesondere beim Sujet der Überwindung von Raum und Zeit. Weltraumfahrtliteratur kam als neue Form der Unterhaltung in Mode.[51] Dieser Befund lässt sich sowohl für die USA, Russland bzw. die Sowjetunion als auch für Deutschland erhärten. In allen drei Ländern erschienen zahlreiche wissenschaftlich-phantastische Bücher, die Raketentechnik und Weltraumfahrt thematisieren. Diesbezüglich scheinen die Gemeinsamkeiten größer als die trennenden kulturellen Unterschiede zu sein. Die Themenkreise Weltraumfahrt, Kosmos und Phantastik waren eng miteinander verwoben, denn gerade dieses sich der Vorstellung entziehende „*Irgendwo*" ließ Raum für Antizipationen und Konstruktionen. Das Weltall war besonders zu der Zeit, als sich bemannte Raumfahrt und technische Realisierung raketentechnischer Theorien jeglicher Erfahrung entzogen, der Ort der Gegenwelten schlechthin. Anders als die Naturwissenschaften, die den Kosmos „*entanthropomorphisiert*" haben, nutzte die wissenschaftliche Phantastik trotz apparatetechnisch möglich werdender Szenarien meist tiefenpsychologische Symbole.[52]

Zweifellos zählt Herbert George Wells (1866–1946) neben Jules Verne (1828–1905) zu den Begründern der wissenschaftlich-phantastischen Literatur am Ende des 19. Jahrhunderts. Wells schuf zahlreiche Grundthemen des Genres, welche die Science Fiction-Literatur des folgenden 20. Jahrhunderts prägten. In dem 1898 erschienenen Roman „*War of the Worlds*" zeichnete er das Bild einer kosmischen Invasion. Marsbewohner greifen mit ihren Raumschiffen die Erde an, um sich dort neuen Lebensraum zu erobern. In „*The First Men in the Moon*" (1899) schilderte Wells in Anknüpfung an Verne die Reise von der Erde zum Mond, nahm aber vom antiquierten Motiv des Kanonenschusses Abstand und verwendete Antigravitationskräfte für den Raumflug.[53] Wells phantastische

---

50   Siehe die Raumfahrtromane des Pariser Schriftstellers Cyrano de Bergerac „*Histoire comique du Voyage dans la Lune*" (1649, dt.: Komische Geschichte der Reise zum Mond) und „*Histoire des Etats et Empires du Soleil*" (1652, dt.: Geschichte der Staaten und Reiche der Sonne) sowie Büdeler, W.: Geschichte der Raumfahrt, 2. Aufl., Künzelsau 1982, S. 94–99.

51   Nagl, M.: Science Fiction. Ein Segment populärer Kultur im Medien- und Projektverbund, Tübingen 1981, S. 26.

52   Lem, S.: Phantastik und Futurologie, Bd. 2, Frankfurt a. M. 1980, S. 109–121.

53   Kasper, H. (Hrsg.): Lexikon der wunderbaren Fahrzeuge, Leipzig 1999, S. 37. Der Band vereinigt eine Schau realer und imaginärer Fahrzeuge, deren Quellen in Ingenieurbüros genauso wie in phantastischen Werken der Literatur zu suchen sind.

Raumfahrtszenarien stellten indes nur eine Facette seines literarischen Schaffens dar. Innerhalb seiner wissenschaftlich-phantastischen Sujets waren stets utopische Elemente dominierend, auch wenn diese besonders nach der offensichtlichen Demonstration der Destruktivkraft von Technik im Ersten Weltkrieg zunehmend pessimistischere Züge trugen.[54]

Konstantin Ziolkowskis (1857–1935) phantastische Erzählung *„Auf dem Mond"*, die er 1893 veröffentlichte, markiert keineswegs den Beginn seines Nachdenkens über das Problem der Raumfahrt. Sein erstes Werk *„Freier Raum"*, 1883 als Manuskript entstanden, behandelt die Raumfahrt abseits literarischer Gestaltung und konzentriert sich auf den technisch-rationalen Kern des Rückstoßantriebs. Im Jahr 1920 erschien Ziolkowskis bereits 1896 entworfene wissenschaftlich-utopische Erzählung *„Außerhalb der Erde"*. Im thematischen Mittelpunkt stehen der Start einer bemannten Rakete und die Kolonisierung des Weltraums. Ziolkowski legt dort den Schwerpunkt auf die naturwissenschaftliche, nicht auf die gesellschaftliche Entwicklung. Er umkleidet technische Tatbestände und Hypothesen literarisch, um sie vor allem einem jugendlichen Publikum zugänglich zu machen.[55] Ziolkowski ging es in seinen Werken weniger um die Darstellung von Sozialutopien. Grundthema war die Kolonisierung des Weltraums und der Planeten des Sonnensystems durch den Menschen. Technische Mittel zur kosmischen Emigration des Menschen, wie Rakete und Raumstation, standen im Mittelpunkt seines Interesses. Ziolkowskis Credo bestand darin, den Wirkungsraum der Menschheit in galaktische Dimensionen zu verschieben: *„Die Menschheit wird nicht ewig auf der Erde bleiben, sondern, im Jagen nach Licht und Raum, zunächst zaghaft über die Grenzen der Atmosphäre vordringen und sich danach den ganzen Raum rings um die Sonne zu eigen machen."*[56]

Im Jahr 1933 gab er noch einmal dem großen Optimismus Ausdruck, der seine Vorstellungen von der Innovationsgeschwindigkeit der Raumfahrt beherrschte. Zu diesem Zeitpunkt war er davon überzeugt, dass viele seiner Zeitgenossen den ersten Weltraumflug noch selbst erleben würden.[57] Das testamentarische Bekenntnis Ziolkowskis aus dem Jahr 1935 zeigt zudem, in welchem Maße er den technisch revolutionären Gedanken der Raumfahrt mit dem gesellschaftli-

---

54 Siehe Wuckel, D.: Science Fiction. Eine illustrierte Literaturgeschichte, Hildesheim 1986, S. 61–74 und Bleiler, E. F.: Science-Fiction: The Early Years, London 1990, S. 799f und 802f.

55 Oswald, I.: Der Staat der Wissenschaftler. Das Gesellschaftsbild der sowjetischen wissenschaftlich-technischen Intelligenz in der wissenschaftlichen Phantastik der Sowjetunion, Berlin 1991, S. 12f.

56 Zitiert nach Büdeler, Geschichte der Raumfahrt, S. 135.

57 Zitiert nach Stache, P.: Sowjetische Raketen. Im Dienst von Wissenschaft und Verteidigung, Berlin 1987, S. 22.

chen System der Sowjetunion verband, das ihn in den 1920er und 1930er Jahren zur Integrationsfigur der sowjetischen Raketentechnik und Raumfahrt stilisiert hatte: *„Ich übergebe alle meine Arbeiten auf dem Gebiet des Raketenfluges und des interplanetarischen Verkehrs der bolschewistischen Partei und der russischen Regierung, den Führern des Fortschritts der menschlichen Kultur."*[58]

Aber nicht nur die Literaturszene in den USA und der Sowjetunion verarbeitete das Raketen- und Raumfahrtmotiv in Werken der wissenschaftlichen Phantastik. Vor allem technisch detailbetont zeigte sich der 1925 veröffentlichte Roman *„Der Schuß ins All"* des deutschen Autors Otto Willi Gail (1896–1956). Seine Schilderungen der Konstruktion und des Starts von Raketen profitierten nicht zuletzt vom engen Kontakt zu dem Raketenpionier Max Valier, dessen Beratung den Geschichten trotz teilweise theosophischer Bezüge zu technischer Konsistenz verhalf. Im Roman steht der Entwicklungsprozess von Raketen im Mittelpunkt. Gail bezog dafür Erkenntnisse aus Hermann Oberths Schrift *„Die Rakete zu den Planetenräumen"* in seine Story ein und schilderte die Erfindung von mehrstufigen Flüssigkeitsraketen, die für eine Mondexpedition ausgerüstet werden. Ähnlich wie auch bei Hans Dominik (1872–1945) ist für Gail in nationaler Überhöhung der faustisch-geniale Erfinder deutscher Herkunft Ausgangspunkt der raketentechnischen Inventionen. Nur Verrat kann zweitklassige Konkurrenten in den Besitz des technologisch entscheidenden Wissens bringen. Im Jahr 1926 setzte er seine Geschichte mit dem Roman *„Der Stein vom Mond"* fort. Gail führte dort den Gedanken des Raketenfluges zur Raumfahrt weiter und beschrieb ein System orbitaler Raumstationen als Voraussetzung für den interplanetaren Verkehr. Der Österreicher Hermann Potocnik (1892–1929) entwickelte in dem Buch *„Das Problem der Befahrung des Weltraums"* 1929 unter dem Pseudonym *„Noordung"* erste detaillierte Pläne zum Bau einer modularen Raumstation in Form eines Rades.[59]

Nach dieser ersten kursorischen Bestandsaufnahme soll nun im Einzelnen der Blick auf die USA, die Sowjetunion und Deutschland gerichtet werden. Es bleibt danach zu fragen, welchen Stellenwert die wissenschaftlich-phantastische Literatur in den genannten Ländern, abhängig von den kulturellen Spezifika, dem Raketen- und Raumfahrtmotiv beimisst.

Die Vorstellungen über Raumfahrt und Raketentechnik sind in den USA während der 1920er und 30er Jahre sehr stark mit der Science Fiction-Literatur verbunden – auch wenn ihr Einfluss nicht über die Kontinentgrenzen hinaus reichte. Die erste Interessenvertretung von Raumfahrtenthusiasten in den USA, die *„American Interplanetary Society"*, entstand im Jahr 1934 aus einem Kreis von Science Fiction-Autoren und -Redakteuren. Zu diesem Zeitpunkt war die

---

58 Zitiert nach Gartmann, H.: Träumer – Forscher – Konstrukteure, Darmstadt 1957, S. 58.
59 Bleiler, Science-Fiction, S. 270f.

Popularisierung von wissenschaftlich-technischen Phantasien durch speziell zugeschnittene technische oder populärwissenschaftliche Zeitschriften wie *„Modern Electrics"*, *„Everyday Science and Mechanics"* oder *„Science and Invention"* im Land schon weit vorangeschritten.[60]

Der Terminus *„Science Fiction"* (SF), seit dem 19. Jahrhundert belegt, fand Ende der 1920er Jahre in den USA Verbreitung und war eng mit dem Entstehen neuer Formen des Literaturmarktes verbunden. Zunächst war Science Fiction ausschließlich eine kommerzielle Bezeichnung, keine literaturwissenschaftliche Kategorie. Die so bezeichnete (Trivial-) Literatur wurde ein fester Bestandteil der sich formierenden US-Unterhaltungsindustrie. Das Entstehen der Literaturgattung Science Fiction war darüber hinaus zweifellos ein Effekt der gesellschaftlichen Modernisierung in Europa und Nordamerika.[61]

Die erste Phase der amerikanischen Science Fiction von 1925 bis 1950 verarbeitete das Raumfahrt-Motiv auf jede erdenkliche Weise – meist jedoch in so genannten *„space operas"* –, die als Projektion kollektiver Wünsche und Ängste den Kampf um neuen Lebensraum im Weltraum abbildeten.[62] Dem aus Europa in die USA eingewanderten Elektroingenieur Hugo Gernsback (1884–1967) gelang es dort nach dem Ersten Weltkrieg als erstem Unternehmer, wissenschaftliche Phantastik als neues Medium zu popularisieren und eine kommerzielle Plattform dafür zu errichten. Gernsback hatte zunächst populäre Technikmagazine herausgegeben, wobei die von ihm angesprochene Klientel aus Jugendlichen und Bastlern ein eher romantisches und zukunftsgläubiges denn sachliches Verhältnis zur Technik hatte. Das Publikumsinteresse an Technikphantasien nutzte Gernsback aus, um 1926 unter dem Titel *„Amazing Stories"* das erste periodisch erscheinende Magazin für wissenschaftlich-technische Phantastik herauszugeben. In bewusster Abgrenzung zu den Anfang des 20. Jahrhunderts in den USA sehr beliebten *„Fantasy Romances"* wollte er den Schwerpunkt der bei ihm veröffentlichten Geschichten auf Wissenschaft und Technik legen. Nachfolge- und Konkurrenzmagazine wie *„Wonder Stories"* oder *„Astounding Stories of Super Science"* eroberten sich in den 1930er und 1940er Jahren einen großen Leserkreis und schufen eine beachtliche Nachfrage nach dem Genre. Gernsbacks Verlegertätigkeit bahnte der Gattungsbezeichnung *„Science Fiction"* Ende der 1920er Jahre schließlich den Weg. War sein ursprüngliches Konzept mehr einer

---

60 Ebd., S. XXIII und Wuckel, Science Fiction, S. 117.

61 Nagl, Science Fiction, S. 11 und 16f sowie Innerhofer, R.: Deutsche Science Fiction 1970–1914. Rekonstruktion und Analyse der Anfänge einer Gattung, Wien/Köln/Weimar 1996, S. 14

62 Barmeyer, E. (Hrsg.): Science fiction. Theorie und Geschichte, München 1972, S. 12 und 19; Innerhofer, Deutsche Science Fiction, S. 107–131 und Suerbaum, U.; Broich, U.; Borgmeier, R.: Science Fiction. Theorie und Geschichte, Themen und Typen, Form und Weltbild, Stuttgart 1981, S. 80–109.

logisch begründeten Technikphantasie zugewandt, mischten die Autoren der Pulp-Magazine unter dem Etikett „*Science Fiction*" viele Elemente von phantastischer Abenteuer-, Detektiv- und Horrorliteratur zu einer Melange, die marktfähig war. Beim Entwurf phantastischer Szenarien zum Themenkreis Raketentechnik und Raumfahrt wurden „*space operas*" meist ohne jegliche wissenschaftliche Argumentationsgrundlage zu einer von der Leserschaft akzeptierten Gestaltungsform. Parallel zu diesem Prozess formierte sich eine Bewegung aus „*fanatical adherents*" der Science Fiction. Diese Anhänger oder „*Fans*", denen die in den Magazinen publizierten Konstrukte nahezu als Glaubensbekenntnis galten, schlossen sich schon in den 1930er Jahren zu Clubs zusammen. Derartige Clubs wiederum suchten eine enge Bindung zu den Autoren, stellten selbst Autoren und erzeugten Nachfragedruck.[63]

Die wissenschaftliche Phantastik oder „*Nautschnaja Fantastika*" (NF) in der Sowjetunion wird im 20. Jahrhundert mit dem Prädikat versehen, rationale Konstruktion mit visionärem Anspruch verbinden zu wollen. Die sowjetischen NF-Autoren reduzierten ihr Genre nicht auf eine Unterhaltungsfunktion, sondern bemühten sich im Rahmen ihres künstlerischen Schaffens um Voraussagen, die technische, wissenschaftliche und gesellschaftliche Elemente verbanden.[64] Selbst in dystopischen (anti-utopischen) Szenarien sah man einen bildungspolitischen Sinn, indem sie als „*Warnliteratur*" deklariert wurden. Technik und Wissenschaft waren in einen ethischen Kontext eingebettet. Über den alleinigen Bildungsanspruch hinaus, erhob das Genre in der Sowjetunion den Anspruch, Wissenschaft und Technik nicht nur zu popularisieren, sondern auch mit rationalen Mitteln zu extrapolieren.[65]

Zu Beginn des 20. Jahrhunderts fand in Russland und der UdSSR die wirtschaftlich-technische und soziale Entwicklung im Genre der Nautschnaja Fantastika eine literarische Projektionsfläche. Die wissenschaftliche Phantastik wurde nach der Oktoberrevolution als neues Medium der Vermittlung naturwissenschaftlich-technischen Wissens, der Volksaufklärung, aber auch zur Demonstration der Möglichkeiten von Technik entdeckt und erlebte eine Hochkon-

63   Zum „*Goldenen Zeitalter*" der Science Fiction siehe: Suerbaum/Broich/Borgmeier, Science Fiction, S. 51–56 und Wuckel, Science fiction, S. 115–124.

64   Dass die Teilnehmerperspektive – besonders der amerikanischen Verleger von Sciencefiction – eine andere Haltung zum Anspruch der Wissenschaftlichkeit von SF einnimmt, beweist die Einbandgestaltung einiger Pulp-Magazine. So wird z. B. auf dem Einband einer Ausgabe des Pulp-Magazins „*Amazing Stories*" aus dem Jahr 1938 explizit für die Wissenschaftlichkeit der Kurzgeschichten geworben: „*Every story scientifically accurate*". Siehe Ackerman, F. J.: Science Fiction, Köln 1998, S. 111.

65   Engel, Ch.: Nautschnaja fantastika und Science-fiction – Ansprüche und ihre Realisierung in Kurzgeschichten. In: Kasack, W. (Hrsg.): Science-fiction in Osteuropa, Berlin 1984, S. 12f.

junktur.[66] Wissenschaftlich-utopische Literatur sollte beim Leser gleichzeitig schöpferische Gedanken anregen und emotionale Wirkung zeigen. Dabei gaben die phantastischen Szenarien später auch breiten Raum für die Darstellung sozialer, ethischer und philosophischer Probleme, so dass die bloße Popularisierungsabsicht naturwissenschaftlich-technischer Sachverhalte oftmals wieder in den Hintergrund rückte.[67]

Die Kopplung von Phantastik und Populärwissenschaft wurde zunächst zum kennzeichnenden Stil der wissenschaftlichen Phantastik in der Sowjetunion. Als wichtigster Vorläufer des Genres gilt Konstantin Ziolkowski. Nach einer Phase, in der zahlreiche Werke entstanden, die auch dystopische oder kritische Akzente setzten, stellt das Jahr 1934 eine Zäsur in der sowjetischen Literaturgeschichte dar: Der Schriftstellerkongress der UdSSR postulierte zu diesem Zeitpunkt den *„Sozialistischen Realismus"* als allgemeines literarisches Modell. Das Genre der Nautschnaja Fantastika kollidierte mit dem unter Stalin verbreiteten Alleinbestimmungsanspruch der sowjetischen Partei- und Staatsführung auf gesellschaftliche Visionen. Nautschnaja Fantastika wurde somit auf den *„literarischen Wissenschaftstraum"* und *„Literatur über die herrliche Zukunft"* reduziert.[68]

Gewünscht wurde ein immanenter Optimismus, wenn sich auch Autoren wie Samjatin dieser Forderung bereits entzogen hatten und dystopische Elemente dominieren ließen. Die oft vertretenen Endzeitvisionen der westlichen Science Fiction-Literatur sollten in der optimistischen, wenn auch nicht konfliktfreien Utopie der Nautschnaja Fantastika ihren Widerpart finden. Konflikte wurden dort unter *„positiven Helden"* ausgetragen, diskursive Schließungen hatten stets den normativen Fortschritt als Ziel.[69]

Wie intensiv zeigen sich Motive der Weltraumfahrt und Raketentechnik in russischen und sowjetischen Werken der Nautschnaja Fantastika? Wie stark fanden diese Themen in den Reihen der Raumfahrtenthusiasten internationale Beachtung, hielt die Sowjetunion gar ein Monopol auf Raumfahrtvisionen? Zur Beantwortung dieser Fragen soll zunächst das thematische Spektrum an ausgewählten Literaturbeispielen vorgestellt werden.

Noch vor der Oktoberrevolution veröffentlichte J. I. Perelman (1882–1942) im Jahr 1915 sein Werk *„Interplanetare Reisen"*. In dieser Analyse bekannter Schriften der wissenschaftlichen Phantastik gab Perelman einen kritischen Überblick über die dort beschriebenen Verfahren zum Weltraumflug. Er unterzog dabei das Kanonenprojektil aus Jules Vernes Roman *„Die Reise von der Erde*

---

66 Wuckel, Science Fiction, S. 100f.

67 Brandis, J.; Dmitrijewski, W.: Im Reich der Phantasie. In: Barmeyer, E. (Hrsg.): Science fiction. Theorie und Geschichte, München 1972, S. 130.

68 Oswald, Der Staat der Wissenschaftler, S. 4, 12–16.

69 Minois, G.: Geschichte der Zukunft, Düsseldorf/Zürich 1998, S. 687f.

zum Mond" genauso einer wissenschaftlichen Betrachtung wie die Antigravitationsphantasien von Wells in *„The First Men in the Moon"*. Im Ergebnis dieses Vergleiches maß er einzig und allein dem Reaktionsantrieb eine Bedeutung für die Raumfahrt bei. Perelman führte diesen Gedanken in den 1920er Jahren in populärwissenschaftlichen Schriften wie *„Der Flug zum Mond"* (1924), *„Mit der Rakete zum Mond"* (1930) und *„Zu den Planeten mit einer Rakete"* (1933) weiter.[70]

Selbst die 1924 zunächst in englischer Sprache erschienene Dystopie des russischen Ingenieurs Jewgenij Samjatin (1884–1937) *„Wir"* bediente sich letztendlich des Raumschiffs als technischer Erlösungsmetapher. In erster Linie zeichnete Samjatin das Bild einer technokratischen und totalitären Diktatur, das er als mögliche Inkrustationsform des politischen Systems der Sowjetunion ansah. Freiheit und persönliches Bewusstsein sind transzendiert, Mathematik ist zum alleinigen Wahrheitsmodell avanciert. Das Leben der zu bloßen Nummern gewordenen namenlosen Bevölkerung ist nach dem historischen Vorbild des *„scientific management"* Tayloristischer Prägung minutiös geregelt. In dieser jeden Individualismus entbehrenden Gesellschaft kann das Raumschiff *„Integral"*, das ursprünglich zur Kolonisierung des Weltraums und Erweiterung der Macht des *„Einheitsstaates"* erdacht wurde, zu einem imaginären Fluchtmittel werden.[71] *„Die große historische Stunde ist nahe, in der das erste INTEGRAL in den Weltraum aufsteigt. Vor tausend Jahren haben unsere heldenhaften Vorfahren den ganzen Erdball der Macht des Einheitsstaates unterworfen. Eine noch größere Heldentat steht euch bevor: mit dem gläsernen, elektrischen, feuerspeienden INTEGRAL die unendliche Gleichung des Weltalls zu integrieren."*[72]

Der Baumeister des Raketenraumschiffs *„Integral"* kommt in Kontakt mit oppositionellen Kreisen, die das *„Integral"* in ihre Gewalt bringen und als Waffe gegen den *„Einheitsstaat"* verwenden wollen. Das technisch-rationale Wesen des Baumeisters offenbart dabei seine mystisch-spekulative Seite, die eine raumfahrttechnisch mögliche Emigration der Veränderung des gesellschaftlichen Systems vorzöge. Die Rakete wird bei Samjatin auch zum Vehikel eines reinen Eskapismus: *„...fliegen – ohne zu wissen, egal wohin..."*.[73]

Der russische Politiker Alexandr Alexandrowitsch Malinowskij (1873–1928) schuf unter dem Pseudonym Bogdanow mit seinen beiden zusammenhängenden Romanen *„Der rote Stern"* (1908) und *„Ingenieur Menni"* (1912) zwei frühe utopisch-phantastische Werke, auf die auch die spätere sowjetische Literatur

---

70 Gluschko, W. P.: Entwicklung des Raketenbaus und der Raumfahrt in der UdSSR, Moskau 1973, S. 10.

71 Booker, K. M.: Dystopian literature: a theory and research guide, Westport 1994, S. 292–297.

72 Samjatin, J.: Wir, Berlin 1994, S. 5.

73 Ebd., S. 234.

Bezug nahm. Durch die Kopplung einer sozialen Utopie mit wissenschaftlich-technischen Aspekten zeichnete Malinowskij das Bild einer auf Technik basierenden sozialistischen Gesellschaft auf dem Mars. Mit Hilfe eines nuklear angetriebenen Raumschiffs landen Marsianer auf der Erde, um Rohstoffe zu gewinnen. Männer der Technik wie „*Ingenieur Menni*" haben dem Mars wirtschaftliche Stärke gegeben, ohne eine gesellschaftliche Revolution aber bleiben die Proletarier des Mars von Macht und Wohlstand ausgeschlossen. Der Triumph des Sozialismus auf dem Mars gelingt, und die Marsgesellschaft kann dem sich einstellenden Mangel natürlicher Ressourcen durch Raumfahrt begegnen.[74]

Alexej Tolstoi (1883–1945) wandte sich in seinem 1922 entstandenen Mars-Roman „*Aelita*"[75] gegen Niedergangsszenarien als Endpunkt der zivilisatorischen Entwicklung und propagierte die Notwendigkeit gesellschaftlicher Revolutionen. Die Sowjetregierung beauftragt in diesem Roman einen Ingenieur damit, auf der Grundlage des neuen Treibstoffs „*Ultralyddit*" ein Raumschiff für eine Marsexpedition zu entwerfen und zu bauen. Nach dessen Fertigstellung brechen der Konstrukteur und ein Berufsrevolutionär, zwei zentrale Figuren des Romans, von der gesellschaftlich bereits revolutionierten Erde zum Mars auf. Die Figur des Erfinders der Rakete wird von Tolstoi nicht marginalisiert – erst durch dessen technische Invention werden über das Medium des Weltraumflugs und den daran gekoppelten Transfer revolutionärer Gedanken gesellschaftliche Veränderungen auf dem Mars möglich. Die auf dem Mars herrschende Regierung trägt stark technokratische Züge und bezeichnet sich als „*Höchster Rat der Ingenieure*". Die Technisierung des Lebens indessen ist das Hauptmittel zur Unterdrückung der in unterirdischen Fabrikstädten eingeschlossenen Massen. Erst der irdische Revolutionär kann mit Hilfe der Raumfahrttechnik die Idee des Klassenkampfes zum Mars transportieren.[76]

Auch Alexander Beljajew (1884–1942) problematisierte in seinem Roman „*Der Sprung ins Nichts*" Raketentechnik und Weltraumfahrt. Durch den engen Kontakt zu Ziolkowski waren seine 1933 gemachten antizipativen Aussagen zur Kosmonautik zwar spekulativ, aber nicht irrational. Als einer der renommiertesten Vertreter der Nautschnaja Fantastika verband Beljajew technische Elemente des Weltraumfluges mit Handlungen auf erdfernen Planeten und inszenierte die revolutionär gewandelte Erde als „*galaktisches*" und gesellschaftliches Paradigma. Beljajew betrachtete die Raumfahrt dabei als eine Art der Naturbeherr-

74 Kluge, R.-D.: Alexander A. Bogdanow (Malinowskij) als Science-Fiction-Autor. In: Kasack, W. (Hrsg.): Science-Fiction in Osteuropa, Berlin 1984, S. 26–28.

75 Tolstoi, A.: Aelita. Ein Marsroman, Frankfurt a. M./Berlin/Wien 1983.

76 Wuckel, Science Fiction, S. 106f.

schung.[77] Alle drei Autoren parallelisierten damit auf verschiedene Weise technische mit gesellschaftlichen Utopien oder Dystopien.

In Deutschland dominierte das raketentechnische Sachbuch. Im Spannungsfeld von mathematisch-physikalischen Analysen, wie zum Beispiel Walter Hohmanns 1925 erschienener Schrift *„Die Erreichbarkeit der Himmelskörper"* oder Hermann Oberths *„Die Rakete zu den Planetenräumen"*[78] (1923), historisierenden populärwissenschaftlichen Büchern, wie Willy Leys *„Die Fahrt ins Weltall"* (1926) oder *„Grundriß einer Geschichte der Rakete"* (1932) und Raumfahrtromanen wie Gails *„Schuß ins Weltall"* wurden bis zum Jahr 1928 in deutscher Sprache 80 Werke publiziert, die Raumfahrt und Raketentechnik thematisierten.[79] Willy Ley gehört dabei zu den deutschen Autoren, deren Geschichten auch in amerikanischen SF-Magazinen veröffentlicht wurden. 1935 emigrierte er in die USA und wurde dort vor allem mit populärwissenschaftlichen Veröffentlichungen zur Raumfahrt bekannt.[80]

Der spätere Technische Direktor der Heeresversuchsanstalt Peenemünde, Wernher v. Braun (1912–1977), debütierte 1927 in der *„Deutschen Jugendzeitung"* mit dem Artikel *„Die Reise zum Mond: Ihre astronomischen und technischen Aspekte".*[81] 1929 – im Alter von 17 Jahren – verfasste er als Gymnasiast die Science Fiction-Erzählung *„Lunetta"*, die über eine von Menschenhand geschaffene Weltraumstation berichtet. 1932 erschien in der Zeitschrift *„Umschau"* ein von ihm eingereichter Artikel zur Oberthschen Technologie der Flüssigkeitsrakete.[82] Bereits in den genannten Arbeiten klingen v. Brauns technische und gesellschaftliche Visionen an: Angereichert mit einem enormen Wissen über Astronomie, Raketentechnik und Raumfahrt war er von der Anwendung der Raketentechnik für die Raumfahrt grenzenlos fasziniert, für den Sinn

---

77 Wuckel, Science Fiction, S. 111.

78 Sowohl der militärische Leiter der Heeresversuchsanstalt Peenemünde, Walter Dornberger, als auch der Technische Direktor, Wernher v. Braun, nahmen Oberths Monographie als Anregung für ihre eigenen raketentechnischen Visionen. Siehe Neufeld, M.: Weimar Culture and Futuristic Technology. The Rocket and Spaceflight Fad in Germany 1923–1933. In: Technology and Culture 31 (1990), S. 752.

79 Freeman, M.: Hin zu neuen Welten. Die Geschichte der deutschen Raumfahrtpioniere, Wiesbaden 1995, S. 37f. und S. 51–53. Die Zahlen differieren zwischen den Angaben bei Freeman (80) und Ruland (50). Siehe Ruland, B.: Wernher v. Braun. Mein Leben für die Raumfahrt, Offenburg 1969, S. 55.

80 Siehe Ley, W.: Eight Days in the Story of Rocketry. In: Thrilling Wonder Stories 10 (1937), Nr. 3, S. 56–64, Ders.: Stations in Space. In: Amazing Stories 14 (1940), Nr. 2, S. 122–124, Ders.: What's Wrong with Rockets. In: Amazing Stories 14 (1940), Nr. 3, S. 39f, 49, 145.

81 Siehe Ordway/Stuhlinger, Wernher v. Braun, S. 47.

82 Braun, W. v.: Das Geheimnis der Flüssigkeitsrakete. In: Die Umschau 36 (1932), S. 449–452.

und Zweck dieser Technologie, bzw. die Abwägung von Aufwand und Nutzen, entwickelte er kein Gespür. Auch wenn diese spärlichen Publikationen kein endgültiges Urteil über v. Brauns Weltbild zulassen, dominiert ein auf Technik zentriertes, geradezu technokratisches Weltbild.[83] Die vom Leiter der Forschungsabteilung des Heereswaffenamtes Erich Schumann betreute und 1934 angenommene Dissertation v. Brauns zu konstruktiven und theoretischen Grundlagen von Raketentriebwerken mit Flüssigtreibstoffen basierte im Gegensatz zu den genannten, eher der wissenschaftlichen Phantastik zuzurechnenden Schriften, auf konkreten Experimentalarbeiten, an denen er seit 1930/31 im Heereswaffenamt beteiligt war.[84]

In den ersten beiden Dekaden des 20. Jahrhunderts entdeckte der Film den unterhaltenden und faszinierenden Effekt der Weltraumfahrt. Bereits 1902 nutzte der französische Filmkünstler Georges Méliès (1861–1938) in *„Le Voyage dans la lune"* zur Inszenierung einer Mondfahrt umfangreiche Tricktechnik. Unter der Leitung des bekannten deutschen Regisseurs Fritz Lang (1890–1976) produzierte die Universum-Film-AG (Ufa) 1928 nach dem Drehbuch von Thea v. Harbou den ersten abendfüllenden Science Fiction-Streifen: *„Die Frau im Mond"*. Dieser letzte Stummfilm Langs war als Bericht über die Vorgeschichte und Durchführung einer Expedition zum Mond angelegt und stellte vor allem deren technische Grundlagen in den Mittelpunkt. Obwohl Lang wie in seinem Film *„Metropolis"* Gesellschaftskritik im Sinn hatte, kam er über das Niveau einer Abenteuergeschichte nicht hinaus. Trotzdem schuf Lang mit diesem Hohelied auf den technisch-schöpferischen Menschen einen Klassiker der Science Fiction-Genres. Das zur Premiere geschaffene Reklameplakat illustriert den utopischen Charakter der Filmhandlung eindrucksvoll durch die Darstellung des Vehikels zur Raumfahrt: die in den Kosmos aufsteigende Mondrakete.[85]

Bereits 1927 konnte Lang den Fachbuchautor Hermann Oberth für die wissenschaftliche Beratung des Films gewinnen. Man traf sich bei der Gestaltung

---

83 Siehe die kritische Biographie von Weyer, J.: Wernher v. Braun, Reinbek bei Hamburg 1999, S. 8.

84 Braun, W. v.: Konstruktive, theoretische und experimentelle Beiträge zu dem Problem der Flüssigkeitsrakete, Dissertation Friedrich-Wilhelms-Universität Berlin 1934. Sonderdruck in: Deutsche Gesellschaft für Raketentechnik und Raumfahrt (Hrsg.): Raketentechnik und Raumfahrtforschung, Sonderheft 1, Stuttgart o.J.

85 Geser, G.: Fritz Lang. Metropolis & Die Frau im Mond. Zukunftsfilm und Zukunftstechnik in der Stabilisierungszeit der Weimarer Republik, Meitingen 1996. Der Film *„Die Frau im Mond"* war in der Kinosaison 1929/30, gemessen an den Zuschauerzahlen, der erfolgreichste deutsche Kinofilm. Die von Lang inszenierte Zukunftsvision wurde von einem Publikum begeistert aufgenommen, das moderne Technik gewissermaßen als Erlösungsmetapher betrachtete und bewusst als solche rezipierte. Nichtsdestotrotz hatte auch die geschickte Vermarktung des Films und der Reklamefeldzug der Ufa an diesem Erfolg einen Anteil.

der Szenen in der Mitte zwischen der von Oberth eingeforderten wissenschaftlichen Exaktheit und der publikumswirksamen Platzierung filmischer Effekte durch Lang. Die Ufa plante zudem, am Tag der Filmpremiere aus Reklamegründen eine Flüssigtreibstofffrakete zu starten, mit deren Konstruktion Oberth zusammen mit seinem Assistenten Rudolf Nebel betraut wurde. Oberth nutzte die Gelegenheit, um von der Ufa Geldmittel für die Entwicklung des erforderlichen Flüssigkeitstriebwerkes zu erbitten, die ihm auf Fürsprache Langs auch genehmigt wurden. Wenn auch Rakete und Triebwerk bis zur Filmpremiere nicht fertig gestellt werden konnten, so lieferte Oberth doch mit seinen Arbeiten erste Anhaltspunkte dafür, welche Methodik bei Experimenten zur Entwicklung von Flüssigkeits-Raketentriebwerken angewandt werden sollte.[86]

Auch wenn sich zahlreiche Raketenamateure der Weimarer Republik auf dieses Ideenreservoir beriefen,[87] waren es letztendlich die technischen Fachbücher von Goddard und Oberth, die Anfang der 1920er Jahre dazu beitrugen, dass Raketentechnik und Weltraumfahrt mehr und mehr getrennt vom Dunstkreis der irrationalen Projektmacherei wahrgenommen wurden.

Der amerikanische Physiker Robert Goddard (1882–1945) veröffentlichte 1920 unter dem Titel „*A Method of Reaching Extreme Altitudes*" die theoretischen Ergebnisse seiner bisherigen raketentechnischen Untersuchungen. 1923 erschien die ein Jahr zuvor als Dissertation von der Universität Heidelberg abgelehnte Arbeit des siebenbürgendeutschen Gymnasiallehrers Hermann Oberth (1894–1989) „*Die Rakete zu den Planetenräumen*". Anders als bei Oberth war Goddards Ausgangspunkt für die Raketentechnik keine Raumfahrtvision. Goddard propagierte den Raketenflug in erster Linie als neuartiges Verfahren zur Erforschung hoher Atmosphärenschichten. Seine Überlegung, Forschungssonden mit Reaktionsantrieben auszustatten und damit die meteorologische Forschung zu erleichtern, wurde in jener Schrift von einem theoriegeleiteten Argumentationsmuster gestützt. Auch Oberth begann mit einer mathematischen Ableitung des Raumfahrtproblems, lieferte aber darüber hinaus konstruktive Lösungen für eine Weltraumrakete und stellte raumfahrtmedizinische Grundüberlegungen an. Beide Autoren legten ihren Aussagen eine Argumentation zugrunde, die sich auf wissenschaftliche Fakten bezog und Spekulationen möglichst vermied. Im Gegensatz zu Goddard, der seine Forschungen aus Gründen der Patentverwertung in den USA sehr abschottete, wurde Oberths Werk in Deutschland öffentlich rezipiert. Es ist jedoch zweifellos so, dass Oberth seine Erkennt-

---

86   Freeman, Hin zu neuen Welten, S. 64–71.
87   Zur Motivation v. Brauns, sich mit Astronomie, Raketentechnik und Raumfahrt zu beschäftigen, siehe die apologetisch gefärbten Biographien von Bernd Ruland: Wernher v. Braun. Mein Leben für die Raumfahrt, Offenburg 1969, S. 49–66 und Stuhlinger, E.; Ordway, F. I.: Wernher von Braun. Aufbruch in den Weltraum, Esslingen/ München 1992, S. 43–54.

nisse mitten in einer wirtschaftlich und politisch instabilen Zeit präsentierte. Alle Hoffnungen, die Industrie in das Innovationsnetzwerk der Raketentechnik mit einzubeziehen, waren mehr als gering.

Die oben dargestellten Befunde zeigen einerseits, dass sich in den ersten drei Jahrzehnten des 20. Jahrhunderts in Nordamerika und Europa eine eigene literarische Basis gebildet hatte, die nach außen ausstrahlte, so dass die Themen Rakete und Raumfahrt besonders über das Medium des gedruckten Wortes popularisiert wurden. Andererseits ermutigen die Befunde auch dazu, die Institutionalisierung der Akteure der Raketenszene und deren Experimentalarbeiten näher zu betrachten. Im Folgenden soll für Deutschland untersucht werden, warum der soziotechnische Kern der sowohl für Raumfahrtzwecke als auch als Fernwaffe zu gebrauchenden Flüssigtreibstoffrakete von privat operierenden Erfindervereinigungen geschaffen wurde.

In Deutschland, der Sowjetunion und den USA entstanden zu Beginn des 20. Jahrhunderts detaillierte technische Ausformungen, welche die Flüssigkeitsrakete als Weltraumfahrzeug qualifizierten. Die konstruktive Auskopplung des Raketenproblems aus dem Kontext der Weltraumfahrt in den 1930er bis 1940er Jahren führte aber auch zur Renaissance der Pulverrakete in der Waffentechnik. Darüber hinaus offenbarte die Technologie der gesteuerten Flüssigkeitsrakete erstmals eine derartige Komplexität, die den Einzelerfinder überholt erscheinen und interdisziplinäre Arbeitsgruppen zum Standardmodell werden ließ. Damit verbunden war die Schaffung mehr oder weniger feingliedriger Institutionalisierungsstrukturen der Raketentechnik mit all ihren Konjunkturen.

2. Flüssigkeitsraketen: Genese und Popularisierung

Die flügellose Pulverrakete fand nach ihrer militärischen Applikation bis zum letzten Drittel des 19. Jahrhunderts nur noch in der Lustfeuerwerkerei, als Hagelzersetzungs-, Foto-, Signal- oder Schiffsrettungsrakete Verwendung. Planmäßige Untersuchungen an Pulvertriebwerken wurden in Deutschland bis in die 1930er Jahre von Friedrich Wilhelm Sander (1885–1935), Reinhold Tiling (1893–1933) und Max Valier (1895–1930) durchgeführt. Tiling beschäftigte sich seit 1928 in Osnabrück mit der Konstruktion von Pulverraketen mit ausklappbaren Flügelsystemen, die im Gleitflug landen konnten und somit als Postraketen einsetzbar waren. Sein besonderes Augenmerk galt zudem der Entwicklung von Raketengeschossen. Tilings Pfeilgeschossraketen, teilweise schon als Zweistufen-Raketen ausgeführt, wurden der Kriegsmarine im Sommer 1930 in

Meppen vorgeführt. Am 10. Oktober 1933 verunglückte Tiling beim Pressen eines Pulversatzes tödlich.[88]

Als Vorteile des Flüssigkeitstriebwerkes gegenüber dem Feststoffantrieb erkannte Hermann Oberth in seinem 1923 veröffentlichten Werk „Die Rakete zu den Planetenräumen" das günstigere Masse-Leistungs-Verhältnis, die Möglichkeit gleichmäßigerer Schübe bei langer Brenndauer, eine teilweise höhere Sicherheit im Umgang sowie die Regelbarkeit, welche derartige Triebwerke auch für bemannte Missionen verwendbar erscheinen ließ. In Deutschland schufen neben Oberth seit Ende der 1920er Jahre besonders Rudolf Nebel (1884–1978) und Klaus Riedel (1907–1944), Eugen Sänger (1905–1964), Max Valier und Johannes Winkler (1897–1947) die Grundlagen für die Konstruktion von Flüssigkeitstriebwerken. Besonders die letztgenannten Erfinder verbanden ihre experimentellen Arbeiten gezielt mit der Botschaft, die Flüssigkeitsrakete sei das geeignete Vehikel der Weltraumfahrt. Damit gelang es ihnen, neben der Genese von Patenten für Raketenmotoren, die mit flüssigen Treibstoffen arbeiten, die Öffentlichkeit durch Schauexperimente für den Gedanken der Raumfahrt einzunehmen. Die teilweise recht simplen Konstruktionen wurden so in der Phantasie des Publikums zu einer Technologie weitergedacht, die es dem Menschen gestatten würde, die Erde zu verlassen oder große Entfernungen auf der Erde in bisher unbekannter Geschwindigkeit zurückzulegen.

In der Raketentechnik-Debatte der 1920er Jahre wurden relativ extreme Positionen eingenommen: Sie reichten von der Geringschätzung der Rakete als Steckenpferd realitätsfremder Bastler bis zur enormen Begeisterung für alles technisch Machbare. Die Erfindungen entstanden einerseits im liberalen Klima der Weimarer Republik, andererseits behinderten die wirtschaftlichen Probleme der Nachkriegszeit und der Weltwirtschaftskrise die kommerzielle Ausbeutung der Flüssigkeitsrakete. Es bleibt darüber hinaus offen, ob die kulturellen Verhältnisse der Weimarer Republik im Vergleich zu den USA und der Sowjetunion einen besonders günstigen Boden für neuartige Erfindungen wie die Flüssigkeitsrakete darstellten.[89]

Die Genese des soziotechnischen Kerns der Flüssigkeitsrakete, die Idee und deren Verbreitung blieben zunächst unabhängig von einer wirtschaftlichen Nachfrage. Privat oder mit Industriesponsoring operierende Erfinder und Kon-

---

88 Ledebur, G. v.: Reinhold Tiling. In: Flugkörper (1960), S. 263.
89 Siehe dazu Neufeld, M.: Weimar Culture and Futuristic Technology. The Rocket and Spaceflight Fad in Germany 1923–1933. In: Technology and Culture 31 (1990), S. 727 und 745. Mit Sicherheit aber wäre es zu kurz gegriffen, den Zusammenhang – wie von Frank Winter vorgeschlagen – hauptsächlich zwischen der Begeisterung des Publikums für Raketentechnik und Weltraumfahrt und dem in den 1920er Jahren in Deutschland ideengeschichtlich bedeutsamen Konzept der Lebensphilosophie zu sehen. Vgl. Winter, F.: Prelude to the Space Age. The Rocket Societies 1924–1940, Washington 1983, S. 15.

strukteure wie Oberth und Nebel, die auf dem *„Raketenflugplatz Berlin"* tätig waren, Winkler, der in Dessau für Junkers an Starthilfsraketen für Flugzeuge arbeitete, Tiling oder Püllenberg – Letztgenannter war Initiator der *„Gesellschaft für Raketenforschung"* in Hannover – arbeiteten in auf Außenwirkung bedachten Erfindervereinigungen.[90]

Da eine systematische Forschung und Entwicklung aus Kostengründen von allen genannten Erfindern nur in bescheidenem Umfang betrieben werden konnte, bestand ein wesentlicher Teil ihrer Arbeit in der Popularisierung der Raketentechnik durch Schauvorführungen. Erst in der sich seit 1930 anschließenden Phase der Raketentechnologie führte in Deutschland das waffentechnische Interesse des Heereswaffenamtes und dessen allmähliche Monopolisierung raketentechnischer Kompetenz und Ressourcen zur Stabilisierung des soziotechnischen Kerns der Flüssigkeitsrakete. Noch vor der Einbeziehung von Hochschul- und Industrieforschung erfolgte dabei die Konstruktion des eindeutig militärisch orientierten Verwendungskontextes der Flüssigkeitsrakete als Waffensystem. Obwohl das Heereswaffenamt sorgsam die Raketenamateurszene der Weimarer Republik beobachtete und Kontakte suchte, fällt für diese Explorationsphase ein nahezu vollständiger Akteurswechsel ins Auge.[91]

Im Folgenden soll untersucht werden, welche Besonderheiten die Arbeit der Raketenerfinder auszeichneten und welche Bedeutung sie neben der Erarbeitung von Patenten der Außendarstellung ihrer Arbeit beimaßen. Raketen und Raketenmodelle wurden dazu in zahlreichen Vorführungen publikumswirksam in Szene gesetzt. Nahezu jedes erdenkliche Verkehrsmittel – sei es Automobil, Flugzeug, Schienenwagen, Motorrad, Fahrrad, Schlitten oder Boot – wurde mit einem Raketenantrieb ausgerüstet und erprobt. Insbesondere Max Valier verband Experiment und Spektakel. Seine Vorführungen waren gleichzeitig übersteigerter Ausdruck einer Technikeuphorie und gigantischer Reklamerummel für die Sponsorfirmen, die ihn unterstützten.

---

90 Die Biographien und Autobiographien der einzelnen Erfinder enthalten sehr oft Elemente, die der eigenen Legendenbildung dienen: Entwicklungsresultate werden aufgebauscht, Entstehungszusammenhänge verschleiert und Prioritäten für Erstentwicklungen monopolisiert. Aber auch kritische Darstellungen außerhalb der Memoirenliteratur sind selten. Eine Ausnahme bilden Freeman, M.: Hin zu neuen Welten. Die Geschichte der deutschen Raumfahrt, Wiesbaden 1995 und Winter, F.: Prelude to the Space Age. The Rocket Societies 1924–1940, Washington 1983.

91 Das Heereswaffenamt korrespondierte in den Jahren 1931 bis 1941 zu Raketenfragen mit verschiedenen Erfindern, unter anderem mit Dipl.-Ing. Otto Muck (Uffing), Ing. Franz Mengering (Magdeburg), Ing. Gerhard Zucker (Hamburg), Dr. Eugen Sänger (Wien) und Albert Püllenberg (Hannover). Siehe Korrespondenz des Heereswaffenamtes, November 1931 bis Juli 1941, BArch/MArch, RH8II/1220.

Der Physiker Hermann Ganswindt (1856–1934) hatte bereits 1881 in einem Vortrag über das „*Weltenfahrzeug*" darauf hingewiesen, dass die Eroberung des Weltraumes verwirklicht werden könnte, wenn es gelänge, die Reaktionswirkung hochexplosiver Sprengstoffe auszunutzen.[92] Doch erst Hermann Oberth löste das Problem der Weltraumfahrt aus dem Dunstkreis der phantastischen Literatur heraus und brachte es in die wissenschaftliche Debatte ein.[93] Die Arbeiten Oberths hatten in den 1920er Jahren auf viele Erfinder Einfluss, die an die Verwendung der Raketentechnik für den Raumflug dachten. Der österreichische Luftwaffenoffizier und Astronomiestudent Max Valier verstand es letztlich seit 1926 wie kein anderer, die breite Öffentlichkeit für ein Raketenprogramm zu interessieren. In einem Briefwechsel mit Oberth befürwortete er die stufenweise Weiterentwicklung, Nutzung und Erprobung von Raketentechnik – zunächst bei Bodenfahrzeugen, danach bei Stratosphärenflugzeugen und letztendlich bei Weltraumschiffen.[94]

Valier glaubte an einen stetigen Übergang der Entwicklung vom Flugzeug zum Raumschiff. Zudem gelang es ihm, verschiedene Unternehmen für die Durchführung seiner Versuche als Sponsoren zu gewinnen. Die ersten Fahrzeugversuche entstanden aus einer Kooperation mit dem Automobil-Fabrikanten Fritz von Opel (1899–1971) und fanden im April 1928 in Rüsselsheim statt. Das für den öffentlichen Straßenverkehr untaugliche Kraftfahrzeug („*Opel-Rak*") wurde mittels am Heck angebrachter Pulverraketen angetrieben. Im Juni 1928 wurde bei Kleinburgwedel ein unbemannter raketengetriebener Schienenwagen (*„Opel-Sander-Rak"*) gestartet, wobei Valier auf Treibsätze der Bremerhavener Firma Sander zurückgriff, die Signal- und Leuchtmittel für Seefahrt und Reichswehr fertigte. Nach der Trennung von Opel und Sander schloss sich Valier mit der Pyrotechnikfirma J. F. Eisfeld in Silberhütte/Harz (*„Eisfeld-Valier-Rak"*) zusammen. Raketenwagenversuche auf der Harzquerbahnstrecke Stiege–Talmühle erbrachten im Jahr 1928 Geschwindigkeiten von über 180 km/h. Nach Experimenten mit raketengetriebenen Straßen- und Schienenfahrzeugen erprobte Valier im Februar 1929 auf dem Eibsee in Oberbayern auch einen unbemannten Raketenschlitten. Zu Beginn des Jahres 1930 knüpfte Valier Kontakte zur Fa. Heylandt Industriegasverwertung in Berlin-Britz (*„Valier-Heylandt-Rak"*), was zugleich den Beginn seiner Experimente mit Flüssigkeitsraketentriebwerken

---

92   Essers, I.: Hermann Ganswindt. Vorkämpfer der Raumfahrt mit seinem Weltenfahrzeug seit 1881, Düsseldorf 1977, S. 12f.

93   Teil dieser wissenschaftlichen Debatte war auch die völlige Ablehnung der Thesen Oberths. Eine in der Zeitschrift des VDI veröffentlichte Analyse kam nach einigen Berechnungen zu dem Schluss, dass die von Oberth postulierte Weltraumfahrt unmöglich sei. Siehe Lorenz, Die Möglichkeit der Weltraumfahrt, S. 653.

94   Essers, I.: Max Valier. Ein Vorkämpfer der Weltraumfahrt. In: Technikgeschichte 35 (1968), S. 163–166.

markierte. Am 17. Mai 1930 verunglückte er bei diesen Versuchen durch eine Explosion auf dem Prüfstand tödlich.[95]

Die erste deutschsprachige Vereinigung Raumfahrtbegeisterter wurde 1926 in Wien gegründet. Die *„Wissenschaftliche Gesellschaft für Höhenforschung"* entstand auf Anregung des Chemikers Franz von Hoefft (1882–1954) und des Ingenieurs Guido von Pirquet (1880–1966).[96] Oberth, den man von der Mitgliedschaft ausschloss, verweigerten die Österreicher eine Rolle als Leitfigur.[97] Vornehmlich deutsche Raketen-Bastler und Raumfahrt-Enthusiasten gründeten am 5. Juli 1927 im schlesischen Breslau den *„Verein für Raumschiffahrt"* (VfR). War der Verein zunächst als Zusammenschluss für Fachleute der Raketentechnik gedacht, suchte man von Anfang an auch ein breites Publikum zu erreichen. Mit der Publikation und dem Verkauf eines für technisch Vorgebildete verständlichen Fachbuches zur Raketentechnik wollte man die experimentellen Arbeiten Hermann Oberths unterstützen.[98] Besonders die monatlich erscheinende Zeitschrift *„Die Rakete"* – seit April 1927 mit der *„Deutschen Jugendzeitung"* vereinigt – war als Podium für Raketentechnik und Weltraumfahrt gedacht. In den zwei Jahren ihres Erscheinens informierte die Zeitschrift, als deren Herausgeber Johannes Winkler und der Publizist Willy Ley (1906–1969) auftraten, den Leser auf teilweise populärwissenschaftlichem Niveau über die jüngsten Entwicklungen der Raketentechnik und Astronomie. Ähnlich wie gleichartige Zeitschriften in den USA (z. B. *„Popular Mechanics"*) bot sie eine Melange aus Fachartikeln, Bauanleitungen, Buchbesprechungen und phantastischen Geschichten. Der VfR umwarb die Idee der Raumfahrt als Völker verbindendes Projekt und bemühte sich, auch internationale Akteure der Raketentechnik, wie den Franzosen Robert

---

95 Siehe Filthaut, K.: Projekt RAK. Das Raketenzeitalter begann in Rüsselsheim, Petershausen 1999. Aus der sehr artefaktlastigen, größtenteils als Bildband konzipierten Monographie Filthauts wird trotzdem sehr gut der Popularisierungsgedanke der Raketentechnik durch Schauvorführungen für ein großes Publikum ersichtlich.

96 Franz von Hoefft studierte Chemie in Wien und Göttingen und beschäftigte sich nach dem Ersten Weltkrieg mit Treibstoffen für Flüssigkeitsraketen. Siehe dazu Römer, H. v.; Römer, B. v.: Die Raketenprojekte von Dr. Franz von Hoefft. In: Flugkörper (1960), S. 353–354. Guido von Pirquet studierte Maschinenbau in Wien und Graz. 1928 veröffentlichte er die Monographie *„Die Möglichkeit der Weltraumfahrt"*, außerdem publizierte er eine Serie von Artikeln über Flugbahnen zu den Planeten Venus, Mars, Jupiter und Saturn in der Zeitschrift *„Die Rakete"*. Siehe dazu Sykora, F.: Guido von Pirquet. Austrian Pioneer of Astronautics. In: AAS History Series 7 (1986), Teil 1, S. 140–155.

97 Winter; F.: Rockets into Space, Cambridge (Mass.) 1990, S. 35.

98 Freeman, Hin zu neuen Welten, S. 63.

Esnault-Pelterie (1881–1957) oder den Russen Nikolai Rynin (1877–1942), als Mitglieder zu gewinnen.[99]

Der im Juli 1930 erfolgreich durchgeführte und amtlich beglaubigte Test des Oberthschen Raketentriebwerks „Kegeldüse" kann als Ausgangspunkt für die Arbeit des im September 1930 von Rudolf Nebel und Klaus Riedel gegründeten Raketenflugplatzes in Berlin angesehen werden. Riedel und Nebel hatten Oberth bei dessen Arbeiten zur Entwicklung der Reklamerakete für die Ufa-Produktion „Die Frau im Mond" assistiert und wollten die Arbeiten nun eigenständig fortsetzen. Die Arbeitsgruppe des VfR, zu der auch der astronomie- und raumfahrtbegeisterte Student Wernher v. Braun gehörte, beschäftigte sich vor allem mit der konstruktiven Seite der Flüssigkeitstriebwerke und zog schon bald auch das Interesse der Reichswehr auf sich. So gilt es als nachgewiesen, dass das Heereswaffenamt die Pacht für das Versuchsgelände des VfR zahlte.[100] Riedel und Nebel ließen sich 1931 einen „Rückstoßmotor für flüssige Treibstoffe"[101] patentieren und traten ihre Patentansprüche an die Reichswehr ab, die das Patent als geheim einstufte. Klaus Riedel ging 1934 zur Siemens Apparate und Maschinen GmbH (SAM), wo er sich im Auftrag des Heereswaffenamtes mit Kreisel- und Steuerungstechnik befasste. Einige Akteure, wie Wernher v. Braun und Klaus Riedel, verließen die privat organisierten Experimentiergruppen, da sie allein in den Entwicklungsressourcen des Militärs die Möglichkeit sahen, Innovationen der Raketentechnologie zu bewirken.

Die Berliner Gruppe zeigte durch das Marketing-Geschick Rudolf Nebels eine vorbildliche Öffentlichkeitsarbeit und sparte bei der Einwerbung von Geldmitteln nicht mit nationalem Pathos: „Deutschland wird durch die Lösung des Raketenproblems mindestens in wirtschaftlicher und kultureller Beziehung derartige Vorteile erlangen, dass mit einem Schlage seine frühere Weltgeltung wiederhergestellt wird."[102]

---

99 Zur Geschichte des VfR siehe Freeman, Hin zu neuen Welten, S. 53ff. und Winter, F.: Birth of the VfR: The Start of Modern Astronautics. In: Spacefligth 19 (1977), S. 243–256 sowie Winter, The Rocket Societies, S. 35–54.

100 Michael Neufeld gibt an, Karl Becker als Vertreter des Heereswaffenamtes habe die Arbeiten der Akteure des Raketenflugplatzes Berlin möglicherweise von Beginn an finanziell unterstützt. Damit wären die Experimentalarbeiten des VfR seit 1930 unter Beobachtung der Reichswehr gewesen. Dieser Befund deckt sich mit der seit 1929 laufenden Explorationsstudie des Heereswaffenamtes zur militärischen Verwendung der Raketentechnik. Siehe dazu Freeman, Hin zu neuen Welten, S. 85 und Neufeld, Die Rakete und das Reich, S. 28.

101 Kopie der Patentschrift, Deutsches Museum München, Archiv, Persönlichkeiten: Rudolf Nebel.

102 Von Rudolf Nebel verfasster Aufruf zur Unterstützung des Raketenflugplatzes Berlin. Zitiert nach Winter, The Rocket Societies, S. 174.

Die seit 1931 in Berlin-Reinickendorf durchgeführten Flugtests von Flüssigkeitsraketen des VfR *(„Mirak"/„Repulsor")* fanden auch vor Vertretern des Heereswaffenamtes, wie z. B. Walter Dornberger, statt. Die jedoch auf Geheimhaltung ausgelegte militärische Raketenentwicklung sah in der von Nebel virtuos beherrschten Öffentlichkeitsarbeit ein großes Sicherheitsrisiko. Zudem wollte das Heereswaffenamt nicht als Finanzier privater Erfindervereinigungen in Erscheinung treten, sondern deren Wissen über Personaltransfer für sich nutzen.[103]

Die Arbeiten Nebels auf dem Raketenflugplatz Berlin-Reinickendorf wurden 1933 von der Versuchsabteilung der Deutschen Luftwacht unter der Leitung von Fritz Beck übernommen, jedoch im Frühjahr 1934 abgebrochen. Rolf Engel (1912–1993) profilierte in der Folgezeit die Versuchsabteilung (VA) mit Sonderaufgaben auf dem Gebiet der Raketentechnik.[104]

Die im November 1931 von Albert Püllenberg (*1913), Student der Technischen Staatslehranstalt Bremen, in Hannover gegründete *„Gesellschaft für Raketenforschung"* bewegte sich zweifellos ebenso im Sog der Raketeneuphorie der ausgehenden 1920er Jahre. In Zeiten der Weltwirtschaftskrise sagte Püllenberg der Flüssigkeitsrakete *„ungeahnte Möglichkeiten in volkswirtschaftlicher, wissenschaftlicher und technischer Hinsicht"* voraus. Die Rakete war für ihn wie für die Gruppe um Nebel in der Außendarstellung Innovations- und Konjunkturmotor schlechthin. Das de facto Einmann-Unternehmen *„Raketenflugplatz Hannover"*, 1935 von Püllenberg hochtrabend in *„Deutsche Versuchsanstalt für Raumfahrt"* (DVR) umbenannt, zeigt aber auch, dass nach der politischen Zäsur von 1933 noch private Raketenamateure agieren konnten, ohne vom Heereswaffenamt aus Geheimhaltungsgründen ausgeschaltet zu werden. Die im Mai 1936 begonnene Startreihe von kleinen Flüssigkeitsraketen fand erst mit dem Ausbruch des Zweiten Weltkrieges ihr Ende, als der auf dem Truppenübungsplatz Hannover-Vahrenwalder Heide gelegene und für Experimentalarbeiten genutzte Schuppen einer anderen Verwendung zugeführt wurde. Püllenberg selbst wech-

---

103 Ley berichtet, dass 1931 *„jede denkbare Zeitschrift mindestens einen Artikel über unsere Tätigkeiten brachte"*. Zitiert nach Freeman, Hin zu neuen Welten, S. 90. Becker verlangte von der Erfindergruppe die Erstellung wissenschaftlicher Daten, anstelle Spielzeugraketen abzufeuern. Siehe Braun, W. v.: Reminiscences of German Rocketry. In: Journal of the British Interplanetary Society 15 (1956), S. 130.

104 Eine kritische Darstellung zur Biographie Engels liefert Neufeld, M.: Rolf Engel vs. The German Army: A Nazi Career in Rocketry and Repression. In: History and Technology 13 (1996), S. 53–72. Ein aus Interviewmaterial zusammengestellter apologetischer Bericht findet sich bei Horeis, H.: Rolf Engel – Raketenbauer der ersten Stunde, München 1992.

selte als Mitarbeiter in das Heereswaffenamt.[105] Die Arbeit der Raketenamateur-
gruppe um Püllenberg ist ein charakteristisches Beispiel für die idealistische Be-
trachtungsweise einer Erfindung, der man zwar wirtschaftliche und wissenschaftliche Tragweite wünschte, aber mit der eigenen Arbeit – so ambitioniert
sie auch gewesen sein mag – nicht dazu verhelfen konnte.

Abseits dieser auf Popularisierung von Raketentechnik setzenden Bewegung
stand der Österreicher Eugen Sänger. Sänger war mit einem Thema zur Konstruktion von Flugzeugen promoviert worden und plante in den 1930er Jahren
den Bau eines raketengetriebenen Überschallflugzeugs. 1932 begann er als Mitarbeiter an der TH Wien mit der Verwirklichung seiner Pläne, indem er sich zunächst auf die Konstruktion von Flüssigkeitstriebwerken konzentrierte. Sänger
setzte im ihm vertrauten akademischen Umfeld auf die Normen wissenschaftlichen Arbeitens und testete seine Raketenmotoren unter reproduzierbaren Bedingungen auf speziellen Prüfstandsanordnungen. Im Zeitraum von 1932 bis 1934
schuf er zahlreiche Experimentalraketenantriebe (S.R.1 bis S.R.14). In einer
Korrespondenz vom 24. November 1934 zeigte auch das Heereswaffenamt Interesse an den Raketenmotoren Sängers.[106]

1935 meldete er als Ergebnis seiner Experimente das Patent für einen *„Rake-
tenmotor und Verfahren zu seinem Betrieb"* beim Österreichischen Patentamt
an. Bereits 1933 veröffentlichte Sänger die Monographie *„Raketenflugtechnik"*,
die seine theoretischen Überlegungen und praktischen Untersuchungen zur
Technologie der Flüssigkeitsraketen erstmals zusammenfasste und damit in der
zweiten Hälfte des 20. Jahrhunderts zu einem Grundlagenwerk der Raumfahrtlite-
teratur avancierte. Sängers Konzeptionen eines *„Raketen-Steighilfegerätes"* für
Jagdflugzeuge und eines Raketenmotors zum Antrieb von Troposphärenflug-
zeugen fanden jedoch beim Österreichischen Verteidigungsministerium keine
Resonanz.[107] Erst nach Sängers Wechsel in die Deutsche Forschungsanstalt für
Luftfahrt (DFL), wo man ihn 1936 mit der Gründung eines Forschungszentrums

---

105 Siehe Aufruf der Gesellschaft für Raketenforschung (1931) und Forschungsbericht des
Raketenflugplatzes Hannover (1934), Deutsches Museum München, Archiv, Luft- und
Raumfahrtdokumentation (LR) 04713.

106 Siehe Korrespondenz des Heereswaffenamtes, November 1931 bis Juli 1941,
BArch/MArch, RH8II/1220.

107 Siehe Schreiben des Bundesministeriums für Landesverteidigung (Generalbaurat Dr.-
Ing. Leitner) an Eugen Sänger, Versuchsanstalt der Technischen Hochschule Wien, vom
3. Februar 1934: *„Auf Ihr Schreiben vom 26. Dezember 1933 wird mitgeteilt, daß das
Bundesministerium für Landesverteidigung nach Prüfung Ihres Raketenprojektes sich
nicht in der Lage sieht, auf dasselbe näher einzugehen, da das Grundprinzip Ihrer Konstruktion (Verwendung von flüssigen Kohlenwasserstoffen und von flüssigem Sauerstoff)
wegen des unvermeidlichen detonationsartigen Charakters des Verbrennungsvorganges
der genannten Betriebsmittel praktisch nicht verwirklichbar erscheint."* In: Raketenflug,
Bundesarchiv/Filmarchiv, Signatur 1139, Rolle 5.

für Reaktionsantriebe in Trauen (Lüneburger Heide) beauftragte, setzte er seine Arbeiten zum strahlgetriebenen Raumgleiter fort, die 1941/42 vom RLM zum raketengetriebenen Fernbomber modifiziert wurden. Sängers Arbeitsweise und Methodik galten als paradigmatisch für die nationalsozialistische Luftfahrtforschung.[108]

Nachdem in den vorangegangenen Abschnitten die Flüssigkeitsrakete als Medium technischer Utopien und Kommunikationsmittel zwischen raumfahrtbegeisterten Erfindern und einem immense Vorstellungskraft investierenden Publikum dargestellt wurde, soll nun die Untersuchung militärischer Strukturen – insbesondere die des Heereswaffenamtes – in den Mittelpunkt rücken.

---

108 Trischler, H.: Luft- und Raumfahrtforschung in Deutschland 1900–1970. Politische Geschichte einer Wissenschaft, Frankfurt a. M./ New York 1992, S. 219ff.

II. Die Rakete im Kalkül von Militär und Rüstungsplanung

1. Das Heereswaffenamt organisiert die Raketenentwicklung

Warum fiel gerade dem Heereswaffenamt der Reichswehr Anfang der 1930er Jahre die Rolle zu, den in den 1920er Jahren geschaffenen sozio-technischen Kern der Flüssigkeitsrakete zu stabilisieren? War diese Institution nur eine von vielen möglichen in Deutschland, die das in den 1920er Jahren neu erweckte gesellschaftliche Interesse an der Raketentechnik für militärische Planungen nutzten? Oder zeichnete sich im ersten Drittel des 20. Jahrhunderts weltweit erneut eine Allianz zwischen Raketentechnik und Militär ab, die nach den technischen Unzulänglichkeiten der Pulverraketenwaffe und mit der Verbesserung der Geschütztechnik Ende des 19. Jahrhunderts zunächst gescheitert war?[109]

Bereits vor dem Jahr 1933 und damit vor dem Beginn der nationalsozialistischen Aufrüstung zeigte sich das Heereswaffenamt rüstungstechnischen Innovationen generell sehr aufgeschlossen. Kontinuierlich seit der Schaffung des Amtes im Jahr 1919 waren in der Reichswehr Organisationsstrukturen entstanden, die es ihr gestatteten, trotz Kontrolle durch die alliierten Siegermächte und unter schweigender Umgehung der Verbote dem deutschen Militär einen Planungshorizont zu geben, der von einem Gefühl der Stärke getragen war.

Zunächst sollen die Organisationsstrukturen und das Aufgabenspektrum des Heereswaffenamtes seit der Einrichtung im Jahr 1919 dargestellt werden. Zu diesem Zweck wird die Organisationsstruktur unter dem Blickwinkel der militärpolitischen Planungen des Deutschen Reiches betrachtet. Parallel dazu steht das raketentechnische Interesse des Heereswaffenamtes im Mittelpunkt.

1.1. Waffen als Verwaltungsobjekte

Die Ursprünge des Heereswaffenamtes sind in der Reaktion des deutschen Militärs auf die neuen Ansprüche der technisierten Kriegführung im Ersten Welt-

---

109 Einen wichtigen Beitrag der jüngeren Forschung zur Rolle des Heereswaffenamtes liefert Rolf-Dieter Müller: Kriegsführung, Rüstung und Wissenschaft. Zur Rolle des Militärs bei der Steuerung der Kriegstechnik unter besonderer Berücksichtigung des Heereswaffenamtes 1935–1945. In: Maier, H. (Hrsg.): Rüstungsforschung im Nationalsozialismus. Organisation, Mobilisierung und Entgrenzung der Technikwissenschaften, Göttingen 2002, S. 52–71.

krieg zu suchen. Der Kriegsverlauf veranlasste die deutsche Heeresleitung zur Einrichtung eines besonderen Amtes im Kriegsministerium, das die sich zunehmend als Hauptproblem abzeichnende Aufgabe der zentralen Beschaffung und Verwendung von Rohstoffen, Waffen und Munition lösen sollte. Aus diesem Grund erfolgte am 1. November 1916 die Gründung eines *„Kriegsamtes"*, das neben Belangen der Volksernährung das Waffen- und Munitionsbeschaffungsamt (WuMBA), die Feldzeugmeisterei sowie die Kriegsrohstoffabteilung koordinierte. Diese Konzentration der Verantwortung des Militärs für den Gesamtprozess der Entwicklung, Fertigung und Truppeneinführung von Waffen, Munition und Gerät entsprach der Notwendigkeit, Kriegsgüter für das *„technisierte und industrialisierte Schlachtfeld"* in Massen bereitzustellen.[110]

Das Gesetz über die Bildung einer Vorläufigen Reichswehr vom 6. März 1919 markierte ein wichtiges Zwischenergebnis im innenpolitischen Ringen um die Neugestaltung der militärischen Strukturen in Deutschland nach dem Ende des Ersten Weltkrieges. Noch vor der Unterzeichnung des Versailler Friedensvertrages im Juni 1919 wurden damit strategische Entscheidungen für den Aufbau der zukünftigen Reichswehr getroffen – auch wenn die Rahmenbedingungen durch die militärischen Bestimmungen des Versailler Vertrages vorgegeben waren. In Übereinstimmung mit den Kriegszielen der Siegermächte standen eine nachhaltige Entwaffnung und eine Begrenzung der Wehrkraft Deutschlands im Mittelpunkt. Die Aufhebung der Wehrpflicht und die Auflage an Deutschland, ein Berufsheer mit begrenztem Personalbestand zu schaffen, sollte zusammen mit der technischen und zahlenmäßigen Beschränkung des Rüstungsmaterials die militärische Dominanz der Siegermächte Großbritannien, Frankreich und USA garantieren. Das explizite Verbot der Entwicklung und Fertigung ganzer Waffensysteme wie chemische Kampfstoffe, Panzer, U-Boote, Flugzeuge und Flugabwehrmittel sowie schwere Artillerie außerhalb von Festungen sollte wehrtechnische Innovationen in Deutschland erschweren bzw. diese in kontrollierbare Bahnen leiten. Die militärisch relevanten Paragraphen des Friedensvertrages regelten zudem die Zulässigkeit und angemessene Größe von Kommandobehörden und Dienststellen des zukünftigen Wehrministeriums. Durch das Verbot einer Zusammenarbeit öffentlicher Institutionen und Organisationen mit

---

110 Braun, H.-J.: „Krieg der Ingenieure": das mechanisierte Schlachtfeld. In: Braun, H.-J.; Kaiser, W. (Hrsg.): Energiewirtschaft, Automatisierung, Information seit 1914, Berlin 1992, S. 172–206. Zur Institutionsgeschichte des Heereswaffenamtes siehe Fetzer, G.: Der Bestand RH 8 I (Das Heereswaffenamt außer der Heeresversuchsstelle Peenemünde und sonstige nachgeordnete Stellen) im Bundesarchiv/Militärarchiv, Freiburg i. Br. 1995, S. XVIf.

militärischen Behörden strebten die Siegermächte eine Entkopplung von zivilen und militärischen Strukturen in Deutschland an.[111]

Mit dem In-Kraft-Treten der Verfassung des Deutschen Reiches vom 11. August 1919 übertrug kurz darauf Reichspräsident Friedrich Ebert den Oberbefehl über die deutschen Streitkräfte dem Reichswehrminister.[112] Damit war die Voraussetzung geschaffen, alle militärischen Belange, aber auch Fragen der Ausrüstung und Bewaffnung einer zentralen Reichsbehörde zu unterstellen, was letztendlich mit der Einrichtung des Reichswehrministeriums als Verwaltungs- und Kommandobehörde am 1. Oktober 1919 realisiert werden konnte. Die alten Strukturen der kaiserlichen Marine und des kaiserlichen Heeres wurden aufgelöst und dem Reichswehrminster jeweils ein Chef der Heeresleitung und ein Chef der Marineleitung nachgeordnet.[113]

Bereits im Organisationsplan des Reichswehrministeriums vom November 1920 erschien unterhalb der Heeresleitung und -verwaltung das Waffenamt (Wa A) als zentrale Institution für alle Belange der Beschaffung von Waffen, Munition und Geräten. Nach der anfänglichen Trennung von Waffenamt und Feldzeugmeisterei, der die Abnahme, Lagerung und Instandhaltung von Wehrtechnik oblag, wurden diese Aufgaben 1920 schließlich im Waffenamt zusammengefasst. Um Verwechslungen mit den Marineressorts zu vermeiden, erhielten die Dienststellenbezeichnungen seit Mai 1922 eine Spezifikation. Das Heereswaffenamt (HWA) mit den Struktureinheiten Allgemeine Abteilung, Waffen- und Munitionsabteilung, Geräteabteilung und Zeugamtsabteilung war neben dem Truppenamt als getarnter Nachfolginstitution des Großen Generalstabes, dem Personalamt und dem Verwaltungsamt eine gleichberechtigte Institution der deutschen Heeresorganisation.[114]

Bis zum Jahr 1925 konzentrierten sich die Abteilungen des Heereswaffenamtes vorrangig auf Beschaffung, Nachschub und Instandsetzung; die Konstruktion

---

111 Militärgeschichtliches Forschungsamt (Hrsg.): Deutsche Militärgeschichte, Bd. 3: Reichswehr und Republik (1918–1933), München 1983, S. 91–95. Siehe auch Hansen, E. W.: „Moderner Krieg" im Schatten von Versailles. Die „Wehrgedanken des Auslandes" und die Reichswehr. In: Ders.: Politischer Wandel, organisierte Gewalt und nationale Sicherheit: Beiträge zur neueren Geschichte Deutschlands und Frankreichs. Festschrift für Klaus-Jürgen Müller, München 1995, S. 193–210.

112 Im Zeitraum von 1919 bis 1933 wechselte unter den Reichspräsidenten Ebert und Hindenburg das Amt des Reichswehrministers von Gustav Noske (1919–1920) über Otto Geßler (1920–1928) auf Wilhelm Groener (1928–1932) und Kurt von Schleicher (1932–1933).

113 Absolon, R.: Die Wehrmacht im Dritten Reich, 6 Bde., Boppard 1969–1995, Bd. 1, S. 29.

114 Ebd., S. 229f. Erster Chef des Heereswaffenamtes war Ludwig Wurtzbacher (1870–1926), der das Amt vom 1. Oktober 1919 bis zu seinem Ausscheiden aus dem aktiven Dienst im Januar 1926 leitete.

und Entwicklung von Waffen und Gerät stand noch nicht im Mittelpunkt. Insbesondere die Nachschubabteilung bildete die Grundlage für die spätere Wehrwirtschaftsabteilung des Heereswaffenamtes. Die Technische Stabsgruppe beriet die Beschaffungsabteilung: Zu diesem Zweck führte sie eine zentrale Firmenkartei, in der alle Industrieunternehmen, welche die von den Siegermächten zugelassene Wehrtechnik fertigten, verzeichnet waren. Auf diese Art und Weise zeigte sich das Heereswaffenamt schon Mitte der 1920er Jahre sehr gut darüber informiert, welche militärtechnisch relevanten Aufgabengebiete (z. B. Kreiseltechnik für Geschützsteuerungen) in den unter alliierter Kontrolle stehenden Unternehmen bearbeitet wurden.[115]

Obwohl die wehrpolitischen Entscheidungen der Weimarer Republik pro forma an die Bestimmungen über Landheer, Seemacht und Luftfahrt des Versailler Friedensvertrages gebunden waren, liefen bereits seit 1925 reichswehrinterne Vorbereitungen für die Verdreifachung der von den Siegermächten vorgeschriebenen Truppenstärke des deutschen Heeres von 100 000 auf 300 000 Mann im Mobilmachungsfall.[116] Dieser Plan für das sogenannte Aufstellungsheer (A-Heer) mit 21 an Stelle von sieben Infanteriedivisionen, der seit April 1930 in der Heeresleitung als verbindlich galt, war einerseits weder politisch noch juristisch gedeckt und stieß andererseits auf erhebliche organisatorische Schwierigkeiten: Führungspersonal und Heeresbestände an Waffen und Ausrüstung hätten lediglich für eine Verdoppelung der Truppenstärke ausgereicht. Erst Mitte des Jahres 1932 nahmen diese organisatorischen Planungen nach Genehmigung durch den Chef der Heeresleitung den Charakter eines Rüstungsprogramms[117] für den Zeitraum von 1933 bis 1938 an. Im Oktober 1933 konnte nach dem Austritt Deutschlands aus dem Völkerbund und unter den veränderten Prämissen der nationalsozialistischen Rüstungspolitik zudem jede Tarnung fallen gelassen und mit dem beschleunigten Ausbau der Reichswehr begonnen werden.[118]

---

115 Siehe dazu die 1948 – also retrospektiv – angefertigte Ausarbeitung von Karl Justrow: Entwicklung und Beschaffung von Heeresgut in Deutschland, BArch/MArch, MSg 2/694, Bl. 76ff.

116 Militärgeschichtliches Forschungsamt (Hrsg.): Deutsche Militärgeschichte, Bd. 3: Reichswehr und Republik (1918–1933), München 1983, S. 208.

117 Die Vergrößerung des Personalbestandes des Reichsheeres war die Hauptaufgabe des Programms, die Beschaffung moderner Wehrtechnik folgte nach. So waren die Aufstellung von schwerer Artillerie, Truppen zur Flieger- und Panzerabwehr sowie einer eigenen Panzer- und Fliegertruppe schon vor 1933 in Planung. Insgesamt können jedoch bei den bekannt gewordenen Größenordnungen hauptsächlich nur Aspekte der Landesverteidigung im Vordergrund gestanden haben.

118 Absolon, Die Wehrmacht im Dritten Reich, Bd. 1, S. 40 und Bd. 3., S. 1f. Siehe auch Militärgeschichtliches Forschungsamt (Hrsg.): Deutsche Militärgeschichte, Bd. 3: Reichswehr und Republik (1918–1933), München 1983, S. 209f.

Im Reichswehrministerium wusste man um die Abhängigkeit von personeller und wehrtechnischer Aufrüstung. Der Chef der Heeresleitung Hans von Seeckt (1866–1936) hatte bereits 1921 dem Reichsheer eine Rolle als *„Kadertruppe"* beim Wiederaufbau der zukünftigen Wehrmacht Deutschlands zugewiesen.[119] Das bedeutete zugleich, die Reichswehr müsse trotz der wehrtechnischen Reglementierungen Mittel und Wege finden, um den Anschluss an Entwicklungen, die sich im Verlauf des Ersten Weltkrieges als wirksam herausgestellt hatten, nicht zu verlieren. Die Verhandlungen zur Beteiligung deutscher Unternehmen am Aufbau der russischen Rüstungsindustrie bereiteten in den Jahren 1920 bis 1923 die militärischen Kontakte zwischen Reichswehr und Roter Armee vor. Die Reichswehr verlagerte die Ausbildung für zentrale, im Versailler Vertrag verbotene, Wehrtechnik wie Panzer- und Flugzeugtechnik sowie chemische Waffen in die Sowjetunion. Im Zeitraum von 1926 bis 1933 wurden an den durch die Reichswehr in der Sowjetunion eingerichteten Schulen unter Duldung durch die sowjetische und die deutsche Regierung Reichswehroffiziere im Panzer- und Gaskampf sowie als Flugzeugführer ausgebildet.[120]

Innerhalb der Reichswehr waren der Heeresleitung, zu deren Chef am 1. Februar 1934 der General der Artillerie Werner v. Fritsch[121] (1880–1939) ernannt wurde, fünf große Ämter – darunter das Heereswaffenamt – unterstellt. Werner v. Fritsch bzw. sein Nachfolger Walther v. Brauchitsch (1881–1948) waren somit die militärischen Vorgesetzten des 1929/30 begonnenen Raketenprogramms des Heereswaffenamtes und konnten mit ihren Befehlen Entscheidungen beschleunigen oder blockieren.

Den von der Reichswehrführung an das Heereswaffenamt gestellten Grundaufgaben gemäß gliederte sich das Amt seit 1929 in die vier Amtsgruppen Entwicklungs- und Prüfwesen, Industrielle Rüstung, Chefingenieur und Abnahme.[122] Für die Personalpolitik des Heereswaffenamtes in den 1920er und 30er Jahren ist dabei bezeichnend, dass die Führungskräfte entweder eine Generalstabs- oder eine technische Hochschulausbildung nachweisen konnten. Besonders seit den 1930er Jahren wurde von Seiten der HWA-Führung in den neuen Typ des Offiziers mit technischer Hochschulausbildung die Erwartung gesetzt, die Heeresrüstung entsprechend den Anforderungen der technisierten Kriegsfüh-

---

119 MGFA, Deutsche Militärgeschichte, Bd. 3, S. 207f.

120 Ebd., S. 238f und Zeidler, M.: Reichswehr und Rote Armee 1920–1933. Wege und Stationen einer ungewöhnlichen Zusammenarbeit, 2. Aufl., München 1994 sowie Kahlenberg, F. P. (Hrsg.): Reichswehr und Rote Armee. Dokumente aus den Militärarchiven Deutschlands und Russlands 1925–1931, Koblenz 1995.

121 Seit dem 2. Mai 1935 wurde diese Dienststellung in *„Oberbefehlshaber des Heeres"* umbenannt. Fritsch hatte das Amt bis zu seinem Rücktritt am 4. Februar 1938 inne.

122 Leeb, E.: Aus der Rüstung des Dritten Reiches. (Das Heerswaffenamt 1938–1945) In: Wehrtechnische Monatshefte, Beiheft 4. Berlin/Frankfurt a. M. 1958, S. 9.

rung zu gestalten und dabei den Kontakt zu militärischen Kommandobehörden und Rüstungsprogrammen nicht zu verlieren. Eine zentrale Rolle bei der Aufwertung ingenieurwissenschaftlicher Qualifikation und Ausbildung für Beamte des Heereswaffenamtes spielte der seit 1926 als Leiter der HWA-Abteilung für Ballistik und Munition eingesetzte Karl Becker[123] (1879–1940).

Becker war von 1906 bis 1911 als Artillerieoffizier an der Militärakademie Berlin Assistent des Ballistikers Carl Cranz gewesen und beschäftigte sich dort ebenfalls mit wissenschaftlicher Ballistik. Von 1911 bis 1914 setzte er diese Arbeit praktisch in der Artillerie-Prüfungskommission des kaiserlichen Heeres fort. Im Ersten Weltkrieg war er Chef einer schweren Mörserbatterie. Nach Kriegsende studierte er als Reaktion auf seine Erfahrungen mit dem Gaskrieg Chemie an der Technischen Hochschule Berlin und wurde dort 1922 zum Dr.-Ing. promoviert.[124]

Beckers Initiative, ein sogenanntes *„Studienoffizier"*-Programm für Reichswehroffiziere einzurichten, zeigte Ende der 1920er Jahre Erfolge. Wichtige Führungskräfte des späteren Heeresraketenprogramms – Walter Dornberger (1895–1980), Erich Schneider und Leo Zanssen – hatten neben ihrer militärischen Ausbildung zugleich einen maschinenbautechnischen Studiengang an einer Berliner Hochschule durchlaufen und damit eine besondere Qualifikation auf dem Gebiet der Ballistik erworben. Becker sah in dieser Doppelqualifikation ein wirksames Mittel, um die Berührungsängste des zu großen Teilen technikfeindlich eingestellten Offizierskorps der Reichswehr abzubauen. Dabei wollte er keineswegs für Militärtechnik missionieren, sondern militärtechnische Fachleute heranbilden, deren Entwicklungsergebnisse für sich sprachen.[125]

---

123 Zur Vita Beckers siehe Personalakte Karl Becker, BArch/MArch, MSg 109, Nr. 10843, Eisfeld, R.: Mondsüchtig. Wernher v. Braun und die Geburt der Raumfahrt aus dem Geist der Barbarei, Reinbek 1996; Hammerstein, N.: Die Deutsche Forschungsgemeinschaft in der Weimarer Republik und im Dritten Reich. Wissenschaftspolitik in Republik und Diktatur, München 1999; Neufeld, M. J.: Die Rakete und das Reich. Wernher von Braun, Peenemünde und der Beginn des Raketenzeitalters, Berlin 1997.

124 Siehe Thiessen, P. A.: Wehrchemie in Deutschland. Karl Becker zum Gedächtnis. In: Angewandte Chemie 53 (1940), S. 377–378. Der Nachruf Thiessens nimmt auf Beckers Selbstmord keinen Bezug, benennt jedoch seine Leistungen auf dem Gebiet der Wehrtechnik. Zur Einordnung Beckers liegen neuere komparative Studien vor. Siehe besonders Ciesla, B.: Abschied von der „reinen" Wissenschaft. „Wehrtechnik" und Anwendungsforschung in der Preußischen Akademie nach 1933. In: Fischer, W. (Hrsg.): Die Preußische Akademie der Wissenschaften zu Berlin, 1914–1945, Berlin 2000, S. 489–499; Ders.: Ein „Meister deutscher Waffentechnik". General-Professor Karl Becker zwischen Militär und Wissenschaft (1918–1940). In: Bruch, R. v., Kaderas, B. (Hrsg.): Wissenschaften und Wissenschaftspolitik. Bestandsaufnahme zu Formationen, Brüchen und Kontinuitäten im Deutschland des 20. Jahrhunderts, Stuttgart 2002, S. 263–281.

125 Neufeld, Die Rakete und das Reich, S. 22.

Auch das Reichswehrministerium sah seit 1929/30 im Heereswaffenamt die entscheidende Schnittstelle zur Koordinierung wehrtechnischer Fragen zwischen militärischer Führung und der Industrie. Aus diesem Grund war man an einer Erweiterung der Zuständigkeitsbereiche des Waffenamtes interessiert. Das Jahr 1930 stellt somit für die organisatorische Gliederung des Heereswaffenamtes eine weitere wichtige Zäsur dar: 1929/30 wurde die Entwicklung von Wehrtechnik durch das Heereswaffenamt als zentrales Aufgabengebiet festgelegt und einer zu diesem Zweck eingerichteten Gruppe „Prüfwesen" (Wa Prw) überantwortet. Zum Leiter dieser „Prüfabteilung" ernannte man 1932 Karl Becker, der 1938 schließlich zum Chef des gesamten Heereswaffenamtes aufstieg und erst nach seinem Freitod 1940 von Erich Schneider, seinem ehemaligen Protegé, abgelöst wurde. Die Abteilungen dieser Gruppe verfügten über Versuchs- und Schießplätze im Reichsgebiet, auf denen – wie später in Peenemünde oder Kummersdorf – neben der Erprobung von Waffen auch die Lastenhefte für die Entwicklung von Wehrtechnik erarbeitet wurden.[126]

Seit 1935 ordnete das Heereswaffenamt einige Zuständigkeitsbereiche der Abteilungen neu, außerdem wurde die ehemalige „Zentralstelle für Heeresphysik und Chemie" am 1. Mai 1935 in „Forschungsabteilung des Heereswaffenamtes mit Hochschulzentralstelle" (Wa Prw Z) umbenannt. Am 1. Juli 1937 wandelte man die Waffenamtsgruppe Prüfwesen in eine „Abteilung für Sondergerät" (Wa Prw 13) um. Mit Wirkung vom 7. März 1938 wurde die Forschungsabteilung (Wa F) direkt dem Heereswaffenamt unterstellt, gleichzeitig ordnete man der Abteilung für Sondergerät das Kürzel Wa Prw 11 zu. Erst im Mai 1938 erweiterte sich der Aufgabenbereich der Heereswaffenamtsgruppe „Prüfwesen" auf „Entwicklung und Prüfwesen".[127]

Ende des Jahres 1933 war der Chef des Heereswaffenamtes, General der Artillerie Alfred von Vollard-Bockelsberg (1874–1945), aus dem Heeresdienst ausgeschieden und hatte die Leitung am 1. Januar 1934 an Oberst Liese abgegeben. Liese, der bis 1937 zum General der Infanterie aufstieg, schied nach vierjähriger Leitung des Wa A aus dem aktiven Heeresdienst aus und übergab Ende des Jahres 1937 die Führung der Dienststelle an den bisherigen Abteilungsleiter Prüfwesen, den zum General der Artillerie ernannten Prof. Dr. phil. h.c. Dr.-Ing. Karl Becker.[128]

Dieser legte der Wehrmachtsführung nahe, einen übergeordneten Führungsstab zu schaffen, der die Lenkung der drei Waffenämter von Heer, Marine und Luftwaffe übernehmen sollte. Die Industrie nahm, ebenso wie die Wehrmachtsteile, diesen Steuerungsversuchen gegenüber eine ablehnende Haltung

126 Siehe dazu Planungen des Heereswaffenamtes, BArch/MArch, RH 8 I/898.
127 Absolon, Die Wehrmacht im Dritten Reich, Bd. 3, S. 154 und Bd. 4, S. 180.
128 Ebd., Bd. 1, S. 54. und Bd. 3, S. 158.

ein und argumentierte gegen den im April 1940 bereits erteilten, kurz darauf von Hitler widerrufenen Organisationsbefehl, dass sie eine militärische Führung der wehrtechnischen Aufgaben nicht benötige und ein liberales wirtschaftliches Klima zu größerer Leistungsbereitschaft anrege. Erst der Reichsminister für Rüstung und Kriegsproduktion Albert Speer konnte Vollmachten erwirken, die notwendig waren, um die rüstungswirtschaftliche Produktion partiell zu zentralisieren und zu potenzieren.[129]

Im Zuge der deutschen Mobilmachung für den Zweiten Weltkrieg ergab sich für das Heereswaffenamt ein neues Unterstellungsverhältnis: Das Heereswaffenamt war nun dem Befehlshaber des Ersatzheeres (BdE), dem unter anderem die Beschaffung und Abnahme von Waffen, Munition und Gerät oblag, unterstellt. Nach Ablösung des Generals der Infanterie Joachim v. Stülpnagel übernahm Anfang September 1939 der General der Artillerie Fritz Fromm (1888–1945) dessen Amt.[130] Diese Konstellation blieb in den ersten Kriegsjahren bestehen.

Erst als Folge des Attentatsversuches auf Hitler und der Suche nach den planenden Köpfen wurde Fromm am 20. Juli 1944 seines Amtes enthoben und 1945 hingerichtet. Der Reichsführer-SS und Reichsminister des Inneren, Heinrich Himmler, stieg zum Chef der Heeresrüstung und zum Befehlshaber des Ersatzheeres auf. Damit vergrößerte sich auch der indirekte Einfluss der SS auf die Heeresrüstung und das Heeresraketenprogramm. Himmler ernannte eine weitere SS-Charge, den SS-Obergruppenführer und General der Waffen-SS Hans Jüttner (1894–1965), zu seinem Stellvertreter sowie zum Stabschef beim Chef der Heeresrüstung.[131]

Das Heereswaffenamt arbeitete bis zum Ende des Zweiten Weltkrieges neben dem Marinewaffenamt und dem Technischen Amt der Luftwaffe, das in großem Umfang Personal des Heereswaffenamtes aufgenommen hatte, mit der Industrie zusammen. Gemäß den Aufträgen der Heeresleitung und den Entwicklungsvorschlägen der Industrie wurden in einem iterativen Prozess, der Prototypenbau, Truppenerprobung, Anpassung an die gegebenen militärischen Erfordernisse und Auftragserteilung an die Industrie umfasste, die rüstungstechnischen Planungen umgesetzt.[132]

---

129 Schneider, E.: Technik und Waffenentwicklung im Kriege. In: Bilanz des Zweiten Weltkrieges. Erkenntnisse und Verpflichtungen für die Zukunft, Oldenburg 1953, S. 243.

130 Absolon, Die Wehrmacht im Dritten Reich, Bd. 5, S. 54 und 61.

131 Ebd., Bd. 6, S. 206.

132 Ein detailliertes Flussdiagramm dieses Planungsablaufs ist enthalten in Fetzer, Das Heereswaffenamt, S. LXXXIIf. Siehe außerdem die Darstellung des letzten Chefs des Heereswaffenamtes General Erich Schneider: Schneider, E.: Technik und Waffenentwicklung im Kriege. In: Gerhard Stalling Verlag (Hrsg.): Bilanz des Zweiten Weltkrieges, Oldenburg 1953, S. 241f.

1.2. Einsatzmöglichkeiten der Raketentechnik

Bereits am Ende des 19. Jahrhunderts war die Pulverrakete außer zu Signal- und Leuchtzwecken für den militärischen Einsatz zunächst uninteressant geworden. Dazu beigetragen hatte die rasante Entwicklung der Rohrartillerie mit ihren Vorteilen großer Feuerkraft und Zielgenauigkeit. Außerdem führten die Verwissenschaftlichung der Ballistik und die experimentelle Untersuchung ballistischer Systeme mit ihren Einsatzvorschriften und Schusstafeln zu einer gut handhabbaren und wirksamen Waffe. Die im Ersten Weltkrieg auf deutscher Seite eingesetzte schwere Artillerie mit Reichweiten über 100 Kilometer markierte dabei ein erstes Maximum im Kaliber-, Sprengkraft- und Reichweitenwachstumsdenken der Kriegsmächte.

Anfang des Jahres 1930 beschloss das Heereswaffenamt ein zweijähriges Entwicklungsprogramm für die Schaffung raketentechnischer Grundlagen in der Reichswehr. Auf dem Plan standen ballistische Versuche mit Raketengeschossen, die entweder mit Sprengstoff, Giftgas oder Nebelmitteln gefüllte Gefechtsköpfe tragen sollten. Zudem waren Untersuchungen verschiedener Festtreibstoffe für den Raketenantrieb vorgesehen. Die im Zuge des Ersten Weltkriegs gemachten Erfahrungen mit rauchlosen und leistungsstarken Pulvern ließen dort berechtigte Erwartungen zu. Insgesamt wurden schon zu Beginn die auch später im Mittelpunkt stehenden Grundprobleme der Raketentechnik formuliert: Neben Versuchen zur Entwicklung des Raketenantriebs (Düsenform, Art des Treibstoffs, Triebwerksgeometrie, Zündung etc.) stand auch die Lösung steuerungstechnischer Probleme (Stabilisierung durch Kreisel, Fernlenkung etc.) sowie die Erstellung von Schusstafeln und Schießbehelfen auf der Tagesordnung.[133]

Ebenfalls von Beginn an bestimmte eine Frage die Diskussion im Heereswaffenamt: Welcher Einsatz der Raketenwaffe würde eine bessere Wirkung zeigen? Sollte man auf die Splitterwirkung einer mit Sprengstoff bestückten Rakete oder auf die toxische Wirkung eines mit chemischen Kampfstoffen versehenen Gefechtskopfes setzen? Würde der Verschuss von Giftgas gegen Flächenziele oder der Beschuss von Punktzielen zum Einsatzfall der neuen Raketenwaffe gehören?[134]

---

133 Entwicklungsprogramm des HWA für den Zeitraum 1929 bis 1932, Schreiben vom 17. Januar 1930, BArch/MArch, RH8 I/ 906, Anhang zum Entwicklungsprogramm der Abteilung Wa Prw 1. Siehe auch Neufeld, Die Rakete und das Reich, S. 31f.

134 Besprechungsprotokolle des Heereswaffenamtes 1930 bis 1932, Sitzungsbericht vom 17. Dezember 1930 über die Raketenfrage, BArch/MArch, RH8 I/991a, Bl. 42 verso.

In beiden Fällen ging es nur indirekt darum, das raketentechnische Schlupf-loch im Versailler Vertrag zu nutzen. Die Raketenwaffe konnte einerseits als gesteuerte Fernrakete die in Bezug auf das Aufwand-Nutzen-Verhältnis unzurei-chende schwere Artillerie ersetzen. Damit konnte das explizite Verbot dieser Waffengattung wirkungsvoll umgangen werden. Andererseits war sie als takti-sche Gefechtsfeldwaffe für die chemische Kriegsführung tauglich. Beide Szena-rien wurden vom Chef der Entwicklungsabteilung des Heereswaffenamtes Karl Becker Ende der 1920er Jahre aus den Analysen seiner Tätigkeit als Artillerieof-fizier im Ersten Weltkrieg und seinem Wissen um die Bedeutung der chemi-schen Kriegsführung, das er als promovierter Chemiker erworben hatte, entwor-fen. Das Nichtverbot raketentechnischer Entwicklungen durch die Siegermächte bestätigte ihn in diesen Vorstellungen. Die Raketentechnik verstieß nicht gegen die geltenden Rüstungsbestimmungen und besaß das Potential, die rüstungs-technischen Einschränkungen der Reichswehr auf artilleristischem Gebiet nicht nur zu kompensieren, sondern sogar zu einem Vorlauf vor den Siegermächten des Ersten Weltkriegs zu verhelfen.[135]

„Die Pulverrakete wurde schon 1929 auf den ersten Prüfständen untersucht. Ein Jahr später wurde in den ersten Ansätzen zu einer Flüssigkeitsrakete die kommende Ferngroßrakete als realisierbar erkannt ... Die Pulverrakete war zu-nächst als leistungsfähiger Nachfolger der alten Gaswerfer vorgesehen. Zu Ü-bungszwecken erhielten die Geschosse Nebelfüllung. ... Um der Nebeltruppe für den Fall, daß es nicht zum Gaskrieg kommt, einen wirklichen Kampfwert zu ge-ben, führte man die Sprengwurfgranaten mit Raketenantrieb ein."[136]

Im Jahr 1929 hatte der Reichswehrminister dem Heereswaffenamt die Ge-nehmigung für den Beginn eines Forschungsprogramms zu Feststoffraketen er-teilt. Koordinator dieses Programms im Heereswaffenamt war Karl Becker, der im HWA die Abteilung Entwicklung und Prüfwesen leitete.[137]

Ende des Jahres 1930 war darüber hinaus auch klar, dass das Heereswaffen-amt den Raumfahrtvisionen der Raketenamateure der Weimarer Republik kein Podium bieten wollte. Becker hob hervor: *„...dass wir an die einschlägigen Fragen mit der grössten Nüchternheit herantreten und daher insbesondere die aus zahlreichen propagandistischen Veröffentlichungen der letzten Jahre hin-*

135 Neufeld, Die Rakete und das Reich, S. 19.
136 Schneider, E.: Technik und Waffenentwicklung im Kriege. In: Bilanz des Zweiten Weltkrieges. Erkenntnisse und Verpflichtungen für die Zukunft, Oldenburg 1953, S. 236. Zur Aufstellung der *„Nebeltruppe"* als ursprünglich für die chemische Kriegsfüh-rung vorgesehene Waffengattung siehe die im Stile eines Traditionsberichtes abgefasste Darstellung in Nitschke, H.: Der Weg der Nebeltruppe. Von der Nebelbüchse bis zum Werfer 42. In: Festschrift zum 5. Jahrestreffen der ehemaligen Nebeltruppe am 4. und 5. September 1954 in Celle, S. 5–14.
137 Neufeld, Die Rakete und das Reich, S. 21.

reichend bekannt gewordenen Pläne einer Raumschiffahrt mit raketengetriebenen Fahrzeugen zunächst völlig außer Betracht lassen. Damit soll aber keineswegs ein Werturteil abgegeben werden über die Entwicklungsmöglichkeiten, die sich der Raumfahrt einmal in ferner Zukunft eröffnen. Uns liegt in allererster Linie daran, durch theoretische Untersuchungen zu ergründen und durch praktische Versuche in systematischem Aufbau zu prüfen, inwieweit in der Rakete eine Ergänzung unserer schwachen artilleristischen Rüstung möglich ist."[138]

Das Heereswaffenamt analysierte 1929/30 die bereits realisierten konstruktiven Lösungen mehrerer Erfinder und prüfte sie auf ihre militärische Verwertbarkeit. Zu den Raketenkonzepten, die bereits 1930 bekannt waren und geprüft wurden, zählten die Arbeiten des Wesermünder Pyrotechnik-Ingenieurs Friedrich Wilhelm Sander, der Pulverraketen zur Seenotrettung entwickelte und fertigte. Darüber hinaus prüfte man die Konzepte Hermann Oberths und Reinhold Tilings. Erstgenannter hatte in seinem 1923 erschienenen Werk *„Die Rakete zu den Planetenräumen"* die grundlegenden Konstruktionsprinzipien für eine Flüssigtreibstofffrakete angegeben, Tiling bot mit seinen Raketengleitern die Möglichkeit, diese Rakete zur Luftzieldarstellung zu verwenden. Auch mit Rudolf Nebel und dem Raketenflugplatz Berlin stand das Heereswaffenamt in Kontakt. Bereits 1930 zog man sich jedoch von Nebel zurück, weil man in seiner marktschreierischen und um Publikumsgunst buhlenden Art die Grundprinzipien der Geheimhaltung des Raketenprogramms nicht mehr gewährleistet sah.[139]

Jedoch einer der engsten Mitarbeiter Nebels, Wernher v. Braun, trat 1930 in die Dienste des Heereswaffenamtes und nahm das Konstruktionswissen der Nebel-Arbeitsgruppe mit. Wernher v. Braun wurde sehr schnell zum Protegé des Heereswaffenamtes: Nach einem kurzen, von 1930 bis 1932 dauernden Intermezzo als Maschinenbaustudent an der TH Berlin-Charlottenburg wurde er trotz fehlender Diplomprüfung sofort Doktorand an der Berliner Friedrich-Wilhelms-Universität. Seine Entscheidung, den Raketenflugplatz Berlin und damit die privat organisierte Raketenszene zu verlassen und in die Dienste des HWA zu wechseln, eröffnete ihm eine Karriere, die sich in atemberaubendem Tempo vollzog. Neben seiner gesellschaftlichen Herkunft – sein Vater Magnus Alexander Maximilian v. Braun war von Juni bis November 1932 Reichskommissar für Osthilfe im deutschnationalen Kabinett Franz von Papens[140] – hatte er diese Protektion durch das Heereswaffenamt nicht zuletzt seinem umfangreichen Umgangs- und Theoriewissen über Probleme der Raketentechnik zu verdanken.

---

138 Besprechungsprotokolle des Heereswaffenamtes 1930 bis 1932, Sitzungsbericht vom 17. Dezember 1930 über die Raketenfrage, BArch/MArch, RH8 I/991a, Bl. 29 recto.

139 Besprechungsprotokolle des Heereswaffenamtes 1930 bis 1932, Sitzungsbericht vom 17. Dezember 1930 über die Raketenfrage, BArch/MArch, RH8 I/991a, Bl. 37.

140 Zu Querverbindungen zwischen dem Chef des Heereswaffenamtes Karl Becker und Magnus v. Braun siehe Eisfeld, Mondsüchtig, S. 41ff.

Seine im Dezember 1932 in der Versuchsstelle West in Kummersdorf aufgenommene Forschungstätigkeit war zugleich ein wichtiger Wendepunkt im Flüssigkeitsraketenprogramm des Heeres, begründete es vielleicht sogar.[141] Wernher v. Brauns im Zeitraum von 1932 bis 1934 entstandene Dissertation war gewissermaßen „Abfallprodukt" dieses Projekts und bewegte sich im Grenzbereich von technischer Physik und Ingenieurwissenschaften. Bei seinem Wechsel zum HWA war v. Braun Student ohne Abschluss, wurde aber vom Heereswaffenamt als Integrationsfigur für das Fernraketenprojekt aufgebaut. Sein Verhandlungsgeschick, aber auch sein zielorientiertes Auftreten prädestinierten ihn für das künftige technische Management in Peenemünde.

Betreuer v. Brauns wurde Erich Schumann (1898–1985)[142], ein enger Vertrauter des HWA-Abteilungsleiters Karl Becker und Leiter der Forschungsabteilung des Heereswaffenamtes.[143] Wernher v. Braun kam aus der technisch sehr

---

141 Weyer, J.: Wernher v. Braun, Reinbek 1999, S. 8f und 23ff sowie Neufeld, Die Rakete und das Reich, S. 36–38.

142 Erich Schumann, im Ersten Weltkrieg Angehöriger der neu geschaffenen und technischen Innovationen gegenüber sehr aufgeschlossenen Fliegertruppe, studierte an der Berliner Friedrich-Wilhelms-Universität Mathematik, Physik, Musikwissenschaft und Psychologie. Seine 1922 angenommene Dissertation beschäftigte sich mit einem Grenzgebiet zwischen Musikwissenschaft und Akustik. Schumann arbeitete bereits als Assistent an der Berliner Universität mit dem Schallmess- und Fliegerabwehrreferat des Heeres zusammen. Der Kontakt zum Reichswehrministerium bereitete schließlich seinen Wechsel als Beamter dorthin vor. 1929 wurde er im Reichswehrministerium Leiter der „Zentralstelle für Heeresphysik" (seit September 1935 „Forschungsabteilung des Heereswaffenamtes"), im Jahr 1932 Ministerialrat und 1938 übernahm er als Ministerialdirigent die Abteilung Wissenschaft im Allgemeinen Wehrmachtsamt des Oberkommandos der Wehrmacht. Parallel zu seiner Tätigkeit als beamteter Physiker hatte sich Schumann bereits 1929 an der Philosophischen Fakultät der Friedrich-Wilhelms-Universität habilitiert. Am 1. April 1938 wurde Schumann auch zum Chef der Abteilung Wissenschaft im Oberkommando der Wehrmacht ernannt. Siehe dazu Luck, W.: Erich Schumann und die Studentenkompanie des Heereswaffenamtes – Ein Zeitzeugenbericht. In: Dresdener Beiträge zur Geschichte der Technik und der Technikwissenschaften 27 (2001), S. 27–45 und Zierold, K: Forschungsförderung in drei Epochen. Deutsche Forschungsgemeinschaft: Geschichte, Arbeitsweise, Kommentar, Wiesbaden 1968, S. 191f sowie S. 242.

143 Eine gekürzte Version der Dissertation wurde in Deutschland ca. 1956 veröffentlicht: Braun, W. v.: Konstruktive, theoretische und experimentelle Beiträge zu dem Problem der Flüssigkeitsrakete, Dissertation Friedrich-Wilhelms-Universität Berlin 1934. Sonderdruck in: Deutsche Gesellschaft für Raketentechnik und Raumfahrt (Hrsg.): Raketentechnik und Raumfahrtforschung, Sonderheft 1. Die vollständige Fassung der am 16. April 1934 eingereichten Dissertation findet sich im Historisch-Technischen Informationszentrum Peenemünde, Mikrofilme, Rolle Nr. 3, FE 834. Den 165 Seiten der als geheim erklärten Manuskriptfassung stehen 48 veröffentlichte Druckseiten gegenüber. Die

ambitionierten Raketen-Amateurszene der Weimarer Republik. Sein Wechsel in den Dienst der Reichswehr bereitete ihm als *„nationalistischem Aristokraten"* keine Skrupel, auch nach Ende des Zweiten Weltkrieges verteidigte er diese Entscheidung immer noch mit den Raumfahrtmotiven der 1920er Jahre: *„It seemed that the funds and facilities of the Army were the only practical approach to space travel."*[144] Auch die technikethische Bewertung seines neuen Aufgabengebietes fiel im Nachhinein sehr apologetisch aus: *„Unsere Haltung gegenüber der Reichswehr ähnelte der der frühen Flugpioniere, die in den meisten Ländern versuchten, den militärischen Geldbeutel für ihre eigenen Zwecke anzuzapfen, und die angesichts des potentiellen zukünftigen Nutzens ihrer Erfindung wenig moralische Skrupel hatten."*[145]

1.3. Die Umsetzung der Fernraketentechnologie

Die Bereitschaft des Heereswaffenamtes, sich überhaupt mit dem Problemkreis Raketentechnik zu beschäftigen und erneut die Eignung dieser Waffe für die Heeresrüstung zu untersuchen, ist sehr eng mit Karl Becker verbunden.[146] Die vor allem von den Wissenschaftlern geführte Debatte, dass man im Ersten Weltkrieg versäumt habe, Wissenschaft und Technik für die Kriegführung zu mobilisieren, war Becker geläufig. Im Rahmen der nationalsozialistischen Aufrüstung wurde Becker zuerst Leiter der wichtigen Abteilung Prüfwesen des Heereswaffenamtes und später Leiter des Heereswaffenamtes selbst. Nachdem er auf Grund bedeutender Veröffentlichungen auf dem Gebiet der Ballistik im Jahr 1929 von der Königsberger Universität zum Dr. h.c. ernannt worden war, wurde er 1932 als Honorarprofessor an die Berliner Universität und 1933 neben seinem Dienst im Heereswaffenamt als ordentlicher Professor an die Technische Hochschule Berlin berufen. Zugleich war Becker Dekan der Wehrwissenschaftlichen Fakultät an der TH Berlin. Dort übernahm er 1935 das Institut für Technische Physik und Ballistik von Carl Cranz. Im Jahr 1937 wurde Becker zudem Präsident des Reichsforschungsrates und bekleidete dieses Amt bis zu seinem

---

v. Braun verliehene Promotionsurkunde gibt als Titel der mit dem Prädikat *„cum laude"* bewerteten Arbeit aus Tarnungsgründen das Thema *„Über Brennversuche"* an.

144 Braun, W. v.: Reminiscences of German Rocketry. In: Journal of the British Interplanetray Society 15 (1956), S. 130.

145 Zitiert nach Neufeld, Die Rakete und das Reich, S. 37.

146 Ciesla, B.: Ein „Meister deutscher Waffentechnik". General-Professor Karl Becker zwischen Militär und Wissenschaft (1918–1940). In: Bruch, R. v., Kaderas, B. (Hrsg.): Wissenschaften und Wissenschaftspolitik. Bestandsaufnahme zu Formationen, Brüchen und Kontinuitäten im Deutschland des 20. Jahrhunderts, Stuttgart 2002, S. 263–281.

Selbstmord im Jahr 1940.[147] Mit der Ernennung Beckers zum Chef des Heereswaffenamtes im Jahr 1938 wurde auch die Amtsgruppe Prüfwesen (Prw) in Amtsgruppe für Entwicklung und Prüfwesen (Prüf) umstrukturiert. Damit war das Aufgabengebiet Entwicklung im HWA neu verankert.

Das erste Raketen-Entwicklungszentrum des Heereswaffenamtes, in dem hauptsächlich Arbeiten zur Triebwerkstechnik liefen, entstand 1930 in Kummersdorf bei Berlin. Zunächst setzte man dort unter Prüfstandsbedingungen die Explorationsphase der Raketentechnik fort und bemühte sich besonders um eine messtechnische Analyse bestehender Antriebskonzepte. In der zweiten Hälfte des Jahres 1935 wurde die Kummersdorfer Institution in „Versuchsstelle West" umbenannt, ohne dass man jedoch den Aufgabenbereich erweitert hätte. Den entscheidenden Schritt in Richtung einer Großforschungseinrichtung des Heeres tat das Heereswaffenamt 1936. Seit August 1936 wurde unter dem Namen „Versuchsstelle Peenemünde" gemeinsam von Heereswaffenamt und Reichsluftfahrtministerium ein Forschungs- und Entwicklungszentrum auf der Ostseeinsel Usedom errichtet. Es unterteilte sich in einen Westteil (Luftwaffe) und einen Ostteil (Heer) und wurde zunächst von einem gemeinsamen militärischen Kommandanten geleitet. Im April 1938 aber zog sich das Reichsluftfahrtministerium aus der Verwaltung zurück – spätestens seit diesem Zeitpunkt waren die proklamierte Kooperationsbereitschaft der Wehrmachtsteile und die beabsichtigten Multiplikatoreffekte nur noch Makulatur. Mit der Versuchsstelle der Luftwaffe Peenemünde-West (später Erprobungsstelle der Luftwaffe) und der Heeresversuchsstelle Peenemünde entstanden Mitte 1938 zwei selbständige FuE-Zentren am gleichen Ort. Die zur Vorbereitung der Serienproduktion von Großraketen wie der A4/V2 notwendigen Versuchsanlagen gingen zu Beginn des Jahres 1939 in die Projektierung und wurden von einer speziellen Berliner Planungsgruppe (Wa Prüf 11/VI) für die Fertigungsstelle Peenemünde (FSP) vorangetrieben. Im September 1941 fasste das Heereswaffenamt die Heeresversuchsstelle und die Fertigungsstelle Peenemünde unter der Bezeichnung Heeresversuchsanstalt Peenemünde (HVP) mit den Bestandteilen Entwicklungswerk (EW) und Versuchsserienwerk (VW) zusammen. Die zu diesem Zeitpunkt ausgeprägte Abteilungsstruktur, die Aerodynamik, Triebwerkstechnik sowie Steuerung und Lenkung der Rakete nebst den entsprechenden Prüfstands- und Flugversuchen gleichermaßen abdeckte, rechtfertigte den Anspruch an eine Versuchsanstalt. Die Struktur des Entwicklungswerks ist in Bild 1 dargestellt.[148]

---

147 Zierold, K.: Forschungsförderung in drei Epochen – Deutsche Forschungsgemeinschaft: Geschichte, Arbeitsweise, Kommentar. Wiesbaden 1968, S. 218.

148 Siehe dazu Deutsches Museum München, Archiv, HVP11/B539/42 BSM bzw. BArch/MArch, Findbuch zur Heeresversuchsanstalt Peenemünde, Anlage 2, S. IX (gemäß RH8/ v.1240)

Erst die Angst vor der Aufklärungstätigkeit der Alliierten veranlasste die Wehr-
machtsleitung dazu, die HVP unter Fortführung ihrer Aufgaben im Mai 1943 in
Heimat-Artillerie-Park 11 (HAP 11) mit Sitz in Karlshagen umzubenennen.
Auch nach der durch die Bombenangriffe auf Peenemünde notwendigen Verlagerung der A4-Produktion vom Versuchsserienwerk in die Mittelwerk GmbH
bei Nordhausen blieben die Entwicklungsabteilungen des HAP 11 in Peene-
münde/Karlshagen und firmierten am 1. August 1944 unter dem Namen Elektromechanische Werke GmbH. Die Struktur dieser auf die FuE gelenkter Flüssigtreibstoffraketen spezialisierten Firma ist in Bild 2 dargestellt.[149]

Das privatisierte Entwicklungswerk der Heeresversuchsanstalt Peenemünde
stand unter dem Direktorat des Siemens-Managers Paul Storch. Die Abteilung
Wa Prüf 11 des Heereswaffenamtes, von der bisher an den Standorten Peenemünde und Kummersdorf die gesamte Raketenentwicklung der Wehrmacht geleitet worden war, hatte bereits Ende 1943 eine neue Orientierung erhalten. In
der neuen Abteilung Wa Prüf 11 wurden von diesem Zeitpunkt an nur noch Raketenprojekte mit Feststoffantrieb bearbeitet. Die neu gegründete Waffenamtsabteilung Wa Prüf 10 unter dem Kommando von Generalmajor Josef Roßmann
führte das Fernraketenprogramm weiter. In Bezug auf die Entwicklung von
Fernraketen mit Flüssigkeitstriebwerken wirkte die Waffenamtsabteilung
Wa Prüf 10 auch bei der Einführung neuartiger Fertigungsverfahren und bei der
Einleitung der Massenfertigung, insbesondere bei Nachbaufirmen, mit und stellte die Liefer- und Abnahmebedingungen sowie Fertigungsunterlagen auf. Zusammen mit dem Entwicklungswerk lieferte Wa Prüf 10 zugleich die Schieß-
grundlagen und Bedienungsanweisungen sowie Gerätebeschreibungen für den
militärischen Einsatz der Fernrakete. Wa Prüf 10 gab darüber hinaus Einzelent-
wicklungsaufträge an Spezialfirmen und Forschungsinstitute weiter.[150]

Nur kurze Zeit nach der Privatisierung der Raketenentwicklung ernannte
Himmler am 8. August 1944 den SS-Gruppenführer und Generalleutnant der
Waffen-SS, Dr.-Ing. Hans Kammler (1901–1945) zum „Sonderbevollmächtig-
ten 2" (S.B.2) des Reichsführers-SS.[151] Er hatte neben allgemeinen Führungs-
aufgaben im Bereich der Heeresrüstung den Fernraketeneinsatz zu leiten und
grundsätzliche Fragen der Fernraketenentwicklung und Fertigung zu klären. Seit
August 1944 kamen somit die Initialimpulse für Entwicklung und Fertigung der
Fernraketen pro forma aus SS-Kreisen. Himmler als neuer Chef der Heeresrüs-

---

149 Organisationsplan der Elektromechanische Werke GmbH vom 1. August 1944, Histo-
     risch-Technisches Informationszentrum Peenemünde.

150 Brief Himmlers an Kammler zur Abgrenzung der Arbeitsgebiete und Verantwortlichkei-
     ten auf dem Gebiet des Fernraketenprogramms vom 11. November 1944, Historisch-
     Technisches Informationszentrum Peenemünde, Mikrofilm-Bestand, FE 333.

151 Dornberger, W.: Peenemünde. Geschichte der V-Waffen, 3. Aufl., Esslingen 1992, S.
     233 und 259.

tung und sein Adlatus Kammler als Sonderbevollmächtigter formulierten ihre Wünsche gegenüber dem Heereswaffenamt mit den Abteilungen Wa Prüf 10, das für Entwicklungsbelange, und WuG 10 (Waffen und Gerät), das für Fertigungsbelange zuständig war. Der bürokratische Dschungel hatte sich weiter verdichtet, denn die Sonderausschüsse für V-Waffen und elektrisches Zubehör, welche die Großserienfertigung koordinierten, unterstanden dem Reichsminister für Rüstung und Kriegsproduktion. Diese Zusammenhänge sind im Bild 3 dargestellt.[152]

Generalmajor Walter Dornberger, seit 1936 verantwortlicher Leiter der Raketenentwicklung des Heeres und seit 1943 militärischer Kommandeur in Peenemünde, schied im September 1943 aus dem Heereswaffenamt aus und wurde als *„Bevollmächtigter zur besonderen Verwendung"* (B.z.b.V.) dem Befehlshaber des Ersatzheeres unterstellt. Zugleich ernannte man ihn zum Inspekteur der Fernraketen-Truppe. Ein Jahr später betraute man Dornberger, nachdem die SS ihren Einfluss auf das Heeresraketenprogramm erheblich vergrößern konnte, mit der ständigen Vertretung des S.B.2 in allen Fernraketen-Angelegenheiten. Dabei war er von den Entscheidungen Kammlers abhängig. Dornberger oblag es auch, die Arbeit aller am Fernraketenprogramm beteiligten militärischen und zivilen Stellen zu koordinieren. Geplant war ein reibungsloses Zusammenarbeiten aller Stellen des militärischen und zivilen Sektors ohne Prestigekämpfe und Kompetenzgerangel – ein von vornherein zum Scheitern verurteiltes Ansinnen. Das Heereswaffenamt war für die Entwicklung aller Fernraketen-Waffen, der dazugehörigen Geräte und Fahrzeuge sowie Treibstoffe auf Grund der Forderungen des B.z.b.V. verantwortlich. Grundsätzlich wurden die Arbeiten dabei in die Aufgabenbereiche Entwicklung, Fertigung und Beschaffung sowie Nachschub unterteilt.[153]

Die im Bild 4 dargestellte Organisationsstruktur zeigt die exponierte Stellung des Sonderbeauftragten für Raketen-Geräte, Hans Kammler, der auch gegenüber dem Beauftragten zur besonderen Verwendung, Walter Dornberger, weisungsberechtigt war.[154] Bei den Abteilungen der Raketenartillerie handelte es sich um Verbände des Heeres und der SS.

Neben der Weiterentwicklung ballistischer Fernraketen auf der Grundlage der einstufigen A4-Rakete wurde von der Elektromechanische Werke GmbH als Reaktion auf den Bedarf der Wehrmacht nach Luftabwehrmitteln die Entwicklung der Fliegerabwehrrakete *„Wasserfall"* vorgenommen. Die privatwirtschaft-

---

152 Siehe dazu Bild Deutsches Museum München, Archiv, HVP11/231/95/5.

153 Brief Himmlers an Kammler zur Abgrenzung der Arbeitsgebiete und Verantwortlichkeiten auf dem Gebiet des Fernraketenprogramms vom 11. November 1944, Historisch-Technisches Informationszentrum Peenemünde, Mikrofilm-Bestand, FE 333.

154 Siehe dazu den retrospektiven Organisationsplan der V2-Entwicklung vom 17. März 1946, Deutsches Museum München, Archiv, HVP11/208/59/9.

liche Organisationsform bedeutete pro forma das Ende der Hegemonie des Heereswaffenamtes in Fragen der Flüssigkeitsraketenentwicklung. In der Tat hatte das Militär eine enorme Anschubfinanzierung geleistet und erhoffte sich nach einer etwa zehnjährigen Investitionsphase nun in mehr oder weniger marktwirtschaftlichen Strukturen erzeugte Entwicklungsergebnisse.[155]

Die Massenfertigung der Fernrakete A4 wurde in die Verantwortung der Industrie gelegt. Dazu hatte man 1944 zwei Selbstverwaltungsorgane geschaffen, den *„Sonderausschuss V-Waffen"* und den *„Sonderausschuss für elektrisches Zubehör für Raketengeräte"*. Der Sonderausschuss V-Waffen stellte das Fertigungsprogramm für die Fernrakete auf und bestimmte die erforderlichen Fertigungskapazitäten. Neben der Überwachung der Termine koordinierte dieser Sonderausschuss auch die Ersatzteilbeschaffung für die Fernraketen. Der Sonderausschuss für elektrisches Zubehör für Raketengeräte wiederum betreute den wichtigen Sektor der Fabrikation von elektrischen Bauteilen für die Fernrakete, die vor allem in den Steuerungs-, Regelungs- und Telemetriesystemen der gelenkten Rakete zum Einsatz kamen. Alle Entscheidungen dieser Institution waren dabei von den Vorgaben des Sonderausschusses für V-Waffen abhängig. Die Mittelwerke GmbH Nordhausen trat als Auftragnehmer für die Montage des Gesamtgerätes ohne Sprengkopf auf. Sie war zugleich die Leitfirma für alle mechanischen Baugruppen der Bodenanlagen von Fernraketenbatterien. Zu diesem Zweck hatte die Mittelwerke GmbH alle erforderlichen Ersatzteile zu beschaffen und gemäß der Beschlüsse des Sonderauschusses V-Waffen Unteraufträge zu vergeben. Die Instandsetzung und der Umbau von nicht einsatzfähigen Fernraketen sollten – wenn möglich – in den Truppenwerkstätten der Waffen-SS und des Heeres erfolgen. Erwiesen sich diese damit als überfordert, gingen die Geräte und Fahrzeuge an die Herstellerfirmen zurück.[156]

2. Rezeption und Planung auf rüstungspolitischer Führungsebene

Waren die Arbeiten des Heereswaffenamtes ein Abbild der rüstungspolitischen Entscheidungen des NS-Regimes oder reagierte die wehrpolitische Führung nur auf die Entwicklung von Raketen, anstatt sie anzuweisen? Die Konferenzen zwischen dem Reichsminister für Bewaffnung und Munition (seit September 1943

---

155 Zur Institutionengeschichte siehe Neufeld, Die Rakete und das Reich, S. 379ff sowie Chronik der Berliner Planungsgruppe für die Fertigungsstelle Peenemünde unter Leitung von Ministerialrat Schubert, BArch/MArch, RH8/ v.1206–1210.
156 Ebd.

Reichsminister für Rüstung und Kriegsproduktion) Albert Speer und Adolf Hitler – sogenannte *„Führerbesprechungen"* – lieferten wichtige Beschlussvorlagen für die nationalsozialistische Rüstungspolitik. Im Gegensatz zu seinem Vorgänger Fritz Todt, der in starker Abhängigkeit zum Generalbevollmächtigten für den Vierjahresplan, Hermann Göring, gestanden hatte, nutzte Speer den direkten und regelmäßigen Zugang zu Hitler, um seinen Machtbereich zu sichern sowie seinen Einfluss auf Hitler zu stärken. Dazu gehörten auch Fragen der Raketentechnik.[157]

Für den Zeitraum von Februar 1942 bis zur letzten protokollierten Sitzung am 22. März 1945 wurden in den Besprechungen mit wechselnder Intensität auch raketentechnische Fragen der Wehrmachtsrüstung berührt. Dabei standen nicht nur Entscheidungen zu Entwicklung und Einsatz der ballistischen Fernrakete A4 an, es wurden zusätzlich alle signifikanten deutschen Flugkörper- und Geschosswerferentwicklungen erörtert. Da die Besprechungen vierzehntägig stattfanden, liefern sie ein sehr detailliertes Bild des Urteilsspektrums über Raketentechnik auf der Sachebene der Rüstungsplanung. Allerdings handelt es sich bei den tradierten Protokollen nicht um Wort-, sondern lediglich um Ergebnisprotokolle, so dass eine Rekonstruktion der Entscheidungsprozesse problematisch ist. Hitler hielt sich zwar an seine Zusage, Entscheidungen zu Rüstungsfragen erst nach Konsultation mit Speer zu treffen. In welchen Fällen dieser eigene Vorlagen in Entscheidungen Hitlers umdeutete und sich so Handlungsspielraum verschaffte, oder inwiefern sich Speer gegen die überzogenen Erwartungen an sein Amt mit *„Führerentscheidungen"* absicherte, ist aus den Aufzeichnungen nicht ersichtlich.[158]

Zu Beginn soll bereits ein wichtiges Ergebnis der Analyse vorweggenommen werden: Der Anteil raketentechnischer Themen auf der Verhandlungsebene Oberbefehlshaber der Wehrmacht – Rüstungsminister und die Regulierungsabsichten Hitlers blieben marginal. Das in den Besprechungen behandelte Themenspektrum war – dem Ressort angemessen – sehr breit: Bei weitem mit größter Intensität wurden Fragen des Umgangs der Heeresrüstung und der damit verbundenen Waffen- und Munitionsentwicklung (Infanteriewaffen, Rohrartillerie, Panzer) erörtert. Außerdem standen organisatorische Probleme der Kriegsproduktion, der Rohstoffbeschaffung sowie des Arbeitskräfteeinsatzes auf der Tagesordnung. Großen Raum nahmen auch Absprachen über Bauprojekte zu Repräsentations- und militärischen Zwecken, über Verkehr und Infrastruktur des

157 Müller, R.-D.: Albert Speer und die Rüstungspolitik im totalen Krieg. In: Militärgeschichtliches Forschungsamt (Hrsg.): Das Deutsche Reich und der Zweite Weltkrieg, Bd. 5/2: Kriegsverwaltung, Wirtschaft und personelle Ressourcen 1942–1944/45, Stuttgart 1999, S. 546.

158 Müller, Rüstungspolitik im totalen Krieg, S. 547.

Deutschen Reiches und der besetzten Gebiete sowie Auszeichnungsvorschläge und Stoßrichtungen der Propaganda und Pressearbeit zu Rüstungsfragen ein. Über den strategischen Rahmen der Beratungen hinaus machte Hitler bei speziellen technischen Problemstellungen jedoch auch Mitspracherechte geltend, die seine Kompetenzen deutlich überschritten. So legte er im Gegensatz zur Raketentechnik bei panzertechnischen Projekten eine Detailbesessenheit an den Tag, die alle Aspekte der Bewaffnung, Motorisierung und konstrutiven Gestaltung einschloss.[159]

Der erfolgreiche militärische Einsatz reaktiver Geschosswerfer durch die Rote Armee veranlasste im Frühling 1942 die Wehrmachtsführung zu einer Analyse des eigenen Leistungsstandes auf diesem wehrtechnischen Teilgebiet. Hitler wünschte eine Gegenüberstellung der russischen und deutschen Entwicklungen. Um den erfolgreichen Masseneinsatz der Raketenwerfer im Salvenfeuer zu gewährleisten, regte er die Entwicklung eines konstruktiv vereinfachten und deshalb preiswerteren Raketengeschosses auf Feststoffbasis an und forderte den Chef von Wa Prüf 11, Oberst Dornberger, zu einer diesbezüglichen Stellungnahme auf.[160]

Gleichzeitig untersetzte Hitler in einer Entweder-Oder-Argumentation seine Vorstellungen über den massenhaften Fronteinsatz der A4-Raketen: In einer Studie sollte ermittelt werden, welche anlagentechnischen Investitionen der Industrie notwendig wären, um für eine Serie von monatlich 3 000 A4-Raketen ausreichende Mengen an Wasserstoffperoxid (T-Stoff)[161] zur Verfügung zu stellen. Hitler stellte für den Fall, dass die Studie nicht zu praktikablen Ergebnissen führen sollte, einen Stop des A4-Programms in Aussicht. Auf eine Fertigung und den Einsatz der A4-Raketen werde dann zugunsten der Marine verzichtet, die ebenfalls als Großverbraucher von Wasserstoffperoxid galt. Speer unterrichtete Hitler in diesem Zusammenhang über ein neues Syntheseverfahren, bei dem Wasserstoffperoxid ohne Platinkatalysatoren hergestellt werden konnte.[162]

Obgleich Hitlers Interesse an raketenartilleristischen Waffensystemen begrenzt war, zeigte er 1942 bei der Umgestaltung der Raketenwerfer (Nebel-Werfer) auch dort Ambitionen zu waffentechnischem Dirigismus. Seine zuwei-

---

159 Diese Zusammenfassung ergibt sich aus der Analyse der Speer-Protokolle im Bestand R3 (Reichsministerium für Rüstung und Kriegsproduktion) des Bundesarchivs Berlin. Siehe außerdem Boelcke, W. A. (Hrsg.): Deutschlands Rüstung im Zweiten Weltkrieg. Hitlers Konferenzen mit Albert Speer 1942–1945, Frankfurt a. M. 1969.

160 RMfRuK, Ministerbüro – Besprechung vom 5./6. März 1942, BArch, R3/1503, Bl. 24.

161 Wasserstoffperoxid wurde im Gerätesystem der A4-Rakete nach katalytischer Spaltung zum Antrieb von Hochleistungspumpen benutzt, welche die Treibstoffe Alkohol und Flüssigsauerstoff (Liquid Oxigen/LOX) zum Einspritzsystem des Raketentriebwerks förderten.

162 RMfRuK, Ministerbüro – Besprechung vom 16. März 1942, BArch, R3/1503, Bl. 31f.

len sehr pragmatische Sicht auf die Wehrtechnik veranlasste ihn zu dem Vorschlag, zusätzlich zu den bisherigen Arbeiten ein konstruktiv einfaches Raketengeschoss zu entwickeln, das aus bereits verfügbaren großkalibrigen Ferngeschützen der Wehrmacht abgefeuert werden könnte. Die offensichtlichen Probleme der Entwicklungsgruppen bei der Steuerung und Lenkung – also der Zielgenauigkeit – der ballistischen Fernrakete A4 glaubte er durch konstruktiven Minimalismus gegenstandslos machen zu können. Die taktischen Vorteile mobiler raketenartilleristischer Abschussbasen und die Funktionsweise von Großraketen völlig verkennend, sah er die Vorteile seines Projektvorschlages in der Tatsache, dass beim Abschuss aus Geschützen Leitflügel und jegliche Peilverfolgung des Raketengeschosses überflüssig werden.[163]

Noch Mitte 1942 hegte Hitler schwerste Bedenken, ob die Probleme bei der Richtfähigkeit der Fernrakete A4 behoben werden können und das Waffensystem überhaupt je einsatzfähig sei. Diese Skepsis beeinflusste seine Aufmerksamkeit für andere Flugkörperentwicklungen jedoch nicht: So verfolgte er mit Interesse neue Entwicklungen reaktiv angetriebener Waffen, wie die gemeinsam von Luftwaffe und Ruhrstahl AG entwickelte ferngesteuerte Flugbombe *„Fritz X"* und das Raketenflugzeug *„Me 163"*.[164]

Im Oktober 1942 legte Speer Hitler einen Bericht über den Stand der A4-Entwicklung vor. Speer unterbreitete außerdem den Vorschlag, eventuell zwei Fernraketenentwicklungen parallel laufen zu lassen, die sich in den angestrebten Reichweiten von 160 km und 300 km unterscheiden würden. Hitler begrüßte diese Variante, betonte aber nochmals, dass die Entwicklung von Fernraketen prinzipiell nur dann einen Sinn hat, wenn beim ersten Einsatz des Waffensystems gleichzeitig 5 000 Geschosse zur Verfügung stehen.[165]

Dieses Szenarium eines Masseneinsatzes der A4-Rakete gegen England verdichtete sich weiter. Im November nahm Hitler die Produktionsplanung mit großem Interesse zur Kenntnis und äußerte gegenüber Speer seinen Optimismus, dass man England mit dieser Waffe *„sehr stark beeindrucken"* könne. Speers Vorschlag, zu untersuchen, ob die Auflösung eines großen Geschosses in eine Reihe von Einzelbomben kurz vor dem Aufschlag eine Steigerung der Wirkung mit sich bringen würde, stimmte Hitler zu. Sein *„Tonnagedenken"* manifestierte sich auch in dem Umstand, dass er zugunsten einer größeren Masse des Spreng-

163 RMfRuK, Ministerbüro – Besprechung vom 19. März 1942, BArch, R3/1503, Bl. 44–48.

164 RMfRuK, Ministerbüro – Besprechung vom 23. Juni 1942, BArch, R3/1504, Bl. 99f.

165 RMfRuK, Ministerbüro – Besprechung vom 13./14. Oktober 1942, BArch, R3/1506, Bl. 15.

kopfes der A4-Rakete bereit war, dafür wesentliche Abstriche an der Reichweite der Rakete hinzunehmen.[166]

Ende Dezember 1942 empfing Speer die Führung des Heereswaffenamtes. Dornberger, Chef der raketentechnischen Abteilung Wa Prüf 11, trug an Hand von Modellen über die Planungen des A4-Einsatzes durch eine motorisierte Abteilung sowie ortsfest von Bunkern aus vor und gab einen Überblick über die Einsatzmöglichkeiten der Raketenartillerie an der Kanalküste im Raum Calais–Boulogne. In der sich anschließenden Besprechung mit dem Chef des Heereswaffenamtes, General Leeb, stimmte Speer dessen Vorschlägen zu und befahl die Vorbereitung des motorisierten Einsatzes der A4-Rakete im Rahmen der Serienfertigung. Darüber hinaus ordnete er an, die Planungen für den Verschuss aus Bunkern zur Baureife zu bringen. Speer ging unter der Voraussetzung, dass die Organisation Todt mit der Bauausführung beauftragt werde, davon aus, die Bunker ohne Inneneinrichtung in etwa vier Monaten Bauzeit fertigstellen zu können. Mit der erforderlichen Vorerkundung des Geländes wurden die Heereswaffenamt-Vertreter Oberstleutnant Thom (Wa Prüf 11/Stab), Oberstleutnant Dipl.-Ing. Stegmaier (Leiter des Entwicklungswerks Peenemünde/Ost) und Flugkapitän Dr.-Ing. Steinhoff (HAP) beauftragt. Speer gab außerdem die Gründung des „Sonderausschuss A4" unter Leitung des Ministerialbeamten Direktor Degenkolb bekannt. Im Bild 5 ist die Organisationsstruktur dieses Sonderausschusses im Rüstungsministerium mit allen Arbeitsausschüssen und Arbeitsunterausschüssen dargestellt.[167]

Speer erkannte zugleich die Notwendigkeit, im Rahmen des Sonderausschusses A4 einen eigenen „Arbeitsausschuss Elektrische Einrichtung A4" zu schaffen. Instrumentierungsfragen der Rakete, die nicht das Triebwerk, sondern vor allem kreisel-, regelungs- und funktechnische Komponenten betrafen, wurden mit höchster Priorität versehen. Da es sich bei der A4-Rakete nach damaliger Diktion um ein „Kampfmittel", also um eine Angriffswaffe handelte, ordnete Speer die Dringlichkeit der elektrischen Einrichtungen für die A4-Rakete vor dem Funkmessprogramm, das als Verteidigungsmittel klassifiziert wurde, an. Der daraufhin gegründete Sonderausschuss (SA) Nr. 31 „Elektrotechnisches Zubehör für R-Geräte" wurde von Paul Storch, einem Industriemanager bei Siemens & Halske in Berlin, geleitet. Storch wurde 1944 gegen den Willen v. Brauns, der sogar mit der Niederlegung seiner Arbeiten auf dem Gebiet der Raketenforschung drohte, zum Direktor der Elektromechanischen Werke Karlsha-

---

166 RMfRuK, Ministerbüro – Besprechung vom 22. November 1942, BArch, R3/1506, Bl. 69.
167 Siehe dazu Deutsches Museum München, Archiv, HVP11/B560/43BSM.

gen ernannt.[168] Gemäß den Planungen Speers zeichneten die „Ringe" für Zulieferungen an die Rüstungsindustrie verantwortlich, die „Ausschüsse" wiederum betreuten die Produktion spezieller Geräte und Waffensysteme.[169]

Zur Frage der Rohstoffplanung für die A4-Fertigung berichtet Dornberger, dass diese bereits auf der Grundlage des gegenwärtigen Fertigungsprogramms durchgeführt sei und die Rohstoffanforderungen im ersten Quartal 1943 erfüllt werden könnten. Speer betonte gegenüber den Vertretern des Heereswaffenamtes, dass im Rahmen des Konkurrenzprojektes der Luftwaffe (Projekt „Kirschkern") die Entwicklung des Staustrahlflugkörpers Fi 103 noch nicht weit genug fortgeschritten sei, um die Planungen für die A4-Rakete beeinflussen zu können. Auf Befehl Hitlers wurden die Serienfertigung der A4-Rakete und die vorbereitenden Maßnahmen für deren Einsatz als vordringlich behandelt.[170]

Gleich zu Beginn des Jahres 1943 meldete sich Hitler erneut bei raketentechnischen Planungen zu Wort. Offenbar von Berichten der Abwehr beeinflusst, wies er nachdrücklich darauf hin, dass man sofort ernsthaft damit beginnen müsse, funktechnische Abwehrmittel für die in den USA in Entwicklung befindlichen Raketen zu schaffen. Indem er die USA als technologischen Konkurrenten aufwertete, gab er den Arbeiten zur Raketentechnologie Wettbewerbscharakter.[171]

Speer konzentrierte sich bis zur Mitte des Jahres 1943 auf die Organisation der Massenproduktion von Waffen und Munition. Als allerdings im Wettbewerb um Quantitäten die Niederlage Deutschlands gegenüber den Alliierten ersichtlich wurde, wich Speer mehr und mehr auf eine Argumentation aus, die qualitative Aspekte deutscher Rüstungstechnik betonte. Die neue Metaphorik der „Wunderwaffen" versprach kriegsentscheidende Wehrtechnik, die allein durch Innovationskraft getragen werden sollte. Problematisch für die Erschließung dieses neuen Aufgabenspektrums war für Speer, dass das Rüstungsministerium

---

168 „Ein Einsatz von Dir. Storch auf diesem Posten wäre eine derartige Brüskierung von mir vor meinen eigenen Mitarbeitern, dass es mir unmöglich wäre unter diesen Umständen auf meinem Posten zu verbleiben. ... Ich bitte daher in dem Falle, dass diese Entscheidung zustande kommen sollte, mich für den Einsatz bei der Truppe freizugeben." Wernher v. Brauns Drohung war eine rhetorische Blase, die platzte, als Storch tatsächlich die Leitung der GmbH übernahm. Trotz seiner Aversion gegen den Siemens-Manager und die Hegemonie von Siemens im Besonderen blieb v. Braun. Siehe Bericht v. Brauns: Organisation der Abschlussentwicklung der A4 und seiner Bodeneinrichtung vom 25. April 1944, Deutsches Museum München, Archiv, Persönlichkeiten: Wernher v. Braun, Nr. 19.

169 RMfRuK, Hauptauschuss Elektrotechnik – Liste der Sonderausschüsse und Sonderringe, BArch, R3/248.

170 Aktenvermerk über die Besprechung beim Reichsminister für Bewaffnung und Munition am 22. Dezember 1942, BArch, R3/1506.

171 RMfRuK, Ministerbüro – Besprechung vom 8. Januar 1943, BArch, R3/1507, Bl. 11.

im Bereich der technischen Entwicklung von Wehrtechnik kaum Befugnisse hatte, da diese Belange zu den eifersüchtig gehegten Domänen der Waffenämter der Wehrmachtsteile gehörten und die Wehrforschung vom Reichsforschungsrat dominiert wurde.[172]

Die Gründung des *„Arbeitsstabes für Rüstungspropaganda"* im Oktober 1942 durch Goebbels und die Einrichtung eines speziellen Sonderpropagandastabes *„Rüstung und Bau"* im Rüstungsministerium zeigten, welchen Wert man einer auf Rüstungsfragen ausgerichteten Beeinflussung der öffentlichen Meinung beimaß. Die Direktive *„Mit den besten Waffen wird gesiegt!"* parallelisierte den Mythos der *„Wunderwaffen"* mit der Suche nach rüstungstechnischer Überlegenheit.[173]

Mitte des Jahres 1943 schienen alle Zweifel und Bedenken über den Einsatz der ballistischen Fernrakete A4 endgültig zerstreut. Anfang Juli legte Hitler mit der Begründung, dass die A4-Rakete *„eine mit verhältnismässig geringen Mitteln durchführbare, kriegsentscheidende und die Heimat entlastende Maßnahme"* sei, nochmals fest, die A4-Rakete mit allem Nachdruck zu fördern. Die dafür notwendigen Arbeitskräfte und die Materialien seien in vollem Umfang zur Verfügung gestellt worden. Zu diesem Zweck veranlasste Hitler durch Führererlass eine Abänderung des Panzer-Programms und die Umlenkung von Produktionskapazitäten in die Fertigung der A4-Rakete. Zugleich betonte er, dass der Erlass keinesfalls dazu dienen dürfe, voreilige Entscheidungen bei der Raketenfertigung zu legitimieren und dass er deshalb weiterhin in den Entscheidungsprozess eingebunden sei.[174] Um der prekären Arbeitskräftelage zu begegnen, wurde ein Ausweg darin gesehen, durch Vergabe des Unabkömmlichkeitsstatus (uk-Stellung) keine qualifizierten Fachkräfte an die Fronttruppen abgeben zu müssen. Hitler legte fest, dass vorerst in der A4-Fertigung nur Arbeitskräfte mit deutscher Staatsangehörigkeit zu beschäftigen seien. Der kasernierten Unterbringung an den Fertigungsstätten entsprechend, regte er an, Hilfskräfte aus Bombengebieten anzuwerben, die wegen des Verlustes ihres Wohnraums eher zu einer lagermäßigen Unterbringung bereit wären. Der Leiter des *„Sonderausschuss A4"* Degenkolb wurde aufgefordert, monatlich über alle die A4-Fertigung betreffenden vakanten Probleme vorzutragen.[175]

Nach dem britischen Bombenangriff auf die Heeresversuchsanstalt Peenemünde in der Nacht vom 17. zum 18. August 1943 unterrichtete Speer Hitler am 19. August eingehend über die entstandenen Schäden. Daraufhin ordnete Hitler

---

172 Müller, Rüstungspolitik im totalen Krieg, S. 546.
173 Ludwig, K.- H.: Technik und Ingenieure im Dritten Reich, Königstein/ Ts. 1979, S. 425f und Müller, Rüstungspolitik im totalen Krieg, S. 693.
174 RMfRuK, Ministerbüro – Besprechung vom 25./26. Juli 1943, BArch, R3/1508, Bl. 23.
175 RMfRuK, Ministerbüro – Besprechung vom 8. Juli 1943, BArch, R3/1508, Bl. 11.

an, nach Einschaltung des Reichsführer-SS auch Arbeitskräfte aus Konzentrationslagern zu requirieren, um den Bau der Fertigungsstätten und die Fertigung der A4-Rakete erneut voranzutreiben.[176] Die bisherigen Anlagen betrachtete er als Interimslösung; sie seien nur solange weiter zu betreiben, bis *„eine endgültige Fertigung an gesicherten Orten und in gesicherter Form unter möglichst starker Heranziehung von Höhlen und sonst geeigneten Bunkerstellungen gewährleistet ist. "*[177] Die zukünftigen Planungen für die Verlagerung des Entwicklungswerkes griffen einen Vorschlag des Reichsführers-SS auf: Himmler empfahl, den zukünftigen Standort weniger exponiert nahe eines SS-Truppenübungsplatzes im Generalgouvernement zu wählen.[178]

Der wachsende Einfluss der SS auf das A4-Programm zeichnete sich bereits Ende des Jahres 1942 ab. Nachdem im Oktober 1942 durch die Heeresversuchsanstalt Peenemünde der Funktionsnachweis der Flüssigkeitsraketentechnologie erbracht worden war, verstärkte sich auch das Interesse der SS an der Raketentechnik. Dieser Prozess wurde durch externe und interne Faktoren bestimmt. Seit 1940 liefen in einer Sonderabteilung der BMW-Flugmotorenwerke Berlin-Spandau unter Leitung des SS-Untersturmführers Dipl.-Ing. Helmut Zborowski (*1905) Entwicklungsarbeiten zu Flüssigkeitstriebwerken, doch können diese nicht als SS-Auftragsforschung bezeichnet werden. Zborowski nutzte lediglich seine Kontakte aus der Zeit als Angehöriger der *„Leibstandarte Adolf Hitler"*, die er 1939 in Richtung Industrie verlassen hatte, um beim Reichsführer-SS für die Unterstützung seiner raketentechnischen Arbeiten zu werben. Bedeutsam an den Denkschriften Zborowskis ist jedoch, dass er damit die SS-Führung für die Möglichkeiten der Raketentechnik sensibilisierte.[179]

Schon kurze Zeit nach dem ersten erfolgreichen Start einer A4-Rakete besuchte Himmler Anfang Dezember 1942 die Heeresversuchsanstalt Peenemün-

---

176 Vgl. Hölsken, D.: Die V-Waffen. Entstehung, Propaganda, Kriegseinsatz, Stuttgart 1984, S. 50ff. und Neufeld, Die Rakete und das Reich, S. 241ff. Beide gehen in ihrer Argumentation davon aus, Himmler habe unter dem Verweis, der Bombenangriff auf Peenemünde sei nur durch Verrat möglich gewesen, Hitler davon überzeugen können, die SS zum idealen Vollzugsorgan des Raketenprogramms zu machen. Der Einsatz von KZ-Häftlingen in unterirdischen Produktionsstätten – so Himmlers Einschätzung – würde dabei sowohl das Arbeitskräfteproblem lösen als auch die Geheimhaltung sichern.

177 RMfRuK, Ministerbüro – Besprechung vom 19. bis 22. August 1943, BArch, R3/1508, Bl. 43.

178 RMfRuK, Ministerbüro – Besprechung vom 19. bis 22. August 1943, BArch, R3/1508, Bl. 35.

179 Siehe dazu unter anderem Brief Zborowski an Himmler zum Stand der Entwicklung des Raketen-Ferngeschosses vom 30. Juli 1942, BArch, NS19/2024 und Brief Zborowski an Himmler vom 2. September 1943, BArch, NS19/371.

de.[180] In einem Brief des Chefs des SS-Hauptamtes Berger an Himmler reflektierte jener den Besuch: *„Die Heeresversuchsanstalt Peenemünde ist noch heute vom Besuch des Reichsführers-SS tief beeindruckt. Oberstleutnant Stegmaier, der sich über die Sonderbegünstigung des Reichsführers-SS wie ein kleines Kind gefreut hat, bittet Folgendes vortragen zu dürfen: Der Abteilungschef, Oberst Dornberger, bittet, es zu ermöglichen, zusammen mit dem Entwickler, Dr. v. Braun, zu einem offiziellen Vortrag zum Führer zu kommen, um in Rede und Gegenrede die Absichten und Wünsche des Führers zu hören und unter deren Berücksichtigung die Einsatzmöglichkeiten des Gerätes zu erörtern. Das dabei vom Führer Festgelegte würde dann schon zum Teil laufenden Vorbereitungen für den Einsatz eine klare Richtung geben.“*[181]

Die Führung der Heeresversuchsanstalt hoffte augenscheinlich darauf, Himmler bei Hitler als Sprachrohr für ihr Projekt zu gewinnen. Bedeutungsvoller aber als diese Absicht, die SS-Führung als Befürworter der ballistischen Fernrakete zu gewinnen, ist die Tatsache, dass das Heereswaffenamt die SS ohne ersichtlichen Druck Himmlers mit dem Problemkreis der Raketentechnik in Kontakt brachte.[182]

Die Reaktion Himmlers, nun schnell Einfluss auf das Raketenprogramm zu gewinnen, führte relativ rasch zum Erfolg: Ende August 1943 informierte Himmler den Reichsminister für Bewaffnung und Munition über die neue Rolle der SS im Raketenprogramm: *„Mit diesem Brief teile ich Ihnen mit, daß ich als Reichsführer-SS verantwortlich die Fertigung des A 4-Gerätes gemäss unserer gestrigen Absprache übernehme. Ich habe heute die gesamte Aufgabe mit meinen Herren besprochen und bin der Überzeugung, daß wir die gegebene Zusage absolut halten können. Ich habe die Aufgabe SS-Obergruppenführer Pohl übertragen und unter ihm als verantwortlichen Leiter SS-Brigadeführer Dr. Kammler eingesetzt. Ich bitte Sie, SS-Brigadeführer Dr. Kammler schon in den nächsten Tagen persönlich zu empfangen, damit dieser von Ihnen selbst in alle Forderungen eingewiesen werden kann, umgekehrt aber auch alle notwendigen Voraussetzungen für die Durchführung des Auftrages Ihnen vortragen kann, damit sie schon in den ersten Tagen genehmigt und sichergestellt werden können. Sie*

---

180 Im Gegensatz dazu gibt Dornberger, der militärische Chef der Heeresversuchsanstalt, an, Himmler sei erst Anfang April 1943 das erste Mal in Peenemünde zu Besuch gewesen. Siehe Dornberger, W.: Peenemünde. Die Geschichte der V- Waffen, 3. Aufl., Frankfurt a. M./ München, 1992, S. 199.

181 Brief Chef des SS-Hauptamtes Gottlob Berger an Reichsführer-SS Himmler vom 16. Dezember 1942, BArch, NS19/2360, Bl. 1.

182 Vgl. dazu Neufeld, Die Rakete und das Reich, S. 211–220.

*mögen überzeugt sein, die SS wird den Führer und Sie bei dieser wirklich
kriegswichtigen Aufgabe nicht enttäuschen.* "[183]

Neben diesen SS-internen Bestrebungen, Raketentechnik als Machtfaktor im
polykratischen Gefüge der nationalsozialistischen Diktatur zu benutzen, ergab
sich aus der prinzipiellen Bedrohung der A4-Fertigung durch alliierte Luftan-
griffe ein zweiter Ausgangspunkt für die Verlagerung unter Tage. Der Sonderausschuss A4 sah sich Mitte 1943 mit erschwerten Bedingungen für die Aufnahme der Serienproduktion der A4-Rakete konfrontiert. Nach Luftangriffen der
Alliierten hatte sich im Sommer 1943 gezeigt, dass die drei bisher geplanten
Endmontagewerke der A4-Rakete in Peenemünde, Friedrichshafen und Wiener
Neustadt der Produktion keinen ausreichenden Bombenschutz boten. Die Suche
nach einem unterirdischen Endmontageplatz wurde daher zur vorrangigen Aufgabe des Sonderausschusses und des Heereswaffenamtes erklärt. Der Hinweis
auf unterirdische Lagerräume der *„Wirtschaftlichen Forschungsgesellschaft
mbH"* (Wifo), die sich mit der Lagerhaltung strategischer Rohstoffreserven zum
Einsatz in der Kriegswirtschaft befasste, führte in relativ kurzer Zeit auf den
Standort Niedersachswerfen bei Nordhausen. Nach problematischen und zähen
Verhandlungen mit der Wifo pachtete das Reichsministerium für Bewaffnung
und Munition ein bereits angelegtes, aber noch nicht vollständig ausgebautes
System aus Fahrstollen und Verbindungskammern im Kohnsteinbergmassiv, das
bis zu diesem Zeitpunkt zur Lagerung von Kampf-, Kraft- und Schmierstoffen
gedient hatte. Die Lobby des Heereswaffenamtes und des Rüstungsministeriums
war dabei stark genug, um die Wifo unter Verweis auf eine diesbezügliche Entscheidung Hitlers zur Räumung des Lagers zu veranlassen.[184]

Die Suche des Reichsministeriums für Munition und Bewaffnung nach einem
bombensicheren Produktionsstandort und die Ambitionen der SS, Einfluss auf
das A4-Programm zu erlangen sowie ihre Möglichkeiten, Häftlinge für den Auf-
schluss eines solchen Standortes zu mobilisieren, ergänzten sich gegenseitig.

Nachdem die Um- und Ausbauarbeiten des Stollensystems im Kohnstein bei
Nordhausen zum Zwecke der A4-Fertigung im Dezember 1943 weitgehend abgeschlossen waren, unterrichtete der Leiter des *„Sonderausschuss A4"* Degenkolb den Reichsminister für Rüstung und Kriegsproduktion über die außerge-
wöhnliche Geschwindigkeit der unter dem Befehl von Kammler ausgeführten
Maßnahme. Speer bedankte sich bei Kammler, dass er es geschafft habe *„...die
unterirdischen Anlagen in Nie. [Niedersachswerfen, R.P.] aus dem Rohzustand
in einer fast unmöglich kurzen Zeit von 2 Monaten in eine Fabrik zu verwan-*

---

183 Brief Reichsführer-SS Heinrich Himmler an Albert Speer vom 21. August 1943, Kopie
in BArch, R3/1583, Bl. 31a.

184 Bornemann, M.: Geheimprojekt Mittelbau. Vom Öllager des Deutschen Reiches zur
größten Raketenfabrik im Zweiten Weltkrieg, 2. Aufl., Bonn 1994, S. 37–41.

deln, die ihresgleichen in Europa kein annäherndes Beispiel hat und darüber hinaus selbst für amerikanische Begriffe unübertroffen dasteht. Ich nehme deshalb Veranlassung, Ihnen für diese wirklich einmalige Tat meine höchste Anerkennung auszusprechen, mit der Bitte, Herrn Degenkolb auch weiterhin in dieser schönen Form zu unterstützen."[185]

Nach dem ersten Höhepunkt in der Fertigungsplanung des Fernraketenprojekts im Jahr 1943 wurde das Projekt Anfang des Jahres 1944 auf der Führungsebene wieder sehr kritisch betrachtet. Die Luftüberlegenheit der Alliierten war zu einer ständigen Bedrohung des Reichsgebietes geworden. Bomberverbände griffen nun auch tagsüber Produktionsstätten der deutschen Industrie an und lähmten die Rüstungswirtschaft nachhaltig. Hitler veranlasste infolge der ihm gegenüber von den verschiedensten Seiten erhobenen Bedenken in Bezug auf die bei der A4-Fertigung gebundenen Ressourcen sowie gegenüber der Kompliziertheit und Anfälligkeit des Waffensystems eine sofortige und vollständige Aufstellung aller am A4-Programm beschäftigten Personen. Zudem forderte er einen Vergleich, in dem untersucht werden sollte, welche Ergebnisse sich durch die Nutzung des im A4-Programm gebundenen Materials, der dort beschäftigten Fachkräfte und der unterirdischen Produktionsstätten für den Bau von Jagdflugzeugen erzielen ließen.[186]

Dass Hitler mehr und mehr eine Verwendung der A4-Rakete als Waffe gegen Flächenziele in Erwägung zog, beweist seine Forderung, zu prüfen, ob der vom Heereswaffenamt entwickelte Brandstoff Chlortrifluorid (N-Stoff)[187] im Gefechtskopf der Rakete untergebracht werden könnte und inwiefern sich damit eine extreme Brandwirkung im Ziel erreichen ließe. Nachdem sich der Leiter der Forschungsabteilung des Heereswaffenamtes Erich Schumann zu Beginn des Jahres 1942 aus dem *„Uranbomben-Projekt"* zurückgezogen hatte, begann er in einer Art Ersatz-Kampagne, N-Stoff als neue *„Wunderwaffe"* zu mystifizieren. Hitler erteilte daraufhin den Befehl zur Massenproduktion, einem militärischen Einsatz stand die Wehrmacht jedoch kritisch gegenüber.[188]

---

185 Brief Albert Speers an SS-Brigadeführer und Generalmajor der Waffen-SS, Dr.-Ing. Kammler, vom 17. Dezember 1943, BArch, R3/1585, Bl. 32.

186 RMfRuK, Ministerbüro – Besprechung vom 6. März 1944, BArch, R3/1509, Bl. 18.

187 Chlortrifluorid (N-Stoff) ist ein gasförmiger Stoff, der sich unter Druck verflüssigen lässt und nach der Entzündung einen erheblichen Brandherd erzeugt sowie durch die Freisetzung von Fluor höchst toxisch ist. Da für die Synthese von Chlortrifluorid Flusssäure benötigt wird, ist erklärlich, warum eine N-Stoff-Synthese am Standort Falkenhagen bei Berlin geplant war. In der dortigen Pilotanlage hätte Flusssäure sowohl für die Synthese des chemischen Kampfstoffs Sarin als auch für die N-Stoff-Produktion zur Verfügung gestanden. Siehe Müller, Rüstungspolitik im totalen Krieg, S. 709.

188 RMfRuK, Ministerbüro – Besprechung vom 22./23. Mai 1944, BArch, R3/1509, Bl. 86.

Im gleichen Atemzug erklärte sich Hitler auch Speer gegenüber einverstanden, in der *„Berliner Illustrierten"* einen Artikel über ausländische Raketenentwicklungen zu veröffentlichen. In Umkehrung der eigenen Polemik sollte damit den Alliierten der Einsatz von Raketenwaffen gegen Deutschland unterstellt und als Vergeltung für deutsche Militärschläge gedeutet werden.[189]

Nach der geglückten Landung der Alliierten in der Normandie und dem Beginn heftiger Kämpfe an der Westfront entschied Hitler, die von Februar 1945 an zu nutzende unterirdische A4-Fertigungsstätte *„Zement"* auf österreichischem Gebiet für die Fertigung von Panzergetrieben umzunutzen. In seiner Begründung vertrat er die Auffassung, dass derartig weitreichende Programme – gemeint ist das A4-Programm – in der gegenwärtigen Lage nicht zu verantworten seien.[190]

Die angespannte Lage an beiden Fronten veranlasste die Wehrmachtsführung, die umfassende und kurzfristige Aufstellung neuer Raketenwerfer-Brigaden (Nebel-Werfer) zu fordern. Ende November 1944 meldete Speer das Anlaufen der Aktion. In diesem Zusammenhang legte Hitler Speer nahe, dass er zugunsten eines erhöhten Ausstoßes der ungelenkten Feststoffraketengeschosse Abstriche an der Reichweite der Raketenwerfer hinzunehmen bereit wäre, da so die verfügbare Treibstoffmenge auf eine größere Anzahl Geschosse verteilt werden könne.[191]

Zur Frage der Konzentration des militärischen Einsatzes gelenkter Flugkörper unter dem Befehl der SS nahm Hitler eine schwankende Position ein: Einerseits war er nicht damit einverstanden, dass die SS unter der Führung von SS-Gruppenführer Kammler auch die Kommandogewalt über die V1 übernahm, da deren Einsatz unter Führung der Luftwaffe bisher keinen Anlass zur Kritik gegeben hatte. Andererseits befürwortete er die weitere Vergrößerung der als raketenartilleristische Einheit deklarierten *„Division zur Vergeltung"* (Division z.V.) unter SS-Befehl.[192] Zu diesem Zweck sollte auch der Einsatz der Fliegerabwehrrakete *„Enzian"* dem Kommando Kammlers unterstellt werden. Hitler wies zu-

---

189 RMfRuK, Ministerbüro – Besprechung vom 19. bis 22. Juni 1944, BArch, R3/1509, Bl. 101.

190 RMfRuK, Ministerbüro – Besprechung vom 6. bis 8. Juli 1944, BArch, R3/1510, Bl. 2.

191 RMfRuK, Ministerbüro – Besprechung vom 18. bis 20. August 1944, BArch, R3/1510, Bl. 15; Besprechung vom 1. bis 4. November 1944, BArch, R3/1510, Bl. 60 und Besprechung vom 28. November 1944, BArch, R3/1510, Bl. 78.

192 Im Februar 1944 wurde das erste mobile Regiment der Raketenartillerie innerhalb der Wehrmacht aufgestellt. Das technische Personal war zuvor in Peenemünde ausgebildet worden. Das zweite mobile Regiment wurde im September 1944 aufgestellt, beide wurden in der *„Division zur Vergeltung"* zusammengefasst. Siehe History of German Guided Missiles, April 1946, Deutsches Museum München, Archiv, Luft- und Raumfahrtdokumentation (LR) 04722 (entspricht HVP11/GD 630.0.7 oder F.E.86), Bl. 28.

dem den Reichsminister für Rüstung und Kriegsproduktion darauf hin, dass in die Ämter des Ministeriums verstärkt junge entwicklungsfähige Offiziere aufzunehmen seien, die nach Kriegsende in der Lage wären, rückwirkend die rüstungstechnischen Prozesse zu analysieren.[193]

Im Stile vollendeter Produktwerbung und unter Verwendung der von der Propaganda verordneten „Wunderwaffen"-Metaphorik pries Speer selbst im November 1944 die Entwicklung der Flüssigkeitsrakete A4 als eine der wichtigsten wehrtechnischen Innovationen der letzten Jahre: „In diesem Monat ist eines unserer technischen Wundererzeugnisse, die A 4 oder, wie sie jetzt heißt, die V.2 erstmalig am Feinde eingesetzt worden. Ich werde Gelegenheit nehmen, Ihnen als den ersten in einigen Wochen einen Film über diese A 4 zu zeigen, damit Sie einen Begriff von diesem neuartigen Geschoss bekommen, das sämtliche Gesetze der Schwerkraft und sämtliche bisher bekannten Eigenschaften einer Geschossrakete auf den Kopf stellt und mit vollständig neuen und verblüffenden Eigenschaften ausgerüstet ist. Diese A 4 hat eine Entwicklungsarbeit von über 11 Jahren hinter sich, und sie ist ein Beispiel dafür, was Zähigkeit und was Konzentration auf ein Ziel vermag. Die Rückschläge, die dieses Geschoss bis in die letzte Zeit hatte und die alle Beteiligten, in der Hauptsache die Verantwortlichen, General Dornberger und von Braun, auf das tiefste erschüttern mussten, diese Schwierigkeiten wurden in einem zähen Kampfe überwunden. Heute ist dieses Geschoss so fertig, dass die Fehlerquellen fast alle ausgeschaltet sind, und es entwickelt sich hier zweifellos aus der V.2 ein Geschoss, das für die Fernartillerie in der Zukunft von ausserordentlicher Tragweite für unser Heer sein kann. Wenn es gelingt, hier die Zielgenauigkeit noch zu erhöhen, dann ist es zweifellos möglich, auf weite und weiteste Entfernungen Verschiebebahnhöfe, Flugzeuge und dergleichen des Gegners mit einem ganz ausserordentlichen Geschoss anzugreifen."[194]

Anfang Dezember 1944 reiste Speer für vier Tage an die Westfront, um sich vor Ort ein Bild von den Bedarfsproblemen der deutschen Truppen in Bezug auf Waffen und Munition zu machen. Dabei besuchte er auch die „Division zur Vergeltung", die zu diesem Zeitpunkt mit allen zur Verfügung stehenden V2-Raketen Ziele in Antwerpen und London angriff. Speer thematisierte weder technische noch logistische Probleme, sondern betonte lediglich die möglichen psychologischen Auswirkungen des Einsatzes von V1 und V2 als Terrorwaffen gegen die Zivilbevölkerung. Im Gegensatz zu unangekündigten, aber zeitlich

---

193 RMfRuK, Ministerbüro – Besprechung vom 12. Oktober 1944, BArch, R3/1510, Bl. 48 und Besprechung vom 28. November 1944, BArch, R3/1510, Bl. 76.

194 Siehe Rede Speers aus Anlass des Stehkonvents und der Ritterkreuzverleihungen am 15. November 1944 in Berlin, BArch, R3/1555 Bl. 91f. Der Tenor dieser Erklärung offenbart das nicht nachvollziehbare Vertrauen in ein Waffensystem, bei dessen Einsatz bis zum Ende des Krieges ca. 50% der abgefeuerten Raketen ihr Ziel verfehlt haben.

begrenzten Bombardements durch Fliegerkräfte bestehe bei der Zivilbevölkerung größere Furcht vor unberechenbaren Artillerieangriffen. Speer konstatierte, dass die Furcht vor Artillerie-Beschuss bei der Bevölkerung in gar keinem Verhältnis zur militärischen Wirkung stehe. Daher wertete er die psychologische Wirkung des V1- und V2-Einsatzes gegen Großbritannien höher als die tatsächlich erreichten Erfolge.[195]

Die Produktionszahlen der in Tabelle 1 dargestellten Waffensysteme zeigen, dass man bei der technisch einfach instrumentierten Fernbombe Fi 103 (V1) bereits im Jahr 1944 mit 23 748 Stück sehr hohe Produktionszahlen erreichen konnte. Die Montagekapazitäten für die Herstellung der ballistischen Fernrakete A4 (V2) waren ausgeschöpft und eine Erhöhung des Ausstoßes in Größenordnungen der V1-Produktion schien ohne den Bau neuer Montagefabriken und die Einbeziehung neuer Zulieferbetriebe unmöglich.[196]

Tabelle 1: Produktionszahlen raketentechnischer Waffensysteme, 1941–1944

	1941	1942	1943	1944
15cm-Nebelwerfer 41	650	970	1188	2336
21cm-Nebelwerfer 42	648	970	100	835
30cm-Nebelwerfer 42	–	–	380	544
V1 (Fi 103)	–	–	–	23748
V2 (A4)	–	–	–	4145 Sept: 601 Okt: 650 Nov: 650 Dez: 618

Die bereits 1939 angelaufenen Planungen zur Fertigung von Raketen in Peenemünde waren, wie eingangs ausgeführt, durch die hohen Reibungsverluste bei der Zuteilung von Dringlichkeiten stetigen Veränderungen unterworfen. Die *„Fertigungsstelle Peenemünde"* (FSP) wurde im September 1943 in ein *„Versuchsserienwerk"* (VW) umstrukturiert und zusammen mit dem Forschungs-

---

195 Bericht über Reise Speers an die Westfront vom 7. bis 10. Dezember 1944, RMfRuK, Ministerbüro Speer, BArch, R3/1543 Bl. 8.

196 Ausstoßübersicht 1941–1944 zu Waffen, Geräten, Munition vom 20. Februar 1945, RMfRuK, Ministerbüro Speer, BArch, R3/1729, Bl. 7 und 12.

und Entwicklungszentrum, dem „*Entwicklungswerk*" (EW), zur „*Heeresanstalt Peenemünde*" (HAP) zusammengefasst. Mit der Gründung des „*Sonderausschuss A4*" am 22. September 1942, die vom Rüstungsministerium unter Albert Speer veranlasst wurde, warf bereits die auf Führerbefehl vom Dezember 1941 noch unter Fritz Todt eingeleitete Reorganisation und Vereinfachung der Rüstungsproduktion ihre Schatten voraus. Die mit Industriefachleuten besetzten Gremien drängten den Einfluss der Wehrmacht auf die Rüstung etwas zurück.

Mit der Arbeit des Sonderausschusses A4 wurde die Serienproduktion auf die Erschließung privatwirtschaftlicher Produktionskapazitäten orientiert. Die neu gegründeten Mittelwerke bei Nordhausen, die Rax-Werke (eine Henschel-Tochter) in Wiener Neustadt sowie die Zeppelin-Werke in Friedrichshafen sollten neben dem Versuchsserienwerk Peenemünde bis Kriegsende als Montagefabriken für die ballistische Fernrakete A4 fungieren. Allein die Mittelwerke kamen nach dem Ausfall der anderen Produktionsstandorte – meist durch Bombardierung – dieser Aufgabe nach.[197]

3. Wehrforschungsgemeinschaft und Raketentechnik

Innerhalb der Institutionen, die sich im Dritten Reich mit Wehrforschung beschäftigt haben, scheint es sinnvoll, die Wehrforschungsgemeinschaft des Reichsforschungsrates näher zu betrachten. Dort stand eine Zusammenarbeit zwischen Institutionen des Militärs, der staatlichen Forschung und der Industrieforschung von vornherein im Mittelpunkt der Bemühungen. War die Raketentechnik ein zentrales Forschungsthema im Nationalsozialismus oder ein eifersüchtig gehegtes Steckenpferd des Heereswaffenamtes? Billigte die zentrale Wehrforschungsführung der als Hochtechnologie eingestuften Raketentechnik tatsächlich einen Platz in der kriegswichtigen, dringend benötigten Waffentechnik zu? Als Eingangsbefund muss vorangestellt werden, dass dies nicht der Fall war.

Unter Verweis auf den Befehl Hitlers zur Sicherstellung der für die Kriegsführung unentbehrlichen Forschung und der damit verbundenen Überstellung von 5 000 Fachkräften aus der Wehrmacht an entsprechende Forschungsinstitute

---

197 Der vom Rüstungsministerium eingesetzte Sonderausschuss plante ursprünglich drei Montagefabriken, die „*Südwerke*" (Wiener Neustadt und Friedrichshafen), die „*Mittelwerke*" (Nordhausen) und die „*Ostwerke*" (im Gebiet Riga). Dabei fielen durch den Vormarsch der Roten Armee bereits 1944 die Ostwerke aus den Planungen heraus. Siehe History of German Guided Missiles, April 1946, Deutsches Museum München, Archiv, Luft- und Raumfahrtdokumentation (LR) 04722 (entspricht HVP11/GD 630.0.7 oder F.E.86), Bl. 25.

sowie auf Hitlers Erlass zur Konzentration der Rüstungs- und Kriegsproduktion vom 19. Juni 1944 ordnete Hermann Göring in seiner Funktion als Reichsmarschall und Präsident des Reichsforschungsrates Ende August die Gründung einer „*Wehrforschungs-Gemeinschaft*" an. Er drängte auf eine Zusammenfassung der Wehrforschung unter dem Dach des Reichsforschungsrates, „*...um neben der im Kriege unbedingt zu betreibenden Grundlagenforschung möglichst viele für die Kriegsentscheidung wesentliche Forschungsergebnisse kurzfristig zu erhalten ... Die Arbeiten insbesondere der staatlichen Forschungsinstitute sind durch den Reichsforschungsrat so zu steuern, dass für die weitere Kriegsführung der grösstmögliche Nutzen entsteht. Zu diesem Zweck sind sämtliche staatlichen forschungstreibenden Institute namentlich in einer Wehrforschungs-Gemeinschaft innerhalb des Reichsforschungsrates zusammenzuschliessen.*"[198]

Der Wehrforschungsgemeinschaft fielen für die Entwicklungsvorbereitung neuer Wehrtechnik spezielle Aufgaben zu: So hatte die Gemeinschaft zu gewährleisten, dass die Forschung im Reichsgebiet auf „*durch Erfordernisse der künftigen Kriegsführung diktierte Aufgaben*" konzentriert wird – womit ihr eine strategische Forschungsplanung oblag. Außerdem sollten diese Forschungsvorhaben an laufende Entwicklungen angepasst und daraufhin geprüft werden, inwieweit die Ergebnisse der Grundlagen- und Zweckforschung konkreten Entwicklungsarbeiten zum Erfolg verhelfen könnten. Die operative Steuerung der Forschungsvorhaben übernahm der von Göring eingesetzte Leiter der Wehrforschungsgemeinschaft und bisherige Chef des Planungsamtes im Reichsforschungsrat Werner Osenberg.[199]

Für die Sicherstellung des Personalbedarfs konnte sich Osenberg auf einen entsprechenden Befehl[200] des Oberkommandos der Wehrmacht stützen, der es

---

198 RMfRuK – Erlass des Reichsmarschalls Göring zur Gründung einer Wehrforschungsgemeinschaft vom 24. August 1944, BArch, R3/3129, Bl. 13.

199 Ebd., Bl. 14. Siehe auch Federspiel, R.: Mobilisierung der Rüstungsforschung? Werner Osenberg und das Planungsamt im Reichsforschungsrat 1943–1945. In: Maier, H. (Hrsg.): Rüstungsforschung im Nationalsozialismus. Organisation, Mobilisierung und Entgrenzung der Technikwissenschaften, Göttingen 2002, S. 72–105.

200 Der Befehl zur Sicherung des notwendigen Fachpersonals erging durch das Oberkommando der Wehrmacht am 3. August 1944 unter OKW WEA Abt. E (V) Nr. 8240/44 geh. Siehe auch Rundschreiben des Leiters der NSDAP-Parteikanzlei, Bormann, an alle Gauleiter vom 3. September 1944 zur Sicherstellung der für Forschungsaufgaben freigestellten Kräfte, BArch, R3/3129, Bl. 11f: „*Mit der Lenkung der kriegswichtigen Forschungsarbeit an den deutschen Hochschulen beauftragte der Reichsmarschall vor Jahresfrist den Leiter des Planungsamtes beim Reichsforschungsrat Professor Dr. Osenberg. Dieser hat in der Zwischenzeit die notwendigen Maßnahmen zur Durchführung der kriegsentscheidenden Aufträge getroffen. Mit Unterstützung des OKW wurden die zur Forschung bei den staatlichen wissenschaftlichen Institutionen unumgänglich notwendigen Kräfte bereitgestellt. Diese Zurückgeholten und die bisher schon im Bereich*

ihm erlaubte, Spezialisten auf Anforderung der entsprechenden Forschungsinstitute von der Front zurückzurufen und den Instituten zuzuweisen. Im Rahmen der so genannten „Osenberg-Aktion" wurden bis Kriegsende zahlreiche Natur- und Ingenieurwissenschaftler von der Front an Hochschul- oder Forschungsinstitute beordert. Osenberg hatte bereits Ende Juli 1944 die „Schaffung eines einheitlichen Führungsorgans der Forschung sämtlicher Institute, auch die der drei Wehrmachtsteile sowie der Industrielaboratorien" angeregt und den Zusammenschluss aller Forschung treibenden staatlichen und industriellen Institute und Laboratorien zu einer Wehrforschungsgemeinschaft gefordert.[201] Damit propagierte Osenberg eine Struktur der Wehrforschung, wie sie seit 1939 bereits im deutschen Fernraketenprogramm zur Geltung kam. Wie noch darzustellen sein wird, nahm das Heereswaffenamt allerdings mit dem Forschungsdreieck aus Militär, Industrie und Hochschulen ein Strukturmodell vorweg, das seit den 1970er Jahren in den USA und der UdSSR als militär-industriell-akademischer Komplex Geltung erlangte.

Osenberg wandte sich unmittelbar nach seiner Ernennung zum Vorsitzenden der Wehrforschungsgemeinschaft im September 1944 an alle potentiellen Träger der Wehrforschung in seinem Planungsbereich: die Fachspartenleiter und Bevollmächtigten des Reichsforschungsrates, die Rektoren der Technischen Hochschulen und Universitäten, die Generalverwaltung der Kaiser-Wilhelm-Gesellschaft, die Außenstellenleiter des Reichsforschungsrates sowie die Leiter der staatlichen wissenschaftlichen Forschungsstätten. Der Zusammenschluss sämtlicher staatlicher forschungstreibender Institute zur Wehrforschungsgemeinschaft sollte einen Verbund innerhalb des Reichsforschungsrates schaffen, der den Wehrmachtsdienststellen gegenüber selbständig und geschlossen auftrat. Ohne die Selbständigkeit der Institute zu beeinträchtigen, wurde eine direkte Verbindung zwischen den wissenschaftlichen Instituten, dem wissenschaftlichen Führungsstab des Präsidenten des Reichsforschungsrates und dem Planungsamt hergestellt. Die Eingliederung in die Wehrforschungsgemeinschaft basierte auf dem Prinzip der Selbstanzeige und Bewerbung. Osenberg wies alle Forschungs-

---

der Forschung tätigen Kräfte sind durch einen Befehl des OKW vom 3. August 1944 Nr. 8240/44 geh. von der Einberufung zur Wehrmacht befreit. Sie sollen auch bei der Abgabe von Arbeitskräften zu kriegswichtigen Sondereinsätzen außerhalb des Arbeitsortes nicht herangezogen werden, sondern wie Schlüsselkräfte von allen Sondereinsätzen befreit werden. Professor Osenberg hat die Verantwortung für die laufende Überprüfung sämtlicher an den staatlichen wissenschaftlichen Anstalten bearbeiteten Forschungsvorhaben unter dem Gesichtspunkt der Erfordernisse der totalen Kriegsführung übernommen."

201 Siehe Denkschrift Osenbergs vom 31. Juli 1944, BArch, R26III/49 und Postupa: Behördengeschichte des Reichsforschungsrates, Koblenz 1971, enthalten in: BArch, Findbuch zum Bestand R26III, Bl. V.

institute an, bis zum 15. September 1944 die Eingliederung in die Wehrforschungsgemeinschaft beim Planungsamt des Reichsforschungsrates zu beantragen. Einerseits ließ mit diesem Verfahren die Bestandsaufnahme der möglicherweise als Wehrforschungsthemen infrage kommenden Forschungsarbeiten bewerkstelligen, andererseits provozierte man geradezu eine Flut von Anträgen auf Forschungsprojekte, die sich in irgendeiner Art und Weise als kriegswichtig eingestuft wissen wollten und unter dem Dach der Wehrforschungsgemeinschaft Protektion suchten.[202]

Aus dem Gebiet der Raketentechnik finden sich im Antragskonvolut nur Marginalien, die zudem auf das Niveau der Einzelerfinderphase in den 1920er Jahren zurückfallen und mit möglichst geringem materiellem Aufwand *„Sperrholzlösungen"* für Raketenkonstruktionen anbieten. Eine mögliche Erklärung dafür wäre, dass die Anhäufung und Monopolisierung der Ressourcen zur Entwicklung von Fernraketen im Heereswaffenamt eines gezeigt hatte: Derartige Forschungsprogramme erfordern einen zu großen finanziellen und personellen Aufwand, als dass sie ohne Vorarbeiten in der sich 1944 abzeichnenden Krisenlage noch umzusetzen gewesen wären. Die etablierten FuE-Stellen der Raketenentwicklung, wie die privatwirtschaftlich arbeitende Elektromechanische Werke Karlshagen GmbH, waren hingegen nicht vom Tropf der Wehrforschungsgemeinschaft abhängig. Einzig und allein die für das Raketenprogramm arbeitenden Hochschulinstitute konnten vom Konstrukt der Wehrforschungsgemeinschaft profitieren und über das Osenberg-Programm zur Wehrmacht eingezogene Wissenschaftler zurückfordern.[203]

Das Organigramm der Wehrforschungsgemeinschaft innerhalb des Reichsforschungsrates ist in Bild 6 dargestellt.[204] Die Gemeinschaft sollte primär die Wehrforschung der staatlichen wissenschaftlichen Institute sowie der Wehrmacht und der Industrie koordinieren. Tatsächlich aber blieb sie ein Papiertiger, denn die Forschung wurde innerhalb der Wehrmacht viel stärker von den Waffen- bzw. Technischen Ämtern der Wehrmachtsteile – paradigmatisch dafür war das Heereswaffenamt – bestimmt. Die Industrieforschung war hingegen sehr stark an die Direktiven des Reichsministeriums für Bewaffnung und Kriegsproduktion gebunden. Das Organigramm bleibt somit eine idealtypische Konstruk-

---

202   Rundschreiben Osenbergs vom 7. September 1944, BArch, R3/3129, Bl. 16.

203   Siehe Interview mit Klaus Lunze vom 4. August 1999. Walter Wolman, Leiter der Arbeitsgruppe *„Vorhaben Peenemünde"* an der TH Dresden, forderte Lunze im Rahmen der *„Osenberg-Aktion"* Ende des Jahres 1944 an; im Februar 1945 traf Lunze in Dresden ein, fand aber wegen der Zerstörung der Forschungseinrichtungen und Auslagerung des Wolman-Instituts infolge des Bombenangriffs vom 13. Februar keine Gelegenheit mehr zur Mitarbeit.

204   Siehe Struktur der Wehrforschungsgemeinschaft, BArch, R26III/44, Bl. 1. Vgl. außerdem Federspiel, Mobilisierung der Rüstungsforschung, S. 103.

tion, die zwar alle wesentlichen Interessengruppen enthält, jedoch nicht die gezeigten eindeutigen Unterstellungsverhältnisse realisiert und in der gezeigten Form nie praxiswirksam wurde. Damit beschränkte sich der Einfluss der Wehrforschungsgemeinschaft auf die Forschung an Hochschul-, Vierjahresplan- und KWG-Instituten. Die der Wehrforschungsgemeinschaft eingegliederten Institute waren verpflichtet, dem an jeder Hochschule tätigen Außenstellenleiter des Reichsforschungsrates Einblick in Umfang, Art und Dringlichkeit der laufenden und bereits abgeschlossenen Forschungsvorhaben zu geben. Die fachliche Betreuung der Institute selbst durfte nur über den zuständigen Fachspartenleiter bzw. Bevollmächtigten des Reichsforschungsrates erfolgen. Obwohl der Leiter der Wehrforschungsgemeinschaft, Osenberg, den Außenstellenleitern gegenüber weisungsberechtigt war, nahmen diese nur Statthalterfunktion wahr und kontrollierten die Forschungsprojekte vor Ort; die Koordination der von der Wehrforschungsgemeinschaft betreuten Projekte erfolgte jedoch auf der Zentralebene des Reichsforschungsrates, dem die Wehrforschungsgemeinschaft angeschlossen war.[205]

So waren zum Beispiel an den Technischen Hochschulen in Darmstadt und Prag der Mathematiker Alwin Walther und der Elektrotechniker Eugen Flegler im Oktober 1944 auch als Außenstellenleiter des RFR tätig. Als aktive Mitglieder der Arbeitsgemeinschaft „Vorhaben Peenemünde" betrieben sie zudem an ihren eigenen Instituten für die Raketentechnik relevante Forschung.[206]

4. Defizite eines Waffensystems

Die Institutionalisierung der Forschung, Entwicklung, Fabrikation und des Einsatzes von Flüssigtreibstoffraketen als Waffe wurde in Deutschland von der Reichswehr bzw. der Wehrmacht sowie vom Ministerium für Rüstung und Kriegsproduktion getragen und lässt sich für den Zeitraum von 1930 bis 1945 wie folgt zusammenfassen.[207] Wichtig ist dabei die Unterscheidung zwischen

---

205 Funktionen der Außenstellenleiter des RFR gemäß Schreiben des persönlichen Referenten des Reichsmarschalls Göring, Ministerialdirigent Dr.-Ing. Görnert, an alle Außenstellenleiter vom 2. Oktober 1944, BArch, R26III/43, Bl. 8/9.

206 Liste der Außenstellenleiter des RFR vom 15. Oktober 1944, BArch, R26III/43, Bl. 1f.

207 Siehe dazu die so genannte Schubert-Chronik der Heeresversuchsanstalt Peenemünde, BArch/MArch, RH8/ v.1206–1210 und Neufeld, Die Rakete und das Reich, S. 379ff sowie History of German Guided Missiles, April 1946, Deutsches Museum München, Archiv, Luft- und Raumfahrtdokumentation (LR) 04722, Bl. 19–28 (entspricht GD 630.0.7 oder F.E.86).

Strukturen des Heereswaffenamtes, dem zusammen mit Hochschulinstituten und der Industrie die Entwicklung der Raketentechnologie oblag, Strukturen des Rüstungsministeriums, welches den Aufbau der Versuchsplätze mit ihren Laborgebäuden und die Fabrikation der Rakete koordinierte sowie denen der Wehrmachts- und SS-Führung, die den militärischen Einsatz der Rakete als artilleristische Waffe planten.[208]

Der Ausgangspunkt des deutschen Raketenprogramms liegt bei der Reichswehr, die 1929/30 innerhalb der Amtsgruppe Prüfwesen des Heereswaffenamtes in der Unterabteilung Wa Prw 1/I unter der Leitung Major von Horstigs eine Explorationsstudie über den Einsatz der Raketentechnologie als Waffe erarbeiten ließ. Zu diesem Zeitpunkt war noch nicht entschieden, ob Flüssigtreibstoffraketen zum Fernkampf oder Feststoffraketen als taktische Geschosswerfer – möglicherweise mit chemischen Kampfstoffen bestückt – verwendet werden. Erst im Mai 1935, nachdem der Einsatz als punktzielgenaue Fernrakete zum Entwicklungsziel erklärt wurde, richtete man im Heereswaffenamt eine eigene Unterabteilung für die Raketenentwicklung ein. Ein Jahr später, im Juli 1936, übernahm Walter Dornberger die militärische Leitung der mittlerweile zur Abteilung aufgewerteten Entwicklungsgruppe. Das Heereswaffenamt führte alle raketentechnischen Experimentalarbeiten – hauptsächlich zu Triebwerksfragen – in Kummersdorf bei Berlin durch. Seit der zweiten Hälfte des Jahres 1935 wurde Kummersdorf als „Versuchsstelle West" bezeichnet. Erst mit dem im August 1936 begonnenen Aufbau des Forschungs- und Entwicklungszentrums in Peenemünde auf der Insel Usedom standen jedoch große Raketenprüfstände und ein Überschallwindkanal zur Verfügung. Der Aufbau der „Versuchsstelle Peenemünde" erfolgte zunächst in Kooperation von Luftwaffe und Heer und diente der Schaffung einer mit großzügigen Labor- und Erprobungsanlagen ausgerüsteten Entwicklungsinstitution für Reaktivtechnik. Nach dem Rückzug der Luftwaffe aus der gemeinsamen Verwaltung spaltete sich diese Institution am 1. April 1938 in die Versuchsstelle der Luftwaffe Peenemünde-West und die Heeresversuchsstelle Peenemünde-Ost.

Auch innerhalb der Zentralstelle für Heeresphysik und Heereschemie, die unter der Leitung von Erich Schumann stand, beschäftigte sich die Reichswehr mit Grundlagenforschung auf dem Gebiet der Reaktivtechnik, insbesondere mit Problemen reaktiver Geschosse. So betreute Schumann die nach ihrer Fertigstellung 1934 als geheime Kommandosache eingestufte Dissertation Wernher v.

---

208 Siehe Organisationsschema aus dem Jahr 1944, in dem zwischen Befehlsebenen der Entwicklung und Fertigung unterschieden wird, Deutsches Museum München, Archiv, HVP11/231-95/5.

Brauns an der Berliner Friedrich-Wilhelms-Universität. Die Zentralstelle wurde 1935 in Forschungsabteilung des Heereswaffenamtes umbenannt.[209]

Am 21. September 1941 erfolgte die Zusammenfassung von Heeresversuchsstelle und Fertigungsstelle Peenemünde unter der Bezeichnung Heeresversuchsanstalt Peenemünde mit den Bestandteilen Entwicklungswerk und Versuchsserienwerk. Zu diesem Zeitpunkt ging man noch davon aus, dass in Peenemünde nicht nur die Konstruktion der Fernrakete erarbeitet, sondern auch die Serienproduktion maßgeblich vorbereitet würde. Nach der Bombardierung von Peenemünde verlagerte man das zweite Aufgabengebiet in das Innere des Deutschen Reiches. Nach dem Luftangriff auf Peenemünde vom 17./18. August 1943 liefen zudem Vorbereitungen zur Verlagerung der A4-Produktion unter Tage. Ziel dieser Verlagerungsaktion war das bombensichere Kohnstein-Massiv bei Nordhausen, in dem seit 1943 die Mittelwerke GmbH entstand. Im September 1943 verließ der langjährige Kommandant der Heeresversuchsanstalt Peenemünde, Walter Dornberger, endgültig das Heereswaffenamt und organisierte innerhalb der Wehrmachtsführung den Aufbau der Raketenartillerie. Zur Aufstellung der Truppe wollte Dornberger vor allem auf technisch ausgebildete Soldaten und Offiziere zurückgreifen, die bereits im Versuchskommando Nord (VKN) in Peenemünde an der Forschung und Entwicklung der A4-Rakete beteiligt waren.

Um das Waffensystem in Serienproduktion gehen zu lassen, wurden im Rüstungsministerium neue Strukturen geschaffen. Der Befehl zur Gründung des Sonderausschusses A4 erfolgte am 22. Dezember 1942 durch den Reichsminister für Bewaffnung und Munition, Albert Speer, noch bevor sich in Peenemünde ein technisch beanstandungsloser Start einer A4-Rakete verzeichnen ließ. Unabhängig davon richtete das Speer-Ministerium 1943 einen *„Sonderausschuss elektrisches Zubehör für R-Geräte"* unter Leitung des Siemens-Managers Paul Storch ein. Dieser Sonderausschuss koordinierte die Fertigung der aufwendigen Kurs- und Lageregelungssysteme der Rakete sowie die Herstellung der funktechnischen Instrumentierung.

---

209 Die Abteilung Wa F war in die Gruppen Physik (mit den Referaten Kernphysik, Sprengstoffwesen, Ballistik, Optik), Chemie sowie Theorie aufgeteilt und bestand aus mehreren isolierten Laboratorien auf dem Schießplatz Kummersdorf bei Zossen, südlich von Berlin. Schumann residierte im II. Physikalischen Institut in der Neuen Wilhelmstraße, ferner gab es Büros des Referates Optik nahe dem Hauptgebäude des Heereswaffenamtes am Berliner Bahnhof Zoo und ein Bürohaus in der Hardenbergstraße, das vermutlich die Abteilung W Wiss des Oberkommandos der Wehrmacht beherbergte. Siehe BArch/MArch, RH 8/ v.1714 und Luck, W.: Erich Schumann und die Studentenkompanie des Heereswaffenamtes – Ein Zeitzeugenbericht. In: Dresdener Beiträge zur Geschichte der Technik und der Technikwissenschaften 27 (2001), S. 27–45.

Nach Auslagerung der im August 1944 aus dem Peenemünder Entwicklungswerk ausgegründeten Elektromechanische Werke GmbH von der Insel Usedom nach Mitteldeutschland versuchte man, zu Beginn des Jahres 1945 im Harz eine *„Entwicklungsgemeinschaft Mittelbau"* zu gründen. Dort sollten neben den ehemaligen Peenemünder Entwicklern alle in Deutschland mit der FuE von Raketen befassten Institute und Personen zusammengefasst werden. Man versprach sich neben dem Konzentrationseffekt geringere Reibungsverluste und Synergien bei der Abarbeitung zukünftiger Raketenprojekte. Die Entwicklungsgemeinschaft konnte allerdings in den Wirren der letzten Kriegsmonate nicht mehr realisiert werden.

Auf Anordnung Hitlers vom 1. Dezember 1943 wurde innerhalb der Wehrmacht das Generalkommando für den Einsatz aller Vergeltungswaffen (V1 und V2) gebildet. Ende August 1944 übernahm schließlich die SS mit Hans Kammler die Befehlsgewalt über alle mobilen A4-Einheiten und fasste die drei aufgestellten Regimenter der Raketenartillerie in einer *„Division zur Vergeltung"* (Division z.V.) zusammen. Die SS-Führung hatte somit ihr seit 1943 verfolgtes Ziel erreicht und die Kommandogewalt über das technologisch anspruchsvolle Waffensystem der Fernrakete an sich gerissen. Das Debakel beim militärischen Einsatz konnte damit jedoch nicht vermieden werden: Im Zeitraum von August 1944 bis Februar 1945 wurden von den Mittelwerken in Nordhausen 3 000 A4-Raketen an die Fronttruppen ausgeliefert, 300 wurden zum Versuchsschießen verwendet. Nahezu 33% der ersten 1 000 ausgelieferten Exemplare, nämlich 339 Stück, mussten wegen Fabrikationsfehlern oder Transportschäden in die Instandsetzungswerkstätten zurückgeschickt werden. Von den verbleibenden zwei Dritteln explodierten 5% auf oder in der Nähe der Startplattform. Seit Oktober verbesserte sich zwar die Quote der verwendungsfähigen Raketen von 66% auf 85%, allerdings erreichten wiederum nur 20% das Zielgebiet, der Rest zerlegte sich während des Fluges und konnte damit keine Sprengwirkung mehr im Zielgebiet entfalten. Von den insgesamt 4 000 in den Mittelwerken montierten A4-Raketen wurden 3 300 zu Erprobungszwecken oder im Fronteinsatz gestartet. 50% bis 65% aller gestarteten Fernraketen zerbarsten jedoch während des Fluges und waren damit als Waffe unbrauchbar. Im Gegenteil verschlangen sie in der ohnehin bis an die Grenzen belasteten deutschen Rüstungswirtschaft Fertigungskapazitäten, Material und Rohstoffe. Damit war die Fernrakete A4 sehr wohl eine Waffe – allerdings zugunsten der Alliierten. Diese Bilanz belegt letztendlich die Ineffektivität eines technisch sehr anspruchsvollen, aber zum Einsatzzeitpunkt strategisch wie taktisch fehlgeplanten Waffensystems.[210]

---

210 History of German Guided Missiles, April 1946, Deutsches Museum München, Archiv, Luft- und Raumfahrtdokumentation (LR) 04722 (entspricht HVP11/GD 630.0.7 oder F.E.86), Bl. 28. Die Dokumentation wurde vom Ordnance Department (Waffenamt) der

III. Industrie und Raketensteuerungen

Von den drei für die Entwicklung gesteuerter Großraketen erforderlichen Schlüsselbereichen oder „Schlüsseltechnologien"[211] – Überschallaerodynamik, Raketentriebwerkstechnik sowie Lenk- und Steuerungstechnik – eignet sich der Technologiebereich Raketensteuerungen besonders gut für eine Untersuchung der Vernetzung zwischen den Raketenentwicklern des Heereswaffenamtes und der Industrie. Waren die Forschungen auf dem Gebiet der Überschallaerodynamik sehr stark apparateabhängig, die deutsche Luftfahrtindustrie verfügte bis 1945 nicht einmal über Windkanäle mit entsprechenden Machzahlen, gehörte auch die Technologie der Flüssigtreibstoffraketentriebwerke zur terra incognita des deutschen Maschinenbaus. Bei der Steuerungstechnik jedoch wird es möglich, das Bemühen des Heereswaffenamtes nachzuzeichnen, auf Grund der eigenen knappen Entwicklungsressourcen und des wachsenden Erfolgsdrucks vom durchaus vorhandenen Know-how der Industrie zu profitieren.[212] Im Gegensatz zur Triebwerkstechnik wurde die Entwicklung von Steuerungs- und Lenksystemen für die Rakete von 1930 bis 1936/37 nicht mit einer eigenen Forschungstätigkeit des Heereswaffenamtes untersetzt. Erst das Scheitern der ersten Lösungen von Raketensteuerungen und damit das Scheitern der ersten Flugversuche mit „Aggregat 3"- Raketen veranlasste das Heereswaffenamt im Jahr 1937 schließlich, mehrere Industrieunternehmen bei der Suche nach dem besten Steu-

---

US-Army in Auftrag gegeben und entstand auf Initiative der deutschen im A4-Programm beschäftigten Kriegsgefangenen, die ihr Hintergrundwissen einfließen ließen. Als Wissenschaftler und Techniker, die ihre Dienste verkaufen wollten, hatten sie a priori keinen Grund, die Resultate ihrer bisherigen Arbeit in ein schlechtes Licht zu rücken. Im Gegenteil sollte sogar von noch schlechteren Verschussergebnissen ausgegangen werden.

211 Neufeld verwendet diesen Begriff in seiner Arbeit im Sinne von Zugangsvoraussetzungen, um das Ziel, einen mit Sprengstoff geladenen Flugkörper in einem automatischen Flug durch hohe Atmosphärenschichten vom Start bis zum Zielpunkt zu transportieren, realisieren zu können. Siehe Neufeld, Die Rakete und das Reich, S. 93ff.

212 Die industrielle Kreiseltechnik bewegte sich seit dem 19. Jahrhundert in einem Spannungsfeld von Empirie und Theorie sowie zwischen konstruktiver Intuition und analytischer Wissenschaft, wobei erstgenannte bis in die 1930er Jahre dominierte. So schwankte auch das Selbstverständnis der Akteure zwischen Techniker und Physiker. Zur Bedeutung der Kreiseltechnik für die „Praxis des Krieges" siehe Broelmann, J.: Intuition und Wissenschaft in der Kreiseltechnik, 1750 bis 1930, München 2002, S. 295–310.

erungskonzept miteinander konkurrieren zu lassen und ein steuerungstechnisches Laboratorium in der Heeresversuchsanstalt Peenemünde einzurichten.[213]

Die Kooperation des Heereswaffenamtes mit der Industrie auf dem Gebiet der Steuerungstechnik wurde notwendig, weil die Anforderungen an die Raketensteuerung und -lenkung die Möglichkeiten des Heereswaffenamtes konzeptionell und konstruktiv zunächst bei weitem überstiegen.[214]

Es erweist sich im weiteren Verlauf als sinnvoll, zunächst die unterschiedlichen Firmen, die vom Heereswaffenamt später mit Entwicklungsaufträgen bedacht wurden, einzeln vorzustellen sowie die Hauptakteure und deren Motive für eine Zusammenarbeit mit dem Militär zu behandeln. Schon ein kurzer Rückblick in die Geschichte der einzelnen Unternehmen wird zeigen, dass die spätere Zusammenarbeit mit dem Heereswaffenamt kein Zufall war. Sowohl der Siemens-Konzern als auch die spätere Kreiselgeräte GmbH verfügten bereits in den 1920er Jahren über enge Verbindungen zur Reichswehr, so dass sie sich in den 1930er Jahren für das Heereswaffenamt empfahlen. An diese unternehmensgeschichtlichen Abrisse anschließend soll versucht werden, den Gang vom Entwicklungsauftrag bis zur Serienproduktion der Geräte für die Steuerung und Lenkung der Flüssigkeitsrakete *„Aggregat 4"* nachzuzeichnen.

1. Steuerungstechnik als wirtschaftliches Wachstumssegment

Gemäß den Bestimmungen des Versailler Vertrages musste die Siemens & Halske AG nach Ende des Ersten Weltkriegs alle Aktivitäten zur Entwicklung und Fabrikation von elektrischen Kommandoanlagen bzw. Waffenleitgeräten für die Kriegsmarine strukturell vom Stammbetrieb abtrennen und Kontrollen einer alliierten Kommission zulassen. Die vor und während des Ersten Weltkriegs mit den genannten Aufgaben betraute Signalgeräte-Abteilung des Berliner Wernerwerks wurde deshalb nach Kriegsende ausgegliedert und wesentlicher Bestandteil der 1920 in Marienfelde bei Berlin gegründeten *„Gesellschaft für elektrische Apparate mbH"* (GELAP).[215]

---

213 Neufeld, Die Rakete und das Reich, S. 117f.
214 Neufeld, Die Rakete und das Reich, S. 84.
215 Feldenkirchen, W.: Siemens 1918–1945, München 1995, S. 380ff. und Blattmann, A.: Zur Entwicklung der Siemens Apparate und Maschinen GmbH (SAM) und ihrer Vorgeschichte 1894–1965. Eine Dokumentation des Werner-von-Siemens-Instituts für Geschichte des Hauses Siemens, München 1976, SAA 35-44/Le 117, Bl. 6. Feldenkirchen und Blattmann liefern eine an Strukturen und Aufgaben orientierte Firmengeschichte ohne speziellen nationalen oder internationalen Vergleich.

Im Zuge des 1922 begonnenen Neubauprogramms der deutschen Kriegsmarine legte die Marineleitung besonderes Augenmerk auf die Ausrüstung der Schiffsartillerie mit neuartigen Feuerleitanlagen. Die Marineleitung vertrat dabei die Auffassung, dass der Kampfwert der deutschen Kriegsschiffe wegen der im Versailler Vertrag beschränkten Tonnage und Bestückung nur durch eine steuerungstechnisch hochwertige und moderne Ausrüstung gesichert werden könne.[216] Die mit den Marineprojekten betraute Siemens-Tochter GELAP nutzte, um den Anforderungen der Lastenhefte gerecht zu werden, seit 1924 besonders Innovationen der Kreisel- sowie der elektrischen Fernmeldetechnik und erwarb in der Konstruktionspraxis spezielles technisches Wissen auf dem Gebiet der elektro-hydraulischen Steuerungen und Regelungen. Neben diesen Schwerpunktaufgaben für die Kriegsmarine lieferte die GELAP auch an das Heer elektrisches Nachrichtengerät, das in einem eigens dafür errichteten Werk in Berlin-Lichtenberg gefertigt wurde.[217]

Die Ausrichtung der GELAP auf schwachstromtechnische und feinmechanische Erzeugnisse für militärische Anwendungen erhielt schließlich durch die seit 1933 zum Hauptziel der nationalsozialistischen Wirtschaftspolitik erklärten Aufrüstungspläne neue Impulse. Bereits die zunächst geheimen Programme in Marine- und Luftrüstung ließen einen Konzentrationsprozess aller diesbezüglichen Siemens-Aktivitäten sinnvoll erscheinen.[218] Im Jahr 1933 gründete die Siemens & Halske AG daher auf der Basis der GELAP und des seit 1917 bestehenden Siemens-Flugmotorenwerks in Spandau die *„Siemens Apparate und Maschinen GmbH"* (SAM). Bereits 1936 gab die SAM allerdings den Flugmotorensektor an die neu gegründete *„Brandenburgische Motorenwerke GmbH"* ab, führte jedoch die Entwicklung von automatischen Kursregelungen für Flugzeuge

216 Die GELAP trat seit 1921 öffentlich „*...als Lieferantin für die elektrische Ausrüstung mit Apparaten, für die Feuerleitung der Marine-Artillerie und Torpedowaffe, für elektrische Abfeuerungsapparate, für die Ausrüstung der Entfernungsmesser und für die Apparate der Feuerleitung der Küstenartillerie"* der Reichswehr auf. Siehe Feldenkirchen, Siemens, S. 616, Anmerkung 129.

217 Siemens, G.: Der Weg der Elektrotechnik. Geschichte des Hauses Siemens, Bd. 2: Das Zeitalter der Weltkriege 1910–1945, Freiburg/München 1961, S. 311f. In der Darstellung sind besonders die angegebenen Motive und Legitimierungsstrategien für das Engagement von Siemens & Halske im Rüstungssektor sehr kritisch zu bewerten. Der Autor macht ausschließlich den Druck der Reichswehr bzw. der Wehrmacht für das diesbezügliche Engagement der Firma verantwortlich, thematisiert aber an keiner Stelle, dass sich der Siemens-Konzern insbesondere nach 1933 vom Rüstungsgeschäft enorme Gewinne versprochen hat.

218 Rellstab, Ludwig: Über selbsttätige Stabilisierung von Schiffen und Luftfahrzeugen. In: Jahrbuch der Schiffbautechnischen Gesellschaft 35 (1934), S. 286–291.

weiter.[219] Die SAM sollte mit einer kundenorientierten Struktur auf die Wünsche der Reichswehr eingehen können; so gab es jeweils einen Vertriebsreferenten der SAM im Heer, der Kriegsmarine und später auch im Luftfahrtministerium.[220] Die Arbeitsgebiete der SAM umfassten seit 1936 die Entwicklung und Fertigung von elektromotorischen Antrieben, von Navigations- und Kreiselgeräten sowie seit 1937 die Entwicklung von Steuerungen für Großraketen und seit 1939 für Flugabwehrraketen und Marine-Torpedos.[221]

Die Siemens & Halske AG konzentrierte damit ihre direkten Aktivitäten zur Luft- und Marinerüstung in einem Tochterunternehmen, das zwar organisatorisch und personell vom Berliner Stammhaus des Konzerns getrennt war, jedoch mit den zu erwartenden Umsätzen wesentlich zur Konzernbilanz beitrug. Mit der Wiedereinführung der allgemeinen Wehrpflicht und dem Beginn der offenen Aufrüstung in Deutschland traten Reichswehr- bzw. Wehrmachtsstellen verstärkt an deutsche Waffenfirmen heran. Darüber hinaus nahm die Reichswehr aber auch Kontakte zu Unternehmen wie der Siemens & Halske AG auf, die Geräte und Apparate für das Militär entwickelten und fertigten. Die Reichswehr ermunterte die Siemens & Halske AG zur Zusammenfassung aller wehrrelevanten Produktionslinien. Der Grund für diese Kontaktaufnahme war die Abstimmung der Fertigungsprogramme mit dem Aufbau der Wehrmacht und die Planung von Fertigungskapazitäten und Ressourcen der Industrie.

Die SAM profitierte seit 1933 von der Rüstungsnachfrage des Staates. Zur Finanzierung dieser Staatsaufträge erhielt die SAM Arbeitsbeschaffungswechsel, Mefowechsel und Lieferschatzanweisungen im Wert von insgesamt 92,5 Mio RM.[222] Im Jahr 1940 waren die Möglichkeiten zur Vergrößerung der *„Abteilung für Luftfahrtgeräte"* der SAM nahezu erschöpft, die Bedürfnisse der Luftwaffe aber bei weitem noch nicht gedeckt. Man entschloss sich auf Konzernebene deshalb zur Ausgründung der Abteilung und Schaffung der *„Luftfahrtgerätewerk Hakenfelde GmbH"* (LGW), die zunächst in Berlin-Spandau ansässig war. Im Zeitraum von Oktober bis Dezember 1940 erfolgte schließlich der Umzug des Unternehmens nach Hakenfelde bei Berlin.[223]

---

219 Siemens, Der Weg der Elektrotechnik, S. 316f. So ist die Bezeichnung *„Autopilot"* ein Siemens-Warenzeichen aus dem Jahr 1936, siehe Warenzeichen-Register Klasse 22b, Nr. 489778 vom 15. Januar 1937, Heft 1, S. 2.

220 Verwaltungsakten der SAM und LGW 1933–1944, SAA 7553.

221 Klein, G.: Dokumentation zur Geschichte des Luftfahrtgerätewerks Hakenfelde (LGW), 1930–1945, SAA 35-44/Lc 168, Bl. 20.

222 Feldenkirchen, Siemens, S. 187 und 432.

223 Klein, G.: Dokumentation zur Geschichte des Luftfahrtgerätewerks Hakenfelde (LGW), 1930–1945, SAA 35-44/Lc 168, Bl. 133. Diese 1980 verfasste Schrift diente vor allem der unternehmensinternen Dokumentation der militärisch relevanten steuerungstechnischen Projekte bei Siemens/LGW. Die als Quellenbasis dienenden Arbeitsberichte der

Tabelle 2: Umsatzverteilung bei GELAP/SAM, 1923 bis 1944[224]

Jahr	Gesamtumsatz in Mio. RM	Anteil durch Deckung des zivilen Bedarfs (%)	Anteil durch zivile Geräte für das Militär (%)	Anteil durch Spezialgeräte für das Militär (%)
1923/24	0,5	20	20	60
1925	1,3	23	30	41
1926	5,3	19	19	62
1927	7,4	20	20	60
1928	6,6	20	20	60
1929	7,1	19	19	62
1930	7,3	19	19	62
1931	7,5	14,6	20	65,4
1932	7,1	14	20	66
1933	5,5	14,5	20	65,5
1933/34	25,2	4	75	21
1935	59,2	2,3	77,8	19,9
1936	61,2	0,8	79,1	20,1
1937	79,9	1,2	68,8	30
1938	120,0	1	69	30
1939	101,0	1,3	65,6	33,1
1939/40	129,3	0	65,8	34,2
1941	71,4	0	32,9	67,1
1942	68,7	0	33,1	66,9
1943	86,3	0	29,8	70,2
1943/44	119,0	0	28,3	71,7

Entwicklungsgruppen und Zeitzeugenaussagen werden allerdings relativ unkritisch angeführt und dienen eher zur Konstruktion einer Opfer- und Heroengeschichte des Hauses Siemens. Im Vordergrund steht dabei immer die Versicherung, Siemens/LGW habe zum jeweiligen Zeitpunkt an der Spitze der technischen Entwicklungen gestanden; eine Kontextualisierung fehlt.

224 Umsatzstatistik der Gelap/SAM, SAA 68/Lg 600 oder Blattmann, A.: Zur Entwicklung der Siemens Apparate und Maschinen GmbH (SAM) und ihrer Vorgeschichte 1894–1965, SAA 35-44/Le 117, Teil C, Bild A4. Der Sprung 1933/34 ist durch die Übernahme des Flugmotorenwerks und des Vertriebs von Siemens-Erzeugnissen an das Militär zu erklären. 1938/39 wiederum wurde das Luftfahrtgerätewerk Hakenfelde (LGW) aus der SAM ausgegliedert, so dass dessen Umsatzzahlen nicht mehr zu Buche schlugen.

Siemens sicherte sich seit den 1920er Jahren mit den Firmen GELAP, SAM und LGW jeweils große Marktanteile im Bereich Waffenleittechnik. So verzeichnete sowohl die SAM als auch der 1940 als Luftfahrtgerätewerk Hakenfelde ausgegliederte Bereich für Luftfahrtbordgeräte der SAM große Wachstumsraten und Umsätze.[225] Das Gesellschaftskapital der LGW wurde auf Grund der sehr guten Konjunkturlage von der Siemens & Halske AG relativ rasch aufgestockt. Gleichzeitig hielt Siemens & Halske mit 11,25 Mio. RM auch den größten Anteil am Gesamtkapital von 15 Mio. Als zweite Kapitalquelle trat mit 3,75 Mio. RM auch die Siemens-Schuckertwerke AG in Erscheinung.[226]

Die Leitung der LGW übernahm 1940 Karl Otto Altvater[227] (1885–1948), der zuvor beim Chef der Marineleitung Projekte für Feuerleitanlagen der Schiffsartillerie bearbeitet hatte. Für beide, Marine und Luftwaffe, ergaben sich aus der angestrebten automatischen Regelung von Schiffsgeschützen bzw. Flugzeugen neue technische Anforderungen an die Entwicklung elektrotechnischer und feinmechanischer Ausrüstung für die Waffentechnik. Aus der Tatsache, dass in beiden Wehrressorts zur Steuerung und Lenkung von Luft- und Wasserfahrzeugen vor allem die Eigenschaften von Kreiselsystemen ausgenutzt wurden, erklärt sich unter anderem, warum ein Marinefachmann wie Altvater auch die Entwicklungen zur Flugzeugbordgerätetechnik bei Siemens/SAM/LGW koordinieren sollte.

2. Das Militär als Hauptnachfrager von Kreiselgeräten

Das Reichswehr- und das Reichsverkehrsministerium hatten Mitte der 1920er Jahre damit begonnen, für den geheimen Aufbau der Luftwaffe zahlreiche Tarnorganisationen zu schaffen. Auch die spätere Messgeräte-Boykow GmbH gehörte zu dieser Struktur. Das Reichsverkehrsministerium hatte die Firma am 1. Juli 1925 gegründet, um die Entwicklung der Trägheitsnavigation für die Luftfahrt zu forcieren. Sowohl der Erfinder Johann Maria Boykow (1878–1935), der als

---

225 Siehe dazu auch Feldenkirchen, Siemens, S. 603.
226 Feldenkirchen, Siemens, S. 535, Anmerkung 53.
227 Karl Otto Altvater war von 1923 bis 1927 Referent in der Waffenabteilung des deutschen Marineministeriums. Als Kapitän zur See entlassen, trat er 1930 in die Signalabteilung der Siemens & Halske AG ein. Der Vorstand erteilte Altvater zu diesem Zeitpunkt den Auftrag, theoretisch und experimentell zu untersuchen, wie sich elektrische Funktionsprinzipien in die Luftfahrzeuggerätetechnik einführen lassen. Siehe Klein, G.: Dokumentation zur Geschichte des Luftfahrtgerätewerks Hakenfelde (LGW), 1930–1945, SAA 35-44/Lc 168, Bl. 1f.

Geschäftsführer der Gesellschaft zahlreiche einschlägige Patente hielt, als auch die Deutsche Versuchsanstalt für Luftfahrt traten als Treuhänder des Reichs auf.[228]

Im Vergleich zur breiten Entwicklungsfront bei Siemens & Halske startete die N. V. Aerogeodetic 1920 als hochspezialisiertes Kleinunternehmen in die Entwicklung von Luftfahrzeug- und Marinetechnik.[229] Darüber hinaus gab es aber auch Berührungspunkte einzelner Akteure aus Marineleitung und Industrie. So verband Altvater eine langjährige Freundschaft mit dem österreichischen Marineflieger Johann Maria Boykow, der seit Mitte der 1920er Jahre das Profil des später als N. V. Aerogeodetic bzw. Kreiselgeräte GmbH firmierenden Unternehmens bestimmte.

Boykow war 1894 als Seekadett zur österreichischen Kriegsmarine gekommen und hatte dort als Seeoffizier Dienst getan. Im Jahr 1908 trat er – bis zum Fregattenleutnant befördert – aus der Marine aus und schrieb sich als Student an der Schauspielschule des Deutschen Theaters in Berlin ein. Die schillernde Persönlichkeit Boykows wird allerdings durch einen erneuten Wechsel in eine Profession, für die er über kein Bildungspatent verfügte, charakterisiert. Im Jahr 1912 wandte er sich wieder vom Schauspielberuf ab und arbeitete als Ingenieur bei der Fa. Neufeld & Kuhnke in Kiel, die Kreiselkompasse für Schiffe entwickelte und herstellte. Dort sammelte er erste Erfahrungen mit der Kreiseltechnik sowie deren Anwendungen in der Steuerungs- und Regelungstechnik von Fahrzeugen.[230] Nach Ausbruch des Ersten Weltkrieges meldete sich Boykow als Marineflieger zur österreichischen Marine und erlebte dort bis 1918 den gewaltigen Innovationsschub in der Flugzeugtechnik. Ausgehend von den Erfahrungen als Pilot in einer Aufklärungsstaffel entwickelte er im Auftrag der Optischen Anstalt Goerz in Berlin-Zehlendorf im Jahr 1918 Instrumente zur photographischen Luftbildvermessung.[231]

Boykow hatte während dieses Kriegsprojekts funktionsfähige Kursregelungen als Voraussetzung der Luftbildvermessung erkannt und konzentrierte sich seit 1926 in der 1920 zum Zweck der Landesvermessung gegründeten Firma N.V. Aerogeodetic auf die Entwicklung von automatischen Flugzeugsteuerungen. Diese wurden auch in kleinen Stückzahlen bei Siemens & Halske gefer-

---

228 Absolon, Die Wehrmacht im Dritten Reich, Bd. 1, S. 71f.

229 Die N. V. Aerogeodetic hatte sich auf viele Arten von Kreiselsystemen besonders in der Marine und zum Teil auch in der Luftfahrzeugtechnik spezialisiert: Man konstruierte dort Flugnavigationsinstrumente, Geräte zur Torpedosteuerung, Zielsuchgeräte und elektromechanische Rechengeräte für die Waffenleittechnik.

230 Krüger, K.: J. M. Boykow. In: Luftwissen 2 (1935), S. 255.

231 Neufeld, Die Rakete und das Reich , S. 84 und Klein, G.: Dokumentation zur Geschichte des Luftfahrtgerätewerks Hakenfelde (LGW), 1930–1945, SAA 35-44/Lc 168, Bl. 1f.

tigt.[232] Im Jahr 1928 präsentierte Boykow schließlich eine Dreiachsen-Flugzeugsteuerung auf der Internationalen Luftfahrtausstellung (ILA) in Berlin. Dieser Prototyp, der vor allem den konstruktiven Fähigkeiten der kleinen Arbeitsgruppe um Boykow zu verdanken war – Boykow selbst lieferte zumeist nur die Wirkungskonzepte – wurde später von Siemens & Halske übernommen und seit 1930 unter der Leitung Eduard Fischels[233] (1902–1984) zu einer eigenen Flugzeug-Kursregelung weiterentwickelt. Fischel, Entwicklungsleiter für Flugregelungen bei Siemens & Halske, hatte auf der ILA des Jahres 1928 zwei neuartige Baugruppen der Luftfahrzeuggerätetechnik kennengelernt: Neben der auf fluidischer Hilfsenergie basierenden automatischen Seitenruder-Steuerung (Kursregelung) der Berliner Firma Askania-Werke AG, die pneumatisch angetriebene Kurskreisel verwendete und vom Wirkprinzip gut dokumentiert war, präsentierte auch die Firma Messgeräte Boykow GmbH ihre Flugzeug-Mehrachsensteuerung. Fischel beklagte sich darüber, dass der konstruktive Aufbau des Boykow-Geräts für den Betrachter nicht offensichtlich sei, trat aber trotzdem mit Boykow in Kontakt und arbeitete kurze Zeit mit ihm zusammen.[234]

Die 1921 gegründete Askania-Werke AG bestand aus den Standorten in Berlin-Friedenau und Dessau. Die fusionierten Firmen Central-Werkstatt in Dessau und Carl Bamberg in Berlin beschäftigten sich schon seit Ende des 19. Jahrhunderts vornehmlich mit dem Bau von Apparaten zur Analyse und Verbrauchsmessung von Gasen bzw. mit Präzisionsmechanik und Optik. Durch den Erwerb weiterer Firmen erweiterte die Unternehmensleitung das Produktspektrum bis zum Anfang der 1930er Jahre kontinuierlich. Seit 1930 erfuhr vor allem das Geschäft mit Bordgeräten für Flugzeuge eine beachtliche Steigerung – so konnte man seit der Vorstellung des Systems im Jahr 1928 die pneumatisch-hydraulische Kurs- und Lageregelung für Flugzeuge erfolgreich verkaufen.[235]

Im Jahr 1930 begannen die Vertrags- und Lizenzverhandlungen zwischen Siemens & Halske und der Messgeräte Boykow GmbH. Boykow trat zudem En-

232 Klein, G.: Dokumentation zur Geschichte des Luftfahrtgerätewerks Hakenfelde LGW, 1930–1945, SAA 35-44/Lc 168, Bl. 23.

233 Siehe Pütz, M.: Kurzbiographie Eduard Fischel. In: Luft- und Raumfahrt (1986), Nr. 3. Fischel war 1927 in das Zentrallabor der Siemens & Halske AG in Berlin eingetreten und wandte sich nach anfänglicher Orientierung auf die Fernsteuerungstechnik dem Problemkreis Flugregelungen zu. Fischel wurde 1935 an der TH Berlin promoviert, 1937 in die Deutsche Akademie für Luftfahrtforschung berufen und 1939 zum Professor an der TH Berlin ernannt. Gleichzeitig übernahm er die Leitung des Instituts für Flugausrüstung der Deutschen Forschungsanstalt für Segelflug.

234 Klein, G.: Dokumentation zur Geschichte des Luftfahrtgerätewerks Hakenfelde LGW, 1930–1945, SAA 35-44/Lc 168, Bl. 33.

235 Zur Unternehmensgeschichte siehe Geschäftsberichte der Askania-Werke AG, 1922–1938, SAA 15/Le 492.

de 1932 als freier Mitarbeiter bei Siemens & Halske ein, wobei sein Dienstverhältnis auf den 31. Dezember 1931 zurückdatiert wurde. Die Messgeräte Boykow GmbH befand sich seit dem 3. Dezember 1931 in Liquidation, Boykow sah deshalb die Rückdatierung des Vertrages zur Sicherung seines Einkommens als notwendig an, stand aber auch wegen des Scheiterns seiner Firma unter einem gewissen Druck zur Kooperation mit dem Siemens-Konzern.[236] Die Siemens-Mitarbeiter selbst schätzten den Gewinn durch die Zusammenarbeit eher kritisch ein: *„Außer einigen ziemlich allgemein gehaltenen Entwicklungsbesprechungen, bei denen Boykow wenig bzw. gar keine Ergebnisse seiner Firma mitteilte, sind auch nach dem Tode Boykows keinerlei Erfahrungen von der Fa. Kreiselgeräte GmbH an Siemens bzw. LGW übermittelt worden."*[237]

Dass der Siemens-Konzern ungeachtet der Kritik an Boykows Person von seinen Patenten profitierte, ist sehr wahrscheinlich. In Tabelle 3 sind einige ausgewählte und beim Reichspatentamt angemeldete Patente der Messgeräte Boykow GmbH, die zum Teil später von Siemens & Halske mitbenutzt oder gekauft wurden, aufgeführt. Nicht zuletzt zeigt sich in dieser kurzen Liste die kontinuierliche Arbeit Boykows an Problemen der Lenkung und Regelung von Luft- und Wasserfahrzeugen. Das wiederum macht erklärlich, warum er seit Mitte der 1920er Jahre zu einem anerkannten Experten für derartige Fragen im Deutschen Reich aufstieg und auch vom Militär als Konsultationspartner geschätzt wurde.[238]

---

236 Klein, G.: Dokumentation zur Geschichte des Luftfahrtgerätewerks Hakenfelde (LGW), 1930–1945, SAA 35-44/Lc 168, Bl. 1–6. Boykow wurde vertraglich verpflichtet, seine Erfahrungen auf dem Gebiet der Kreiseltechnik rückhaltlos zur Verfügung zu stellen sowie Siemens & Halske zu beraten. Als Entschädigung erhielt er RM 9000 pro Vertragsjahr. Siehe Vertrag zwischen Boykow und S&H vom 6. Oktober 1932, SAA 21/Lm 334.

237 Klein, G.: Dokumentation zur Geschichte des Luftfahrtgerätewerks Hakenfelde, 1930–1945, SAA 35-44/Lc 168, Bl. 12. Diese Aussage ist indessen nicht konsistent, da man einerseits Boykow an sich binden wollte und auch Patente seiner Firma kaufte, andererseits aber fehlende Impulse als Berater und freier Mitarbeiter beklagte. In diesem Sinne muss die Aussage, dass man an *keinerlei* Erfahrungen Boykows partizipierte, in Frage gestellt werden. Siehe auch Karner, S.: Die Steuerung der V2. Zum Anteil der Firma Siemens an der Entwicklung der ersten selbstgesteuerten Großrakete. In: Technikgeschichte 46 (1979), S. 47. Der Autor hebt dort noch einmal die Bedeutung der Boykow-Patente für Siemens & Halske bzw. die SAM hervor.

238 Boykow, J. M.: Lizenzverträge über Mitbenutzungsrechte für Siemens & Halske an seinen Entwicklungsergebnissen zur Luftfahrtnavigation (1932–1934), SAA 21/Lm 334. Siemens & Halske erwarb neben wichtigen Boykow-Patenten für Kursregelungen auch die Generallizenz für die sogenannten *„Wegmesserschutzrechte"*, siehe Aktenvermerk über Besprechung im Reichswehrministerium am 29. September 1932 anläßlich des Vertragsabschlusses zwischen den Firmen Aerogeodetic und S&H über das Wegmesserpatent, SAA 21/Lm 334, Bl. 1.

Tabelle 3: Für Raketensteuerungen relevante Patente Boykows, 1918 bis 1930

Titel des Patents	Patentnummer	Patentbeginn	Bekannt-machung der Erteilung
Einrichtung zur Stabili-sierung von Flugzeugen	Nr. 388402	angemeldet am 25. September 1918	1. September 1923
Vorrichtung zum Anzei-gen der wahren Fahrt ei-nes Fahrzeuges über Grund (Übergrundkom-pass)	Nr. 513546, Klasse 42c, Gruppe 35	7. Juli 1926	13. November 1930
Vorrichtung zum Stabili-sieren von Flugzeugen mittels elektrischer Steu-ervorrichtungen	Nr. 498629, Klasse 62 b, Gruppe 12	7. Oktober 1928	8. Mai 1930
Vorrichtung zur ge-dämpften Querstabilisie-rung von bewegten Ge-genständen, z. B. Flug-zeugen, mittels Kreisels	Nr. 506700, Klasse 62 b, Gruppe 12	23. Februar 1929	28. August 1930
Vorrichtung zum Stabili-sieren des Kurses beweg-ter Systeme, z. B. Luft- oder Wasserfahrzeuge	Nr. 509337, Klasse 62 b, Gruppe 12	30. April 1929	25. September 1930
Vorrichtung zum Stabili-sieren von Luftfahrzeu-gen	Nr. 536329, Klasse 62 b, Gruppe 13	5. März 1930	1. Oktober 1931

Im Jahr 1926 übernahm die deutsche Marineleitung alle Aktien der 1922 von Boykow gegründeten Firma *„Naamlooze Vennotschap Aerogeodetic, Maat-schappij vor Aerogeodetic, Maatschappij vor Landmeeting"* (N. V. Aerogeode-tic) mit Sitz in Amsterdam.[239] Das Unternehmen arbeitete bereits zu diesem

---

239 Blattmann, A.: Zur Entwicklung der Siemens Apparate und Maschinen GmbH (SAM) und ihrer Vorgeschichte 1894–1965, SAA 35-44/Le 117, Bl. 99f und Gievers, J.: Erinne-rungen an Kreiselgeräte. In: Jahrbuch der DGLR (1971), S. 264. Aerogeodetic war eine

Zeitpunkt nahezu ausschließlich für das Waffenamt der deutschen Marineleitung. Die Marine unterstrich damit einerseits ihre Ambitionen, auf dem Gebiet der Waffenleittechnik für Kriegsschiffe tätig zu werden, andererseits aber verdeckt zu arbeiten, so dass die Rüstungsprojekte der Kontrolle der alliierten Kommissionen entzogen werden konnten. Um den damit zum Geheimnisträger avancierten Österreicher Boykow auch rechtlich an das Deutsche Reich zu binden, verlieh man ihm am 19. Februar 1926 die deutsche Staatsbürgerschaft.[240] Die Kriegsmarine war es schließlich auch, die 1934 den Raketenfachleuten im Heereswaffenamt Boykow als Fachmann für Steuerungsfragen empfahl.[241]

Nach dem Tod Boykows ging die technische Leitung der 1934 als Rechtsnachfolgerin der N. V. Aerogeodetic gegründeten Kreiselgeräte GmbH an Johannes Gievers – einen seiner engsten Mitarbeiter – über, der die Berliner Zweigniederlassung der N. V. Aerogeodetic geleitet hatte. Bis zum Jahr 1940 existierte diese selbständig, wurde aber dann von der Marineleitung an die Askania-Werke AG in Berlin-Friedenau verkauft.[242]

Boykow begann nach ersten Gesprächen mit Vertretern des Heereswaffenamtes, unter ihnen Wernher v. Braun, im Oktober 1934 mit den Entwicklungsarbeiten an der Steuerung für den später als „Aggregat 3"- Rakete bezeichneten Prototyp einer 750 kg schweren Flüssigkeitsrakete. Trotz seines plötzlichen Todes ein Jahr später legte die Kreiselgeräte GmbH dem Heereswaffenamt noch 1936 das erste Steuergerät (Sg) für diese Rakete vor. Konzept und Gerät scheiterten jedoch an der Kompliziertheit der Konstruktion – die Probeflüge nahe der Insel Usedom misslangen Ende 1937.[243] Die Kreiselgeräte GmbH favorisierte in ihrem Konzept eine Stabilisierung der Raketenlage durch einen Autopiloten, der seine Stellsignale an ein in den Abgasstrahl des Raketentriebwerks eingeschaltetes Strahlruder weitergibt. In Ergänzung dieser Lageregelung wollte man die

Aktiengesellschaft, die sich mit Landesvermessung durch Luftbildaufnahmen befasste und die zugehörige Gerätetechnik entwickelte.

240 Kopie der Einbürgerungsurkunde vom 19. Februar 1926, SAA 21/Lm 334.

241 Die Firma Messgeräte Boykow GmbH in Berlin-Lichterfelde geriet Anfang der 1930er Jahre in große wirtschaftliche Schwierigkeiten und stand im Juli 1931 vor dem Konkurs. Letztendlich hielt die Kriegsmarine durch ihre finanzielle Unterstützung die Firmen Messgeräte Boykow GmbH und Aerogeodetic bis 1934 am Leben. Dann gingen sie in der Kreiselgeräte GmbH auf. Zahlen über den Umfang des von der Kriegsmarine an die Unternehmen geflossenen Kapitals liegen allerdings nicht vor. Siehe Neufeld, Die Rakete und das Reich, S. 84f. und Akte zur Vorgeschichte des LGW, 1928–1931, SAA 35-44/Lc168.

242 Klein, G.: Dokumentation zur Geschichte des Luftfahrtgerätewerks Hakenfelde (LGW), 1930–1945, SAA 35-44/Lc 168, Bl. 1–5 und Gievers, Erinnerungen an Kreiselgeräte, S. 265.

243 Neufeld, Die Rakete und das Reich, S. 132; Karner, Die Steuerung der V2, S. 46f und Fieber, Geschichte der Raketensteuerung, S. 6.

Führung der Rakete auf ihrer Raumtrajektorie mit dem anspruchsvollen Prinzip der Trägheitsnavigation[244] lösen. Dieses Konzept entbehrte jedoch bis zum Ende des Zweiten Weltkriegs jeder fertigungstechnischen Grundlage in der feinmechanischen Industrie. Auch nachdem das Vertrauen des Heereswaffenamtes in die Lösungen der Kreiselgeräte GmbH getrübt war, versuchte man sich dort an einer Nachfolgeentwicklung zu dem beim Test der A3-Rakete gescheiterten Steuergerät Sg 33. Doch auch das für die A5-Rakete geplante Steuergerät Sg 52 mit den enormen Produktionskosten von 27 500 Reichsmark stellte keine brauchbare Lösung dar, so dass sich das Heereswaffenamt Ende 1939 mehr und mehr von der Kreiselgeräte GmbH zurückzog. Nichtsdestotrotz wurden noch Anfang 1940 Steuermaschinen der Kreiselgeräte GmbH in Peenemünder Prüfstandsversuchen erprobt.[245] Da die Kreiselgeräte GmbH nach wie vor mit Aufträgen der Kriegsmarine ausgelastet war, hatte das Entwicklungsprojekt für das Heereswaffenamt wohl nie höchste Priorität und wurde dort als Nebenprojekt betrachtet.[246]

3. Raketensteuerungen: Tradierung des Bewährten

Noch bevor Versuchsflüge mit Raketen des Typs *„Aggregat 3"* Anfang Dezember des Jahres 1937 an Funktions- und Konstruktionsmängeln der Sg-

---

244 Das Prinzip der Trägheitsnavigation (TN) basiert in der Raumfahrt auf der gerätetechnisch realisierten doppelten Integration der gemessenen Beschleunigung des Flugkörpers. Das sogenannte *„Wegmesser"*-Patent Boykows von 1928 gab das Prinzip der doppelten Integration als Verfahrensgrundlage an und war in dem von Siemens & Halske AG gekauften Patentpaket enthalten. Im Gegensatz zum ebenfalls in diesem Paket enthaltenen und von Siemens genutzten Autopilot-Patent lagerte das *„Wegmesser"*-Patent wegen der offensichtlichen Schwierigkeiten bei der Umsetzung des theoretischen Prinzips bis Ende des Zweiten Weltkriegs ungenutzt in der Schublade. Siehe auch Klein, G.: Dokumentation zur Geschichte des Luftfahrtgerätewerks Hakenfelde (LGW), 1930–1945, SAA 35-44/Lc 168, Bl. 6. Zur Artefakt- und Theoriegeschichte der TN siehe Heilbron, H.; Klein, G.: Ein Rückblick auf die Entstehung der Trägheitsnavigation. In: Zeitschrift der Deutschen Gesellschaft für Ortung und Navigation (1980), Nr. 1, S. 36–64; Hellmann, H.: The Development of Inertial Navigation. In: Navigation 9 (1962), S. 83–94.
245 Karner, Die Steuerung der V2, S. 50 und Arbeitsbericht der Abteilung BSM für den Monat Januar 1940 vom 5. Februar 1940, Deutsches Museum München, Archiv, ARCH-Nr. 96/01, Bl. 3ff.
246 Neufeld, Die Rakete und das Reich, S. 121f.

Kreiselsteuerungen gescheitert waren,[247] setzte das Heereswaffenamt für die Steuerung der Nachfolgetype „*Aggregat 5*" auf zwei grundsätzliche Lösungsstrategien. Dazu wurde in der Heeresversuchsanstalt Peenemünde eine Arbeitsgruppe zur Steuerung und Flugmechanik unter Leitung von Hermann Steuding mit der mathematisch-physikalischen Analyse genereller steuerungs- und regelungstheoretischer Probleme beauftragt.[248] Neben diesem rein ingenieurwissenschaftlichen Zugriff stellte man auf dem Gebiet der Entwicklung und Konstruktion den Kontakt zu neuen Industriepartnern her. Dieser Suchprozess nach kompetenten Partnern verlief nicht reibungslos und hatte einen eindeutig vorgegeben Rahmen. Die anfängliche Orientierung auf die Firma Kreiselgeräte KG hatte nicht die gewünschten Erfolge gezeigt und veranlasste das Heereswaffenamt, sich in der bereits etablierten Branche der Luftfahrzeuggerätetechnik näher umzusehen. Die vom Militär letztendlich angestrebte Konkurrenz von Projekten unterschiedlicher Firmen wurde jedoch nicht unter wirtschaftlichen Gesichtspunkten verstanden. Durchsetzen sollte sich das Konzept, welches bei minimalem Konstruktions- und Fertigungsaufwand die Genauigkeitsanforderungen an die Raketensteuerung erfüllen konnte. Dabei war das Heereswaffenamt bereit, unter Umständen sogar mehrere Teillösungen unterschiedlicher Partner in einem Endprodukt zu nutzen. Als Entwicklungspartner bezog das Heereswaffenamt neben der Kreiselgeräte GmbH zunächst die Siemens & Halske AG[249] mit ihrer Tochter SAM und später auch die mit der Erprobungsstelle der Luftwaffe in Rechlin verbundene Askania-Werke AG in das Fernraketenprojekt ein. Schätzte das Militär alle drei Unternehmen wegen ihrer Erfahrungen auf dem konstruktiven Gebiet, konnten sie auch mit unterschiedlichen Erfolgen bei Kursregelungen von Flugzeugen aufwarten. Die Zusammenarbeit mit Siemens wurde darüber hinaus durch persönliche Kontakte befördert: Bereits 1934/35 waren drei Mitarbeiter der Versuchsstelle Kummersdorf – auch wegen finanzieller Engpässe des Heereswaffenamtes – zur SAM versetzt worden, um sich dort den aktuellen

---

247 Reisig, Raketenforschung, S. 168ff.

248 Ebd., S. 209f. Reisigs Argumentation, die Theorie sei primär gewesen, ist insofern nicht überzubewerten, als technikwissenschaftliche Zugriffe in der Entwicklungsphase bis zum Funktionsmuster der Fernrakete sehr stark legitimatorische Effekte hatten.

249 Siehe Fieber, K. Wilfried: Zur Geschichte der Raketensteuerung, unveröffentlichtes Manuskript, 2. Überarbeitung, Klagenfurt 1965/66, SAA 35-70/La 856. Mit dieser von der Unternehmensleitung angeregten, technisch orientierten Darstellung verfolgt Fieber ausschließlich den Zweck, die während ihrer Ausarbeitung geheim gehaltenen Leistungen der Siemens-Steuerungstechniker einem Publikum nahezubringen und eine Traditionsquelle aufzubauen. Dabei greift der Autor auf das bekannte Argumentationsmuster zurück, die deutsche V2-Rakete samt der zugehörigen Raketensteuerungsentwicklung habe die „*Grundlagen für den Raumflug geschaffen und damit die Tore zum Weltall aufgestoßen...*" Der Beitrag zum funktionierenden Waffensystem wird nur indirekt erwähnt.

Wissensstand bei der Entwicklung von Kursregelungen für Fluggeräte anzueignen. Nach der Gründung der Heeresversuchsstelle in Peenemünde kehrten sie 1937 wieder in den Problemkreis der Raketenentwicklung zurück.[250]

Von allen Industrieunternehmen, die prinzipiell für eine Zusammenarbeit mit dem Heereswaffenamt in Frage kamen und ihr regelungstechnisches Know-how in unterschiedlichen industriellen Anwendungsbereichen erworben hatten, schieden bestimmte auf Grund ihres Produktprofils aus. So mangelte es allen Unternehmen, die vorwiegend für die chemische Industrie und für Kraftwerke Automatisierungsanlagen auf hydraulischer Basis geliefert hatten, an den für Flugzeug- und Raketensteuerungen erforderlichen konstruktiven Erfahrungen im Leichtbau. Lediglich die seit Anfang der 1930er Jahre bereits für die Luftfahrt arbeitenden Firmen Askania, Siemens und Kreiselgeräte GmbH konnten unabhängig von der regelungstheoretischen Durchdringung des Problems dieses Erfahrungswissen nachweisen.[251]

---

250 Reisig, Raketenforschung, S. 213 und Fieber, Geschichte der Raketensteuerung, S. 8. In der Literatur wird auch die Frage aufgeworfen, ob die SAM-Leitung dem Anliegen des Heereswaffenamtes aufgeschlossen war oder eher ablehnend gegenüber stand. Ein zustimmendes kooperatives Verhalten behauptet Klein: *„Altvater hat v. Braun sehr unterstützt, z. B. hat Altvater in der für v. Braun schweren Anfangszeit mehrere Mitarbeiter, die v. Braun aus finanziellen Gründen nicht halten konnte, 1934 zur SAM als Angestellte übernommen, diese in Regelungs- und Kreiseltechnik ausgebildet und, als es v. Braun besser ging, zurückgegeben."* Siehe Klein, G.: Dokumentation zur Geschichte des Luftfahrtgerätewerks Hakenfelde LGW, 1930–1945, Dokumentation im Auftrag des Werner-von-Siemens-Instituts für die Geschichte des Hauses Siemens, München 1980, SAA 35-44/Lc 168, Bl. 173. Genau entgegengesetzt argumentiert Fieber: War Altvater 1934 der zeitweisen Übernahme von Angestellten des Heereswaffenamtes noch aufgeschlossen, äußerte er sich firmenintern zum Auftrag des Heereswaffenamtes indirekt ablehnend: *„...wir müssten die Aufgabe zwar übernehmen, ich solle mir aber darüber völlig im klaren sein, dass das Ganze nicht mehr als eine Scharlatanerie sei."* Siehe Fieber, Geschichte der Raketensteuerung, S. 11.

251 Fieber, Geschichte der Raketensteuerung, S. 8 und Karner, S.: Die Steuerung der V2. Zum Anteil der Firma Siemens an der Entwicklung der ersten selbstgesteuerten Großrakete. In: Technikgeschichte 46 (1979), S. 47.
Für das technische Verständnis der zahlreichen Steuerungskonzepte existieren verschiedene Übersichtsartikel, die dem Leser jedoch ein unterschiedliches Maß technischer Vorbildung abverlangen: Müller, Otto: The Control System of the V2. In: Benecke, Th.; Quick, A. W. (Hrsg.): History of German guided missiles, Brunswick 1957, S. 80–101; Steinhoff, E. A.: Development of the German A4 Guidance and Control System. In: AAS History Series 7 (1986), part II, S. 203–215; Kirschstein, F.: Die Steuerung von Raumschiffen und ihre Stabilität. In: Merten, R. (Hrsg): Hochfrequenztechnik und Weltraumfahrt, Stuttgart 1951, S. 70–91, Ders.: Elektrotechnisches von der V-2. In: Elektrotechnische Zeitschrift 71 (1950), S. 281–287; Moore, T. M.: German Missile Accelerometers. In: Electrical Engineering 68 (1949), S. 996–999; Ders.: V-2 Range Control Technique. In: Electrical Engineering 65 (1946), S. 303–305; Häussermann, W.: Devel-

Ein wichtiger Grund für die im Herbst 1937 entstandene Kooperationsbeziehung zwischen Heereswaffenamt und der Siemens-Tochter SAM waren persönliche Kontakte sowie die Erfahrungen bei der Entwicklung und Fertigung von Flugzeugkursregelungen. Für das Militär lag der Schluss nahe, dass sich die bisherigen Ergebnisse auf dem Gebiet der Flugzeuggerätetechnik mit relativ wenig Aufwand in die Raketentechnik transformieren lassen. Im Herbst 1937, noch vor den missglückten Flugversuchen mit Raketensteuerungen nach dem Funktionsprinzip Boykows auf der Greifswalder Oie, besuchten Walter Dornberger und Wernher v. Braun die SAM. Im Gespräch mit SAM-Werkdirektor Karl Otto Altvater, dem Entwicklungschef Eduard Fischel und dem Leiter des Labors für Selbststeuerung, Karl Wilfried Fieber,[252] stellten Dornberger und v. Braun den Siemens-Fachleuten zunächst die Arbeiten der Kreiselgeräte GmbH vor und baten um eine konstruktive Kritik.[253]

Das vom Heereswaffenamt 1932 endgültig initiierte Programm zur Entwicklung von gesteuerten Flüssigtreibstoffraketen musste die drei oben genannten technologischen Grundprobleme zu Hauptentwicklungsaufgaben erklären: Neben den zum Teil ungelösten Fragen zur Überschallaerodynamik und zur geometrischen Gestaltung der Flugkörper sowie den relativ fortgeschrittenen Arbeiten zum Raketentriebwerk konnte man bei der Steuerung und Lenkung der Rakete nur an die aus Schifffahrt, Torpedo- und Flugzeugtechnik bekannte stabilisierende Wirkung von Kreiseln anknüpfen.

Die SAM erklärte sich zwar auf Wunsch des Heereswaffenamtes zur Zusammenarbeit bereit, jedoch bedeutete die Einwilligung nicht automatisch die Bereitstellung von großen Entwicklungskapazitäten durch die SAM. Für das Projekt wurden von der Unternehmensleitung zwei Diplomingenieure, ein Fachschulingenieur und zwei Mechaniker zur Verfügung gestellt. Große Ambitionen, mit dem Heereswaffenamt ins Geschäft zu kommen, lassen sich daraus gewiss nicht ablesen: Zu groß war das Auftragsvolumen der Luftfahrtindustrie an die SAM. Im Zuge des Aufbaus der Luftwaffe garantierte allein die Zusammenarbeit mit dem Luftfahrtministerium maximale und gesicherte Erträge. Neue Ent-

opments in the Field of Automatic Guidance and Control of Rockets. In: Guidance and Control 4 (1981), S. 225–239.

252 Der Österreicher Fieber war im Herbst 1934 in das Luftfahrtlabor der SAM gekommen und hatte sich dort mit prinzipiellen Problemen der Kreisel- und Regelungstechnik beschäftigt. Ziel war die theoretische Begleitung der bei Siemens & Halske bzw. der SAM seit 1930 laufenden Projekte zu dreiachsigen Flugzeugsteuerungen. Später war Fieber als Dozent an der TH Wien tätig. Siehe Fieber, W.: Die selbsttätige Kurssteuerung. Vorlesung an der TH Wien 1941, SAA 35-44/Lc 168.

253 Karner, Die Steuerung der V2, S. 48ff und Neufeld, Die Rakete und das Reich, S. 116.

wicklungsprojekte wurden in einem solchen Klima des gesicherten Umsatzes eher als kontraproduktiv empfunden.[254]

Die SAM-Mitarbeiter schätzten gleich zu Beginn das Ansinnen des Heereswaffenamtes als problematisch ein und machten klar, dass die Anforderungen an die Steuerungsentwicklung für eine punktzielgenaue ballistische Fernrakete die bei Flugzeugsteuerungen gesammelten Erfahrungen bei weitem übersteige. Die SAM nahm den Entwicklungsauftrag trotzdem an und gliederte das Problem ähnlich wie die Heeresversuchsanstalt Peenemünde. An den Anfang setzte man die Klärung regelungstheoretischer Fragen und die Erarbeitung prinzipieller Lageregelungsverfahren. Die nachfolgende Projektierung dieser Verfahren sollte zunächst ohne Rücksichtnahme auf bestehenden Patentschutz bestimmter Baugruppen und Konstruktionselemente ablaufen und gewissermaßen eine *„Optimallösung"* erarbeiten. Da sich die experimentelle Untersuchung der dynamischen Eigenschaften der Regelstrecke Rakete, die einen Geschwindigkeitsbereich von der Ruhe bis zur mehrfachen Schallgeschwindigkeit durchfliegt, nur sehr kompliziert gestalten lässt, setze die SAM auf die Experimente an Labormodellen, aber auch an kardanisch aufgehangenen Originalgeräten. In einem Entwicklungszeitraum von einem bis anderthalb Jahren sollte schließlich eine flugtaugliche Raketensteuerung entwickelt werden, ohne dabei die noch zu präzisierenden Richtlinien für den taktischen Einsatz der Rakete in der Wehrmacht abzuwarten. Dieses Entwicklungsziel konnte auch in der geplanten Zeit erreicht werden. Für die auf Kreiseltechnik basierende sogenannte *„Vertikant"*[255]- Steuerung wurde der SAM 1938 ein geheimes Reichspatent erteilt.[256] Im Sommer 1939 testete man diese Steuerung in Standversuchen auf dem Gelände der Heeresversuchsanstalt Peenemünde und im Oktober des gleichen Jahres bei Versuchsstarts von *„Aggregat 5"*- Raketen auf der Greifswalder Oie unter Flugbedingungen.[257]

---

254 Fieber, Geschichte der Raketensteuerung, S. 11. Fieber versucht aus dieser geringen Personalzuteilung, die überhaupt erst nach *„langem Ringen auf höchster Konzernebene"* genehmigt wurde, eine Verweigerungshaltung des Siemens-Konzerns herauszulesen. Dieser Argumentation ist prinzipiell zuzustimmen, nur hat es sich nicht um eine pazifistische Haltung der SAM gehandelt, sondern die Zusammenarbeit mit dem Heer hätte wegen der Knappheit von Entwicklungsressourcen das florierende Geschäft mit dem Luftfahrtministerium gefährdet.

255 Der Name der später zum Synonym für die gesamte A4/V2-Steuerung gewordenen Baugruppe der Rakete resultiert ursprünglich aus der Bezeichnung für den Hauptrichtungsgeber – ein Kreiselgerät, das die Rakete in Bezug auf die vertikal zur Erdoberfläche stehende Ebene stabilisiert. Siehe Fieber, Geschichte der Raketensteuerung, S. 19, Reisig, Raketenforschung, S. 371ff und Karner, Die Steuerung der V2, S. 52.

256 Fieber, Geschichte der Raketensteuerung, S. 2, 12 und 21.

257 *„Die ersten Versuche, das Aggregat V der Heeresversuchsstelle Peenemünde durch eine Kurssteuerung um eine Schwerpunktsachse zu stabilisieren, fanden im August 1938*

Bemerkenswert für die Standversuche an der Steuerung einer Rakete mit laufendem Triebwerk war die Disproportion zwischen Vorbereitungszeit und Versuchszeit. Betrug die Experimentdauer – abhängig von der Triebwerksbrenndauer – ca. 40 Sekunden, waren dafür ca. drei Stunden Vorbereitungszeit notwendig, so dass pro Arbeitstag maximal drei Versuche ausgeführt wurden, die für große Parametervariationen bei den Experimenten wenig Raum ließen. Die Eigenschaften der Lageregelung der Rakete testete man zudem mit relativ einfachen Mitteln. Die kardanisch aufgehängte Rakete wurde in ihrer Längsachse von Hand mit einem Seilzug gestört und die Reaktion der Regelung beobachtet. In anderen Fällen prägte man die Lagestörungen durch elektrisch eingeleitete Ruderbewegungen auf.[258] Aus diesen Experimentieranordnungen gewannen die SAM-Techniker wenigstens Kenntnisse zum dynamischen Verhalten der Regelstrecke Rakete bei Geschwindigkeiten nahe Null. Für den Überschallbereich waren diese Reglertuningexperimente freilich wenig aussagekräftig. Aus der Unmöglichkeit, reale Steuerungsexperimente an der fliegenden Rakete durchzuführen und zu beobachten, entstand ein Zwang zur Simulation des Systems. Diese Simulation setzte die Erstellung eines theoretischen Modells der Flugdynamik (Differentialgleichungssystem) voraus und nutzte für die maschinelle Lösung der analogen Rechnung mechanische, elektromechanische oder elektronische Netzwerke, die später in der Heeresversuchsanstalt Peenemünde auch entwickelt und genutzt wurden.[259]

Die freifliegende Rakete erfordert eine Stabilisierung um die drei Raumachsen (Nick-, Gier- und Rollachse). Nachdem die im Herbst 1938 begonnene Entwicklung der SAM-Dreiachsensteuerung D13 Ende 1939 beendet war, führte man auch damit im Januar 1940 erste Standversuche durch und meldete das Gerät im April 1940 startklar für die Flugversuche.[260]

Ende November 1938 war dem Heereswaffenamt bekannt geworden, dass die Luftwaffe in ihrer Erprobungsstelle Rechlin an der Müritz eigenständig an der Entwicklung eines Autopiloten für Flugzeuge arbeitete. Das Projekt leitete Wal-

---

statt. Als Steuermaschine war eine K4ü-Rudermaschine eingesetzt." SAM/Abteilung für Luftfahrtgeräte, Versuchsbericht, SAA 77/Lg1 V85 (= F.E. 461), Bl. 2. Vgl. außerdem Reisig, Raketenforschung, S. 284.

258 SAM/Abteilung für Luftfahrtgeräte, Versuchsberichte, SAA 77/Lg1 V85 (= F.E. 461), Bl. 6.

259 Zum konstruktiven Aufbau dieser Geräte siehe Reisig, Raketenforschung, S. 565–567 und Lange, T.: Helmut Hoelzer. Inventor of the Electronic Analog Computer and his Contributions to the Development of the A4-Rocket. In: International Conference on the History of Computing, Vortragsband, Paderborn 1998.

260 SAM/Abteilung für Luftfahrtgeräte, Versuchsberichte, SAA 77/Lg1 V85 (= F.E. 461), Bl.11.

demar Möller (1895–1977)[261], der zusammen mit seiner Arbeitsgruppe in Rechlin versuchte, ein elektropneumatisches Regelungskonzept der Firma Askania-Werke AG für den Einsatz in Flugzeugen abzuwandeln. Möller entfernte sich während seiner Rechliner Zeit von den reinen Pneumatik-Konzepten der Askania-Werke und beschäftigte sich besonders mit dem strukturellen Aufbau von Regelungsanlagen. Dabei untersuchte er gezielt die Rolle dynamischer Rückkopplungen in Flugzeugregelungen.[262] Nach Rücksprache mit dem Reichsluftfahrtministerium kam Wernher v. Braun als Verhandlungspartner des Heereswaffenamtes mit Möller und später auch mit der Askania-Werke AG in Kontakt.[263] Bedingt durch das eher abwartende Verhalten der SAM- bzw. ab 1940 der LGW-Leitung stagnierten die Kontakte zwischen dem Siemens-Konzern und dem Heereswaffenamt. Innerhalb der Askania-Werke AG war es vor allem der bereits schon seit Mitte der 1920er Jahre mit Flugzeugsteuerungen befasste Möller, dessen Lösungsvorschläge in Peenemünde Beachtung fanden. Man schätzte Möller wegen seiner Arbeiten zur Struktur von Regelungsanlagen und besonders wegen seiner Fähigkeiten, experimentell die Einstellparameter für den Regler herauszufinden, ohne den in der Praxis erst zögerlich verwendeten mathematischen Apparat der Regelungstheorie zu bemühen. Da sich die Nachteile pneumatischer Regelungsanlagen für Flugzeuge und damit auch für Raketen schon 1937 abzuzeichnen begannen und obwohl Möller besonders auf regelungstheoretischem Gebiet Impulse zu geben vermochte, ging sein Einfluss auf die Peenemünder Raketensteuerungskonzepte nicht über den von Siemens/LGW hinaus. *„Zwischen den Fachleuten von Siemens LGW und Herrn Möller entspann*

---

261 Waldemar Möller, von 1914 bis 1919 als Kriegsfreiwilliger in der Fliegertruppe des deutschen Heeres, war unmittelbar nach dem Ende seines Studiums an der TH Berlin-Charlottenburg 1924 als Leiter der Luftfahrtabteilung zu Askania gekommen. 1935 wechselte er mit dem Einverständnis seines Arbeitgebers zur Erprobungsstelle der Luftwaffe in Rechlin, kehrte aber 1939 nach Kriegsbeginn mit den dort gesammelten Erfahrungen als Chefingenieur für Flugzeugsteuerungen zu Askania zurück. Möller verfügte im Gegensatz zu Boykow über eine ingenieurwissenschaftliche Ausbildung und bezog flugregelungstheoretische Untersuchungen in die Erprobungsarbeit ein, blieb aber insgesamt ein hervorragender und oftmals intuitiv arbeitender Experimentator. Siehe dazu Klein, G.: Dokumentation zur Geschichte des Luftfahrtgerätewerks Hakenfelde (LGW), 1930–1945, SAA 35-44/Lc 168, Bl. 147 und Westphal, E.: Dr.-Ing. E.H. Waldemar Möller – Ein Leben für die Fliegerei. In: Rechliner Briefe 3 (1978), Nr. 34, S. 1–27. Der Quellenwert der Rechliner Briefe ist problematisch: Einerseits werden in dieser Traditionszeitung ehemaliger Mitarbeiter der Erprobungsstelle Rechlin nicht aktenkundige Details geliefert, andererseits sind die Darstellungen reine Erinnerungsberichte ohne Anmerkungsapparat und Verweise, müssen demnach wie Zeitzeugenberichte behandelt werden.

262 Westphal, Waldemar Möller, S. 4.

263 Neufeld, Die Rakete und das Reich, S. 124.

sich ein heftiger Krieg um die Theorie der Regelverfahren. ... Flugregelungstheorie mit Laplace-Transformation für die Gleichungen und Ortskurven für die Beurteilung des Regelverhaltens waren völlig unbekannt. Auch wurde bei den theoretischen Betrachtungen nicht berücksichtigt, daß nicht das Funktionsgesetz des Reglers allein, sondern erst das Verhalten des ganzen Regelkreises aus Signalgeber, Regler und Flugzeug die Entscheidungskriterien für die Bewertung bieten kann. "[264]

Das Rechliner Projekt wurde bei Kriegsbeginn von der Luftwaffe eingestellt und Möller ging zu den Askania-Werken zurück. Sein Einfluss auf das Raketensteuerungsprojekt in Peenemünde war zumindest so groß, dass Möller 1940/41 in der Heeresversuchsanstalt mit Steuermaschinen experimentierte und diese in Prüfstandsversuchen testete.[265] Die Askania-Werke selbst beteiligten sich erst später an der Serienfertigung der *„Aggregat 4"*- Rakete mit der Fabrikation von Rudermaschinen, die als Stellantriebe für die Strahlruder der Rakete eingesetzt wurden.

Die Heeresversuchsanstalt Peenemünde hatte bis zum Jahr 1940 sehr stark von der Methodik und den konstruktiven Lösungen der SAM, aber auch von der Kreiselgeräte GmbH profitiert. Bedingt durch die Gründung einer eigenen Abteilung für Bordgeräte, Steuerungs- und Messtechnik (BSM) sahen sich die Peenemünder Raketenbauer nun in der Lage, das Volumen der Auftragsentwicklungen an die Industrie nicht weiter vergrößern zu müssen, die gelieferten Lösungen eingehend im Laborversuch zu testen und die Konzepte vor Ort allein weiterzuführen.[266] Dabei fällt auf, dass man sich bei allen fertigungstechnisch anspruchsvollen Feinmechanik-Baugruppen der Kreiseltechnik nicht von Industrielösungen trennte. Alle Möglichkeiten jedoch, das Systemverhalten der Rakete auf elektrischem Wege zu beeinflussen, wurden in Peenemünde ausgeschöpft. So kann der in der Serienkonzeption der A4-Rakete verwendete *„Mischverstärker"* als rein elektrisches Netzwerk angesehen werden, um das vom Siemens-Steuerungsherz generierte Lagesignal mit günstigem dynamischen Verhalten an die Rudermaschine zu übertragen.[267]

---

264 Hahn, G.: Der Anteil Rechlins an der Entwicklung von Flugreglern und Kreiselgeräten der Luftfahrt, Rechliner Briefe 3 (1978), Nr. 35, S. 53 oder Klein, S. 148.

265 Westphal, Waldemar Möller, S. 5.

266 Die monatlichen Arbeitsberichte der Peenemünder Abteilung BSM sind für den Zeitraum Januar 1940 bis Juni 1942 vollständig im Deutschen Museum München archiviert. Sie dokumentieren die oft komplizierte Erprobung von Steuerungs- und Lenkungsgeräten für die A4-Rakete. Darüber hinaus wird aus den Berichten deutlich, dass man auch intensiv an der Kombination von Konzepten der drei Konkurrenten arbeitete und in den Flugversuchen die unterschiedlichste Gerätetechnik mischte, Deutsches Museum München, Archiv, ARCH-Nr. 96/01–96/24.

267 Reisig, Raketenforschung in Deutschland, S. 381f.

Am Ende verwundert es nicht, dass die Siemens-Gesamtkonzeption der Steuerung für die *Aggregat 4*"- Rakete nach dem Reichspatent von 1937 letztendlich auch für die Serienproduktion übernommen wurde. Seit November 1941 bezog der für die Serienfertigung der A4-Rakete gegründete *Sonderausschuß A4*" das mittlerweile aus der SAM ausgegliederte Luftfahrtgerätewerk Hakenfelde in die Vorbereitung der A4-Serienproduktion ein. Obwohl die ersten Steuerungsbauteile für die Baureihe A der Nullserie von der Firma Anschütz & Co. in Kiel, einem auf Entwicklung und Fabrikation von Kreiselkompassen spezialisierten Unternehmen, geliefert wurden, machte das LGW bis Kriegsende einen großen Umsatz mit Baugruppen zur Raketensteuerung. Im Zeitraum von 1941 bis 1944 ergingen an das LGW Aufträge im Umfang von 5 000 Steueranlagen.[268] Die Stellantriebe für die Strahlruder der Rakete, die sogenannten Rudermaschinen, wurden dafür von der Luftfahrtabteilung der Askania-Werke AG geliefert. Die bereits bei Askania laufende Serienproduktion hydraulischer Rudermaschinen für Flugzeuge gestattete es dem Heereswaffenamt dabei, bereits erprobte Technik zu übernehmen und vorhandene Fertigungslinien bei Askania zu nutzen.[269]

4. Heereswaffenamt und Raketensteuerungen

Die Meinung des Heereswaffenamtes, wie und wo die zur Schaffung einer gelenkten Fernrakete notwendige Steuerungstechnik entwickelt werden sollte, hatte in den 1930er Jahren einen entscheidenden Wandel durchlaufen. Als Steuerungsprobleme etwa um 1934 für das Gelingen des Fernraketenprojekts relevant wurden, suchte Wernher v. Braun den Kontakt zur Industrie und ließ sich dort zunächst vom etablierten Kreiseltechnikfachmann Boykow beraten. Das vollständige Vertrauen in die Fähigkeiten der Kreiselgeräte GmbH über Bord werfend, versuchte er seit Ende 1937 schließlich, das Fachgebiet durch den Wettbewerb verschiedener Firmen voranzubringen. Doch auch bei diesem Vorgehen musste das Heereswaffenamt bald erkennen, dass die involvierten Firmen ihr Hauptengagement den mit dem Heer konkurrierenden Reichswehr- bzw. Wehrmachtsteilen Kriegsmarine (Kreiselgeräte GmbH) und Luftwaffe (SAM/LGW) widmeten und den Heeresaufträgen nicht mit der gebotenen Intensität nachgingen. Als Folge dieser Erkenntnis und der Tatsache, dass der neu gegründeten Heeresversuchsanstalt in Peenemünde nach der Kummersdorfer Ära (Versuchsstelle West) ein größeres Budget zur Verfügung stand, vertraute man nun auf die

---

268 Karner, Die Steuerung der V2, S. 54.
269 Fieber, Zur Geschichte der Raketensteuerung, Bl. 30f.

eigene Strukturerweiterung. Parallel zur Zusammenarbeit mit der Industrie entstand deshalb in der Heeresversuchsanstalt Peenemünde, dem 1937/38 fertiggestellten zentralen FuE-Zentrum des Deutschen Reichs für das Fernraketenprojekt, eine Abteilung, die sich mit ballistischen und steuerungstechnischen Problemen des Raketenflugs beschäftigte. Erst in Peenemünde konnte man den von Walter Dornberger formulierten Anspruch, forschungs- und entwicklungsseitig *„alles unter einem Dach"* – dem Dach der Heeresversuchsanstalt nämlich – zu erledigen, in die Tat umsetzen.[270]

Noch in den ersten Planungen für den Ausbau der Versuchsstelle Peenemünde von 1937/38 waren Überschallmessungen, Prüfstandsversuche mit Triebwerken, Materialuntersuchungen usw. an eigens dafür geschaffene Abteilungen gebunden. Die Triebwerksentwicklung lief bis zur Angliederung dieses Referats 1940 weiterhin in Kummersdorf bei Berlin. Auch ein Ballistisches Büro zur Untersuchung der Dynamik und Steuerung des Raketenfluges war in Planung, eine spezielle Abteilung für Steuerungsentwicklung und -erprobung sowie Entwicklung elektrischer Bordausrüstung jedoch existierte nicht. Diese strukturelle Entscheidung wird durchaus erklärlich, wenn man sich in Erinnerung ruft, dass das Heereswaffenamt zu diesem Zeitpunkt stark auf die Ressourcen der Industrie und – bei der Raketenlenkung – der Hochschulen setzte.[271]

Im Sommer 1939 plante das Heereswaffenamt die Anpassung der Peenemünder FuE-Struktur an die Ergebnisse der Industriekooperation: Mit Wirkung vom 18. Januar 1940 wurde die Abteilung Bordausrüstung, Steuerungs- und Messtechnik (BSM) mit den Hauptgruppen Messentwicklung, Steuerungstechnik und Aggregatelektrik geschaffen, die alle laufenden Industrieprojekte koordinieren sollte.[272] Bis 1942 differenzierte man diesen Aufgabenbereich immer weiter aus und etablierte ihn als sehr tief gestaffeltes Strukturelement neben Aerodynamik und Triebwerkstechnik in Peenemünde. In Bild 7 ist das zugehörige Organigramm der Abteilung BSM dargestellt.[273] Noch ein Jahr später, im Januar 1943, findet sich – siehe Bild 8[274] – eine Struktur, die der Problemlage bei der Entwicklung automatisch gelenkter Fernraketen vollkommen angepasst ist: Die Ra-

---

270 Diese Argumentation wird auch von Neufeld vertreten, der darüber hinaus noch den dynamischen und charismatischen Wernher v. Braun als entscheidenden Protagonisten für den Verlauf der Steuerungsentwicklung herausstreicht. Vgl. Neufeld, Die Rakete und das Reich, S. 117ff.

271 Organisationsschema Werk Ost der Versuchsstelle Peenemünde, Historisch-Technisches Informationszentrum Peenemünde, Mikrofilmsammlung, FE348.

272 Arbeitsbericht Abteilung BSM Januar 1940 vom 5. Februar 1940, Deutsches Museum München, Archiv, ARCH-Nr. 96/01, Bl. 1

273 Siehe Bild Deutsches Museum München, Archiv, HVP11-B235-42BSM.

274 Historisch-Technisches Informationszentrum Peenemünde, Mikrofilmsammlung, FE428/S43 oder Deutsches Museum München, Archiv, HVP11-B32-42BSM.

kete muss eine Lageregelung besitzen, die ihre Koordinaten im Raum nach einem gewünschten Programm beeinflusst, dafür war die Abteilung Steuerung und Flugmechanik zuständig. In der Abteilung Leitstrahl und Fernsteuerung beschäftigten sich die Ingenieure und Techniker mit der Lenkung oder Navigation der im Modell zu einem Massenpunkt geschrumpften ballistischen Rakete vom Startort zum Zielpunkt. Die Abteilung Mess-, Funk- und Abschaltungstechnik realisierte alle Verfahren der Fernmessung von flugrelevanten Daten (Telemetrie) sowie der Funkvermessung der Raketenflugbahn zu Kontrollzwecken. Damit war ein Spektrum aufgefächert, das bis zum militärischen Einsatz der Rakete 1944 keiner Präzisierung mehr bedurfte. Die Heeresversuchsanstalt Peenemünde hatte jetzt eigene Mitarbeiter, die sehr viel von den in der Industrie und an den Hochschulen bewährten Methoden gelernt hatten und nun diese Ergebnisse anwendungsbezogen auf die Raketentechnik im eigenen Haus zur Einsatzreife führten.

Peenemünde stützte sich seit dem Ende der 1930er Jahre in der technischen Leitung des Fernraketenprojekts immer mehr auf akademisch ausgebildete Ingenieure. Sowohl Hermann Steuding als auch Ernst Steinhoff – zwei für die Raketensteuerungen wichtige Akteure – kamen von der TH Darmstadt nach Peenemünde und waren promovierte Diplomingenieure. Der Arbeitsgruppe um Steuding, der seit 1939 die Abteilung für Steuerungstechnik und Flugmechanik leitete, verdankte die Heeresversuchsanstalt vor allem die mathematisch-analytische Durchdringung des Fluges gelenkter Raketen. Steinhoff, bekanntes NSDAP-Mitglied, zeigte sich als machtbewusster Manager und Administrator, dessen wissenschaftliches Leistungsvermögen eher beschränkt war. Dadurch aber, dass er die von ihm geleitete Abteilung Bordgeräte, Steuerungs- und Messtechnik (BSM) mit exzellenten Fachleuten für die gesamte elektrische Ausrüstung der Fernrakete besetzte, beschleunigte er die Steuerungsentwicklung.[275]

Nachdem im September 1939 das Heereswaffenamt direkt an Technische Hochschulen im Reichsgebiet herangetreten war und es letztendlich auch zur Gründung der „Arbeitsgemeinschaft Vorhaben Peenemünde" gekommen war, verbreitete sich der Strom akademisch ausgebildeter Mitarbeiter nach Peenemünde. Bedingt durch persönliche Kontakte, Bekanntschaften und Empfehlungen reichten die informellen Netzwerke der Hochschulinstitute und Industrieunternehmen bis in die Heeresversuchsanstalt auf der Insel Usedom.

Helmut Hölzer gehörte ebenfalls diesem Kreis von Hochschulabsolventen an, die aus dem akademischen Milieu nach Peenemünde wechselten. Nach Abschluss seines Elektrotechnik-Studiums an der TH Darmstadt hatte Hölzer eine Anstellung im Berliner Unternehmen Telefunken gefunden. Von dort war er über Kontakte zu den ehemaligen Darmstädtern Steuding und Steinhoff, die er

---

275 Neufeld, Die Rakete und das Reich, S. 125f.

einerseits aus der Hochschule und andererseits vom Segelflugsport her kannte, 1939 in die Heeresversuchsanstalt dienstverpflichtet worden – nach Beginn des Zweiten Weltkriegs keine ungewöhnliche Art der Rekrutierung von Spezialisten. Hölzer arbeitete dort zunächst an einem Verfahren, mit dem die Rakete per Leitstrahl in der Zielebene gehalten wurde. Aus den Schwierigkeiten mit dem dynamischen Verhalten dieser Leitstrahlsteuerung wandte er sich 1940 elektrischen Netzwerken zu, deren Struktur und Parametrierung das dynamische Verhalten des Systems bestimmte und quasi als Steuerrechner bezeichnet werden kann.[276]

Nachdem schon 1941 Walter Häussermann am Institut für Technische Physik der TH Darmstadt im Auftrag des Heereswaffenamtes einen elektromechanischen Simulator für das Steuerungsverhalten der Rakete entworfen hatte, lieferte Hölzer ein ausschließlich mit elektronischen Bauelementen bestücktes Gerät.[277] Als Folge der erforderlichen Anpassung unterschiedlicher Flugregler – es wurden immerhin die drei Geräte von Siemens/LGW, Kreiselgeräte GmbH und Askania/Möller getestet – entwickelte Hölzer in Peenemünde ein *„Mischgerät"*, das man als Analogrechner bezeichnen kann. Mit diesem Gerät ließ sich das Verhalten des Gesamtsystems Raketensteuerung elektronisch einstellen. Änderungen waren schnell über Parameterverstellungen möglich, ohne gleich ganze Baugruppen auszutauschen oder Manipulationen an den sensiblen Kreiselbaugruppen vornehmen zu müssen. Anfang 1942 komplettierte Hölzer dieses noch einfach strukturierte Gerät zu einem *„vollelektronischen Analogrechner"*, mit dem das Flugverhalten der Rakete simuliert werden konnte, ohne Prüfstandsversuche durchführen zu müssen. Das Vorgehen war zunächst analytisch: Man stellte das für das Bewegungssystem Rakete gültige nichtlineare Differentialgleichungssystem auf und löste dieses mit dem Analogrechner. Der Analogrechner – im Kern eine Kette von elektrischen Integriergliedern – nutzte dabei elektrische Analogien zu realen Systemgrößen und bildete physikalische Größen x-beliebiger Art in elektrischen Strom- und Spannungssignalen ab, die mit Messgeräten gemessen werden konnten. Hölzer bearbeitete das Thema zugleich in einer 1941 begonnenen Dissertation, die allerdings erst in einer zweiten Version 1946 an der TH Darmstadt verteidigt wurde. Als Betreuer und Doktorvater Hölzers trat der Darmstädter Mathematiker Alwin Walter in Erscheinung.[278]

276 Siehe Neufeld, Die Rakete und das Reich, S. 129f sowie Lange, T.: Helmut Hoelzer. Inventor of the Electronic Analog Computer and his Contributions to the Development of the A4-Rocket. In: International Conference on the History of Computing, Vortragsband, Paderborn 1998 und Tomayko, J. E.: Helmut Hoelzer's Fully Electronic Analog Computer. In: Annals of the History of Computing 7 (1985), S. 229.
277 Zu technischen Details siehe Reisig, Raketenforschung in Deutschland, S. 457.
278 Hölzer, H.: Anwendung elektrischer Netzwerke zur Stabilisierung von Regelvorgängen und zur Lösung von Differentialgleichungen, gezeigt an der Stabilisierung des Fluges

einer selbst- bzw. ferngesteuerten Großrakete, Dissertation TH Darmstadt 1946, Universitätsbibliothek TU Darmstadt, Signatur 46 A 213.

IV. Hochschulen im Netzwerk der Raketentechnik

Mit dem Aufbau der Arbeitsgemeinschaft „*Vorhaben Peenemünde*" gliederte das Heereswaffenamt seit Herbst 1939 technische Hochschulen und Universitäten im Reichsgebiet in die Organisation der Raketenentwicklung ein. Nachdem man seit Mitte der 1920er Jahre relativ intensive Kontakte mit der Industrie aufgebaut hatte, wurden nach Beginn des Zweiten Weltkriegs auch akademische Ressourcen mobilisiert. Die Hochschulen waren neben der Industrie die wichtigsten Partner des Heereswaffenamtes bei der Entwicklung des Waffensystems für die gelenkte Fernrakete. Ohne Einbeziehung der technischen Hochschulen und Universitäten hätte das Militär den ehrgeizigen und zeitlich eng gesteckten Rahmen für die Raketenentwicklung bis 1941 nicht einhalten können.

Die Problemstellungen, die vom Heereswaffenamt an die Hochschulinstitute herangetragen wurden, deckten ein breites Spektrum natur- und ingenieurwissenschaftlicher Disziplinen ab. Neben rein theoretischen Untersuchungen und Machbarkeitsstudien, die allein mit analytischen Fähigkeiten zu bewältigen waren, vergab das Heereswaffenamt auch Experimentaluntersuchungen und Konstruktionsaufträge an die Hochschulen. Diese Konstruktionen konnten wiederum Messgeräte für Raketenprüfstände oder Funktionseinheiten und Baugruppen für die elektrische Instrumentierung der geplanten Fernrakete umfassen. Dementsprechend groß ist auch die Vielfalt der Ergebnisse: Auch hier lässt sich von Darstellungen zur theoretischen formelmäßigen Modellbildung über Berichte zu Versuchsreihen und Besuchen von Hochschulmitarbeitern in der Heeresversuchsanstalt Peenemünde alles finden.[279]

Die Zahl der involvierten Institute ist so groß, dass im Rahmen dieser Arbeit eine Beschränkung auf die zwei größten Partner im „*Vorhaben Peenemünde*" – die TH Darmstadt und die TH Dresden – erfolgt. Anhand von zwei Fallstudien soll die Mitarbeit dieser Hochschulen am Fernraketenprojekt des Heereswaffenamtes untersucht werden. Da die TH Darmstadt wiederum in einer Vielzahl von Projekten für Peenemünde gearbeitet hat, bietet sich eine Beschränkung auf die Unterstützung des Forschungsprogramms durch Beratung in allen mathematischen Fragen an. Auf diesem Gebiet, das untrennbar mit dem Problemkreis des

---

279 Eine akribische Auflistung der Forschungsberichte und damit verbunden eine Nennung aller beteiligten Institute findet sich in den Peenemünder Archivberichten. Für den Zeitraum von 1939 bis 1941 sind alle Beiträge der kontaktierten Hochschulen verzeichnet, Deutsches Museum München, Archiv, HVP11-Arch-Nr. 197/1, 200/1 und 200/2. In der Anlage zu dieser Arbeit befinden sich die Kopien dieser Berichtslisten, die das weite Spektrum der bearbeiteten Problemstellungen sichtbar werden lassen.

maschinellen Rechnens verbunden ist, wendeten die für das Heereswaffenamt tätigen Ingenieure erstmals neue Methoden beim Entwurf von Technik an. Die Simulation abstrahierter mathematisch-physikalischer Systemmodelle unter Verwendung von Rechenmaschinen wurde in der zweiten Hälfte des 20. Jahrhunderts zu einem neuen Leitbild in den Ingenieurwissenschaften. Noch bevor heute in den Prototypenbau eingestiegen wird, versucht man über Computermodelle des Projekts Aussagen über dessen spätere Eigenschaften zu gewinnen. Die Darmstädter Wissenschaftler setzten in den 1940er Jahren mit ihren Konzepten für analoge Rechenmaschinen erste Akzente in dieser Richtung.

1. Rahmenbedingungen und Dringlichkeiten

Schon mit dem Ende des Zweiten Weltkriegs erweckten die Verflechtungen zwischen militärischer und wehrwirtschaftlicher Führung um Dritten Reich sowie zwischen Industrie und Hochschulen das Interesse der Siegermächte. Besonders die USA, denen sich technisches Management und viele Führungskräfte der Heeresversuchsanstalt Peenemünde ergeben hatten, konnten durch die Kooperationsbereitschaft der deutschen Raketenspezialisten schnell einen Überblick über das bis 1945 aufgebaute Netzwerk gewinnen. Wie detailliert die Ermittlungen der USA dabei waren, beweist das in Bild 9 dargestellte Organigramm.[280]

Man muss sich vergegenwärtigen: Erst 1939 hatten die Führungskräfte des Heereswaffenamtes technische Hochschulen und Universitäten im Reichsgebiet in das Fernraketenprojekt einbezogen. Damit erweiterten sie das bis dahin bestehende Netzwerk aus Militär und Industrie um die akademischen Einrichtungen. Wie ist nun die Kontaktaufnahme des Heereswaffenamtes zu ausgewählten Professoren und Instituten an technischen Hochschulen und Universitäten des Deut-

---

280 Deutsches Museum München, Archiv, HVP11-S 26. Die Graphik ist eine Zusammenfassung der Entwicklungs- und Fertigungsstrukturen. Der Zeitpunkt der Aufnahme kann nur nach dem 1. August 1944 liegen, da erst ab diesem Datum die *„Elektromechanische Werke GmbH Karlshagen"* als neue Organisationsform der Forschung und Entwicklung in Peenemünde existierten. Außerdem erlangte die SS unter dem Sonderbeauftragten Kammler ebenfalls erst 1944 die Kommandogewalt über sämtliche mobilen Einheiten der Raketenartillerie.
Die Graphik ist wahrscheinlich Bestandteil der im April 1946 entstandenen Studie *„History of German Guided Missiles. Hitler's Secret Weapon"* des Ordnance Research and Development Center der US-Army, Deutsches Museum München, Archiv, Luft- und Raumfahrtdokumentation (LR) 04722, Bl. 39.

schen Reiches im Herbst 1939 zu werten, die zunächst die strenge militärische Abschirmung des Heeresraketenprogramms durchbrach?[281]

Einerseits verfolgte der militärische Chef der Heeresversuchsanstalt Peenemünde, Walter Dornberger, die Strategie einer geschlossenen Versuchsanstalt, die *„alles unter einem Dach"*[282] vereinen sollte. Andererseits hatte das Heereswaffenamt schon seit 1934 den Kontakt zu Experten im zivilen Bereich – besonders in der Steuerungsgeräteindustrie – gesucht. Dornbergers und v. Brauns ingenieur- bzw. naturwissenschaftliche Ausbildung halfen dabei, Berührungsängste abzubauen.[283] Ohne Zweifel bewegte man sich mit dem Projekt der ballistischen Fernrakete im technischen Grenzbereich und musste vor dem Hintergrund des militärischen Lastenhefts (Reichweite, Treffgenauigkeit usw.) durch grundlagenorientierte Forschung erst Einzeltechnologien weiterführen, bevor diese zu einer komplexen Raketentechnologie fusionieren konnten.

Das Arbeitstempo der Hochschulinstitute wurde auch nach dem Abstecken des engen Zeitrahmens nicht nachdrücklich forciert. Die apparateintensive Forschung, wie die Überschallaerodynamik und die Triebwerksprüfstände selbst, baute man in Peenemünde weiter aus.[284] Die Hinzuziehung der Hochschulinstitute war vor allem einer Tatsache geschuldet: dem Zeitdruck, unter dem das Fernraketenprogramm seit 1938 stand. Die Einbindung von Ingenieurwissenschaftlern verschiedener Disziplinen versprach neue Ressourcen und Expertenwissen, auf das man in Peenemünde nicht mehr verzichten konnte, ohne den Zeitplan und damit die Glaubwürdigkeit des gesamten Projekts zu verspielen.[285]

Der Bedarf an Fachkräften für die Heeresversuchsanstalt Peenemünde vergrößerte sich trotzdem stetig: Ende 1941, also zwei Jahre nach der Einbeziehung der Hochschulinstitute, regte Dornberger den Aufbau des *„Versuchskommando*

281 Eine Ausnahme bildet die TH Aachen. Sie hatte dem Heeresraketenprogramm schon ab 1936 Unterstützung in Fragen der aerodynamischen Gestaltung und Stabilität der Rakete gewährt, Stuhlinger/Ordway, Wernher v. Braun, S. 62.

282 Reisig, G. H. R.: Raketenforschung in Deutschland. Wie Menschen das All eroberten, Münster 1997, S. 41 u. S. 72 ff., dort zitiert nach Dornberger, W.: The Lessons of Peenemünde. In: Astronautics 3 (1958), S. 18.

283 Dornberger hatte von 1925 bis 1930 an der TH Berlin-Charlottenburg Maschinenbau studiert und war nach dem Erhalt von Ingenieurdiplom und Offizierspatent als Referent in das Heereswaffenamt eingetreten. Dornberger betrachtete diese wissenschaftliche Ausbildung stets als Grundlage seiner Tätigkeit im Heereswaffenamt. Im Jahr 1935 verlieh ihm die TH Berlin den Titel Dr.-Ing. E.h.

284 Dornberger, W.: Peenemünde. Die Geschichte der V-Waffen, 3. Aufl., Frankfurt a. M./Berlin 1992, S. 255 f. (Erstauflage unter dem Titel: V2 – Der Schuß ins Weltall, Esslingen 1952, dort S. 252 f.)

285 Einen guten Überblick über die bearbeiteten Forschungsthemen an den Hochschulen geben die in der Peenemünder Archivserie abgelegten Sammelberichte, Deutsches Museum München, Archiv, HVP11-GD 600.2.1 und GD 600.2.4.

Nord" (VKN) an. Das VKN sollte aus von der Front zurückberufenen Wehr-
machtsangehörigen mit höherer und mittlerer technischer Bildung sowie Fach-
arbeitern mit Spezialkenntnissen bestehen und das Stammpersonal der Heeresversuchsstelle Peenemünde vor Ort unterstützen. Die Personalstärke des VKN
belief sich im November 1941 auf 641 Soldaten und Offiziere und wuchs innerhalb weniger Monate auf über 1 000 Mann an.[286]

Welche Gründe veranlassten das Heereswaffenamt nun dazu, zunächst Hochschulinstitute für das Heeresraketenprogramm arbeiten zu lassen? Das gegen
Ende des Jahres 1936 geschaffene Oberkommando des Heeres (OKH) war die
dem Heereswaffenamt militärisch übergeordnete Behörde. Der Oberbefehlshaber des Heeres, Generaloberst Walther von Brauchitsch (1881–1948), sicherte
am 5. September 1939, also kurz nach Kriegsbeginn, in einem Erlass die hohe
Dringlichkeit der Heeresversuchsstelle und der Fertigungsstelle Peenemünde zu.
Die Order, die im polykratischen Machtgefüge des NS-Systems ohne vorherige
Konsultation beim Oberkommando der Wehrmacht erteilt wurde, erfuhr vom
Wehrwirtschafts- und Rüstungsamt des OKW kurz darauf eine Bestätigung, war
aber mit einer speziellen Auflage an das Heereswaffenamt verbunden: Die Entwicklungsarbeiten für die mittlerweile als Hauptprojekt bearbeitete ballistische
Fernrakete *„Aggregat 4"* (A4) sollten so beschleunigt werden, dass der Funktionsnachweis der gesteuerten Fernrakete bereits im September 1941, und nicht,
wie bisher geplant, 1943 abgeschlossen werden konnte. Dornberger schloss diesen Kompromiss, wohl wissend, dass der geforderte Entwicklungszeitraum sehr
kurz bemessen war. Bis zum ersten gelungenen Start einer A4-Rakete am 3. Oktober 1942 rangierte die Entwicklungsarbeit in Peenemünde, von wenigen Ausnahmen abgesehen, stets ganz oben auf der Prioritätenliste.[287]

Die mit der Verteilung von Ressourcen und Dringlichkeiten befassten Institutionen, in erster Linie das Wehrwirtschafts- und Rüstungsamt unter General Georg Thomas (1890–1946), ab 1940 auch das Ministerium für Munition und Bewaffnung unter Fritz Todt bzw. seit 1942/43 Albert Speer und der Beauftragte
für den Vierjahresplan, Hermann Göring, konnten vor 1940 kein kohärentes Pri-

---

286 Siehe Neufeld, Die Rakete und das Reich, S. 173 und Stuhlinger/Ordway, Wernher v.
     Braun, S. 81. Bode, V.; Kaiser, G.: Raketenspuren. Peenemünde 1936–1994, Berlin
     1995, S. 44 geben das Maximum des VKN-Bestandes mit 3 500 Mann an. Diese Angabe
     deckt sich in etwa mit den 4 000 Mann, die Dornberger im VKN einzusetzen gedachte.
     Siehe dazu: Dornberger, Peenemünde, S. 82 und Dornberger, W.: The German V2. In:
     Technology and Culture 4 (1963), S. 401.

287 Zur Problematik der Zuteilung von Dringlichkeitsstufen und Ressourcen für das Heeres-
     raketenprogramm in der deutschen Kriegswirtschaft siehe BArch/MArch – RH 8
     II/1208b; Neufeld, M. J.: Hitler, the V2 and the Battle of Priority 1939–1943. In: The
     Journal of Military History 57 (1993), S. 511–538 und Neufeld, Die Rakete und das
     Reich, S. 144 ff.

oritätensystem schaffen. Erst seit diesem Zeitpunkt wurden die beiden Dring-lichkeitskriterien Stahlrationierung und Baumaßnahmen unter anderem in einer gemeinsamen Dringlichkeitenstufung zusammengefasst. Die im November 1939 von Hitler verfügte Stahlkürzung für Peenemünde von 6 000 t auf 2 000 t pro Monat verzögerte und verkleinerte unmittelbar die im Aufbau befindliche Ferti-gungsstelle. Die Entwicklungsarbeiten waren von diesem „Tonnagedenken" je-doch nur wenig betroffen.

Ausgangspunkt für den großen Druck auf das Heereswaffenamt, das die ge-samte Munitionsherstellung und -bereitstellung für das Heer koordinierte, war die im November 1939 nach dem erfolgreichen Polenfeldzug akut gewordene „Munitionskrise". In der Stahlkürzung äußerte sich Hitlers Unmut über das zö-gerliche Verhalten des Heeres, das in seiner Wehrwirtschaftsplanung erst 1942 volle Einsatzbereitschaft herzustellen beabsichtigte. Eine Beschwerde Dornber-gers gegen diese Stahlkürzung akzeptierte von Brauchitsch, indem er eine un-verändert intensive Forschung und Entwicklung anwies und die Kürzungen auf die Fertigungsstelle Peenemünde umlegte, in der die Serienfabrikation der Rake-te getestet werden sollte. Selbst im Jahr 1941, nachdem die für den geplanten Englandfeldzug eingeführten Dringlichkeitssonderstufen S und SS zu einer In-flation der Dringlichkeiten geführt hatten, behielt die Forschung und Entwick-lung der Heeresversuchsstelle Peenemünde höchste Priorität.

Tabelle 4: Arbeitskräfte im „Vorhaben Peenemünde", Januar 1940[288]

Institution	Mitarbeiter
Technische Hochschule Darmstadt	92
Technische Hochschule Dresden	45
Institut für Schwingungsforschung Berlin	45
Universität Halle	19
Technische Hochschule Hannover	13
Technische Hochschule Stuttgart	10
Universität Göttingen	7
Universität Leipzig	5

Die Steigerung des Personalaufkommens des Heeres für das Raketenprogramm war somit vom OKH sanktioniert, die Mitarbeiterzahl stieg kontinuierlich: Wa-ren es in Kummersdorf weniger als 100, arbeiteten im Jahr 1942 direkt in Pee-

---

288 BArch/MArch, RH 8 II/1942. Diesen 236 Arbeitskräften standen ca. 1 000 Mitarbeiter, die für Forschung und Entwicklung im Entwicklungswerk und der Fertigungsstelle Pee-nemünde beschäftigt waren, gegenüber.

nemünde 1 950 Techniker, Ingenieure und Wissenschaftler am Heeresraketen-programm.[289] Diese Anzahl wurde von den involvierten Mitarbeitern an den Hochschulinstituten bei weitem nicht erreicht.

Auf welche Art und Weise stellte das Heereswaffenamt nun den Kontakt zu den Hochschulinstituten her? Suchte man kooperative Partner, die man eher über den Weg akademischer Eitelkeit und Befindlichkeiten gewinnen wollte oder inszenierte man das Auftreten den Professoren gegenüber als Kommandoakt mit dem Beigeschmack der Zwangsrekrutierung?

2. Die Dresdner Arbeitsgemeinschaft „Vorhaben Peenemünde"

Am 14. September 1939 besuchte eine Abordnung hochrangiger Vertreter der Abteilung Wa Prüf 11 des Heereswaffenamtes – unter ihnen Walter Dornberger – die Technische Hochschule Dresden. Zu diesem Informationstreffen waren die Lehrstuhlinhaber der Fachgebiete Schwachstrom-, Fernmelde- und Elektrotechnik, Kraftfahrzeugtechnik, Physik, angewandte und technische Mechanik sowie Wärmetechnik erschienen. Mit Heinrich Barkhausen (1881–1956), Walter Wolman (1901–2003), Ludwig Binder (1881–1958), Georg Beck (1901–1943), Hellmuth Frieser (1901–1988), Herbert Stuart (1899–1974), Constantin Weber (1885–1976), Enno Heidebroek (1876–1955), Walter Tollmien (1900–1968) und Walther Pauer (1887–1971) zeigten renommierte Ingenieurwissenschaftler Interesse für die Belange des Heereswaffenamtes. Dornberger stellte den Wissenschaftlern die Umrisse des Fernraketenprojektes vor und ersuchte sie um Mitarbeit an Detailaufgaben. Die drei in Dresden gebildeten Arbeitsgruppen

A: Elektrotechnik und Messtechnik
B: Zerstäubung und Verbrennung
C: Mathematik und Mechanik

waren genau den offenen technischen Fragen in der Heeresversuchsstelle Peenemünde angepasst: Instrumentierungsprobleme für die Kurs- und Geschwindigkeitsmessung der Rakete, Konstruktion des Einspritzsystems und Gestaltung

---

289 Eine graphische Darstellung der Beschäftigtenzahlen der Heeresversuchsanstalt Peenemünde über die Jahre 1936 bis 1942 findet sich in: Ehricke, K. A.: The Peenemuende Rocket Center, Part 2. In: Rocketscience 4 (1950), Nr. 2, S. 35.

der Brennkammer des Raketentriebwerks, grundsätzliche Fragen zur Raketen-ballistik, Berechnung von Bahn- und Schusstafeln.[290]

Die Leitung des „Vorhaben Peenemünde" (VP) an der TH Dresden wurde von Georg Beck, der vor seiner Berufung nach Dresden selbst Angestellter des Heereswaffenamtes gewesen war und über beste Kontakte dorthin verfügte, ü-bernommen. Nach seinem Wechsel an die TH Berlin im April 1941 ging die Leitung an den Elektrotechniker Walter Wolman. In der Berichterstattung stufte man die Projekte der Dresdner Wissenschaftler als Geheime Kommandosache ein und verpflichtete die Forscher zur Geheimhaltung. Mit der Verpflichtung zur Mitarbeit begann eine unmittelbare Zusammenarbeit der Hochschulinstitute mit dem Heereswaffenamt; die Forschungsaufträge wurden vom Heereswaffenamt vergeben und die Ergebnisse waren direkt abzurechnen. Die Zwischen- und Ab-schlussberichte zu den einzelnen Aufgaben gingen an einen verantwortlichen Ansprechpartner in der Heeresversuchsstelle Peenemünde, deren technische Lei-tung unter Wernher v. Braun auch die Koordination der Forschungsaufträge ü-bernahm.

Auch an den technischen Hochschulen in Darmstadt, Hannover und Stuttgart sowie an den Universitäten Leipzig und Göttingen warb das Heereswaffenamt um Mitarbeit am Fernraketenprojekt. Zur Einweisung der Wissenschaftler in Peenemünde und Kummersdorf vom 28. bis 30. September 1939 erschienen mit Heinrich Fassbender und Wilhelm Stäblein auch zwei Wissenschaftler des Insti-tuts für Schwingungsforschung der TH Berlin.[291]

Trotz Errichtung der Heeresversuchsstelle Peenemünde in den Jahren 1936/37 war die Triebwerksforschung noch geraume Zeit in Kummersdorf bei Berlin durchgeführt worden. Dort konnte man vor allem auf Prüfstandsvorrich-tungen zurückgreifen, die in Peenemünde noch nicht zur Verfügung standen o-der im Aufbau begriffen waren. Aus diesem Grund teilte das Heereswaffenamt die Hochschulforscher in zwei Gruppen: Alle Einführungen zu triebwerksrele-vanten Projekten wurden in Kummersdorf gegeben, alle anderen zur Steuerung und Lenkung der Rakete in Peenemünde. Schon zu Beginn zeichnete sich die gewünschte Konzentration spezieller Kompetenzen an den einzelnen Hochschu-len ab. Die Hochschulen in Dresden und Hannover sollten sich neben theoreti-schen Arbeiten zu Verbrennungs- und Reaktionsvorgängen in Raketentriebwer-

---

290 Siehe Kopie der Niederschrift über die Besprechung an der TH Dresden am 14. Septem-ber 1939, Bestand National Air and Space Museum (NASM) Washington – Technical File Peenemünde 2. Neufeld spricht in diesem Zusammenhang von der ersten bekannten Zusammenkunft zwischen Heereswaffenamt und einer Technischen Hochschule. Siehe außerdem Neufeld, Die Rakete und das Reich, S. 104.

291 Siehe Protokoll des US-amerikanischen Combined Intelligence Objectives Subcommit-tee (CIOS) vom 10. April 1945, Deutsches Museum München, Archiv, Persönlichkeiten: Walter Dornberger.

ken mit experimentellen Arbeiten zum Zerstäubungsvorgang im Triebwerk und mit Messmethoden für große Temperaturen, Drücke und Volumenströme befassen. Die TH Darmstadt sollte sowohl spezielle Beiträge zur theoretischen Thermodynamik verschiedener Treibstoffe als auch Prozessmesstechnik für die Triebwerksversuchsstände liefern. Damit waren bis auf die speziellen Dresdner Experimente zu Mischdüsenkonfigurationen eher thermodynamische und messtechnische Grundlagenprobleme berührt.[292]

Die Spezialisten für Fernmelde- und Steuerungstechnik sowie für Fragen ballistischer Berechnungen und technischer Mathematik, die vom Heereswaffenamt in Dresden, Berlin, Göttingen und Darmstadt zur Mitarbeit veranlasst werden konnten, wurden in Peenemünde mit den Aufgaben vertraut gemacht.

Vom Umfang der Aufgabenstellungen und von der Anzahl der involvierten Hochschulmitarbeiter erwiesen sich die Arbeitsgruppen in Dresden und Darmstadt von Anfang an als die größten und blieben es auch bis zum Jahr 1945.[293] Die Heeresversuchsstelle Peenemünde bezweckte mit der Auftragsvergabe sowohl eine theoretische Untersuchung von Einzelproblemen als auch die Konstruktion von Geräten und die Einbeziehung von vorhandenen oder aufzubauenden Prüf- und Messständen an den Hochschulen.[294]

So bearbeiteten zunächst sowohl Walter Tollmien in Dresden als auch Alwin Walther in Darmstadt Fragen der Bahnberechnung für die Erstellung von Schusstafeln.[295] Ähnliche Überschneidungen in der theoretischen Arbeit gab es bei der Suche nach Beschleunigungsmessverfahren, die sowohl für eine Trägheitsnavigation der Rakete als auch für die Brennschlussabschaltung des Raketentriebwerks von Bedeutung waren. Da dort noch keinerlei Resultate vorlagen, war es notwendig, bestimmte technische Funktionen zunächst einmal im Labormaßstab zu erproben: Zu diesem Zweck ließ man verschiedene Lösungsvorschläge miteinander konkurrieren.[296] Letztendlich war jedoch die Erprobung un-

---

292 Siehe Kopie der Niederschrift über die Einführungsbesprechung zur Mitarbeit von Hochschulinstituten (Vorhaben Peenemünde) am 28. September 1939 in Kummersdorf, Bestand National Air and Space Museum (NASM) Washington – Technical File Peenemünde 2.

293 Siehe Tabelle 4 und die dort verzeichneten Mitarbeiterzahlen der im Projekt „Vorhaben Peenemünde" beschäftigten Institutionen.

294 Aus der Analyse der in den Sondersammlungen des Deutschen Museums München lagernden Peenemünder Archivberichte lässt sich erkennen, dass die Auftragskoordination nur bei bestimmten Themen und auch nur in der Anfangszeit 1939 bis 1940 Redundanzen aufwies.

295 CIOS-Protokoll vom 10. April 1945, Deutsches Museum München, Archiv, Persönlichkeiten: Walter Dornberger.

296 Bei der Entwicklung des Brennschlussgerätes für das Großserienmodell der A4-Rakete ließ die Heeresversuchsanstalt Peenemünde fünf Institutionen mit ihren jeweiligen Verfahren miteinander konkurrieren. Siehe Brief v. Brauns an das Referat Wa Prüf 11 des

ter Flug- oder flugähnlichen Bedingungen in Peenemünde selbst das entscheidende Kriterium für die Weiterführung bzw. den Einsatz von Verfahren und Instrumenten. Die Abteilung BSM der Heeresversuchsstelle sah sich in Instrumentenfragen als letzte Bewertungsinstanz.

Die Hochschulen, so z. B. das von Max Schuler geleitete Institut für angewandte Mechanik der Universität Göttingen, übernahmen auch Gutachterrollen, indem sie für das Raketenprogramm verwendete Industrieentwicklungen, in diesem Fall Kreiselsteuerungen, einer theoretischen und messtechnischen Fehleranalyse unterzogen.[297] Das Auffinden geeigneter technischer Messverfahren – besonders auf dem Gebiet der Feingeräte- und Funktechnik –, theoretische Machbarkeitsanalysen, Berechnungen von Zahlentafeln und auf die Reaktionsantriebstechnik zugeschnittene ingenieurtechnische Fragestellungen aus Thermodynamik, physikalischer Chemie und Werkstoffwissenschaften bildeten 1939 den Einstieg für die Hochschulen in das Fernraketenprogramm des Heereswaffenamtes. Gegen Ende der Entwicklung des flugfähigen Labormusters der A4-Rakete im Jahr 1942 begannen Geräteentwicklungen zur Instrumentierung der Rakete und noch später, gegen Kriegsende, auch die entwicklungsmäßige Betreuung der Fertigung eine immer größere Rolle zu spielen. So ergab sich allein für das Institut für Fernmeldeanlagen unter Walter Wolman in Dresden aus Sammelaufträgen, welche die Fertigungsbetreuung und Schaffung von Bauunterlagen betrafen, im Jahr 1944 ein Auftragsvolumen von mindestens 65 000 RM. Im Vergleich dazu waren reine Entwicklungsarbeiten zur Steigerung der Treffgenauigkeit der Rakete für das gleiche Kalenderjahr mit einem Budget von 25 000 RM versehen.[298] Insgesamt profilierte sich Dresden als Zentrum für die funktechnische Instrumentierung der A4-Rakete. Die Untersuchungen zur konstruktiven Vereinfachung des Raketentriebwerks verlagerten sich mit dem Weggang Georg Becks nach Berlin vom Dresdner Institut für Kraftfahrwesen und dem Maschinenlaboratorium der TH Dresden zur TH Berlin und dem dortigen Vierjahresplaninstitut für Kraftfahrzeuge.

HWA vom 15. August 1942, BArch/MArch, RH 8 II. Diese Parallelität wurde vom Militär eher geduldet als gesucht, da es unmöglich erschien, eine Einheitsentwicklung örtlich dezentral durchführen zu lassen. Im Jahr 1943 wird in einem Rundschreiben des Reichsministers für Bewaffnung und Munition, Speer, die Vermeidung jeglicher Doppelarbeit bei der Entwicklung eingefordert. Siehe Schreiben vom 4. März 1943, BArch/MArch, RH 8 II/1960.

297 Siehe *„Bericht über den kinematischen Fehler eines kardanisch aufgehängten Kurskreisels"* vom 1. Dezember 1939, Deutsches Museum München, Archiv, HVP11-Arch-Nr. 41/4.

298 Entwicklungsaufgaben für Hochschulinstitute 1944, Deutsches Museum München, Archiv, HVP11-218-69-7.

Zusätzlich zu den an den einzelnen Entwicklungsaufträgen orientierten Kontakten zwischen Hochschule und Heeresversuchsstelle versammelten sich die akademischen Auftragnehmer an wechselnden Orten zu sogenannten Vorhaben-Peenemünde-Hochschultagungen. Auf diesen Tagungen wurde in Vorträgen und Kolloquien, die allen Teilnehmern zugänglich waren, der aktuelle Erkenntnisstand vorgetragen und erörtert. Zudem wurde das hierarchische Prinzip des Informationsflusses vom Auftraggeber, dem Heereswaffenamt, zum Auftragsempfänger, den Hochschulen, um horizontale Verbindungen erweitert.[299] So trafen sich vom 29. September bis zum 1. Oktober 1942, also kurz vor dem ersten geglückten Start einer A4-Rakete und zu einem Zeitpunkt, als die Entwicklungsbemühungen zum Funktionsnachweis der Raketentechnologie geführt hatten, Hochschulvertreter und Entwicklungsfachleute aus Peenemünde in Darmstadt. Die Vertreter aus Dresden, Darmstadt und dem Institut für Schwingungsforschung Berlin dominierten die Veranstaltung; Messverfahren und deren Instrumentierungsprobleme standen dabei im Vordergrund.[300]

Das Heereswaffenamt schuf mit der Einbeziehung der Hochschulen eine neue Forschungsstruktur in der Waffenentwicklung. Die A4-Rakete wurde als ballistische Waffe angesehen, deren Flugbahn unter Kenntnis der verschiedenen atmosphärischen Reibungs- sowie der Antriebsverhältnisse berechnet und durch Lage- und Kursregelungen für einen gewünschten Einschlagpunkt realisiert werden sollte. Der Funktionsnachweis der Fernraketentechnologie am Labormuster bzw. am Prototyp bedeutete noch keineswegs die Garantie für ein serienreifes und militärisch einsetzbares sowie handhabungssicheres Waffensystem.

In der Fallstudie zur TH Dresden soll bewusst sehr umfassend auf die Biographien der beiden Leiter des Vorhabens Peenemünde in Dresden, Georg Beck (von 1939 bis 1940) und Walter Wolman (von 1941 bis 1945) eingegangen werden. Beide nutzten die Mitarbeit an einem Rüstungsprojekt, um sich zusätzliche Mittel für das Budget ihrer Hochschulinstitute zu sichern. Einen größeren Stellenwert für die Untersuchung hat jedoch die Relevanz dieser Akteure für die Netzwerkbildung. Einerseits ermöglichten sie – wie Beck – durch ihre persönlichen Kontakte zum Heereswaffenamt die schnelle Einbindung ganzer Hoch-

---

299 Diese Querverbindungen waren aber nicht nur an Tagungsbesuche gebunden. Institute mit ähnlichen Aufgabengebieten bauten direkte Kontakte auf. So ergab sich im Jahr 1944 eine direkte Zusammenarbeit zwischen dem Institut für Fernmeldeanlagen und Technische Akustik der TH Dresden unter Walter Wolman und dem Institut für allgemeine und theoretische Elektrotechnik der TH Prag unter Eugen Flegler. Siehe Briefwechsel BArch/MArch, RH 8 II/1309b. Flegler und Wolman kannten sich bereits seit ihrer gemeinsamen Assistentenzeit an der TH Aachen von 1925 bis 1927. Über die fachlichen Kontakte hinaus verfügten sie demnach auch über persönliche.

300 Programm der VP-Hochschultagung vom 29. September bis 1. Oktober 1942 in Darmstadt, Deutsches Museum München, Archiv, HVP11-213-64-6.

schulinstitute in das Forschungsnetzwerk, andererseits stellte der von den Wissenschaftlern in Gang gesetzte Transfer technischen Wissens in die Heeresversuchsanstalt Peenemünde eine wichtige Grundlage für die Entwicklung des Waffensystems Fernrakete dar.

3. Projekte des „Vorhaben Peenemünde" an der TH Dresden

Die vom Heereswaffenamt vergebenen Forschungsaufträge wurden meist in einem Institut bearbeitet. Neben den Planstellen wurde in Einzelfällen die Finanzierung von zusätzlichen Mitarbeiterstellen durch das Heereswaffenamt übernommen. An der Technischen Hochschule Dresden bearbeiteten mehrere Arbeitsgruppen aus den Fachgebieten Elektrotechnik, Maschinenbau, Mathematik und Physik raketentechnisch relevante Aufgaben und berichteten darüber an die Heeresversuchsanstalt in Peenemünde. Im Folgenden sollen die wesentlichen Projekte an der TH Dresden vorgestellt und deren Relevanz für das Raketenprogramm erklärt werden.

3.1. Analysetechniken am Wissenschaftlich-Photographischen Institut

Für die experimentelle Überprüfung der Triebwerkskonstruktion waren zahlreiche Analysemessungen notwendig, die sich vor allem auf die Prozessgrößen Temperatur, Druck und Volumenstrom bezogen. Der Auftrag, Methoden für die wichtige, aber nur indirekt zu realisierende Temperaturmessung des Abgasstrahls der Rakete zu erarbeiten, wurde vom Heereswaffenamt an den Dresdner Physikochemiker Hellmuth Frieser vergeben. [301]

---

301 Von 1920 bis 1924 hatte Frieser an der TH Dresden Chemie studiert; 1928 war er dort mit einer Arbeit zur Reaktionskinetik promoviert worden. Durch die anschließende Tätigkeit bei Siemens & Halske in Berlin, wo sich Frieser insbesondere mit der Entwicklung der neuen Medien Ton- und Farbfilm beschäftigte, bekam er ersten Kontakt mit dem Management von Industrieprojekten und der Koordination größerer Arbeitsgruppen. Auch nach seinem Wechsel zum Berliner Filmwerk der Fa. Zeiss Ikon befasste sich Frieser von 1934 bis 1936 mit photochemischer Forschung, bevor er 1936 als Nachfolger Robert Luthers (1868–1945) einen Ruf an die TH Dresden erhielt und dort zum Direktor des Wissenschaftlich-Photographischen Instituts ernannt wurde. Siehe Frieser, H.: Lebensbericht, unveröffentlichtes Manuskript, o.O. 1984, Teil 2, S. 2ff und Teil 3, S. 1ff, Kustodie der TU Dresden, Manuskriptsammlung.

Frieser war Anfang des Jahres 1936 als außerordentlicher Professor an das Wissenschaftlich-Photographische Institut der TH Dresden berufen worden. Kurz nach Kriegsbeginn nahm Frieser an der ersten Informationsveranstaltung teil, die Dornberger im Auftrag des Heereswaffenamtes an der TH Dresden durchführte und in deren Verlauf Wissenschaftler zur Mitarbeit an der Fernraketenforschung gewonnen werden sollten. Als Ergebnis der Diskussion um eine mögliche Mitarbeit am Fernraketenprogramm konzentrierte sich Friesers Arbeitsgruppe seit 1939 auf die Ausarbeitung optisch-photographischer Methoden zur Messung der Temperatur und Geschwindigkeit des vom Raketentriebwerk emittierten Abgasstrahls.[302] Frieser entwickelte zusammen mit seinen Mitarbeitern ein Analysegerät, das auch auf den Kummersdorfer und Peenemünder Prüfständen zum Einsatz kam. Bis 1942 schuf Frieser zusätzlich photographische Anordnungen, die dazu geeignet waren, kleine bewegte Lichtpunkte aufzuzeichnen und somit die Bahntrajektorie der A4-Rakete zu überwachen.[303]

Besuche in der Heeresversuchsstelle – einer militärischen Institution – hatten ihm ein disparates Bild vermittelt: Die Peenemünder Wissenschaftler und Techniker, mit denen er in Kontakt gekommen war, wussten zwar um den militärischen Verwendungskontext der Rakete, schienen ihn aber zu ignorieren. Noch in seinen in den 1980er Jahren entstandenen autobiographischen Notizen schlägt er keine selbstkritischen Töne an. Im Tonfall einer nachträglichen Selbststilisierung bagatellisierte er die Kooperation mit dem Heereswaffenamt durch das seiner Meinung nach unausgesprochene Misstrauen der Hochschulforscher in den Erfolg des Fernraketenprojekts. In Anbetracht der offensichtlichen Schwierigkeiten beim Projektablauf wollte er – wie Walter Wolman auch – gern glauben, man arbeite für die Schublade. Die Raketentechnologie sei so komplex, dass als Folge der langen Entwicklungszeiten mit einem Einsatz im Zweiten Weltkrieg nicht mehr zu rechnen sei. Friesers Motivlage während der Kriegszeit ist unklar, da keine zeitgenössischen Einschätzungen tradiert sind. In der nachträglichen Legitimation seiner Memoiren griff er jedoch dankbar die populäre Argumentation auf, die Verwendung der Rakete für militärische Zwecke sei nur ein *„Zwischenstadium"* auf dem Weg zur Weltraumfahrt, quasi ein Intermezzo, das die notwendigen Investitionen sicherstellte und Forschungsmittel einwarb. Frieser wertete es später als Ungerechtigkeit, dass seine *„kleine Arbeit"* für Peenemünde nach Kriegsende eine Zwangsrekrutierung durch das sowjetische Militär zur Folge hatte.[304]

---

302 Siehe Bericht des Wissenschaftlich-Photographischen Instituts vom 2. Juli 1940 *„Optische und photographische Untersuchungen an der Flamme"*, Deutsches Museum München, Archiv, HVP11-Arch-Nr. 38/1.

303 Siehe Friesers Bericht *„Photographie kleiner bewegter Lichtzeichen"* vom November 1942, Deutsches Museum München, Archiv, HVP11-Arch-Nr. 118.

304 Frieser, Lebensbericht, Teil 4, S. 11f.

Friesers Tätigkeit als deutscher Spezialist in der Sowjetunion dauerte von 1946 bis 1952. Zu der interdisziplinären Arbeitsgruppe, die auf der Seligersee-Insel Gorodomlja im Quellgebiet der Wolga interniert wurde, gehörten auch andere Dresdner Hochschulwissenschaftler, die für Peenemünde gearbeitet hatten, wie z. B. der Professor für Kraft- und Wärmewirtschaft Walther Pauer (1887–1971).[305]

3.2. Raketentriebwerksentwicklung am Institut für Kraftfahrzeuge

In der Arbeitsgemeinschaft „ *Vorhaben Peenemünde* " trafen Hochschulforscher zusammen, die unterschiedliche Motive zur Mitarbeit an rüstungstechnischen Projekten bewogen. Eine der markantesten Figuren ist Georg Beck, der von 1936 bis 1941 Professor an der TH Dresden und erster Leiter des VP in Dresden war. Beck hatte nach einem Maschinenbaustudium an den Technischen Hochschulen in Darmstadt und Hannover 1929 dort diplomiert und war nach kurzer Tätigkeit als Assistent an der TH Hannover zum Heereswaffenamt gewechselt. In Kummersdorf wurde er im Dezember 1933 innerhalb der für Entwicklung und Prüfwesen zuständigen Waffenamtsabteilung Wa Prüf 6 Leiter des Kraftfahrzeugversuchsstandes.[306]

Beck erwarb sich schnell einen Ruf als exzellenter Experimentator. Mit der Leitung einer ca. 80-köpfigen Arbeitsgruppe aus Ingenieuren und Monteuren betraut, war er für die Planung, Durchführung und Auswertung von Versuchen mit neuartigen militärischen Kraftfahrzeugen verantwortlich. Beck hatte in den Jahren 1933 bis 1936 die dynamische Motorisierungsphase der Reichswehr aus Entwicklungssicht verfolgen können.[307] Der Betreuer seiner Dissertation an der TH Hannover, Kurt Neumann – später selbst am „ *Vorhaben Peenemünde* " beteiligt –, attestierte Beck zwar vorzügliche Experimentalleistungen, seine theoretische Befähigung zum Hochschullehrer schätzte er demgegenüber nur als durchschnittlich ein.[308]

Ungeachtet dieser Kritik verfolgte Beck sein Ziel, eine akademische Laufbahn einzuschlagen, weiter. Mit Wirkung vom 1. Oktober 1936 wurde er schließlich zum ordentlichen Professor für Kraftfahrwesen und Leichtmotoren-

---

305 Siehe Begrüßung der aus der Sowjetunion zurückgekehrten Delegation an der TH Dresden. In: Zeit im Bild 7 (1952), Nr. 14.

306 Siehe Akte Georg Beck, Universitätsarchiv TU Dresden, Professorenkatalog.

307 Schreiben Major Dipl.-Ing. Phillips, Abteilungsleiter im Reichswehrministerium (Heereswaffenamt/Prüfwesen 6) an Adolph Nägel vom 3. Mai 1935, Universitätsarchiv TU Dresden, A/510.

308 Schreiben Neumann (Hannover) an Nägel (Dresden) vom 4. Mai 1935, Universitätsarchiv TU Dresden, A/510.

kunde an die TH Dresden berufen und trat dort die Nachfolge des im Mai 1934 verstorbenen Otto Wawrziniok an. Beck übernahm sofort nach seinem Dienstantritt die Führung der NS-Dozentenschaft an der Technischen Hochschule. Er verfügte als Hochschullehrer und Forscher bereits vor seiner Mitarbeit am Vorhaben Peenemünde über gute Kontakte zu Heereswaffenamt und Wehrforschung. Einer Politisierung von Lehre und Forschung – seit 1937 war er Prorektor der Hochschule – setzte er keine Widerstände entgegen und förderte sie durch sein Auftreten.[309]

Mitarbeiter des von Beck geleiteten Instituts für Kraftfahrwesen erhielten Mitte 1940 in Kummersdorf einen gesonderten Triebwerksprüfstand zur Verfügung gestellt, auf dem Brennversuche mit experimentellen Raketentriebwerken kleiner Leistung stattfanden. In zwei Versuchsreihen vom 5. bis 21. März 1940 sowie vom 27. bis 29. Juni 1940 erprobten die Dresdner Wissenschaftler in Kummersdorf eine Messeinrichtung zur Triebwerksanalyse und gewannen in Experimenten mit Raketentriebwerken kleiner Leistung Messdaten zur physikochemischen Auswertung des Betriebsverhaltens.[310] Zu Beginn des Jahres 1941 verlagerte sich das Interesse der Beckschen Arbeitsgruppe auf die Entwicklung von Zerstäuberdüsen für das Einspritzsystem des Raketentriebwerks. Wiederum wurde auf dem Kummersdorfer Schießplatz (Versuchsstelle West) nicht am Originaltriebwerk der A4-Rakete, sondern an einem Pilot-Triebwerk kleiner Leistung experimentiert, um über eine anschließende Ähnlichkeitstransformation Aussagen über die Brauchbarkeit konstruktiver Lösungen machen zu können. In kontinuierlichen Versuchsreihen, die im Februar 1941 begannen und sich bis zum Oktober 1941 erstreckten, ermittelten die Mitarbeiter Becks die Leistungsparameter konstruktiv unterschiedlicher Triebwerksausführungen. Allerdings betonte Robert Eberan von Eberhorst, der nach Becks Wechsel an die TH Berlin den Abschlussbericht anfertigte, dass „sichere Rückschlüsse vom 1 to-Behälter [Pilot-Triebwerk, R.P.] auf den 25 to-Behälter [Triebwerk der A4-Rakete, R.P.] ... wegen des grossen Abmessungsunterschiedes nicht möglich" sind.[311]

Insbesondere die Kummersdorfer Feldversuche des Jahres 1940 dienten dazu, den in Dresden entwickelten „Mess-Support" in Betrieb zu nehmen und an realen Triebwerken zu testen. In die Entwicklung dieser in Zusammenarbeit mit der

---

309 Akte Georg Beck, Universitätsarchiv TU Dresden, Professorenkatalog.

310 Siehe Berichte des Instituts für Kraftfahrwesen der TH Dresden vom 12. Juni 1940 und 10. August 1940 „Auswertung und Ergebnisse der Untersuchungen am 1to-Behälter", Deutsches Museum München, Archiv, HVP11-Arch-Nr. 36/2 sowie HVP11-Arch-Nr. 36/3.

311 Siehe Bericht des Instituts für Kraftfahrwesen der TH Dresden vom 1. Dezember 1941 „Mischdüsen-Untersuchungen am 1to-Behälter: 1. Abschließende Untersuchungen an der Parallelzeilendüse 2. Entwicklung der Radialzeilendüse 3. Versuche mit der Kreiszeilendüse", Deutsches Museum München, Archiv, HVP11-Arch-Nr. 36/6, Bl. 10.

TH Hannover entstandenen Mehrfachmessapparatur waren Erfahrungen einge-
flossen, die aus konventionellen Prüfstandsversuchen mit Kraftfahrzeugen resultierten. Insbesondere konnten Messwerte zur Zusammensetzung, zur Geschwindigkeit und Temperaturverteilung des Gasstrahls gewonnen werden. Beck hatte
damit Diagnosetechniken entwickelt, die es gestatteten, die Wirksamkeit konstruktiver Veränderungen der Triebwerksgeometrie bei Brennversuchen mess-
technisch zu beurteilen. Das Heereswaffenamt vermerkte überaus euphorisch,
dass Becks Apparatur *„zu geradezu umwälzenden Erkenntnissen über die Gebiete der Gemischbildung und der Brauchbarkeit der Einspritzsysteme ... geführt"* habe.[312]

Beck unterstrich die Bedeutung der messtechnischen Analyse des Raketentriebwerks, da die Prozessgrößen und ihre Abhängigkeiten voneinander das ingenieurtechnische Erfahrungswissen sprengten: Aerodynamische Untersuchungen fanden im Überschallbereich, Triebwerksuntersuchungen im Hochtempera-
tur- und funktechnische Untersuchungen im Hochfrequenzbereich statt. Für alle
diese Applikationen stand noch keine industrielle Messtechnik zur Verfügung.
Man war von Seiten des Heereswaffenamtes auf die Sonderlösungen akademischer Institute angewiesen und verdankte schließlich erst diesen Analysewerk-
zeugen die gesicherte Beurteilung und Wertung konstruktiver Lösungen.

Auch Hermann Oberth war von August 1940 bis Januar 1941 am Institut für
Kraftfahrwesen als Mitarbeiter beschäftigt. Von der TH Wien nach Dresden
kommend, wurde er von Beck mit der Entwicklung einer Kreiselpumpe für das
Triebwerk der A4-Rakete beauftragt. Oberth empfand die ihm angetragene konstruktive Aufgabe seinen fachlichen Ambitionen nicht angemessen. Oberth, der
zu diesem Zeitpunkt noch kein deutscher Staatsbürger war, mutmaßte nach dem
Zweiten Weltkrieg, man hätte ihn mit einer geheimen, aber letztendlich neben-
sächlichen Aufgabe nur an das Heereswaffenamt binden, kontrollieren und sein
Abwandern aus Deutschland verhindern wollen. Schon nach kurzer Zeit machte
er seinem Unmut Beck gegenüber Luft: Seine Entwürfe seien ohne begleitende
Experimentalreihen von vornherein zum Scheitern verurteilt und deshalb ohne
Sinn. Dieser Protest verhallte nicht ungehört und Hermann Oberth wurde 1941
vom Heereswaffenamt nach Peenemünde geholt, wo er mit theoretischen Untersuchungen zum Mehrstufenprinzip von Raketen begann.[313]

---

312 Schreiben der Abteilung Wa Prüf 11 an Beck vom 16. Juni 1940 und Aktennotiz des
     Wa A vom 8. Juli 1940 zu Problemen der Gemischbildung, BArch/MArch, RH 8/1214.
313 Barth, H.: Hermann Oberth – Begründer der Raumfahrt, München 1991, S. 175f. O-
     berths in Dresden bearbeitetes Projekt ist unter seinem Namen als Forschungsbericht
     abgelegt. Siehe Bericht *„Stand der Entwicklung einer Umlaufkammer-
     Flüssigkeitspumpe"* vom 24. Februar 1941, Deutsches Museum München, Archiv,
     HVP11-Arch-Nr. 51/1.

Nach Verhandlungen mit der TH Berlin-Charlottenburg gab Beck 1941 seine Professur und seine akademischen Funktionen in Dresden auf und nahm im April des Jahres einen Ruf als ordentlicher Professor in Berlin an. Dort vergrößerte sich sein Wirkungsbereich beträchtlich: Beck wurde die Leitung des der TH Berlin angegliederten Vierjahresplaninstituts für Kraftfahrzeuge übertragen. Nach Becks Weggang rissen die Kontakte der Dresdner Kraftfahrzeugtechniker zum Heereswaffenamt zwar nicht ab, dennoch bearbeitete das Institut für Kraftfahrwesen nur noch kleinere Aufgaben: Unter der Leitung Eberan von Eberhorsts – dem Nachfolger Becks – konzentrierte man sich im Jahr 1942 auf die experimentelle Untersuchung und Gestaltung von Wärmetauschern für das Raketentriebwerk.[314]

Mit dem richtigen Gespür für technische Innovationen und der damit verbundenen Definitionsmacht im Heeresraketenprogramm transferierte Beck die vielversprechenden, in Dresden begonnenen Arbeiten zu Mischdüsen[315] für das Triebwerk der A4-Rakete nach Berlin und führte sie dort bis 1943 zu Ende.[316] Becks Arbeiten in Dresden und Berlin waren von der Forderung des Heereswaffenamtes geleitet, durch neue Konstruktionen der Einspritzdüsen einerseits die Leistung des Raketentriebwerks und damit die Reichweite der A4-Rakete zu steigern und andererseits den Fertigungsaufwand für diese Baugruppen zu senken. Es gelang Beck, beim Heereswaffenamt zu erwirken, dass dem Vierjahresplaninstitut für Kraftfahrzeuge in Berlin ein Prüfstand der Versuchsstelle West in Kummersdorf zugeteilt wurde. Das Institut nutzte neben den vom Heereswaf-

---

314 Siehe Bericht des Instituts für Kraftfahrwesen der TH Dresden vom 14. Juli 1942 *„Untersuchungen am Wärmetauscher"*, Deutsches Museum München, Archiv, HVP11-Arch-Nr.107/1.

315 Ein Grundproblem der Triebwerksentwicklung war die fertigungsgerechte konstruktive Gestaltung der Düsen zur Einspritzung und Zerstäubung der Betriebsstoffe (flüssiger Sauerstoff und Alkohol) in den Verbrennungsraum. Um die geforderte Triebwerksleistung zu erzielen, waren zahlreiche Düsenköpfe mit vielen Bohrungen nötig. Die Eigenschaften dieser im Labormaßstab akzeptablen, für die Serienproduktion aber ungeeigneten Lösung wurden unter Beck sowohl am Modell im Dresdner Maschinenlaboratorium als auch im Original auf Prüfständen in Kummersdorf getestet. Die Impulse zu fertigungsgerechten Spaltmischdüsen und neuen zylinderförmigen Brennkammergeometrien kamen Anfang 1942 aus der Triebwerksabteilung der Heeresversuchsanstalt Peenemünde und dem Maschinenlaboratorium der TH Dresden. Beck, der mittlerweile an die TH Berlin gewechselt war, betreute die zugehörigen Prüfstandsversuche in Kummersdorf. Siehe Bericht des Maschinenlaboratoriums *„Weiterführung der Entwicklung auf dem Gebiet des Mischdüsentriebwerks"* vom 9. August 1943, Deutsches Museum München, Archiv, HVP11-248-112-3 und HVP11-Arch-Nr. 39/14.

316 Siehe Akte Georg Beck, Universitätsarchiv TU Dresden, Professorenkatalog.

fenamt zur Verfügung gestellten Ressourcen zusätzlich die Forschungsinfrastruktur der TH Berlin.[317]

Als im September des Jahres 1943 die Entwicklung der A4-Rakete praktisch zum Abschluss gekommen war, hob Beck auf einer Sitzung zur Einsatzplanung der A4-Rakete als Waffensystem die beachtenswerten Ergebnisse des Berliner Vierjahresplaninstituts bei der Entwicklung eines neuen Triebwerks hervor. Die gesteckten Ziele, Leistungssteigerung und Gewichtsersparnis bei gleichzeitiger Vereinfachung der Fertigung, konnten in einer Neukonstruktion des A4-Triebwerks mit Ringspaltdüse letztendlich umgesetzt werden. Die Erprobung des Triebwerks begann am 15. September 1943 auf den Peenemünder Prüfständen. Da ein Warten auf die endgültige Einsatzreife des neuen Triebwerks eine zu große Zeitverzögerung beim Anlaufen der Serienproduktion der A4-Rakete nach sich gezogen hätte, wurde die erste Baureihe mit den konstruktiv aufwendigeren Triebwerken ausgerüstet.[318]

Becks Rolle bei der Anwerbung weiterer Hochschulinstitute für das Fernraketenprojekt bleibt im Dunkeln. Zwar verfügte er über wichtige Verbindungen sowohl zum Heereswaffenamt als auch zu Hochschulinstituten in Deutschland, inwiefern er aber als Wissenschaftsmanager im Auftrage des HWA tätig war, lässt sich aus den Akten nicht rekonstruieren.

Zunächst auf Probleme der Kraftfahrzeugtechnik zugeschnitten, hatte Beck noch vor seiner Berufung nach Dresden die Verflechtung von Hochschul- und Wehrforschung in Dresden angedacht. Dass neben dem Dresdner Institut für Kraftfahrzeuge und dem Maschinenlaboratorium der Hochschule auch das Institut für Verbrennungskraftmaschinen der TH Hannover vom Heereswaffenamt für Fragen der Triebwerksgestaltung herangezogen wurde, war kein Zufall. Beck war selbst als Assistent in Hannover tätig gewesen und einer der für Peenemünde wichtigsten Hannoveraner Hochschulmitarbeiter war Kurt Neumann, Becks Doktorvater und Institutsdirektor.[319]

---

317 Bereits im November 1941 lieferte Beck als neuer Direktor des dem Reichsamt für Wirtschaftsausbau Berlin unterstellten Vierjahresplaninstituts für Kraftfahrzeuge einen *„Bericht über die 1 to-Ringspaltmischdüse"*, Deutsches Museum München, Archiv, HVP11-Arch-Nr. 111/1 und 111/2.

318 Reichsministerium für Rüstung und Kriegsproduktion, Sitzung der Kommission für Fernschießen vom 9. September 1943, Sitzungsbericht vom 15. September 1943, BArch, R3/3134, Bl. 9f.

319 Jenak, R.: Der Mißbrauch der Wissenschaft in der Zeit des Faschismus. Dargestellt am Beispiel der Technischen Hochschule Dresden 1933–1945, Dissertation Humboldt-Universität Berlin 1964, S. 144 ff. Jenaks Arbeit geht im Stile der DDR-Terminologie vom *„Mißbrauch"* der *„Wissenschaft als Produktivkraft"* aus.

3.3. Mischdüsenentwicklung im Maschinenlaboratorium

Hauptaufgabe des Maschinenlaboratoriums der TH Dresden war seit seiner Gründung die experimentelle Untersuchung von Maschinenkonstruktionen. An diesen Versuchsaufbauten konnten theoretische Konzepte verifiziert oder falsifiziert werden. Der Thermodynamiker und langjährige Direktor des Laboratoriums Richard Mollier (1863–1935) hatte das Maschinenlaboratorium seit 1908 bis zu seiner Emeritierung 1931 auf die Schwerpunkte Dampfmaschinen, Verbrennungsmotoren und Kälteanlagen ausgerichtet. Mit Beginn der Arbeiten für das Projekt „Vorhaben Peenemünde" experimentierte man seit Herbst 1939 im Dresdner Maschinenlaboratorium auch zu Fragen der Flüssigkeitszerstäubung in Raketentriebwerken. Mit Hans Mehlig und Walther Pauer profilierten sich dabei zwei Wissenschaftler zusammen mit ihren Arbeitsgruppen in besonderer Weise.

Hans Mehlig (1902–1946) hatte, wie Georg Beck, seine ersten akademischen Meriten von 1928 bis 1933 als Assistent im Institut für Verbrennungskraftmaschinen und technische Wärmelehre an der TH Hannover erworben.[320] Bereits 1935 war er für die Wawrziniok-Nachfolge in Dresden im Gespräch gewesen, unterlag aber letztendlich im Auswahlverfahren Georg Beck. Nach Abschluss eines Maschinenbau-Studiums an der TH Hannover, Promotion und Industrietätigkeit als Leiter der Versuchsabteilung bei der Fa. Hanomag in Hannover wurde er im April 1936 als ordentlicher Professor für Kraft- und Arbeitsmaschinen sowie technische Thermodynamik an die TH Dresden berufen. Damit trat er die Nachfolge Molliers an. Mehlig, seit April 1932 Mitglied der NSDAP, galt im Gegensatz zu Beck als sehr guter Theoretiker und gehörte seit Herbst 1939 zur ersten Gruppe von Hochschulwissenschaftlern, die für das Projekt „Vorhaben Peenemünde" arbeiteten. Mit seiner freiwilligen Meldung zum Dienst als Offizier in der Wehrmacht brach er 1940 die Untersuchungen, die er als stellvertretender Direktor des Maschinenlaboratoriums für Kummersdorf geplant und durchgeführt hatte, ab.[321] Die Gründe für diesen Bruch bleiben ungeklärt. Der erste Leiter des „Vorhaben Peenemünde" an der TH Dresden, Georg Beck, argumentierte noch im April 1940, dass es „ ...auf Grund der Kummersdorfer Versuche und deren jetziger Auswertung zweckmäßig erscheine, wenn Prof. Mehlig noch gewisse grundsätzliche Rechnungen auf thermodynamischem Gebiet*

---

320 Siehe Universitätsarchiv TU Dresden, Professorenkatalog. Mehlig geriet nach Kriegsende in russische Haft und soll 1946 im Konzentrationslager Mühlberg verstorben sein. Das Sterbejahr ist ungewiss. Die Personalakte Mehligs ist, wie die Pauers, im Universitätsarchiv der TU Dresden nicht mehr auffindbar.

321 Institut für Kraftfahrzeuge, Berufungsangelegenheiten, Universitätsarchiv TU Dresden, A/510 und Analyse der Vorlesungsverzeichnisse der TH Dresden 1938 bis 1945.

durchführe. Deren Wichtigkeit rechtfertige eine weitere Uk-Stellung bis zum 30.9.40, wie ursprünglich vorgesehen, wohl durchaus. "[322]

Doch diese Empfehlung zeigte keine Wirkung: Obwohl Mitte des Jahres 1940 zum Direktor des Maschinenlaboratoriums ernannt, ließ sich Mehlig mit Beginn des Sommersemesters 1941 vom Hochschuldienst freistellen. Erst im Sommersemester 1944 kehrte er, von der Wehrmacht beurlaubt, wieder nach Dresden zurück und wandte sich erneut wehrtechnisch relevanten Aufgaben zu.[323] Mehlig und Pauer koordinierten im Zeitraum von Juli bis September 1944 jeweils als Direktoren des Instituts für Thermodynamik bzw. des Instituts für Wärmetechnik und Wärmewirtschaft die Dresdner Untersuchungen zu Zerstäuberdüsen für Raketentriebwerke.[324]

Nach dem Tode Adolph Nägels (1875–1939) und dem Weggang Mehligs koordinierte Walther Pauer (1887–1971)[325] seit 1941 die für die Heeresversuchsanstalt Peenemünde durchgeführten Versuche. Sein Spezialwissen machte ihn nach Kriegsende zu einem begehrten Fachmann für die russische Besatzungsmacht. Pauer wurde im Oktober 1946 zusammen mit anderen Fachleuten aller raketentechnisch bedeutsamen Teiltechnologien in die Sowjetunion verbracht und war bis 1952 auf der Insel Gorodomlja interniert.[326]

Die Pauer vom Heereswaffenamt gestellte Aufgabe, große Mengen von Alkohol und flüssigem Sauerstoff mit geeigneten Düsen optimal zu zerstäuben, war ein Kardinalproblem der Triebwerksentwicklung bei Flüssigkeitsraketen. Pauer nutzte dabei zunächst Erfahrungen, die er bei der Entwicklung von Einspritzsystemen für Dieselmotoren gesammelt hatte. Die Zerstäubungsexperimente im Dresdner Maschinenlaboratorium fanden an kleinen Modelldüsen statt, wobei zunächst Wasser als Betriebsmedium Verwendung fand. Im Laufe des Jahres 1940 nutzte man jedoch auch die Betriebsmedien Spiritus und flüssigen Sauerstoff für Einspritzversuche ohne Verbrennung. Die optische Analyse der

---

322 Schreiben Becks an das Rektorat der TH Dresden vom 10. April 1940, Universitätsarchiv TU Dresden, Institut für Kraftfahrwesen, A/632.

323 Siehe Gutachten über die wissenschaftliche Tätigkeit Hans Mehligs vom 15. September 1954 , Universitätsarchiv TU Dresden, Professorenkatalog.

324 Siehe Dresdner Berichtsreihe zur *„Zerstäubereichung"*, Deutsches Museum München, Archiv, HVP11-Arch-Nr. 39/15, 16, 17, 18.

325 Pauer hatte an der TH München Maschinenbau studiert und nach kurzer Industrietätigkeit bei der Firma MAN in Nürnberg im Jahr 1913 eine Assistentenstelle in Dresden angetreten. Nach Kriegsdienst und Kriegsgefangenschaft kam er im Oktober 1920 als Adjunkt in das von Mollier geleitete Maschinenlaboratorium. Schon 1922 erhielt er nach kurz vorausgegangener Promotion und Habilitation einen Ruf als planmäßiger außerordentlicher Professor für Kraft- und Wärmewirtschaft. Siehe Scheffler, S.: Kurzbiographie über Prof. Dr.-Ing. habil. Walther Pauer, Belegarbeit TU Dresden 1978, Standort Kustodie der TU Dresden.

326 Siehe Schreiben Pauers, Universitätsarchiv TU Dresden, Professorenkatalog.

resultierenden Strahlen mittels Schlierenkamera führte jedoch nicht zu aussagekräftigen Ergebnissen.[327] Die Brennversuche mit den genannten Originalstoffen
blieben den Prüfständen in Peenemünde vorbehalten. Nachdem diese Arbeiten
zur Zerstäubung mit dem Wechsel Becks von Dresden nach Berlin an das Vierjahresplaninstitut für Kraftfahrzeuge verlagert worden waren, wendete Pauer die
gewonnenen Ergebnisse auch auf Einspritzsysteme für Flugmotoren und strahl-
getriebene Marine-Torpedos an. Ende 1944 erhielt er vom Oberkommando der
Luftwaffe den Auftrag, alle im Laufe des Krieges gewonnenen Grundlagen der
Flüssigkeitszerstäubung in einer Gesamtschau darzustellen und eventuelle Lü-
cken entsprechend zu schließen.[328]

Parallel zu den Arbeiten in Dresden wurde im Laufe des Jahres 1940 auch
das Institut für Verbrennungskraftmaschinen und technische Wärmelehre der
TH Hannover vom Heereswaffenamt mit den Untersuchungen von Zerstäuberdüsen beauftragt. Unter der Leitung des Institutsdirektors Kurt Neumann experimentierte man auch in Hannover von Mai bis Juli 1940 mit verschiedenen
Mischdüsentypen.[329]

3.4. Telemetrie und Fernlenkung der Rakete am Institut für Fernmeldeanlagen

Um die ballistische Fernrakete militärisch gegen beliebige Erdziele in großer
Entfernung einsetzen zu können, plante das Heereswaffenamt von vornherein
ein weitgehend automatisiertes Waffensystem. Die Bedienmannschaften der Raketenartillerie am Boden hatten das Gerät anhand des vorgegebenen Ziels einzurichten, Flugparameter festzulegen und die Raketen in einer durch Dienstvor-
schrift vorgegebenen Prozedur zu starten. Kurs und Lage der mit dem Abheben
automatisch arbeitenden Rakete sollten von menschlichen Eingriffen unabhängig gemacht werden. Bei der Steuerung und Navigation der Rakete tauchten
grundlegende mess- und regeltechnische Probleme auf, die sehr schnell ein gan-
zes Bündel neuer Herangehensweisen einforderten. Im Allgemeinen erwiesen
sich die bereits vorhandenen Geräte und Verfahren der industriellen Automati-
sierungstechnik als unbrauchbar. Lediglich für die Lagesteuerung ließen sich
Konzepte der Flugregelungen von Flugzeugen verwenden. Nicht zuletzt deswegen erwies sich die etablierte *„Kreiselkultur"* der feinmechanisch-elektrischen

327 Siehe Zwischenberichte des Maschinenlaboratoriums der TH Dresden vom Oktober und
     November 1940, Deutsches Museum München, Archiv, HVP11-Arch-Nr. 39/7 und 39/8.
328 Arbeitsberichte des Instituts für Wärmetechnik und Wärmewirtschaft 1931–1946, Uni-
     versitätsarchiv TU Dresden, A/630, Bl. 4ff.
329 Siehe Zusammenstellung der Forschungsaufgaben der Hochschulinstitute auf dem
     Triebwerksgebiet, Deutsches Museum München, Archiv, HVP11-Arch-Nr. 200/1.

Industrie, die seit dem Ende des 19. Jahrhunderts erfolgreich Kreiselsteuerungen für Schiffe, Torpedos und später auch für Flugzeuge hervorgebracht hatte, als Leitbild und Ideenreservoir. Die Verfahren zur Navigation und Ortung eines mit Überschallgeschwindigkeit fliegenden lenkbaren Geschosses konnten indes nicht den Angebotskatalogen der Industrie entnommen werden. Die Verfahren zur Bestimmung der Fluggeschwindigkeit – sei es durch beobachtende Messung oder Inertialnavigation bzw. Beschleunigungsintegration – sowie zur Flugebenensteuerung bedurften theoretischer Voruntersuchungen und wurden allesamt an Hochschul- oder Forschungsinstitute vergeben.[330]

Die Untersuchungen zur Flugmechanik der Rakete und deren Steuerbarkeit liefen seit Einbeziehung der Hochschulen in das Vorhaben Peenemünde parallel und waren mathematisch sehr anspruchsvoll, da alle Modelle in zumeist nichtlinearen Differentialgleichungssystemen abgebildet wurden. Als problematisch erwies sich damit nicht die Aufstellung des physikalischen Modells, sondern der praktikable mathematische Apparat zu einer aussagekräftigen und ingenieurtechnisch verwertbaren Lösung. Die Untersuchungen zur flugdynamischen Analyse der Regelstrecke – der Rakete – werden in heutiger Terminologie als theoretische Prozessanalyse bezeichnet und sind die unabdingbare Voraussetzung eines modellbasierten Reglerentwurfs. Experimentelle Verfahren schieden von vornherein aus, da sich die im Überschallflug befindliche Rakete einer empirischen Reglereinstellung entzieht.

Wichtigster Dresdner Akteur für die funktechnische Instrumentierung der A4-Rakete war Walter Wolman[331], der am 1. April 1938 als außerordentlicher

---

330 Das Institut für Fernmeldeanlagen und technische Akustik der TH Dresden sowie das Institut für Schwingungsforschung Berlin wurden zu Kompetenzzentren für die Navigation der A4-Rakete. Zur rein technischen Dokumentation der Steuerungs- und Navigationsaufgaben siehe Reisig, G.: Raketenforschung in Deutschland. Wie Menschen das All eroberten, Münster 1997, S. 371ff. Reisigs Monographie muss im Gegensatz zum Titel als technisches Lehrbuch verstanden werden, das rückblickend den Erkenntnisstand der Raketentechnologie am Ende des Zweiten Weltkrieges dokumentiert. Zur technischen Umsetzung der Geschwindigkeitsmessung mittels „Doppler-Radar" siehe Mosch, R.: Geschwindigkeitsmessungen nach dem Dopplerprinzip und ihre Anwendung für Flugweitensteuerungen und Bahnvermessungen. In: Merten, R. (Hrsg): Hochfrequenztechnik und Weltraumfahrt, Stuttgart 1951, S. 102–116.

331 Walter Wolman studierte von 1921 bis 1925 an der TH Darmstadt Elektrotechnik. Seine Diplomarbeit beschäftigte sich mit der Theorie von Drehstromantrieben, war also starkstromtechnisch orientiert. 1925 wechselte er als wissenschaftlicher Mitarbeiter an das Elektrotechnische Institut der TH Aachen zu Walter Rogowski (1881–1947). Nach seiner Promotion im Jahr 1927 ging Wolman von Aachen in das Zentrallaboratorium der Siemens & Halske AG nach Berlin. Dort war er als Entwicklungsingenieur für Elektroakustik tätig, zwei Jahre später übernahm er bei Siemens die Leitung des Labors für Tonfrequenzmessgeräte.

Professor für Fernmeldeanlagen und technische Akustik nach Dresden berufen wurde. Nach der Emeritierung von Heinrich Möllering, der seit 1911 an der TH Dresden die Honorarprofessur für Telegraphie und Eisenbahnsignalwesen innehatte und dessen gleichnamiges Institut neben dem Institut Heinrich Barkhausens die schwachstromtechnische Forschung und Lehre in Dresden vertrat, war seit dem Frühjahr 1935 ein wesentlicher Zweig der Elektrotechnik-Ausbildung in Dresden verwaist. Der Vorschlag der Mechanischen Abteilung der TH Dresden, einen planmäßigen Extraordinarius für das Lehrgebiet *„Fernsprechanlagen und technische Akustik"* zu berufen und dabei das Eisenbahnsignalwesen abzutrennen, wurde auch von Heinrich Barkhausen unterstützt. Im Zuge der rasanten Entwicklung und Diversifizierung der Schwachstromtechnik in den 1920er und 30er Jahren bot sich eine Unterteilung in die Fachgebiete Fernmeldetechnik, technische Akustik, Hochfrequenztechnik inklusive Elektronenröhren sowie Feinwerktechnik geradezu an.

Seit 1935 suchte man in Dresden nach geeigneten Kandidaten, ohne dass die angespannte Lage der schwachstromtechnischen Ausbildung in irgendeiner Weise entschärft wurde. Die Kandidaten sollten gemäß den Vorstellungen der TH Dresden möglichst weder reine Hochfrequenztechniker noch Akustiker sein. Der Name Wolman erschien das erste Mal im Dezember 1936 auf einer Vorschlagsliste für die Berufung des Möllering-Nachfolgers.[332]

Biographische Details sind außerdem den regelmäßigen Würdigungen in den nachrichtentechnischen Fachzeitschriften zu entnehmen. Die Tätigkeit für das Heereswaffenamt oder der Terminus Rakete findet in den Artikeln zunächst keine explizite Erwähnung; anfangs wird bei der Darstellung seines Aufgabenspektrums an der TH Dresden allgemein von der Bahn- und Geschwindigkeitsmessung bzw. Fernsteuerung von Flugkörpern über große Entfernungen gesprochen. Erst seit dem Jahr 1981 werden die Forschungen für Peenemünde in den Kurzbiographien erwähnt. Siehe Lotze, A.: Prof. Dr.-Ing. Walter Wolman 65 Jahre. In: Frequenz 20 (1966), Nr. 2. Dosse, J.: Walter Wolman zum 65. Geburtstag. In: Archiv für Elektrische Übertragung 20 (1966), S. 130. Küpfmüller, K.: Walter Wolman zum 65. Geburtstag. In: Nachrichtentechnische Zeitschrift 19 (1966), Nr. 1, S. 60. Kaiser, W.: Walter Wolman 70 Jahre. In: Nachrichtentechnische Zeitschrift 24 (1971), Nr. 1, S. 64. Kaiser, W.; Lotze, A.: Professor Dr.-Ing. Walter Wolman. In: Nachrichtentechnische Zeitschrift 29 (1976), Nr. 1, S. 10. Kaiser, W.: Walter Wolman. In: Nachrichtentechnische Zeitschrift 34 (1981). Kaiser, W.: Walter Wolman wird 90 Jahre alt. In: Nachrichtentechnische Zeitschrift 44 (1991), Nr. 1, S. 60, Kaiser, W.: Prof. Wolman zum 95. Geburtstag, Laudatio zur Festveranstaltung, unveröffentlichtes Manuskript Institut für Nachrichtenübertragung Universität Stuttgart 1996. Siehe außerdem Akte Walter Wolman, Universitätsarchiv TU Dresden, Professorenkatalog.

332 Vorschlagsliste der Mechanischen Abteilung der TH Dresden vom 23. Dezember 1936, SächsHStA, Ministerium für Volksbildung, Nr. 15561, Bl. 180.

Trotz Bedenken bei der politischen Beurteilung Wolmans und seiner fehlenden Mitgliedschaft in der NSDAP oder einer ihrer Gliederungen wurde der Ruf Anfang September 1937 erteilt; das Sächsische Ministerium für Volksbildung und die TH Dresden traten im Oktober des Jahres in Berufungsverhandlungen ein.[333] Ende März 1938 war das Verfahren abgeschlossen, so dass Wolman am 1. April 1938 die neu geschaffene außerordentliche Professur für Fernmeldeanlagen und technische Akustik in Dresden antreten konnte. Der Stoff seiner Lehrveranstaltungen ergab sich einerseits aus den aktuellen wissenschaftlichen Fragestellungen innerhalb der Schwachstrom- bzw. Fernmeldetechnik und andererseits nach Kriegsbeginn auch aus den für die Heeresversuchsanstalt Peenemünde bearbeiteten Forschungsprojekten. Seinen Lehrverpflichtungen kam Wolman zunächst mit der Vorlesung *„Fernmeldeanlagen"* nach.[334]

Im Herbst 1939 ließ sich Wolman vom Heereswaffenamt für die Mitarbeit am Fernraketenprojekt verpflichten. Wolmans Institut für Fernmeldeanlagen und technische Akustik übernahm innerhalb der zahlreichen, im Rahmen des Gesamtprojekts *„Vorhaben Peenemünde"* an Institute der TH Dresden vergebenen Forschungsaufträge Aufgaben zur Telemetrie und Fernsteuerung der A4-Rakete. Im Jahr 1941 wurde Walter Wolman schließlich die Gesamtleitung des *„Vorhaben Peenemünde"* an der TH Dresden übertragen; damit löste er den von Dresden nach Berlin wechselnden Georg Beck in dieser Funktion ab.

Die örtliche Konzentration der Institute für Schwachstromtechnik und Fernmeldeanlagen im Gebäude des späteren Görges-Baues, das alle elektrotechnischen Institute beherbergte, führte nach der Berufung Wolmans im April 1938 zu einer personellen Verschränkung der Institute. Diese erstreckte sich sowohl auf die wissenschaftlichen Mitarbeiter als auch auf das Werkstattpersonal. Obwohl beide Dresdner Schwachstromtechniker, Barkhausen und Wolman, 1939 vom Heereswaffenamt um Mitarbeit gebeten worden waren, überließ Barkhausen das Peenemünde-Projekt seinem Kollegen. Barkhausen war damit am *„Vorhaben Peenemünde"* nur nominell beteiligt und erschien in der Berichterstattung

333 Siehe Politische Beurteilung Wolmans im Schreiben NSDAP/Der Stellvertreter des Führers (Stab) an das Sächs. Ministerium für Volksbildung vom 17. Januar 1937, SächsHStA, Ministerium für Volksbildung, Nr. 15562, Bl. 55 und Schreiben Mechanische Abteilung der TH Dresden an das Sächs. Ministerium für Volksbildung vom 11. Oktober 1937, SächsHStA, Ministerium für Volksbildung, Nr. 15562, Bl. 6 und Fragebogen über persönliche Verhältnisse vom 24. November 1937, SächsHStA, Ministerium für Volksbildung, Nr. 15562, Bl.44.

334 Ein Skript dieser Vorlesung mit den behandelten fernmeldetechnischen Schwerpunkten befindet sich in der Sammlung des Instituts für Akustik und Sprachkommunikation der TU Dresden.

für Peenemünde nicht. Wolman hingegen reiste im Zeitraum von 1939 bis 1945 dienstlich sehr oft nach Peenemünde und Berlin.[335]

Wolman stand für die Bearbeitung der Peenemünder Aufträge eine Gruppe von Mitarbeitern zur Seite, die zum größten Teil vom Heereswaffenamt finanziert wurden. Rudolf Mosch, Ernst Brückner, Hugo Wördemann und Leopold Christiansen bearbeiteten das Problemfeld Hochfrequenzschaltungstechnik. Zusätzlich wurde Walter Wolman der Assistent Jan Harmans von Heinrich Barkhausen zur Mitarbeit am Vorhaben Peenemünde überlassen. Im Sommer des Jahres 1941 stießen Karl Fehér und Hellmut Schmid zu Wolmans Arbeitsgruppe. Fehér war als Versuchsingenieur im Institut angestellt worden und betreute für Peenemünde relevante Experimente, Schmid wurde nach einem Jahr zur Heeresversuchsanstalt Peenemünde kommandiert und wurde dort Gruppenführer im *„Versuchskommando Nord"*. Wie Schmid wechselte auch Joachim Mühlner, der bis Ende Oktober 1942 in Dresden gearbeitet hatte, als Gruppenführer zum Peenemünder VKN.[336]

Im Rahmen der von der Wehrforschungsgemeinschaft organisierten *„Osenberg-Aktion"*[337] forderte Wolman zur Ergänzung seiner Arbeitsgruppe im Herbst 1944 auch den Dresdner Elektrotechnikstudenten Klaus Lunze von der Wehrmacht an. Lunze , später selbst Professor an der TH Dresden, wurde offiziell aus der Wehrmacht entlassen und dem Institut für Fernmeldeanlagen und technische Akustik überstellt.[338]

Der Nachfolger Beckers in der Leitung des Heereswaffenamtes, Emil Leeb, zeigte sich mit den Arbeitsergebnissen der Wolmanschen Arbeitsgruppe sehr zufrieden und attestierte ihm auf dem Gebiet *„funktechnische Spezialapparate"* ausgezeichnete Leistungen.[339]

---

335 Interview mit Walter Wolman vom 1. und 2. März 1999 in Buchenbach i. Br.

336 Die Namen der Mitarbeiter Wolmans sind den Gehaltsberechnungsbögen für das *„Vorhaben DE 12"* (Peenemünde) zu entnehmen, Universitätsarchiv TU Dresden, A/44. Die Arbeitsgebiete sind dem Interview mit Walter Wolman entnommen.

337 Werner Osenberg, Professor an der TH Hannover, leitete das Planungsamt des Reichsforschungsrates. Mit dem Ziel einer Aktivierung der Wehrforschung setzte er sich 1943 beim OKW für die Freigabe von im Fronteinsatz befindlichen Wissenschaftlern und Ingenieuren ein. Die in einem Erlass des OKW Ende 1943 festgelegte Freigabe von 5000 Fachkräften bereitete jedoch in der Durchführung erhebliche Probleme, so dass bis Juli 1944 nur 2000 eingezogene Fachkräfte an die jeweiligen Forschungsinstitute zurückkehren konnten. Grüttner, M.: Wissenschaft. In: Benz, W.; Graml, H.; Weiß, H. (Hrsg.): Enzyklopädie des Nationalsozialismus, Stuttgart 1997, S. 150.

338 Interview mit Prof. Dr.-Ing. habil. Klaus Lunze am 4. August 1999 in Dresden.

339 Im Jahr 1942 wurde Wolman für seine Beiträge zum Fernraketenprojekt mit dem an Zivilpersonen relativ oft verliehenen Kriegsverdienstkreuz 2. Klasse ausgezeichnet. Siehe Einschätzung Wolmans im Schreiben Leebs vom 8. Januar 1942, SächsHStA, Ministerium für Volksbildung Nr. 15919, Bl. 21.

Noch vor dem Bombenangriff auf Dresden (13. Februar 1945) wurde Aktenmaterial des Instituts für Fernmeldeanlagen und technische Akustik nach Tharandt bei Dresden ausgelagert und später nach Nordhausen weitergeleitet. Die Verlagerung des Instituts nach Nordhausen und dessen Fusion mit der *„Entwicklungsgemeinschaft Mittelwerke"* blieb ein Programm, das nie ausgeführt wurde. Wolman reiste zwar einige Male nach Nordhausen, auch hatte er dort Wohn- und Arbeitsräume zugewiesen bekommen, ein regelmäßiger Arbeitsbetrieb des Institutes aber kam nicht mehr zustande.[340]

3.4.1. Prototypenfertigung

Im Dachgeschoss des Elektrotechnischen Instituts arbeitete 1943/44 ein Konstruktionsbüro, in welchem ein Konstrukteur zusammen mit zwei technischen Zeichnerinnen Werkunterlagen für die Fertigung der Brennschlussanlage der A4-Rakete erstellte. Als Grundlage dafür dienten die schaltungstechnischen Entwürfe der wissenschaftlichen Mitarbeiter Wolmans. Werner Kutzsche koordinierte die Ausführung dieser Entwurfsarbeiten, während Walter Wolman die Schaltungskonzepte lieferte.

Neben der Herstellung des Prototyps wurden in Dresden auch einige Exemplare von militärisch einsatzfähigen Brennschlussanlagen zur Lenkung der A4-Rakete für das Heereswaffenamt montiert. Ende des Jahres 1943 bestand die Aufgabe der Wolmanschen Arbeitsgruppe darin, aus vorgefertigten und konfektionierten Baugruppen der Firmen Siemens Berlin und Telephon-Rainer München die komplette Brennschlussanlage zusammenzustellen und zu überprüfen. Zu diesem Zweck wurde das Elektromotorenfeld im Elektrotechnischen Institut so umgeräumt, dass für die Ausrüstung mit Funktechnik vorgesehene Wehrmachts-LKW samt Anhänger in die Halle gefahren, ausgerüstet und geprüft werden konnten. Die erste derartig gefertigte mobile Anlage verließ am 20. Oktober 1943 die TH Dresden und wurde nach Peenemünde ausgeliefert.[341]

---

340 Interview mit Walter Wolman vom 1. und 2. März 1999 in Buchenbach/Brsg.
341 Siehe Interview mit Prof. Dr.-Ing. Jochen Matauschek am 2. Februar 2001 in Dresden.
  Matauschek, geboren 1928, war seit dem 1. April 1943 als Rundfunkmechanikerlehrling
  am Institut für Fernmeldeanlagen der TH Dresden tätig. Neben seiner Ausbildung wurde
  er bis zum Ende des Jahres 1944 in die Prototypenfertigung von funktechnischen Anlagen für das Fernraketenprojekt des Heereswaffenamtes eingebunden. Auf Grund seiner
  dafür erworbenen Kenntnisse wurde Matauschek für eine Verwendung innerhalb des
  technischen Personals der 1944 aufgestellten Raketenartillerie der Wehrmacht gemustert. Zu einer Verwendung kam es jedoch nicht. Dadurch, dass er als Lehrling aufgefordert war, ein Arbeitsbuch zu führen, in das alle durchgeführten Arbeiten mit näherer

Bereits im Dezember 1943 bereitete die Arbeitsgruppe Wolmans auf Anraten des Heereswaffenamtes eine Verlagerung nach Tharandt bei Dresden vor. Tharandt war Sitz der Fakultät für Forstwissenschaften der TH Dresden und durch seine Gebirgslage weniger exponiert als das Kerngelände der Technischen Hochschule nahe des Dresdner Stadtzentrums. Es ist jedoch nicht rekonstruierbar, ob man mit der Auslagerung der raketentechnisch relevanten Schwachstromtechnik-Projekte lediglich eine Verbesserung der unbefriedigenden Raumsituation im Elektrotechnischen Institut erzielen wollte oder ob man von einer Bombengefährdung der Arbeitsräume in Dresden bzw. unzureichenden Tarnungsmöglichkeiten der Arbeiten ausging. Unklarheiten bestehen auch darüber, warum trotz der Investitionen in Tharandt das Objekt nach dessen Fertigstellung im Frühjahr 1944 nicht bezogen wurde. Im Elektrotechnischen Institut selbst reagierte man auf die latente Bombengefahr, indem die Arbeitsunterlagen und Akten sowie Bauteile und Messgeräte im Keller des Gebäudes deponiert wurden.

3.4.2. Die Rakete als technisches System

Im Waffensystem Fernrakete wurden mehrere Teiltechnologien zusammengeführt, die wie die Hochfrequenztechnik oder die Regelungstechnik zunächst mit eigenen theoretischen Herangehensweisen verbunden waren.[342] Teilweise – z. B. bei der Regelungstechnik – existierte eine geschlossene Theorie noch gar nicht. Zudem zeichnete sich in den 1930er und 1940er Jahren überhaupt erst die neue Denkweise des technischen Systems in den Ingenieurwissenschaften ab. Die Raketentechnik nahm dabei wiederum eine besondere Stellung ein. Dort wurden schon sehr früh die aus der elektrischen Nachrichtentechnik adaptierten Denkmodelle übernommen, um das Verhalten beliebiger technischer Konstruktionen bereits vor deren konstruktiver Umsetzung vorhersagen und simulieren zu können. Anhand analytischer Modelle, die elektrische, mechanische, fluidische oder andere technische Systeme beschrieben, wurde zuerst in der Regelungstechnik die neue systemtheoretische Herangehensweise praktikabel. Um diese neue Qualität des Entwurfs abzuschätzen, soll im Folgenden ein kurzer Blick auf die Entwicklung der Regelungstheorie und deren Verwendung für raketentechnische Probleme geworfen werden.

Spezifikation eingetragen werden sollten, gibt es eine schriftliche Überlieferung der zeitlichen Abfolge von Fertigungsaufgaben für das *„Vorhaben Peenemünde"*.

342 Vergleiche dazu Becklake, J.: The V2 Rocket – a Convergence of Technologies? In: Transactions of the Newcomen Society 67 (1995/96), S. 109–123.

Die neue Terminologie der Nachrichtentechnik in den 1920er und 1930er Jahren verwendete Begriffe wie *„logarithmisches Maß"* bei der Beschreibung von Dämpfung oder Verstärkung, *„Frequenzgang der Amplitude und Phase"* sowie *„Stabilitätsuntersuchungen"* und ging über das traditionelle Denken der Elektrotechniker in den Begriffen *„Strom"* und *„Spannung"* hinaus. Von diesen elektrotechnischen Systemen übertrug man die Begrifflichkeiten schnell auf beliebige technische Systeme.[343]

Seit dem Ersten Weltkrieg sahen sich die Regelungstechniker – über die Probleme bei der Automatisierung von industriellen Prozessen hinaus – mit einer neuen Objektklasse konfrontiert: Heer, Marine und Luftwaffe benötigten automatische oder halbautomatische Steuerungen von Flugzeugen, Schiffen, Torpedos und Geschützen. Seit den 1920er Jahren orientierte sich sowohl der Entwurf von Steuerungs- und Regelungsgeräten durch die entsprechende Spezial-Industrie als auch die regelungstheoretisch-analytische Behandlung der genannten Probleme mehr und mehr an dieser Objektklasse. Als Kernproblem erwies sich der dynamisch geeignete Übergang zwischen dem meist niedrigen Energiepegel der Informationsverarbeitung im Regler, bei dem elektrische, pneumatische oder hydraulische Systeme zum Einsatz kamen, und dem meist hohen Energiebedarf beim Stelleingriff, z. B. in die Ruder des Schiffs oder Flugzeugs. Das Ideal einer automatischen Kurssteuerung mit vorgegebenen Eigenschaften ließ sich wegen der geringeren konstruktiven Beschränkungen, besonders der Gerätemasse, zuerst bei Schiffen realisieren. Letztendlich waren es automatische Steuerungen für Flugzeuge, die in adaptierter Form zum Paradigma der Raketentechnik wurden. Anders als in den USA, wo die Entwicklung von sogenannten *„Servosystemen"* bis in die 1950er Jahre hinein ein relativ eigenständiger und von anderen Problemen der Regelungstechnik abgekoppelter Bereich geblieben ist, wurde das Problem in Europa und Deutschland innerhalb der allgemeinen Betrachtung des Regelkreises diskutiert.[344]

Die analytische Behandlung von Steuerungsaufgaben lief mit Ansätzen, die Gerätekonzepte in den Mittelpunkt stellten, parallel. Besonders Probleme der Stabilität, also des Abklingens von Störungsauswirkungen im Regelkreis, bedurften einer theoretischen Untersuchung. Bis Ende der 1920er Jahre stellten die algebraischen Stabilitätskriterien der Mathematiker Edward John Routh (1831–1907), im Jahr 1873 veröffentlicht, und Adolf Hurwitz (1859–1919), im Jahr

343 Wunsch, G.: Geschichte der Systemtheorie. Dynamische Systeme und Prozesse, München/Wien 1985, S. 72f.
344 Rörentrop, K.: Entwicklung der modernen Regelungstechnik, München/Wien 1971, S. 59–61.

1895 veröffentlicht, die wichtigsten und praktikablen Analysewerkzeuge für Stabilitätsuntersuchungen von Regelkreisen dar.[345]

Das Denkmodell des technischen Systems und die mathematisch-analytische Behandlung des Systems übernahmen die Regelungstechniker von der Nachrichtentechnik. Zu Beginn der 1940er Jahre begann man in der Regelungstechnik die bis zu diesem Zeitpunkt üblichen Geräteskizzen durch Schemata zu ersetzen, deren Blöcken eine analytische Übertragungsfunktion zugeordnet wurde. Ingenieure der Elektro- und Nachrichtentechnik nutzten schon während der 1920er Jahre die neue Begrifflichkeit der *„Ortskurve des Frequenzganges"*. Damit verbunden war die Erweiterung des Arsenals der bis dahin analytischen Stabilitätskriterien, die je nach Komplexität des zu steuernden Systems erheblichen Rechenaufwand erforderten, um ein graphisch orientiertes Kriterium, das zwar mathematisch begründet war, jedoch der Ingenieurpraxis ein einfach zu handhabendes Werkzeug bot. Zu Beginn der 1930er Jahre wurde die Ortskurvendarstellung eines dynamischen Systems zur wichtigsten graphischen Beschreibungsmethode des Systemverhaltens. Der Elektroingenieur Felix Strecker stellte bereits 1930 auf einem Kolloquium des Zentrallaboratoriums von Siemens & Halske in Berlin sein graphisches Instrumentarium vor. Kurze Zeit darauf publizierte im Jahr 1932 in den USA Harry Nyquist (1889–1976) zum gleichen Thema.[346] Beide hatten ihre Kriterien am Problemfall des in der Nachrichtentechnik sehr oft untersuchten rückgekoppelten Verstärkers – der einen rein elektrischen Regelkreis darstellt – entwickelt.[347]

Wolman war während seiner Tätigkeit im Berliner Siemens-Zentral-Laboratorium mit den Arbeiten Streckers in Berührung gekommen. Die Untersuchung des Verhaltens elektrischer Verstärker mittels des graphisch orientierten Ortskurvenkriteriums gehörte in der Folgezeit zu seinem mathematischen Repertoire als Nachrichtentechniker. Nach der Berufung an die TH Dresden lehrte Wolman dieses analytische Verfahren, Charakteristika und Verhalten technischer, insbesondere elektrotechnischer Systeme in der Gaussschen Zahlen-

---

345 Bennett, S.: A history of control engineering 1800–1930, London/New York 1979, S. 74ff und 86.

346 Harry Nyquist, Industrieforscher des amerikanischen Elektrokonzerns AT&T, erfuhr auf seinen Aufsatz im Gegensatz zu Streckers unveröffentlichter Arbeit auf internationaler Ebene beträchtliche Resonanz. Siehe Nyquist: Regeneration Theory. In: Bell Systems Technical Journal (1932), Nr. 11, S. 126–147.

347 Wunsch, G.: Geschichte der Systemtheorie. Dynamische Systeme und Prozesse, München/Wien 1985, S. 79 und Rörentrop, Entwicklung der modernen Regelungstechnik, S. 106 f.

ebene graphisch abzubilden und zu interpretieren, seit dem Sommersemester 1938 in seiner Vorlesung.[348]

So schien es naheliegend, dass Wolman Mitte des Jahres 1941 derjenigen Abteilung der Heeresversuchsstelle Peenemünde, die sich mit steuerungstheoretischen Fragen des Raketenfluges beschäftigte, den Vorschlag machte, die in der Elektrotechnik übliche Ortskurventheorie auch für die theoretische Abschätzung des Flugverhaltens der A4-Rakete zu verwenden.[349]

Die Lage- und Kurssteuerungen einer Rakete, die allein in Bezug auf die Fluggeschwindigkeit bis in den Überschallbereich hinein zuverlässig arbeiten müssen, lassen sich nicht in einem hinsichtlich der Systemdynamik linearen Gesamtmodell abbilden. Trotzdem griffen die Peenemünder Ingenieure Wolmans Vorschlag auf. Für einzelne Abschnitte des Raketenfluges konnten mit der im regelungstheoretischen Sinn nur für Systeme mit linearem Übertragungsverhalten praktikablen Ortskurventheorie verwertbare Aussagen über das Flugverhalten und die Stabilität der Rakete gewonnen werden. Von größerer Bedeutung war jedoch, dass sich mit dem genannten theoretischen Instrumentarium generelle steuerungstechnische Probleme auf dem Papier zeichnerisch lösen ließen. Die regelungstheoretische Analyse bot den Entwicklungsingenieuren darüber hinaus Handlungskriterien für die Einstellung signifikanter Parameter der Steuerung des Systems Rakete. Zusammen mit der Simulation des Systemverhaltens, die das Experiment am realen Gerät substituieren konnte, eröffnete sich zuerst in der Raketentechnik ein neues Feld der Analyse und in gewissem Maße auch der Antizipation und des Entwurfs von Regelkreisen.[350]

Ein ursprünglich für elektrotechnische Fragestellungen geschaffener analytischer Apparat wurde letztendlich auf nichtelektrische Objekte erweitert. Voraussetzung dafür war die Etablierung eines Denkens in Systemen, das die Grenzen der klassischen Ingenieurdisziplinen transzendierte. Unabhängig von der gerätetechnischen Realisierung interessierte jetzt einzig und allein das abstrakte Systemverhalten. Diese Abstraktionen bildeten das Systemverhalten nunmehr in einer Sprache ab, die – gleich, ob es sich um elektrische, mechanische oder pneumatische Strukturen handelte – auf die Beschreibung konstruktiver Details vollkommen verzichten konnte.

---

348 Siehe das Skript Wolmans zur Vorlesung „Fernmeldeanlagen" vom Sommersemester 1938, S. 9f. Eine Kopie befindet sich in einer entsprechenden Sammlung des Instituts für Akustik und Sprachkommunikation der Technischen Universität Dresden.

349 Siehe Forschungsbericht der Abteilung BSM/StF vom 20. Juni 1940 zur „Anwendung der Ortskurventheorie auf Steuerungsprobleme", Deutsches Museum München, Archiv, HVP11-Arch-Nr. 86/85, Bl. 1.

350 Siehe Forschungsbericht der Abteilung BSM/StF vom 21. August 1942 zur „Anwendung der Ortskurventheorie auf Steuerungsprobleme", Deutsches Museum München, Archiv, HVP11-Arch-Nr. 86/107.

Mit der Zerstörung des Elektrotechnischen Instituts beim Bombenangriff auf Dresden am 13. Februar 1945 fanden alle Forschungsarbeiten Wolmans de facto ihr Ende.[351] Nach dem Krieg korrespondierte Barkhausen mit Walter Wolman, der sich mit Kriegsende nach Süddeutschland abgesetzt hatte, und versuchte ihn zur Rückkehr an die TH Dresden zu bewegen. Die amerikanische Besatzungsmacht wollte ein Abwandern Wolmans in die Sowjetische Besatzungszone dadurch verhindern, dass sie ihm für die Dauer eines Jahres eine monatliche Zuwendung zahlte, die seinen Lebensunterhalt sichern sollte. Obwohl mehrere Technische Hochschulen in Deutschland um Wolman warben, entschied er sich für die TH Stuttgart, wo Richard Feldtkeller (1901–1981) – bereits seit 1936 ordentlicher Professor und ehemaliger Vorgesetzter Wolmans im Siemens-Zentrallaboratorium – ein vertrautes Umfeld versprach.[352]

4. Das Institut für Praktische Mathematik als „Rechenfabrik"

Wie die Hochschullehrer der TH Dresden wurden auch verschiedene Professoren der TH Darmstadt in den Septembertagen des Jahres 1939 von Vertretern des Heereswaffenamtes um Mitarbeit am Fernraketenprogramm des Heeres gebeten. Auf der Besprechung aller für die Kooperation gewonnenen Hochschulprofessoren am 29. und 30. September 1939 in der Heeresversuchsanstalt Peenemünde formulierten die Raketentechniker des Heereswaffenamtes Aufgaben, deren externe Lösung an den Instituten in relativ kurzer Zeit den Funktionsnachweis der ballistischen Fernrakete ermöglichen sollte. Neben Alwin Walther (1898–1967), dem Direktor des IPM, waren auch Carl Wilhelm Wagner[353] (1901–1977), Professor für physikalische Chemie, Victor Blaess (1876–1951), Inhaber des Lehrstuhls für angewandte Mechanik und technische Schwingungslehre, Richard Vieweg (1896–1972), Direktor des Instituts für technische Phy-

351   Eine retrospektive Liste über kriegsbedingte Verlagerungen von Instituten der TH Dresden vom 2. August 1945 gibt an, dass Forschungsgerät des Instituts für Fernmeldeanlagen nach Nordhausen in den Harz verlagert wurde, da man dort die „Entwicklungsgemeinschaft Mittelbau" konzentrieren wollte, Universitätsarchiv TU Dresden, A/483.

352   Interview mit Walter Wolman vom 1. und 2. März 1999 in Buchenbach/Brsg.

353   Wagner stellte seine im Laufe der Mitarbeit am Projekt „Vorhaben Peenemünde" erworbenen Kompetenzen auf dem Gebiet der Raketentreibstoffe nach Kriegsende den USA zur Verfügung. Von 1945 bis 1947 war er als wissenschaftlicher Berater der „Research and Development Division Suboffice Rocket" in Fort Bliss (Texas) tätig. Siehe Wolf, Ch.; Viefaus, M.: Verzeichnis der Hochschullehrer der TH Darmstadt, Bd. 1, Darmstadt 1977, S. 218.

sik, Ernst Hueter (1896–1954), Direktor des Instituts für Hochspannungs- und Messtechnik, Hans Busch (1884–1973), Direktor des fernmeldetechnischen Instituts, und Theodor Buchhold, Inhaber des Lehrstuhls für Elektrotechnik, anwesend.[354]

Dem IPM wurden dabei von der Heeresversuchsanstalt Peenemünde zunächst drei Grundaufgaben gestellt: Erstens sollte der Schwingungsvorgang eines Geschosskörpers um seinen Schwerpunkt mathematisch-analytisch untersucht werden. In Bezug auf den Lösungsweg forderte das Heereswaffenamt, wenn möglich, die Nutzung maschineller Rechenhilfsmittel. Zweitens sollte die Stabilität eines durch Rückstoß angetriebenen Geschosses auf seiner Bahn betrachtet und drittens Aussagen zum Einfluss einer Steuermaschine auf diese Stabilität getroffen werden.[355] Alle drei Grundaufgaben basierten auf einem mathematischen Modell des Raketenfluges und zogen – da quantitative Aussagen verlangt wurden – die Aufstellung und Lösung eines Systems von Differentialgleichungen nach sich. Zu diesen drei Grundaufgaben, die dem IPM zuerst mündlich gestellt wurden, kamen im Laufe der Zeit weitere hinzu.

In Dresden beschäftigte sich von 1939 bis 1940 Constantin Weber, seit 1928 ordentlicher Professor für Festigkeitslehre, mit Fragen der theoretischen Flugmechanik. Im Vergleich mit den Arbeiten des Darmstädters Alwin Walther, der auf eine maschinelle Lösung der raketenballistischen Probleme hinarbeitete, blieben seine Ansätze rein analytisch und wenig praktikabel.[356]

In Tabelle 5 sind die vom IPM bearbeiteten Aufgabenstellungen aufgeführt.[357] Sie sind in Bezug auf die Raketentechnik eher grundlegender Natur und lassen ihre militärische Verwertbarkeit nicht auf den ersten Blick erkennen.

Neben diesen sehr detailbezogenen Aufträgen, in denen vor allem die Suche nach praktikablen Rechenverfahren und die Berechnung von konkreten Zahlentafeln im Vordergrund stand, arbeitete das IPM auch an der Entwicklung einer Maschine, mit deren Hilfe die in den Detailaufgaben zu lösenden Differentialgleichungssysteme mit reduziertem Rechenaufwand zu bewältigen waren.

---

354 Siehe CIOS-Untersuchungsbericht zur Mitwirkung von Wissenschaftlern der TH Darmstadt am *„Vorhaben Peenemünde"*, Deutsches Museum München, Archiv, Persönlichkeiten: Walter Dornberger, PEBS 41.

355 Siehe Tätigkeitsbericht des IPM vom 21. Mai 1941 zum Auftrag der Abteilung Wa Prüf 11 für die Zeit vom 29. September 1939 bis 31. Mai 1941, Deutsches Museum München, Archiv, HVP11-Arch-Nr. 18/9, Bl. 2.

356 Siehe dazu die Berichte Webers zu Steuerungsuntersuchungen vom 30. November 1939 bis zum 22. Januar 1941, Deutsches Museum München, Archiv, HVP11-Arch-Nr. 25.

357 Siehe Tätigkeitsbericht des IPM vom 21. Mai 1941 zum Auftrag der Abteilung Wa Prüf 11 für die Zeit vom 29. September 1939 bis 31. Mai 1941, Deutsches Museum München, Archiv, HVP11-Arch-Nr. 18/9, Bl. 2–19.

Tabelle 5: Erweiterte Forschungsaufgaben des IPM

Aufgabenstellung	Zeitpunkt der Erteilung
Untersuchung der Abhängigkeit des Raketenfluges von der Luftdichte in großen Höhen	Besuch Walthers in der Heeresversuchsanstalt Peenemünde vom 13. bis 16. November 1939 und Dresdner VP-Tagung vom 4./5. Dezember 1939
Untersuchung der Schussweite der Rakete in Abhängigkeit von deren Anfangsbeschleunigung	Besuch Walthers in der Heeresversuchsanstalt Peenemünde vom 13. bis 16. November 1939 und Dresdner VP-Tagung vom 4./5. Dezember 1939
Untersuchung der regelungstechnischen Stabilität des Raketenflugs in Abhängigkeit von der Verwendung verschiedener Steuermaschinen[358]	Besuch Walthers in der Heeresversuchsanstalt Peenemünde vom 13. bis 16. November 1939 und Dresdner VP-Tagung vom 4./5. Dezember 1939
Bahnberechnung für ein Raketenmodell mit drei Freiheitsgraden	Besuch der Peenemünder Aerodynamiker Hermann und Heybey in Darmstadt am 27. Februar 1940
Untersuchungen zur räumlichen Schwingung der Rakete im Luftstrom	Besuch der Peenemünder Aerodynamiker Hermann und Heybey in Darmstadt am 27. Februar 1940
Untersuchung von bei der Beschleunigungsintegration auftretenden Fehlern	Berliner „Vorhaben Peenemünde"-Tagung vom 1./2. März 1940
Untersuchung der Auswirkung von Ionisierungseffekten auf die Funkverbindung mit der Rakete	Berliner „Vorhaben Peenemünde"-Tagung vom 1./2. März 1940
Untersuchung mathematischer Probleme bei der elektrischen Vermessung der Raketenflugbahn	Berliner „Vorhaben Peenemünde"-Tagung vom 1./2. März 1940
Untersuchung mathematischer Probleme beim Brennschluss der Rakete	mündliche Besprechung mit v. Braun am 20. November 1940

Das vom Heereswaffenamt an das IPM vergebene Projekt der Differentialgleichungsmaschine (DGM) war somit auf die Entwicklung maschineller Rechenwerkzeuge ausgerichtet, welche die Rechenpraxis beschleunigen und Parame-

---

358 Es wurden die Steuerungsmaschinen der Kreiselgeräte GmbH, der Siemens Apparate und Maschinen GmbH sowie der Möller/Askania-Werke AG nach einem von Walther aufgestellten theoretischen Modell numerisch durchgerechnet und auf ihre Eigenschaften hin untersucht.

tervariationen des Raketenprojekts im großen Maßstab erst möglich machen sollten. Aus diesem Grund soll in den folgenden Abschnitten besonders die methodische Ausrichtung des IPM auf das maschinelle Rechnen und dessen Bedeutung für das Fernraketenprogramm des Heereswaffenamtes in den Vordergrund gerückt werden.

4.1. Praktische Mathematik als Dienstleistung

Der Direktor des Instituts für Praktische Mathematik, Alwin Walther, empfand die in den 1920er und 1930er Jahren geführte Debatte um *„angewandte"* oder *„reine"* Mathematik als wenig konstruktiv. Die mathematische Behandlung technischer oder naturwissenschaftlicher Fragen sollte seiner Meinung nach in jedem Fall der Aufgabenstellung und der Mentalität des Problemlösers adäquat sein. Je nachdem sollte auf unterschiedlich angepasste mathematische Werkzeuge zurückgegriffen werden, bzw. es mussten diese erst zur Verfügung gestellt werden. Ohne die *„Ingenieurmathematik"* auf- oder abzuwerten, stellte Walther fest, dass es eines didaktischen Geschicks und eigenständiger Lehrmethoden bedürfe, um das Fach Mathematik in der Ingenieurausbildung zu positionieren. Walther war nach Promotion an der TH Dresden und Habilitation an der Universität Göttingen im Jahr 1928 an die TH Darmstadt berufen worden und lehrte dort Mathematik für Naturwissenschaftler und Ingenieure. Er berücksichtigte in der Lehre die ingenieurwissenschaftliche Herangehensweise bei der mathematischen Lösung technischer Aufgaben, die sich oft einer besonderen Terminologie bediente. Damit zog er sich die Kritik seiner Fachkollegen zu: Er degradiere die Mathematik zu einer Hilfswissenschaft. Im Kern hatten sie Walthers Sicht sehr gut beschrieben. Im Jahr 1931 bekannte er: *„Mathematik wird vom Ingenieur nicht um ihrer selbst willen betrieben, sie ist ihm ein Werkzeug, eine Helferin."*[359] Die mathematische Forschung selbst, die ingenieurgemäße mathematische Methoden entwickle, müsse deswegen keineswegs der Korrektheit und Strenge entbehren. Walthers Vorlesungen waren oft mit Demonstrationsexperimenten gekoppelt, wobei er mechanische Modelle zur Veranschaulichung mathematischer Probleme benutzte. Walther griff damit ein seit Ende des 19. Jahrhunderts im Methodenstreit der Ingenieure immer wieder bemühtes Thema auf: Sollte die Mathematisierung der wissenschaftlichen Legitimierung technischen

---

359 Zitiert nach de Beauclair, W.: Meine Erinnerungen an Prof. Walther und das IPM aus den Jahren 1930–1945, unveröffentlichtes Vortragsmanuskript zum 100. Geburtstag Walthers im Jahr 1998, Privatarchiv de Beauclair. Der Autor bezieht sich in seinem Bericht auf Walthers Vortrag *„Mathematik des Ingenieurs"*, gehalten am 20. Juni 1931 auf der 13. Hauptversammlung der Vereinigung von Freunden der TH Darmstadt.

Wissens dienen oder dessen adäquate Methode sein? *„Der Lehrstuhl für Prakti-sche Mathematik, der über einen modern ausgestatteten Apparateraum verfügt, bevorzugt konkret-anschauliche Verfahren durch zeichnerische, konstruktive und instrumentelle Methoden, die der geistigen Haltung des Ingenieurs ange-messen sind; er pflegt zahlreiche Verbindungen zur Mechanik und Physik. So wird die scheinbar weltfremde Mathematik unmittelbar mit dem Leben ver-knüpft."*[360]

Die seit 1930 durch Walther an der TH Darmstadt profilierte *„praktische Ma-thematik"* war im Hinblick auf ihren Ansatz an handhabbaren Ergebnissen ori-entiert: Walther vereinte in der *„praktischen Mathematik"* formelmäßig analyti-sche, graphische, numerische und instrumentelle Verfahren der Problembehand-lung. Der bis in die 1960er Jahre zur rechentechnischen Grundausstattung des Ingenieurs gehörende Rechenschieber nach dem System *„Darmstadt"* war ein Beitrag Walthers zur Entwicklung mathematischer Instrumente aus dem Jahr 1934. Die Automatisierung des Rechnens war jedoch nicht von vornherein an die praktische Mathematik gekoppelt. Die alltägliche Arbeit des Ingenieurs er-forderte oft mathematische Berechnungsprozeduren, die zwar mit bekannten und im Detail unkomplizierten Routinen lösbar waren, auf Grund ihres Umfangs a-ber einen enormen Zeitbedarf geltend machten.[361]

Auch das Laboratorium für angewandte Mechanik und Schwingungslehre der TH Darmstadt, das von Viktor Blaess geleitet wurde, hatte es sich zur Aufgabe gemacht, mathematisch-physikalische Problemstellungen auf instrumentellem Wege zu veranschaulichen. Obwohl der 1919 geschaffene und mit Blaess be-setzte Lehrstuhl der Mechanischen Abteilung der TH Darmstadt unterstellt war, ging Blaess davon aus, dass dynamische und schwingungstechnische Elemente der Elektrotechnik und des Maschinenbaus mit gleichen analytischen Verfahren behandelbar seien. Trotz Orientierung auf mechanische Schwingungen folgte er damit einem Paradigma in den Technikwissenschaften, das auch am Berliner Institut für Schwingungsforschung Leitbildfunktion hatte.[362]

---

360 Dingeldey, F.: Die frühere „Allgemeine Abteilung". In: Schlink, W. (Hrsg.): Die Tech-nische Hochschule Darmstadt 1836 bis 1936. Ein Bild ihres Werdens und Wirkens, Darmstadt 1936, S. 187.

361 Bauer, F. L.: Alwin Walther im Urteil seiner Zeitgenossen. In: Informatikspektrum (1998), Nr. 3, S. 98.

362 Das 1928 gegründete Heinrich-Hertz-Institut für Schwingungsforschung behandelte me-chanische, elektrische und akustische Schwingungsprobleme unter einem institutionellen Dach. Das wissenschaftliche Profil der Abteilungen Telegraphie und Fernsprechtechnik, Mechanische Schwingungen, Akustik sowie Hochfrequenztechnik wurde wesentlich vom Institutsdirektor Karl Willy Wagner, seit 1927 Inhaber des Lehrstuhls für Schwin-gungslehre an der TH Berlin-Charlottenburg, geprägt. Siehe: Böhm, S.: Zur Entwick-

Wie im Institut für Praktische Mathematik existierte eine umfangreiche Sammlung dynamischer Lehrmodelle. Aus didaktischen Gründen legte Blaess Wert darauf, dass Diplomanden der Ingenieurstudiengänge rechnerische Untersuchungen stets durch dynamische Lehrmodelle untersetzen konnten. Die angehenden Diplomingenieure sollten dabei ihre Fähigkeit nachweisen, nach theoretischer Analyse meist schwingungstechnischer Sachverhalte diese in selbst entwickelten und gefertigten Funktionsmodellen zu visualisieren.[363]

4.2. Maschinelles Rechnen als automatisierte Rechenpraxis

Nach seiner Berufung an die TH Darmstadt profilierte Walther das von ihm geleitete Institut für Praktische Mathematik seit 1928 als akademisches Zentrum für maschinelles Rechnen und instrumentell gestützte Mathematik in Deutschland. Infolge der Angliederung einer speziellen Institutswerkstatt konnte das IPM ein für die Mathematikausbildung von Ingenieuren neues Konzept verfolgen: Durch Demonstrationsmodelle, Rechenmaschinen und mathematische Instrumente wurden mathematische Theorien in der Lehre visualisiert und über Experimente erfahrbar gemacht. Das für Studenten im Grundstudium obligatorische Praktikum *„Mathematik-Labor"*, in dem der Umgang mit den genannten Maschinen und Geräten gelehrt wurde, belegte Walthers Konzept einer durch Instrumente veranschaulichten Mathematik.[364]

Die Erfahrungen der am IPM tätigen Ingenieure mit maschineller Rechentechnik erstreckten sich zunächst auf die tradierte Büro- und Buchungsmaschinentechnik und damit auf die vier Grundrechenarten. Zusätzlich verfügten sie über Konstruktions- und Umgangswissen in Bezug auf analoge mathematische Instrumente. Dadurch, dass Walther in seine Arbeitsgruppe feinmechanisch und elektrotechnisch ausgebildete Ingenieure einbezog, ergänzten sich die Entwickler bei den zukünftig zu erwartenden elektromechanischen Strukturen der analo-

---

lung des Heinrich-Hertz-Institutes in Berlin-Charlottenburg von seiner Gründung im Jahre 1928 bis heute, Manuskript, Berlin 1998, S. 1/1.

363 Blaeß, V.: Laboratorium für angewandte Mechanik und Schwingungslehre. In: Schlink, W. (Hrsg.): Die Technische Hochschule Darmstadt 1836 bis 1936. Ein Bild ihres Werdens und Wirkens, Darmstadt 1936, S. 106f.

364 Das Institut für Praktische Mathematik der TH Darmstadt. In: Genser, F.; Jänike, J.: Die Vergangenheit der Zukunft. Deutsche Computerpioniere, 2. Aufl., Aufsatzsammlung, Düsseldorf 1995. Die Aufsatzsammlung ist im Eigenverlag der Autoren erschienen und enthält zwar Quellenangaben, aber bedauerlicherweise keine Seitennummerierung. Siehe auch de Beauclair, W.: Alwin Walther, IPM, and the Development of Calculator/Computer Technology in Germany, 1930–1945. In: Annals of the History of Computing 8 (1986), S. 334ff.

gen Rechentechnik. Erst die maschinelle Umsetzung von Algorithmen der höheren Mathematik und die Auseinandersetzung mit der für die Ingenieurmathematik alltäglichen Analysis, verbunden mit dem Bestreben, die in der mathematischen Praxis oft auftretenden Differentialgleichungen automatisiert zu lösen, führte in ein neues Problemfeld maschinellen Rechnens ein.[365]

Damit war in Darmstadt jedoch keineswegs die Entscheidung zugunsten der numerischen Rechentechnik oder gar digitaler frei programmierbarer Rechenautomaten gefallen. Im Gegenteil, der auf die Verwendung analoger Rechenmaschinen spezialisierte Walther entsandte zwar im Dezember 1942 zwei seiner Mitarbeiter nach Berlin, um Konrad Zuses Rechenmaschine *„Z3"* im Auftrag des Heereswaffenamtes zu begutachten, konnte aber letztendlich nicht erkennen, dass Zuses digitaler Rechenautomat für die Arbeit im IPM praktische Bedeutung haben könnte. Dennoch ermunterte er Zuse, an der TH Darmstadt eine theoretische Arbeit zum Thema *„Theorie des Allgemeinen Rechnens"* als Dissertation einzureichen. Bis Kriegsende blieb Zuses Dissertation jedoch ohne Abschluss und Bewertung.

Durch Kooperation mit dem etablierten Industrieunternehmen Ott, das – in Kempten ansässig – über langjährige Erfahrung bei der Fabrikation von mathematischen Instrumenten wie z. B. Planimetern und Integraphen verfügte, entstanden im IPM seit 1930 Ansatzpunkte für neue konstruktive Lösungen analoger Rechenmaschinen zur Bearbeitung von mathematischen Integrationsaufgaben.[366]

Das Darmstädter IPM erfüllte damit gleich zwei Kriterien für die Zusammenarbeit mit dem Heereswaffenamt: Als akademisches Institut arbeitete es theoriegeleitet und konnte die bisher noch ungelösten ballistischen Probleme in mathematisch-physikalischen Modellen abbilden. Durch die Ausrichtung des Instituts auf das maschinelle Rechnen war das IPM aber zugleich auch in der Lage, die numerische Berechnung der Modelle zu mechanisieren und die Fülle des von den Peenemünder Raketentechnikern geforderten Zahlenmaterials von Maschinen erzeugen zu lassen. Dieses Verfahren gestattete eine flexible *„Umprogrammierung"* und das schnelle Eingehen auf neue Rahmenbedingungen, die vom Einsatzzweck des Waffensystems vorgegeben wurden.

Das IPM beschäftigte sich in den Jahren 1940 bis 1941 intensiv mit der mathematischen Untersuchung von Problemen der Flugmechanik und Steuerbarkeit der Rakete. Im Mittelpunkt stand dabei die Suche nach praktikablen mathematischen Lösungsverfahren für physikalische Modelle und Rechendienstleistungen. Neben den genannten Aufgaben beschäftigte sich die Arbeitsgruppe um Walther und Blaess auch mit der analytischen Durchdringung von Verfahren zur Ortung

---

365   Siehe Genser/Jänike, Das Institut für Praktische Mathematik der TH Darmstadt.
366   Ebd.

der Rakete. Diese war notwendig geworden, um die Güte der Treffgenauigkeit der Waffe abzuschätzen und die Flugbahn zu verfolgen.[367]

Walther analysierte zusammen mit seinen Mitarbeitern besonders die amerikanischen Ansätze zur Mechanisierung des analogen Rechnens. Neben der akribischen Auswertung des betreffenden Schrifttums reiste Walther 1938 zu Studienzwecken in die USA und informierte sich dort über den Stand der amerikanischen Büromaschinenindustrie. Im Verlauf des Zweiten Weltkrieges beorderte das Heereswaffenamt Ende September 1940 eine von Walther angeführte Expertengruppe nach Norwegen, um in Oslo den konstruktiv veränderten Nachbau einer amerikanischen Integrieranlage zu begutachten. Das Prinzip der dort aufgestellten Anlage beruhte auf seit 1925 entwickelten Konzepten des MIT-Forschers Vannevar Bush.[368] Walthers Begleiter und Mitarbeiter Wilfried de Beauclair war insbesondere mit Bushs konstruktiver Gestaltung des die Funktionstüchtigkeit der Differentialgleichungsmaschine bestimmenden Drehmomentverstärkers durch Literaturstudium schon vertraut.[369] Obwohl die Gruppe um Walther die Leistungsfähigkeit und den Wert der Osloer Maschine erkannte und sie im Vergleich mit den englischen und russischen Nachbauten des Bush-Konzepts als *„beste und leistungsfähigste z. Zt. fertige Differentialgleichungsmaschine der ganzen Welt"* deklarierte, erfolgte der Ideentransfer nicht über den herkömmlichen Weg der Demontage und des Abtransports der Maschine nach Deutschland. Eine ähnliche Anlage war in der Tat zu diesem Zeitpunkt in Deutschland nicht zu finden, Entwicklungen dazu waren aber am IPM bereits im Gange. Walther verhandelte mit der norwegischen Herstellerfirma der Osloer Maschine, Gundersen & Löken, ob diese eine gleichartige Maschine für das IPM bauen könne. Trotz der voraussichtlichen Bauzeit von einem Jahr schien das der schnellste Weg zu sein, das IPM und damit auch das Heereswaffenamt in den Besitz einer solchen Maschine zu bringen. Alternativ dazu wurde auch die Nutzung der Osloer Maschine durch Mitarbeiter des IPM erwogen. Die Darmstädter Entwicklungsgruppe ging letztendlich einen dritten Weg: Sie ließ sich von der Gestaltung der Osloer Maschine inspirieren und stützte die Entwicklung einer Darmstädter Integrieranlage auf die Kooperation mit der Fa. Ott.[370]

---

367 Siehe Zusammenstellung erschienener Arbeiten der Hochschulen für das Projekt „Vorhaben Peenemünde" vom 15. März 1941, Deutsches Museum München, Archiv, HVP11-Arch-Nr. 197/1, Bl. 7–13.

368 Weyrick, R. C.: Fundamentals of Analog Computers, Englewood Cliffs (New Jersey) 1969, S. 3f.

369 Bush, V.: The Differential Analyzer. A New Machine for Solving Differential Equations. In: Journal of the Franklin Institute 212 (1931), S. 447–488.

370 Siehe „Bericht über die Besichtigung einer in Oslo befindlichen Maschine zur Auflösung von Differentialgleichungen" vom 8. Oktober 1940, Deutsches Museum München, Archiv, HVP11-Arch-Nr. 18/3. Die Darmstädter Wissenschaftler Walther, de Beauclair

Die Entwicklung von Maschinen zur Lösung von Differentialgleichungssystemen wurde durch das Heereswaffenamt indirekt bewirkt. Obwohl man in der Heeresversuchsanstalt Peenemünde an schnellen Ergebnissen interessiert war, stieß Walthers Angebot, der Automatisierung des Rechnens grundlegende Forschungsarbeiten am IPM zu widmen, im August 1943 auf die Ablehnung des Heereswaffenamtes.[371]

Die Beiträge des IPM für das Fernraketenprojekt des Heeres lassen sich unabhängig von ihren Inhalten in zwei Kategorien einordnen: Zum einen diente das IPM als Rechenbüro, in dem menschliche Operateure – ausschließlich Frauen – unter Nutzung von speziellen Rechenformularen und einfachen Tischrechenmaschinen numerische Daten verarbeiteten. Diese Aufgabe war vor allem bei der Untersuchung des ballistischen Verhaltens der A4-Rakete von großer Bedeutung. Seit dem Jahr 1942 wurden Abiturientinnen mit guten mathematischen Leistungen als „Arbeitsmaiden" in das IPM verpflichtet, um dort für das „Vorhaben Peenemünde" zu rechnen. Für diese Berechnungen waren ungefähr 60 Tischrechenmaschinen im Einsatz, alle Berechnungen wurden unter Verwendung von den einzelnen Teilaufgaben angepassten Rechenformularen gelöst. Zweitens nutzte man die in der Institutswerkstatt des IPM vorhandene Kompetenz und Erfahrung auf dem Gebiet des analogen Rechnens, um in Kooperation mit dem Industrieunternehmen Ott ein spezielles Gerät – das Brennschlussgerät – für die A4-Rakete zu konstruieren. Die Bemühungen um die Automatisierung des Rechnens mittels Maschinen und die Entwicklung der Differentialgleichungsmaschine resultierten zwar aus dem Wissen um die Zeitintensität bei der Durchführung von Rechendienstleistungen, waren aber keine Grundlagenforschung für das Heereswaffenamt.[372]

---

und Zech besichtigten am 24. und 25. September 1940 in Begleitung des Ballistikers der Heeresversuchsstelle Peenemünde, Steuding, die im Institut für theoretische Astrophysik aufgestellte Maschine zum Lösen von Differentialgleichungen zweiter Ordnung und befragten dazu den Betreiber der Maschine, Prof. Rosseland sowie Angestellte der norwegischen Herstellerfirma Gundersen & Löken.

371 Siehe Genser/Jänike, Das Institut für Praktische Mathematik.

372 An diesem Punkt kollidieren zwei Argumentationslinien: Genser und Jänike stellen die Leistungen Walthers, maschinelle Lösungsverfahren anzustreben, als rein akademische Initiative dar und werfen dem Heereswaffenamt eine verschlossene Haltung vor. Petzold wiederum betont die 1939 formulierte Forderung des Heereswaffenamtes, alle Berechnungsdienstleistungen des IPM gleichzeitig auf ihre Mechanisierbarkeit hin zu untersuchen. Zweifellos zielte dabei das Interesse des Heereswaffenamtes in jedem Fall auf eine projektbezogene Maschinerie, was allgemeine Forschungsarbeiten zum maschinellen Rechnen zunächst nicht einschloss. Vgl. dazu: Petzold, H.: Moderne Rechenkünstler. Die Industrialisierung der Rechentechnik in Deutschland, München 1992, S. 47.

Im Jahr 1940 bestand die Arbeitsgruppe des IPM aus dem Institutsdirektor Alwin Walther, seinem Assistenten, dem Mathematiker Theodor Zech[373] (1907–1971) sowie neben Wilfried de Beauclair (*1912) und Hans-Joachim Dreyer (1914–1980) aus sechs weiteren wissenschaftlichen Mitarbeitern. Zech wurde 1941 als Dozent an die Deutsche Universität Prag versetzt und arbeitete von 1942 bis 1943 als Sachbearbeiter bei den Junkers-Werken in Dessau, bevor er im September 1943 zur Wehrmacht einberufen wurde.[374] Außerdem waren dem IPM zahlreiche dienstverpflichtete weibliche Hilfskräfte für die manuelle Durchführung von Berechnungen zugeteilt.[375]

Der Anspruch Walthers, praktische Mathematik mit maschinellen Hilfsmitteln zur Lösung mathematischer Probleme zu verbinden, zeigte sich besonders am Profil seiner Mitarbeiter. Ingenieure waren dort gleichberechtigt neben Mathematikern vertreten. Besonders in der Institutswerkstatt des IPM führte Walther unterschiedliche Fachleute aus den Bereichen Feinmechanik und Elektromechanik zusammen.

Im Jahr 1939 hatte Wilfried de Beauclair[376] als wissenschaftlicher Mitarbeiter die Leitung der Institutswerkstatt des IPM übernommen. Diese Werkstatt hatte

---

373 Zech habilitierte sich im August 1940 mit einer für die Heeresversuchsanstalt Peenemünde angefertigten Arbeit an der TH Darmstadt. Siehe *„Eine Anwendung des Iterationsverfahrens bei Differentialgleichungen"*, Deutsches Museum München, Archiv, HVP11-Arch-Nr. 18/6.

374 Siehe Wolf/Viefaus, Verzeichnis der Hochschullehrer, S. 234.

375 Die automatisierte Rechenpraxis blieb im IPM zunächst nur Leitbild. Anfangs wurden die numerischen Rechenprozeduren tatsächlich von menschlichen Operateuren, die einfache Rechenhilfsmittel nutzten, durchgeführt. Siehe dazu Interview mit Wilfried de Beauclair vom 8. September 1998 in Freiburg i. Br. De Beauclair war seit 1939 im Rahmen des Projekts *„Vorhaben Peenemünde"* an der TH Darmstadt als wissenschaftlicher Mitarbeiter tätig; seine Stelle wurde vom Heereswaffenamt finanziert.

376 Wilfried de Beauclair hatte im Jahr 1930 an der TH Darmstadt ein Maschinenbaustudium begonnen. Bereits während seines Studiums beschäftigte er sich mit mechanisch-elektrischen Analogien und entwarf im Auftrag Walthers einen Vorlesungsversuch zur mechanischen Nachbildung eines elektrischen Kettenleiters. Im Jahr 1939 diplomierte er bei Walther mit einer mathematische Probleme veranschaulichenden Maschinenkonstruktion, dem *„Zweifach-Integraphen"*. 1945 wurde er von Walther mit einer Dissertation zur rechentechnischen Umsetzung der mehrdimensionalen Fouriersynthese zum Dr.-Ing. promoviert. Wie einige ehemalige Mitarbeiter des IPM auch fand de Beauclair Mitte der 1950er Jahre eine Anstellung bei der Firma Standard Elektrik (SEL) in Stuttgart. Die Sammlung Wilfried de Beauclairs, welche neben Prospekten historischer Rechentechnik, Fachbüchern, Manuskripten und Aufsätzen auch Protokolle aus der Zeit als Angestellter des IPM – nicht jedoch Informationen über seine Tätigkeit für Peenemünde – umfasst, gelangte zunächst in das Archiv der Gesellschaft für Mathematik und Datenverarbeitung (GMD) nach Birlinghofen und wurde dann in das Siemens-Nixdorf-Forum Paderborn überführt.

sich zunächst nur mit der Wartung der im Institut befindlichen Tischrechenmaschinen und dem Bau von Demonstrationsmodellen für die Vorlesungen Walthers befasst. Später bearbeitete man dort im Rahmen des *„Vorhaben Peenemünde"* für die TH Darmstadt Entwicklungsaufgaben zum Bau einer Integrieranlage für die maschinelle Lösung relevanter Differentialgleichungen. Zudem konstruierte die Institutswerkstatt zusammen mit der Fa. Ott das Brennschlussgerät der A4-Rakete. Die Mitarbeiterstelle de Beauclairs am IPM wurde von 1939 bis 1945 vollständig vom Heereswaffenamt finanziert.[377]

4.3. Integrieranlagen: Machtkalkül oder Rechenhilfsmittel?

Die nationalsozialistische Rüstungspolitik setzte in großem Umfang auf Luftfahrtforschung. Auch das Fernraketenprojekt des Heeres bediente sich neuer Entwurfsverfahren für technische Systeme. Beide Ingenieurgebiete nutzten in großem Umfang Berechnungen an Modellen zur Abschätzung von Konstruktionen. Über die Entwicklung bestimmter technikwissenschaftlicher Theorien in Aerodynamik, Triebwerkstechnik und Regelungstechnik hinaus stellten die Forschungs- und Entwicklungaufgaben dabei auch vom Umfang her neue Anforderungen an die Rechenpraxis der beteiligten Wissenschaftler und Ingenieure.[378] Die Konstruktion von Flugzeugen und Raketen erwies sich als Kopplung theoretisch-antizipativer, experimenteller und konstruktiver Fähigkeiten der Entwickler. Der Bau analoger Rechenmaschinen, insbesondere zur Lösung von Differentialgleichungen, konnte die notwendigen Berechnungen sicherer und schneller machen. Obwohl bereits mathematisch-analytische Hilfsmittel zur Verfügung standen, war man neben experimentellen Methoden zur Verifikation oder Falsifikation konstruktiver Gestaltungen besonders auf Rechenhilfen angewiesen, mit denen die in der Praxis anfallenden Differentialgleichungssysteme oder einzelne Gleichungen daraus gelöst werden konnten.[379]

Über die reine Vereinfachung der Rechenpraxis hinaus gehört der Einsatz von Rechenmaschinen in der Mathematik zu einem frühen Leitbild dieser Disziplin. Der Rationalisierungsprozess der Moderne wurde durch Allan Turings (1912–1954) Relation zwischen symbolischer und physikalischer Maschine

---

377 Interview mit Wilfried de Beauclair vom 8. September 1998 in Freiburg i. Br. Siehe außerdem die Kurzbiographien de Beauclairs und Dreyers in Genser/Jänike, Deutsche Computerpioniere.

378 Zu Konstruktion und Bedarf von Theorien und Zahlenmaterial insbesondere in der Luftfahrtforschung siehe: Trischler, H.: Luft- und Raumfahrtforschung in Deutschland 1900–1970. Politische Geschichte einer Wissenschaft, Frankfurt a. M./New York 1992, S. 56–70.

379 Buchheim/Sonnemann, Geschichte der Technikwissenschaften, S. 361.

auch in der Mathematik konsequent zu Ende gedacht. Dass die Mechanisierung des Rechnens zunächst nicht Turings Algorithmentheorie folgte, ist unter anderem darauf zurückzuführen, dass die Erfindung von Rechenmaschinen wiederum sehr anschauungsorientiert war und dass, wie im Darmstädter IPM, zunächst der Umgang mit den vertrauten mathematischen Instrumenten automatisiert wurde.[380]

Sowohl Heer als auch Luftwaffe arbeiteten, die Abgeschlossenheit der eigenen Interessengruppe eifersüchtig wahrend, an ähnlichen Projekten für Integrieranlagen zur Lösung von Differentialgleichungen. Im Gegensatz zum weitgehend informell gesteuerten Integrieranlagenprojekt des vom Heer beauftragten Darmstädter IPM erwies sich eine ähnliche Entwicklung für Applikationen in der Luftfahrtforschung eher als zentral administriertes Forschungsobjekt. Auch das Institut für Praktische Mathematik der TH Aachen profitierte nach Kriegsbeginn vom großen Auftragsvolumen der Rüstungsprojekte in Raketentechnik und Luftfahrtforschung. Robert Sauer, der Direktor des Aachener Instituts, erhielt 1940 von Gustav Schweikert, Referent des Heereswaffenamtes und Honorarprofessor an der TH Berlin, den Auftrag, nach dem Vorbild des *„Differential Analyzers"* ein Integriergerät zur automatisierten Berechnung von Geschossbahnen zu entwickeln. Die angestrebte Integrieranlage sollte nicht auf einen speziellen Einsatzzweck zugeschnitten werden, sondern generell für die Lösung vieler Typen gewöhnlicher Differentialgleichungen verwendbar sein. Die Konstruktion der Maschine übernahmen schließlich der technische Leiter der Luftfahrtforschungsanstalt Ottobrunn, Heinrich Peters, und die Firma Askania in Berlin. Im Jahr 1942 konnte ein Prototyp dieser Integrieranlage erfolgreich getestet werden. Wegen deren Zerstörung als Folge eines Luftangriffs musste im Jahr 1943 das Ziel, die Maschine für die Berechnung von Tafelwerken zu Problemen der Luftfahrtforschung wie Flugmechanik, Steuerungstechnik und Festigkeitslehre einzusetzen, aufgegeben werden. Obwohl die militärischen Auftraggeber aus Heer und Luftwaffe eine Zusammenarbeit vermieden, setzten sich Walther und Sauer über die Konzepte ihrer Maschinen gegenseitig in Kenntnis und stimmten sie aufeinander ab.[381]

380 Heintz, B.: Die Herrschaft der Regel. Zur Grundlagengeschichte des Computers, Frankfurt a. M./New York 1993, S. 15 und Petzold, H.: Moderne Rechenkünstler. Die Industrialisierung der Rechentechnik in Deutschland, München 1992, S. 25

381 Siehe Bericht Alwin Walthers über Besprechungen bei Wa Prüf 11 und bei den Askania Werken in Berlin am 4. Dezember 1942, Deutsches Museum München, Archiv, HVP11-216-67-1, Bl. 2 und Petzold, Moderne Rechenkünstler, S. 45f.

4.3.1. Industriekooperation

Das Aufstellen und Lösen von gewöhnlichen und partiellen Differentialgleichungen gehört zu den Grundfertigkeiten aller in höherer Mathematik geschulten Ingenieure. Trotz umfangreicher Kataloge, in denen die Lösungen zahlreicher Typen von gewöhnlichen Differentialgleichungen aufgelistet sind, bleibt die quantitative Lösung mit zeitraubender und fehleranfälliger Rechenroutine verbunden. Nichtlineare Differentialgleichungen entziehen sich gänzlich geschlossenen Lösungsverfahren. Als Ausweg bieten sich numerische Verfahren an, bei denen sich das Problem des Rechenaufwandes noch weiter potenziert.

Ausgangspunkt für die Kooperation des IPM als Hochschulinstitut mit einem Industrieunternehmen war das Umgangswissen bei der Konstruktion und Fertigung feinmechanischer Baugruppen in den Werkstätten der Fa. Ott. Dieses Umgangswissen resultierte aus dem Erfahrungswissen handwerklicher Tradition und wurde durch akademische Kontakte beim Bau analoger mathematischer Instrumente angereichert. Nach Übernahme der technischen und kaufmännischen Leitung durch die Söhne des Firmengründers Albert Ott im Jahr 1906 profilierten diese das Unternehmen zu einem der renommiertesten Hersteller analoger mathematischer Geräte im Deutschen Reich. In einer Region beheimatet, die – München inbegriffen – eine lange Tradition im Bau von geodätischen und astronomischen Instrumenten sowie von Uhren aufzuweisen hatte, konzentrierte sich Ott auf den Bau mechanischer Instrumente wie Planimeter zur instrumentellen Lösung von Integrationsaufgaben.[382]

Während des Zweiten Weltkrieges waren in der Fertigungsabteilung von Ott sehr viele qualifizierte Fremdarbeiter beschäftigt, die einen Teil des feinmechanischen und handwerklichen Umgangswissens des Unternehmens tradierten. Nach 1945 fielen diese Wissensträger schlagartig weg, zudem strukturierte sich das Unternehmen nach Kriegsende, den Bedürfnissen entsprechend, um und stellte auch landwirtschaftliche Maschinen her. Das Know-how zur Fertigung der Differentialgleichungsmaschine und anderer mathematischer Instrumente ging in dieser Zeit zu großen Teilen verloren.[383]

Von den Fachkräften am IPM befassten sich sowohl Mathematiker wie Walther und Zech als auch Maschinenbau- und Elektroingenieure wie de Beauclair und Dreyer seit 1938 unmittelbar mit dem Entwurf von Integrieranlagen zur Lösung von Differentialgleichungen. Von Beginn an orientierten sich die Darmstädter Ingenieure am Konzept des „*Differential Analyzers*" Vannevar Bushs.[384]

382 Petzold, Moderne Rechenkünstler, S. 29f.
383 Interview mit Wilfried de Beauclair vom 8. September 1998 in Freiburg i. Br.
384 Walther, A.; Dreyer, H.-J.: Die Integrieranlage IPM-Ott für gewöhnliche Differentialgleichungen. In: Die Naturwissenschaften 36 (1949), S. 199.

Da das maschinelle Lösen von Differentialgleichungen auf die geeignete Konstruktion von Integratoren und deren Verschaltung zurückgeführt werden konnte, stand die Bearbeitung des Integrationsproblems im Mittelpunkt. Die Aufgaben des Heereswaffenamtes zur Raketenballistik mit ihrem absehbaren Rechenaufwand bestärkten Walther und seine Mitarbeiter in der Entwicklung von Geräten, die diese Kalkulationen automatisieren halfen.[385] Über die Vorgänge und Pläne in Peenemünde selbst herrschte im IPM Verschwiegenheit unter den Kollegen, so dass die Kenntnis des raketentechnischen Kontexts und das zugehörige Sachwissen auf die jeweiligen Arbeitsgruppen beschränkt blieben.[386]

Dass sich das IPM im Angesicht dieser Entwurfsaufgaben für die Fa. Ott, die auf die Herstellung von Planimetern und Integraphen spezialisiert war, als Kooperationspartner entschied, liegt nahe. Die Fa. Ott übernahm die konstruktive Auslegung und Fertigung, das IPM den Grundentwurf der auf analogen Prinzipien basierenden elektromechanischen Integrieranlage, die später als Differentialgleichungsmaschine (DGM) bezeichnet wurde. Die eigentlichen Entwicklungsarbeiten an der DGM begannen offiziell erst im Juli 1941.[387]

Da die Entwicklung dieser Maschine erst zu einem relativ späten Zeitpunkt in Bezug auf das Heeresraketenprogramm begann, wird ersichtlich, dass das Heereswaffenamt keinen sonderlichen Druck auf das IPM ausübte. Die DGM sollte deshalb nicht als Voraussetzung, sondern als Unterstützung für die Lösung der vom Heereswaffenamt gestellten Aufgaben betrachtet werden. In den knapp zwei Jahren, die man seit der Kontaktaufnahme mit Peenemünde mit Vorstudien verbracht hatte, lieferten das IPM und der Lehrstuhl für angewandte Mechanik und Schwingungslehre auch ohne Nutzung einer DGM die geforderten Ergebnisse nach Peenemünde. Zur Erstellung des geforderten Zahlenmaterials nutzten sie die klassischen numerischen Integrationsverfahren, die von menschlichen Operateuren ausgeführt werden konnten.[388]

Neben der Konstruktion und Fertigung der DGM stellte Ott im Auftrag des Heereswaffenamtes eine späte Entwicklung des Brennschlussgerätes für die A4-Rakete her. Ott war neben der Firma Zeiss Ikon in Dresden der wichtigste Her-

---

385 Siehe Tätigkeitsbericht des IPM vom 21. Mai 1941 zum Auftrag der Abteilung Wa Prüf 11 für die Zeit vom 29. September 1939 bis 31. Mai 1941, Deutsches Museum München, Archiv, HVP11-Arch-Nr. 18/9, Bl. 2.

386 Interview mit Wilfried de Beauclair vom 8. September 1998 in Freiburg i. Br.

387 Petzold, Moderne Rechenkünstler, S. 46–49.

388 Über die Lösung der Grundaufgaben 1 und 2 des Heereswaffenamtes vom September 1939 erstattete das IPM im Laufe des Jahres 1940 mehrere Berichte. Siehe Berichte über „Schwingungen des Aggregats um seinen Schwerpunkt" von Januar 1940 bis Juli 1941, Deutsches Museum München, Archiv, HVP11-Arch-Nr. 12/1 bis 12/15. Siehe außerdem Berichte über „Steuerungsuntersuchungen" von Februar 1940 bis Januar 1941, Deutsches Museum München, Archiv, HVP11-Arch-Nr. 13/1 bis 13/6.

steller dieses Spezialgerätes und lieferte größere Stückzahlen an das Heereswaffenamt.[389]

Die Entwicklung der DGM durch Ott/IPM war keineswegs autark, sondern profitierte auch von Erfahrungen, die man durch Auswertung gleichartiger Projekte im Ausland sammelte. So äußerte Wilfried de Beauclair, dass sein Entwurf des Drehmomentverstärkers für die DGM durchaus von der durch Vannevar Bush am MIT in den USA gebauten DGL-Maschine inspiriert war. Das dort verwandte Scheibe-Rolle-System verkörperte zum damaligen Zeitpunkt den „state of the art"; im IPM wurde jedoch das bei der Fa. Ott realisierte System der scharfen Rolle bevorzugt.[390]

Die Norwegen-Reise der Darmstädter Expertengruppe, bestehend aus den IPM-Wissenschaftlern Walther, Zech und de Beauclair, im Herbst des Jahres 1940 stellte keineswegs den ersten Kontakt der Darmstädter Wissenschaftler mit Konstruktionen von DGL-Maschinen dar. Vielmehr diente sie dazu, eigene Konzepte in internationale Entwicklungen einzuordnen und Detaillösungen zu studieren. Nur aus dem Wissen um die Tragfähigkeit des DGL-Maschinen-Konzepts der Darmstädter Gruppe wird erklärbar, warum Walther nicht die Demontage der Osloer Maschine ins Gespräch brachte, sondern im Gegensatz dazu das Fertigungswissen der Herstellerfirma für die TH Darmstadt nutzbar machen wollte.

Eine andere Expertengruppe reiste am 1. Juli 1943 nach Peenemünde, um die Hölzersche elektronische Analog-Integriermaschine zu begutachten. Neben Alwin Walther gehörten Wilfried de Beauclair, der die mechanischen Probleme und Hans-Joachim Dreyer, der die Probleme der Elektrik/Elektrointegration begutachtete, zur Darmstädter Gruppe.[391]

Die DGM von Ott/IPM wurde 1945 im Wesentlichen in Kempten fertiggestellt und dort von Peenemünder Mitarbeitern besichtigt. Erst im Jahr 1948 konnte sie aber am IPM in Darmstadt selbst in Betrieb genommen werden. Die DGM benötigte Graphen als Eingabekurven, die Verarbeitung analytischer Ausdrücke war nicht möglich. Auch die Ausgabe der Ergebnisse erfolgte mechanisch über einen Koordinaten-Plotter.

Alwin Walther und seine Mitarbeiter entwarfen die DGM für den militärischen Einsatz zugunsten der Heeresversuchsanstalt Peenemünde; von dort wurde die Entwicklung auch finanziert. In dem Projekt trafen sich zwei Motive: Einerseits maß Walther in seinem Konzept der „praktischen Mathematik" dem maschinellen Rechnen eine große Beachtung bei. Andererseits stellte das Heereswaffenamt die Aufgabe, bestimmte Berechnungsroutinen zu automatisieren.

---

389 Interview mit Wilfried de Beauclair vom 8. September 1998 in Freiburg i. Br.
390 Ebd.
391 Ebd.

Die Rechnungsprobleme vor allem im Bereich der Raketenballistik verlangten auf Grund häufiger Parametervariationen bestimmter Typen von Differentialgleichungen nach einer maschinellen Lösung, analytisch waren sie bereits durchdrungen. Das technische Rechnen mit der DGM hätte die Rechnerinnen ablösen können, die lange Zeit mit numerischen Integrationsverfahren hantierten. Ein Vorteil aus der Verwendung der DGM wäre die Möglichkeit gewesen, dass das Verfahren die Ergebnisse schneller geliefert und das bisher notwendige Zeichnen der Ergebnis-Kurven abgelöst hätte.

Die Darmstädter DGM kam jedoch erst 1948 im IPM zum Betriebseinsatz: Das Zeichnen einer Ergebniskurve benötigte dabei etwa eine Dauer von zehn Minuten, einen Bruchteil der Zeit, die anfiel, wenn die Differentialgleichung numerisch von Hand gelöst wurde. Wie bei späteren Systemen der auf Integratorketten basierenden Simulationstechnik waren vor Beginn der Rechenzeit umfangreiche Verschaltungs- und Justierungsarbeiten an der DGM notwendig, die einen sowohl mit der Rechenmaschine als auch mit der zu lösenden Differentialgleichung vertrauten Operateur verlangten.[392]

4.3.2. Improvisation aus dem Metallbaukasten

Rolf Engel (1912–1993) hatte sich als junger Astronomie- und Raumfahrtbegeisterter intensiv in der privat organisierten Raketenszene der Weimarer Republik engagiert. Als Mitglied des Vereins für Raumschiffahrt (VfR) und diverser Raketenerfindergruppen in Berlin (Raketenflugplatz) und in Dessau (Versuchsanstalt) war er bereits vor dem Jahr 1933 mit der Basisinnovation des Flüssigkeitsraketentriebwerks in Berührung gekommen. Für die Erfinderszene waren Rakete und Raumfahrt miteinander gekoppelt, so dass sich Engel schon früh mit Fragen der Bahnberechnung zukünftiger Raumfahrtmissionen beschäftigte.

An der Biographie Engels lässt sich deutlich die Dichotomie zwischen der Raketeneuphorie der 1920er und 1930er Jahre und deren späterer politischer Instrumentalisierung zeigen. Engel, der sich seit seiner geheimpolizeilichen Verhaftung im Jahr 1933 – wegen angeblich verräterischer Korrespondenz über Raketenprobleme mit französischen und russischen Erfindern – mit den Verantwortlichen des Raketenprogramms im Heereswaffenamt überworfen hatte, suchte als Ausweg aus dieser persönlichen Kontroverse finanzielle Unterstützung und Protektion bei der SA. Engel trat im Oktober 1933 der SA bei, da er hoffte, diese Organisation als Geldgeber für raketentechnische Experimente gewinnen zu können, ohne sich dem Heereswaffenamt andienen zu müssen. Ende des Jahres 1933 manifestierte er seine politische Bindung an den nationalsozialistischen

---

392 Petzold, Moderne Rechenkünstler, S. 49f und Interview de Beauclair.

Staat durch den Beitritt zum Nationalsozialistischen Deutschen Studentenbund (NSDStB). Ein Angebot des Heereswaffenamtes, eine Tätigkeit als Mitarbeiter am Heeresraketenprogramm in Kummersdorf aufzunehmen, lehnte Engel ab. Mit dieser Absage rangierte er sich von 1935 bis 1942 ins Abseits des vom Heereswaffenamt dominierten rakentechnischen Establishments.[393]

Engels Beiträge zur Entwicklung von Integrieranlagen liegen genau in dem Zeitraum, in dem er als Außenseiter seine Initiativen zur Raketentechnik ohne Befürworter vortragen musste. Als Student der Ingenieurschule Beuth in Berlin und Mitglied der *„Reichsstudentenführung"* wurde Engel 1936 mit der Organisation des studentischen *„Reichsberufswettkampfs"* beauftragt. Vor allem seine Tätigkeit in der Reichsstudentenführung brachte ihn mit dem Leiter dieser Organisation, dem SS- und SD-Führer Dr. Franz Six, in Kontakt. Kurz darauf trat Engel 1937 in die NSDAP und die SS ein und ließ sich als Agent des Sicherheitsdienstes (SD) anwerben. In dieser Funktion lieferte er dem SS-Geheimdienst Informationen über Belange der Raketentechnik. Sein 1937 vollzogener Beitritt zur NSDAP sollte zugleich politische Konformität signalisieren und das Vorwärtskommen in den neu eroberten Sphären der Planungsmacht beschleunigen.[394]

Im Jahr 1936 griff Engel einen technischen Problemkreis aus der Raumfahrtszene der 1920er Jahre auf. In geschickter Verbindung seiner technischen Kompetenz mit seinem administrativen Einfluss im *„Reichsberufswettkampf"* entwickelte er zusammen mit Studienfreunden das Funktionsmodell einer Integriermaschine zum Lösen von Differentialgleichungen. Auf das Funktionsprinzip des Rolle-Scheibe-Integrators war Engel durch das Studium einschlägiger Fachliteratur aufmerksam geworden. Die im Wesentlichen aus den Normteilen eines Metallbaukastens konstruierte Maschine wurde von der Erfindergruppe als Projekt in dem von Engel geleiteten studentischen Reichsberufswettkampf präsentiert. Zwei Jahre später, 1938, wurde Engel für seine Konstruktionsleistung als Sieger des Reichsberufswettkampfs gekürt. Mit seinem im gleichen Jahr vollzogenen Wechsel an die TH Danzig beabsichtigte Engel, sich mit seinen Erfolgen als konstruktiv ambitionierter Student nun auch auf akademischer Ebene zu profilieren. Der Danziger Mathematiker Ernst Pohlhausen zeigte sich an Engels Maschinenkonzept interessiert und bot ihm an, die Behandlung der konstruktiven Aspekte der Maschine als Diplomthema und die damit verbundenen theoretischen Fragen zum Thema einer Dissertation auszuschreiben.[395]

393 Neufeld, M. J.: Rolf Engel vs. The German Army: A Nazi Career in Rocketry and Repression. In: History and Technology 13 (1996), S. 58ff.
394 Neufeld, Rolf Engel, S. 61.
395 Horeis, H.: Rolf Engel – Raketenbauer der ersten Stunde, München 1992, S. 55ff.

Engels Selbstdarstellung und Selbststilisierung ist im Kontext einer an Prioritätenstreitigkeiten orientierten Technikgeschichtsschreibung zu sehen: Da er bereits 1936 eine auf Reichsebene honorierte Maschine zur Lösung von Differentialgleichungen präsentiert hatte, war er pro forma den Entwicklungen des Darmstädter IPM zuvorgekommen. Dass die Maschine auf dem Niveau eines Funktionsmodells verblieb, wird in seinen Memoiren nicht weiter thematisiert. Nach Beginn des Zweiten Weltkrieges wurde Engel in die Einsatzleitung des Sicherheitsdienstes im Elsass kommandiert. Erst im Frühling 1942 kehrte er nach Danzig zurück, gründete dort die *„Versuchsanstalt Grossendorf"* und reaktivierte mit Unterstützung und im Auftrag des Waffenamtes der SS seine raketentechnischen Arbeiten. Die Ansätze zum Bau von Integrieranlagen blieben unvollendet.[396]

Engel bewies ein ausgezeichnetes Gespür dafür, dass technische Projekte, ohne in eine Interessengruppe des nationalsozialistischen Staates eingebunden zu sein, nur eine geringe Wahrscheinlichkeit der Realisierung besaßen. Er verweigerte sich nicht nur den Interessen des Heereswaffenamtes, sondern hatte die konspirative Atmosphäre der SS und des SD als aussichtsreichere Möglichkeit kennengelernt, durch persönliche Protektion und Wirken hinter den Kulissen seine technischen Intentionen zu befördern.

In den gezeigten Fallstudien wird deutlich, dass sich alle neuen Akteure, die in der Stabilisierungsphase der Flüssigkeitsraketentechnik vor allem in der Industrie und an den Hochschulinstituten zu verorten sind, in der Art und der Legitimation ihres technisches Wissens von den Erfindern und Bastlern der Genesephase unterschieden. Bei den neuen Akteuren dominierte wissenschaftliches Wissen als legitimierendes Element ihrer Arbeit. Dieser Befund deckt sich mit dem von Weyer prognostizierten qualitativen Umschwung zwischen Genese und Stabilisierung. Vorwiegend empirisch und konstruktiv arbeitende Erfinder wurden zumeist von akademisch gebildeten Akteuren abgelöst. Andere, wie z. B. Werner v. Braun, wurden vom Heereswaffenamt gezielt mit akademischem Habitus versehen, um ihnen das Stigma des Raketenbastlers zu nehmen.

---

396 Neufeld, Rolf Engel, S. 64f.

V. Raketentechnik in der Sowjetunion und den USA

1. Transfer raketentechnischen Wissens als Reparationsleistung

Bereits vor Kriegsende hatten sich die Alliierten auf der Konferenz von Jalta Anfang April 1945 über die Eckpunkte ihrer Besatzungspolitik nach einem Sieg über Deutschland verständigt. Die Sowjetunion betonte dort, dass neben der Einforderung umfangreicher Reparationsleistungen[397] für erlittene Kriegsschäden auch die nachhaltige Beschneidung der deutschen Wirtschaftsmacht zu ihren erklärten Zielen gehöre. Die Reparationsleistungen beinhalteten neben der Demontage von Industrieanlagen auch die Nutzung deutscher Arbeitskräfte für Projekte der zukünftigen Siegermächte. Die Sowjetunion beabsichtigte darüber hinaus in ihrer Besatzungszone, in der sich sowohl die Heeresversuchsanstalt Peenemünde als auch die Mittelwerke Nordhausen befanden, auch die Beschlagnahmung und den Abtransport aller Werke der rüstungsrelevanten Flugzeug-, Waffen- und Treibstoffindustrie.[398]

Da auf der Konferenz von Potsdam vom 17. Juli bis 2. August 1945 keine speziellen Beschlüsse über die Nutzung deutscher Arbeitskräfte innerhalb der Reparationsleistungen verabschiedet wurden, schien die Beschäftigung von Fachkräften durch die Alliierten in eine Grauzone gedrängt. Dem personell vermittelten Transfer deutscher Rüstungstechnologie stand damit nichts mehr im Wege.[399] Eine detaillierte Darstellung aller Bemühungen der Alliierten, die Er-

---

397 Einen Überblick findet man in Ciesla, B.; Judt, M. (Hrsg.): Technology Transfer out of Germany, Chur 1995. Vertiefend zum Thema Raketentechnik siehe Ciesla, B.; Mick, Ch.; Uhl, M.: Rüstungsgesellschaft und Technologietransfer. Flugzeug- und Raketenentwicklung im Military-Industrial-Academic Complex der UdSSR (1945 bis 1958). In: Karlsch, R.; Laufer, J.; Sattler, F. (Hrsg.): Sowjetische Demontagen in Deutschland 1944–1949. Hintergründe, Ziele und Wirkungen, Berlin 2002, S. 188–225. Zum Transfer der Raketentechnik in die USA siehe Ciesla, B.; Trischler, H.: Legitimation through Use: Rocket and Aeronautic Research in the Third Reich and the USA. In: Walker, Mark (Hrsg.): Science and Ideology: A Comparative History, London 2002, S. 156–185.

398 Matschke, W.: Die industrielle Entwicklung in der sowjetischen Besatzungszone von 1943 bis 1948, Berlin 1988, S. 47.

399 Siehe Albrecht, U.; Heinemann-Grüder, A.; Wellmann, A.: Die Spezialisten. Deutsche Naturwissenschaftler und Techniker in der Sowjetunion nach 1945, Berlin 1992, S. 28. In mehr oder minder subjektiv gefärbten Berichten von deutschen Wissenschaftlern, die in die Sowjetunion zwangsverpflichtet wurden, wird die „Opferrolle" der Spezialisten angeführt: Albring, W.: Gorodomlia. Deutsche Raketenforscher in Russland, Ham-

gebnisse der deutschen Rüstungsforschung im Allgemeinen und die Resultate der Flugzeug- und Raketenentwicklung im Besonderen für sich auszunutzen, findet sich in zahlreichen neueren Darstellungen. Sie soll an dieser Stelle nicht weiter vertieft werden.[400]

Wernher v. Braun und Walter Dornberger hatten noch vor Kriegsende klare Prioritäten gesetzt: Mit Kriegsende wollte man sich in die amerikanische Einflusssphäre begeben und mit einer streng hierarchisch organisierten A4-Raketenentwicklungsgruppe in den Dienst der Siegermacht treten. Sich des Wertes ihres technischen Wissens bewusst, beabsichtigte die Gruppe, sich für die Dokumentation der deutschen Raketentechnik unverzichtbar zu machen.[401] Auch in den USA hatte man erkannt, dass nur die Verbindung aus erbeuteten A4-Raketen und technischen Spezialisten den Transfer deutscher Raketentechnik in die USA sicherstellen konnte. Dabei argumentierte man unter Verweis auf die nationale Sicherheit, die deutschen Spezialisten binden zu müssen und diese für die deutsche Nachkriegsrüstung – so sie überhaupt gestattet würde – zu neutralisieren: *„In allowing the Peenemünde boys to continue their development, we are perpetuating the activities of a group which, even allowed to return to Germany or even to communicate to Germany, can in fact contribute to Germany's ability to make war – and it is the avowed principal aim of the Allied Powers to prevent just this from occurring."*[402]

---

burg/Zürich 1991 sowie Magnus, K.: Raketensklaven. Deutsche Forscher hinter rotem Stacheldraht, Stuttgart 1993.

400 Ciesla, B.: Der Spezialistentransfer in die UdSSR und seine Auswirkungen in der SBZ und DDR. In: Aus Politik und Zeitgeschichte 49/50 (1993), S. 23–31, Ders.: Das „Project Paperclip" – deutsche Naturwissenschaftler und Techniker in den USA (1946 bis 1952). In: Kocka, J. (Hrsg.): Historische DDR-Forschung, Berlin 1993, S. 287–301. Ciesla, B.: German High-Velocity Aerodynamics and Their Significance for the US Air Force 1945–1952. In: Judt, M.; Ciesla, B. (Hrsg.): Technology Transfer Out of Germany After 1945, Studies in the History of Science, Technology and Medicine, Bd. 2, Amsterdam 1996, S. 93–106; Ciesla, B.; Karlsch, R.: Vom „Karthago-Frieden" zum „Besatzungspragmatismus". Wandlungen der sowjetischen Reparationspolitik und ihre Umsetzung 1945/46. In: Mehringer, H.; Schwartz, M.; Wentker, H. (Hrsg.): Erobert oder befreit? Deutschland im internationalen Kräftefeld und die sowjetische Besatzungszone (1945/46), München 1999, S. 71–92.

401 Bower, T.: Verschwörung Paperclip: NS-Wissenschaftler im Dienst der Siegermächte, München 1988, S. 153 und Lasby, C. G.: Project Paperclip. German Scientists and the Cold War, New York 1971, S. 88ff.

402 Zitiert nach Lasby, Project Paperclip, S. 108. Die Aussage stammt von Howard Robertson, Chef der Wissenschaftsabteilung von FIAT (Field Information Agency Technical), einer Organisation, die – im Juni 1944 vom Supreme Headquarters of the Allied Expeditionary Forces (SHAEF) gegründet – die Arbeiten der wissenschaftlich-technischen Aufklärung in dem von der US-Army besetzten Teil Deutschlands koordinieren sollte.

Im Juli 1945 billigten die Vereinigten Stabschefs das Unternehmen „*Overcast*", dessen Kern darin bestand, dreihundertfünfzig deutsche Wissenschaftler – darunter 100 Raketentechniker – ohne Familien für eine Vertragsdauer von sechs Monaten in die USA zu bringen. Im Zuge dieser Operation wurden die von den USA erbeuteten A4-Raketen und die Spezialistengruppe um Wernher v. Braun Anfang September in die USA gebracht. Im Laufe der folgenden drei Monate trafen 118 ehemalige Peenemünder Raketentechniker auf einem Versuchsgelände der US-Army, dem Aberdeen Providing Ground, in Texas ein.[403]

Nachdem bereits im Juli 1944 Geheimdienstberichte englischer Provenienz über die Existenz einer ballistischen Fernrakete deutscher Entwicklung in die Sowjetunion gelangt waren, verschafften sich die sowjetischen Truppen mit der Einnahme der Truppenübungsplätze der deutschen Raketenartillerie in Polen weiteres Material über die Technologie gelenkter Fernraketen. Bereits zu diesem Zeitpunkt erkannten die sowjetischen Experten ihre Defizite auf den Gebieten der Steuerungs- und Funktechnik. Das diesbezügliche technische Wissen der deutschen Seite aufzudecken und für sowjetische Entwicklungen zu verwerten, wurde noch vor Ende des Zweiten Weltkriegs als vordringliche Aufgabe deklariert.[404]

Zur Bestandsaufnahme der erbeuteten deutschen Raketentechnik wurde im Juli 1945 in der Sowjetunion vom Volkskommissar für Luftfahrtindustrie, A. I. Schachurin, eine Kommission für Reaktive Technik (Strahlflugzeuge, gelenkte und ungelenkte Raketengeschosse, reaktive Gleitbomben, Raketentriebwerke und Gasturbinen) eingerichtet. Die mit hochrangigen sowjetischen Militärs besetzte Gruppe empfahl Stalin die Bildung eines wissenschaftlichen Forschungsinstituts für Raketentechnik, in das alle in Peenemünde demontierten Materialien und Ausrüstungen zu überführen waren. Außerdem sollte im Volkskommissariat für Munition ein zentrales Konstruktionsbüro zur Entwicklung funkgelenkter Raketen großer Reichweite entstehen. In Peenemünde wiederum wollte man die in der SBZ verbliebenen deutschen Spezialisten der Raketentechnik in einem Konstruktionsbüro zusammenziehen.[405]

---

403 Bower, Verschwörung Paperclip, S. 156
404 Siehe Tschertok, Raketen und Menschen, Bd. 1, S. 44 und Albrecht, Die Spezialisten, S. 33. Den profundesten und mit Quellen gesättigten Bericht über den Transfer deutscher Raketentechnik in die UdSSR liefert jedoch: Uhl, M.: Stalins V2. Der Technologietransfer der deutschen Fernlenkwaffentechnik in die UdSSR und der Aufbau der sowjetischen Raketenindustrie 1945 bis 1955, Bonn 2001, S. 51–87. Eine Zusammenfassung seiner Ergebnisse findet sich in: Ders.: High-Tech unter realsozialistischen Bedingungen? Das sowjetische Raketenbauprogramm aus dem Jahre 1946. Mittel und Ergebnisse seiner Umsetzung. In: Technikgeschichte 68 (2001), S. 255–278.
405 Uhl, Stalins V2, S. 54.

Entgegen der später von der sowjetischen Geschichtsschreibung tradierten Variante, die Rote Armee hätte bei Nordhausen eine von den amerikanischen Truppen vollständig geplünderte und demontierte V2-Produktionsstätte vorgefunden, nahmen die russischen Truppen nach dem Abzug der Amerikaner aus Thüringen am 1. Juli 1945 eine im Wesentlichen intakte Fabrik in Besitz. Die amerikanischen Truppen hatten vor ihrem Abzug jedoch alle leitenden deutschen Raketentechniker, die technische Dokumentation der A4-Entwicklung, Halbprodukte und 100 fertig montierte A4-Raketen in ihre Besatzungszone abtransportiert. So begannen sowjetische Fachleute unter Nutzung der verbliebenen deutschen Spezialisten mit dem Zusammenbau von A4-Raketen aus dem erbeuteten Material. In Kleinbodungen, einem Standort, in dem die Wehrmacht die von der Truppe wegen technischer Mängel zurückgesandten A4-Rakten instand gesetzt hatte, übernahm die Rote Armee schließlich alle für die Endkontrolle der A4-Rakete notwendigen Prüfanlagen. Durch die Wiederherstellung von A4-Raketen erhielten die sowjetischen Spezialisten einerseits Kenntnis von der Konstruktion und der Produktionstechnologie, anderseits begann eine intensive Zusammenarbeit zwischen deutschen und sowjetischen Fachleuten.[406]

Infolge der Konzentration der deutschen Entwicklungsressourcen für Raketentechnik im Raum Nordhausen und die Verlegung der Heeresversuchsanstalt Peenemünde in den Ostharz bot sich den Siegermächten ein großes Reservoir an Fachleuten und Laborausrüstungen. Die sowjetischen Spezialisten versuchten die deutschen Raketentechniker in die Dokumentation technischen Wissens einzubinden, indem sie in Bleicherode Mitte Juli 1945 ein Forschungsinstitut für Raketenbau und Entwicklung (,,Institut RABE") gründeten. Problematisch für die Aufnahme der Arbeit waren dabei weniger die Laborausrüstungen und Arbeitsmaterialien, sondern die Rekrutierung deutscher Spezialisten. Diese wurde von den sowjetischen Ingenieuren als wichtigstes Kapital angesehen.[407] Ende 1945 war die technische Dokumentation der A4-Raketentechnologie durch die Zusammenarbeit sowjetischer und deutscher Spezialisten weitgehend abgeschlossen, so dass nun Planungen für die Fertigung einsetzen konnten. Zur Serienfertigung der Raketen war jedoch von sowjetischer Seite ein Zusammenwirken so unterschiedlicher Branchen wie Elektroindustrie, Motoren- und Turbinenbau sowie Schwermaschinenbau notwendig. Daher wurde wiederum auf Ressourcen im Harz zurückgegriffen, wobei das Institut RABE die Montage von acht A4-Raketen koordinierte und ausführte.[408]

---

406 Uhl, Stalins V2, S. 62–64.

407 Gegenseitige Abwerbung von Spezialisten und diesbezügliche Protestnoten der Siegermächte USA und UdSSR waren üblich. Siehe dazu Bower, Verschwörung Paperclip, S. 172.

408 Michels, J.: Peenemünde und seine Erben in Ost und West, Bonn 1997, S. 185f. und Uhl, Stalins V2, S. 84.

Die schnelle und zielgerichtete Reaktion der sowjetischen Spezialisten auf die erbeutete deutsche Raketentechnologie lässt sich vor allem mit ihrem technischen Vorwissen begründen. Im Folgenden soll deshalb dargestellt werden, wie die Akteure der sowjetischen Raketentechnik in den 1930er und 1940er Jahren ähnliche Strukturen wie in Deutschland aufzubauen versuchten und dabei, ausgehend von Visionen der Weltraumfahrt, letztendlich militärische Verwendungsmöglichkeiten der Rakete in den Mittelpunkt stellten.

2. Raketentechnik und Kosmonautik in Russland und der UdSSR

Die Rezeption der Raketentechnik in Raumfahrt und Kosmonautik erstreckt sich in Russland und in der Sowjetunion über einen längeren Zeitraum und beginnt nicht erst mit dem Blick auf die Aktivitäten des deutschen Vereins für Raumschiffahrt in den 1920er Jahren. Im Gegenteil lassen sich eigenständige Beiträge russischer und sowjetischer Erfinder und Erfindergruppen nachweisen. Raketentechnik wurde in Russland schon seit dem 19. Jahrhundert im Rahmen militärischer Ballistik untersucht und als Waffe gebraucht. Konstantin Ziolkowski steht deshalb Ende des 19. Jahrhunderts mit seiner Vision der in die Kosmonautik eingebetteten Raketentechnik noch relativ isoliert. Wie in Deutschland und den USA entstanden in der UdSSR erst zu Beginn des 20. Jahrhunderts technische Projekte, welche die Rakete als Weltraumfahrzeug ansahen. Die Auskopplung des Raketenproblems aus dem Verwendungskontext der Weltraumfahrt in den 1930er bis 1940er Jahren führte zur Renaissance der Pulverrakete in der Sowjetunion. Bei der Entwicklung gelenkter Flüssigtreibstofffraketen zeigte sich hingegen erstmals eine derartige Komplexität des technischen Systems, dass sie den Einzelerfinder überforderte und interdisziplinäre Arbeitsgruppen entstehen ließ. Besonders zwischen Deutschland und der Sowjetunion lassen sich Parallelitäten bei der Entwicklung der Raketentechnologie aufdecken. Die institutionellen Strukturen ähneln sich in den 1930er Jahren sehr stark; mit dem Eintritt der Sowjetunion in den Zweiten Weltkrieg brach die sowjetische Linie jedoch ab. Von diesem Zeitpunkt an setzte Stalin in den wehrstrategischen Planungen auf kurzfristigen Erfolg versprechende Rüstungsprojekte für Heer und Luftwaffe. Die Raketentechnik blieb lediglich als taktische Gefechtsfeldwaffe im Arsenal der Roten Armee. Alle Fernraketenprojekte wurden eingestellt.

2.1. Im Spannungsfeld von Waffentechnik und Weltraumfahrt

Bereits im 19. Jahrhundert nutzte Russland – wie andere europäische Staaten auch – Pulverraketen als artilleristische Waffe. Noch vor dem Ende der Napoleonischen Kriege prüfte das russische Militär die Einsatzmöglichkeiten von Artillerieraketen. Vor allem A. D. Sassjadko (1779–1837), der 1820 zum Chef der St. Petersburger Artillerieschule ernannt wurde, sensibilisierte die russische Militärführung für die Fertigung und den Einsatz von Artillerieraketen nach dem Vorbild englischer Raketenbatterien. Die Bindung der russischen Militärführung zur Pyro- und Raketentechnik war traditionell aber zunächst nicht sonderlich intensiv: Seit dem Ende des 17. Jahrhunderts fertigte man im Moskauer pyrotechnischen Laboratorium Pulverraketen für militärische Signalzwecke und Lustfeuerwerke.[409] Eine Initiative Sassjadkos leitete schließlich im Jahr 1826 die Gründung einer Raketenanstalt in St. Petersburg ein, welche die Massenproduktion von Pulverraketen für das russische Heer realisieren sollte.[410]

Die fehlenden Einsatzerfolge der Artillerieraketen im russisch-türkischen Krieg von 1828/29 und im Krimkrieg 1853–56 waren vor allem auf die durch Manufakturfertigung bedingte unstete Qualität der Pulverraketen zurückzuführen. Auch das Engagement K. I. Konstantinows (1817–1871), der im Jahr 1849 die Leitung der St. Petersburger Raketenanstalt übernommen hatte und sich nach einer vierjährigen Auslandsstudienreise besonders mit der industriellen Technologie von Pulverraketen beschäftigte, konnte diese Fertigungsprobleme nicht lösen. Konstantinow lieferte jedoch theoretische Arbeiten und begründete in Russland die experimentelle Raketendynamik. Sowohl seine Lehrtätigkeit an der St. Petersburger Artillerieakademie, die Entwicklung von Instrumenten für die ballistische Forschung als auch seine Schriften zur Raketenballistik weisen ihm eine wichtige Rolle bei der Verwissenschaftlichung der Raketentechnik in Russland zu.[411]

Die militärische, artilleristische Linie der russischen Raketentechnik, deren Protagonisten besonders an der Entwicklung und Fertigung praktikabler und wirkungsvoller Waffensysteme interessiert waren, verlor im letzten Drittel des 19. Jahrhunderts in Russland endgültig an Bedeutung. Ein wichtiger Grund dafür war das Aufkommen der präzisen und weitreichenden Rohrartillerie. Selbst Konstantinow äußerte sich vor dem Hintergrund der neuen artilleristischen Waffen in den 1860er Jahren skeptisch über das militärische Potential der Pulver-

409 Stache, P.: Sowjetische Raketen. Im Dienst von Wissenschaft und Verteidigung, Berlin 1987, S. 13.

410 Winter; F.: The First Golden Age of Rocketry: Congreve and Hale Rockets of the Nineteenth Century, Washington 1990, S. 97f.

411 Gluschko, W. P.: Entwicklung des Raketenbaus und der Raumfahrt in der UdSSR, Moskau 1973, S. 5f und Winter, First Golden Age of Rocketry, S. 101f.

Artillerieraketen. In der zweiten Hälfte des 19. Jahrhunderts wurde Geschützen mit gezogenen Läufen gegenüber der weiterhin zwar mobilen, aber zielungenauen Raketenartillerie weltweit der Vorrang gegeben. Angefangene Entwicklungen von Pulverraketen stagnierten und kamen über Studienprojekte nicht mehr hinaus. Erst mit den Arbeiten N. I. Tichomirows (1860–1930) zu Pulverraketengeschossen erfuhr die Raketentechnik in Russland während des Ersten Weltkriegs eine neue Hochkonjunktur.[412]

Eine ähnliche Kopplung früher Artillerieraketen-Projekte an Fertigungsstätten traditionellen Lustfeuerwerks lässt sich auch in Preußen aufzeigen. König Friedrich Wilhelm III. (1770–1840) beauftragte im Jahr 1817 das Feuerwerkslaboratorium der Zitadelle Spandau mit der Entwicklung und Fertigung von Brandraketen nach dem System von W. Congreve (1772–1828), das in ganz Europa zu jener Zeit kopiert wurde. Das Spandauer Laboratorium hatte bis zu diesem Zeitpunkt, genau wie das St. Petersburger, ausschließlich Signal- und Repräsentationsfeuerwerk hergestellt. Die militärische Bedeutung dieser Waffen bleibt sowohl in Russland als auch in Preußen in der zweiten Hälfte des 19. Jahrhunderts umstritten. Die Aufstellung von Raketenbatterien war zudem durch Innovationen bei der Rohrartillerie, wie Gussstahl als neuer Konstruktionswerkstoff, Hinterladersystem und gezogener Lauf, hinfällig geworden. Lediglich Spezialanwendungen, wie z. B. die Bekämpfung von Ballonen, hatten im Deutsch-Französischen Krieg von 1870/71 eine zeitweise Reaktivierung der Pulverraketenwaffe zur Folge. Insgesamt aber zeichneten sich die Mängel der wenig stabilisierten Pulverrakete als Waffensystem bereits zu diesem Zeitpunkt ab.[413]

Völlig abgekoppelt von den waffentechnischen Absichten des Militärs waren Anfang des 20. Jahrhunderts die als Symbole einer Fortschrittsmetaphorik verwendeten Raketenprojekte im Kontext der Luft- und Weltraumfahrt. Die Raumfahrtvisionen einzelner Akteure fanden im amorphen Gemenge der Weltanschauungen im zaristischen Russland Ankerpunkte. Die Szenerie Ende des 19. Jahrhunderts und im ersten Drittel des 20. Jahrhunderts wurde dabei von einigen wenigen Protagonisten bestimmt. Der Mitbegründer der theoretischen Kosmonautik, K. E. Ziolkowski (1857–1832) sowie F. A. Zander (1887–1933) und J. W. Kondratjuk (1898–1942) – beide frühe Vertreter der konstruktionsori-

412 Zur Entwicklung der Rohrartillerie vgl. Ortenburg, G. (Hrsg.): Heerwesen der Neuzeit, Abteilung IV, Bd. 1, Koblenz 1990, S. 72f. Siehe außerdem Stache, Sowjetische Raketen, S. 13f.

413 Winter, First Golden Age of Rocketry, S. 125f.

entierten Flüssigkeitsraketentechnik – sind in diesem Zusammenhang zu nennen.[414]

Seit dem Ende der 1870er Jahre konzentrierten einige russische Erfinder ihr Interesse zunehmend auf die Konstruktion bemannter Raketenflugapparate. Da noch keine praktikablen Lösungen für den Motorflug vorlagen, erstreckten sich die Anwendungen solcher Apparate meist auf die Atmosphäre – zunehmend aber auch auf den Weltraum. Sowohl der Erfinder und Sprengstoffchemiker N. I. Kibaltschitsch (1854–1881) als auch der Ingenieurwissenschaftler S. S. Neshdanowski[415] (1850–1940) sahen im Pulver- bzw. Flüssigkeitsraketenantrieb eine legitime und praktikable Möglichkeit, Flugapparate anzutreiben. Deren insgesamt zwar ambitionierte, aber entweder zu unscharfe oder konstruktiv unfertige Projekte blieben allerdings marginal.[416]

Auch Ziolkowski beschäftigte sich zunächst mit Luftfahrtproblemen und erweiterte danach das Thema auf die Befahrung des Weltraums. Ziolkowski, naturwissenschaftlicher Autodidakt, trat nach dreijährigem Selbststudium der Physik und Mathematik in Moskau eine Lehrerstelle im Gouvernement Kaluga an. Die Behandlung luft- und raumfahrttheoretischer Probleme war daher nicht das Ergebnis einer diesbezüglichen Ausbildung, sondern interessengeleitet. Aus der Menge von Arbeiten zur Luftfahrt und Aerodynamik[417] sowie zur theoretischen Raketendynamik[418] sticht Ziolkowski als bedeutender Ideengeber hervor. Die

---

414 Sokolsky, V. N.: Some New Data on Early Work of the Soviet Scientist-Pioneers in Rocket Engineering. In: Durant, F. C.; James, G. S. (Hrsg.): First Steps Toward Space (Smithsonian Annals of Flight Number 10), Washington 1974, S. 269f.

415 Sokolsky, V. N.: On the Works of S. S. Nezhdanovsky in the Field of Flight based on Reactive Principles, 1880–1895. In: AAS History Series 7 (1986), Teil 1, S. 125–139. Nezhdanovsky begann seine Arbeiten in den 1880er Jahren mit der Untersuchung des Antriebs von bemannten Luftfahrzeugen durch Rückstoßtriebwerke.

416 Gluschko, Entwicklung des Raketenbaus, S. 8f.

417 Besonders N. E. Schukowsky (1847–1921) ist für die akademische und experimentelle Durchdringung der Luftfahrtforschung in Russland und der UdSSR von großer Bedeutung. Das von Schukowsky 1918 angeregte, 1924 gegründete und 1927 vollständig aufgebaute Aero-Hydrodynamische Zentralinstitut und die Akademie für Luftfahrtforschung in Moskau entwickelten sich zu sowjetischen Leitinstitutionen.

418 Der russische Wissenschaftler I. V. Mestscherski (1859–1935), später Professor für theoretische Mechanik am St. Petersburger Polytechnischen Institut, untersuchte ab 1897 das dynamische Problem eines Massepunktes mit veränderlicher Masse und formulierte 1897 Grundgleichungen zur Dynamik dieser Massepunkte. Mestscherski, der seinen Arbeiten eher Relevanz für die Himmelsmechanik, z. B. von Kometen, zumaß, ist damit einer der Begründer der theoretischen Raketendynamik. Etwa zur gleichen Zeit arbeitete auch Ziolkowski mit einem anderen Ansatz am gleichen Problem. Die nach ihm benannte Grundgleichung der Raketendynamik für den kräftefreien Raum war ein Ergebnis der 1903 veröffentlichten Ziolkowskischen Arbeiten: Bei gegebener Ausströmgeschwindigkeit c der Verbrennungsgase aus der Düse des Triebwerks, der Startmasse M_s und der

Verwendung von Reaktionsantrieben für die Raumfahrt, der Gedanke einer bemannten Raumstation – veröffentlicht in „*Freier Raum*" (1883), „*Die Erforschung des Weltraums mittels Reaktionsapparaten*" (1903, Ergänzungen 1912, 1914 und 1926) – sowie die Formulierung des Mehrstufenprinzips der Raketentechnik (1929) sind die wichtigsten Ergebnisse der Arbeiten Ziolkowskis. Die lange Traditionslinie der theoretischen Mechanik in Russland und der Sowjetunion bot einerseits ein kritisches Umfeld für die neuen Theorien zur Raketendynamik, andererseits wurde Ziolkowski auf Grund seiner nichtakademischen Sozialisation von den theoretischen Mechanikern eher als Technologe denn als Theoretiker angesehen.[419]

Ziolkowski setzte in den 1890er Jahren mit seinen qualitativen Untersuchungen zur Möglichkeit der Raumfahrt zweifellos einen Ausgangspunkt für die russische Kosmonautik und Fernraketentechnik. Sein Projekt einer Raumstation aus dem Jahr 1903 war zu diesem Zeitpunkt ohne Vorbild. Die Rezeption seiner Arbeiten ist aber keineswegs unumstritten. Zum einen gilt er einer ganzen Generation Raumfahrtbegeisterter zusammen mit Hermann Oberth als Propagandist der Idee, die Rakete als Transportmittel in extraterrestrische Sphären und zur Ausdehnung des Wirkungsbereiches des Menschen auf den Weltraum zu nutzen.[420] Zum anderen wird sein Beitrag zur konstruktiven Raketentechnik in den 1920er und 1930er Jahren, einer Zeit, in der Ziolkowski von der Sowjetregierung plötzlich als Integrationsfigur einer nationalen sowjetischen Raketentechnik entdeckt wurde und Raum zur Selbstdarstellung erlangte, eher als symbolisch eingeschätzt.[421] Vor dem Jahr 1917, in der Periode also, in der seine wichtigsten Arbeiten entstanden, fanden Ziolkowskis Thesen wegen der fehlenden Zugehörigkeit zum wissenschaftlichen Establishment im zaristischen Russland wenig Resonanz. Die Sowjetregierung hingegen stilisierte ihn nach Ende des Bürgerkrieges in den 1920er Jahren als genialen Vordenker der Weltraumfahrt, eröffnete ihm den Zugang zur Akademie der Wissenschaften und ermöglichte die Publikation seiner Schriften.

Für das Schaffen Ziolkowskis lassen sich zwei unterschiedliche Perioden abgrenzen: Zunächst an Astronomie interessiert, begann er 1873 Spekulationen

---

Treibstoffmasse M_s der Rakete ergibt sich die Brennschlussgeschwindigkeit v_B der Rakete nach der Beziehung: $v_B = c \ln (M_s / (M_s - M_s))$.

419 Sokolsky, Soviet Scientist-Pioneers in Rocket Engineering, S. 269 und Tokaty, G. A.: Soviet Rocket Technology. In: Technology and Culture 4 (1963), S. 517. Tokaty bezeichnet Ziolkowski als „*man of great efforts and little rewards*". Zu Ziolkowskis theoretischen Leistungen siehe Kosmodemiansky, A. A.: First Works by K.E. Tsiolkovsky and I.V. Meshchersky on Rocket Dynamics. In: AAS History Series 7 (1986), Teil 1, S. 115–124.

420 Sokolsky, Soviet Scientist-Pioneers in Rocket Engineering, S. 275.

421 Tokaty, Soviet Rocket Technology, S. 519.

über den Weltraumflug anzustellen. Die sich anschließende Phase wurde durch eher konstruktiv orientierte Entwürfe charakterisiert, in denen eine Raumstation menschliches Leben auch außerhalb der Erde ermöglichen sollte. Daran gekoppelt waren Überlegungen zum Antriebsproblem des Raketenfluges. In der folgenden Periode seit den 1890er Jahren versuchte er diese spekulativen Ansätze mathematisch zu formulieren, wobei sich besonders die Raketendynamik und der Reaktionsantrieb für eine Verwissenschaftlichung eigneten, da dort geschlossene analytische Lösungen gefunden werden konnten.[422]

Unabhängig von Ziolkowski beschäftigte sich auch Kondratjuk mit theoretischen Problemen der Raumfahrt. Der Beginn seiner Arbeiten liegt jedoch wesentlich später, in der Zeit des Ersten Weltkriegs. Im gleichen Maße wie Ziolkowski problematisierte Kondratjuk den Reaktionsantrieb für interplanetare Flüge. Die erste Veröffentlichung seiner Arbeiten zur Kosmonautik erfolgte im Jahr 1929 unter dem Titel „Die Eroberung der interplanetaren Räume". Zusätzlich zu dieser Monographie überlieferte Kondratjuk ein umfangreiches Manuskript-Konvolut, in dem sich nicht nur die Ableitung für die Grundgleichung der Raketendynamik findet, sondern neben der Darstellung des Mehrstufenprinzips u. a. energetisch günstige Flugbahnen, die Konstruktion von Raumstationen und das Prinzip wiederverwendbarer Raumflugkörper durch aerodynamische Abbremsung bei Wiedereintritt in die Erdatmosphäre behandelt werden. Neben raketendynamischen und raumfahrtmechanischen Problemen tangierte Kondratjuk dabei Instrumentierungs-, Geräte- und Treibstoffaspekte der Raumfahrt, ohne allerdings deren ingenieurtechnische Realisierung ins Kalkül zu ziehen. Kondratjuk gelangte mit zum Teil anderen Ansätzen zu ähnlichen oder allgemeineren Ergebnissen als Ziolkowski. Bis zum Jahr 1925 aber waren die Arbeiten Kondratjuks selbst in der UdSSR weitgehend unbekannt, so dass ein direkter Transfer seiner Resultate zu den eher raketentechnisch orientierten Kreisen in der Frühphase der sowjetischen Kosmonautik mit großer Wahrscheinlichkeit auszuschließen ist.[423]

Im Gegensatz zu Ziolkowski und Kondratjuk, die das Problem der Weltraumfahrt auf einer physikalisch-abstrakten Lösungsebene behandelten, ist F. A. Zander in die Gruppe der sowjetischen Raketentechniker einzuordnen, die im Kontext der Luftfahrt raketengetriebene Flugzeuge als neue Transportmöglichkeit sahen. Zander stellte im Jahr 1924 nach einer längeren Tätigkeit als Technologe in der Flugzeugmotorenindustrie sein Projekt des raketengetriebe-

---

422 Vgl. Büdeler, Geschichte der Raumfahrt, S. 130.
423 Sokolsky, Soviet Scientist-Pioneers in Rocket Engineering, S. 273f.

nen Weltraumflugzeuges vor.[424] Es waren jedoch vor allem Zanders konstruktive Arbeiten zu Flüssigkeitsraketentriebwerken, die ihm bei der Institutionalisierung dieser Technologie in der UdSSR eine wichtige Rolle zuwiesen. Zander
begann vom Jahr 1926 an mit der Konstruktion von Experimentaltriebwerken
auf der Basis flüssiger Treibstoffe und veröffentlichte 1932 unter dem Titel
„Probleme des Fluges mit Hilfe von Rückstoßapparaten" die Ergebnisse seiner
theoretischen Arbeiten zur Struktur der Flugzeugraketen sowie zur Konstruktion
ihrer Antriebsaggregate. Zander gehörte neben S. P. Koroljow (1906–1966),
M. K. Tichonrawow (*1930) und J. A. Pobedonoszew zu den Gründungsmitgliedern der Moskauer Gruppe zum Studium der Rückstoßbewegung (Mos-
GIRD). Diese Arbeitsgruppe lieferte das Antriebskonzept für die erste sowjetische, als Höhenforschungsrakete konzipierte und am 17. August 1933 gestartete
Flüssigkeitsrakete (GIRD-09). Durch die Zander vom Zentralrat der *„Gesellschaft zur Förderung der Landesverteidigung und des Aufbaus des Flugwesens
sowie der Chemischen Industrie"* (Ossoaviachim) vertraglich zugesicherte Unterstützung konnte er sich bis zu seinem Tod im Jahr 1933 auf die konstruktive
Entwicklung reaktiver Antriebe konzentrieren.[425]

In den vorwiegend von Raketendynamik und Triebwerkstechnik geprägten
Diskurs der Kosmonautik Anfang des 20. Jahrhunderts schaltete sich auch der
Aerodynamiker V. P. Wetschinkin (1888–1950) ein. Ende der 1920er Jahre
stellte er eine Verbindung zwischen den aerodynamischen Arbeiten der sowjetischen Luftfahrtforschung und der frühen sowjetischen Raketentechnik her. Wetschinkin, Professor am von Schukowsky gegründeten aero-hydrodynamischen
Zentralinstitut, stand seit Beginn der 1930er Jahre in Verbindung zum Leningrader Gasdynamischen Laboratorium (GDL).[426] In der Traditionslinie der Luftfahrtforschung stehend, beschäftigte sich Wetschinkin schon in den 1920er Jahren mit der Überschallaerodynamik von Strahlflugzeugen und Flügelraketen,
deren potentielles Anwendungsgebiet er in der Atmosphäre sah.[427]

Die sowjetische Regierung zeigte in den 1920er Jahren großes Interesse an
der Verbreitung des Kosmonautik-Gedankens. Die Popularisierung der Raketentechnik und der Raumfahrt wurden zur Hauptaufgabe der 1924 gegründeten Ge-

---

424 Dushkin, L. S.; Moshkin, Y. K.: Analysis of Liquid-Propellant Rocket Engines designed
     by F. A. Tsander. In: AAS History Series 7 (1986), Teil 2, S. 99–105 und Stache, Sowje-
     tische Raketen, S. 19.
425 Stache, Sowjetische Raketen, S. 24–26.
426 Kulagin, I. I.: Developments in Rocket Engineering Archived by the Gas Dynamics
     Laboratory in Leningrad. In: Durant, F. C.; James, G. S. (Hrsg.): First Steps Toward
     Space (Smithsonian Annals of Flight 10), Washington 1974, S. 100f. Zur Geschichte
     von GDL und GIRD siehe Winter, F.: Prelude to the Space Age. The Rocket Societies
     1924–1940, Washington 1983, S. 55–72.
427 Gluschko, Entwicklung des Raketenbaus, S. 12.

sellschaft zum Studium des interplanetaren Verkehrs (OIMS). Genauso wie die Gruppe zur Erforschung der Rückstoßbewegung (GIRD) war die OIMS zu Beginn ein Sammelbecken für Raumfahrt- und Raketeninteressierte.[428]

Um eine landesweite Resonanz zu erzielen, wurde die Studiengruppe für interplanetaren Verkehr, die 1924 innerhalb der Militärwissenschaftlichen Gesellschaft der Akademie der Luftflotte der UdSSR gegründet worden war, in eine Allunions-Gesellschaft umgewandelt. Im Gegensatz zu dieser Allunions-Gesellschaft waren für die UdSSR Ende der 1920 Jahre wie in Deutschland eher kleine Arbeitskreise oder Zirkel typische Organisationsformen der Raumfahrtenthusiasten.[429]

Die Anbindung der Raumfahrt an Stätten technischer Bildung erfolgte im Jahr 1928: Zu diesem Zeitpunkt wurde die Sektion für Raumfahrt an der Leningrader Hochschule für Verkehrswesen eröffnet. N. A. Rynin (1877–1942), der die Leitung dieser Sektion übernahm, profilierte sich in der Folgezeit von 1928 bis 1932 als Verfechter eines internationalen Forschungsinstituts für Raumfahrt und Autor einer mehrbändigen Raumfahrt-Enzyklopädie. Das unter dem Titel *„Interplanetarer Verkehr"* erschienene Werk erörterte die Möglichkeiten des Reaktionsantriebs für die Raumfahrt und zählte international zu den ersten programmatischen Veröffentlichungen zum Thema.[430] Rynin, Professor an der Leningrader Hochschule, hatte sich bis in die 1920er Jahre hinein mit Luftfahrtforschung befasst und war im Jahr 1928 maßgeblich an der Gründung der Raumfahrtsektion beteiligt. Sein Raumfahrt-Engagement veranlasste ihn 1931 zur Mitarbeit in der Leningrader Gruppe zur Erforschung des Rückstoßantriebs (LenGIRD). Darüber hinaus wurde er zum Ehrenmitglied der 1930 gegründeten American Interplanetary Society ernannt.[431]

2.2. Institutionalisierung der Raketentechnik in der Sowjetunion

Ein direkter Vergleich der Institutionalisierung von Raketentechnik ist bis zum Jahr 1941 besonders zwischen Deutschland und der Sowjetunion sehr instruktiv. Die Darstellung der Prozesse soll aber auch zeigen, dass in den beiden betrachteten totalitären politischen Systemen trotz der zentralistischen Strukturen die For-

---

428 Tikhonravov, M. K.: From the History of Early Soviet Liquid-Propellant Rockets. In: Durant, F. C.; James, G. S. (Hrsg.): First Steps Toward Space, Washington 1974, S. 287.

429 Kulagin, Developments in Rocket Engineering, S. 91f und Gluschko, Entwicklung des Raketenbaus, S. 12 sowie Tokaty, Soviet Rocket Technology, S. 518f und Stache, Sowjetische Raketen, S. 21.

430 Gluschko, Entwicklung des Raketenbaus, S. 13.

431 Winter, F.: Prelude to the Space Age. The Rocket Societies 1924–1940, Washington 1983, S. 80.

schungs- und Entwicklungsarbeit zur Genese der Raketentechnik auf unterschiedliche Art und Weise organisiert wurde und unterschiedliche Resultate zeigte.

Am 21. September 1933 wurde auf Befehl des Revolutionären Militärrates der UdSSR in Moskau das Wissenschaftliche Institut für Rückstoßforschungen (RNII)[432] gegründet – ein Institutstyp, der wenig später ähnlich auch in Deutschland bei Kummersdorf eingerichtet wurde. Bei der Gründung flossen Ressourcen von Vorläuferinstitutionen wie dem 1921 gegründeten Leningrader Gasdynamischen Laboratorium (GDL) und der aus Raketen- und Raumfahrtenthusiasten bestehenden, 1931 gegründeten Gruppe zum Studium der Rückstoßbewegung (GIRD) ein. Die Besonderheiten der letztgenannten Akteursgruppen sind in deren Vorgeschichte angelegt, die im Folgenden kurz dargestellt werden soll.[433]

Die Vorläufereinrichtung des Gasdynamischen Laboratoriums wurde am 1. März 1921 mit finanzieller Unterstützung durch das russische Militär in Moskau gegründet. Die Arbeiten des Laboratoriums für Pulverraketengeschosse gingen auf Projekte zurück, die während des Ersten Weltkriegs von N. I. Tichomirow, einem Chemieingenieur, der später auch zum ersten Direktor des GDL ernannt wurde, vorgestellt worden waren. Tichomirow hatte die in Russland seit den 1860er Jahren weitgehend ruhenden Arbeiten an Pulverraketen wieder aufgenommen. Vier Jahre nach der Gründung seines Versuchslaboratoriums wurde dessen Standort seit 1925 sukzessive nach Leningrad verlegt, wo auch die Erprobungen der Raketen stattfanden.[434] Im Jahr 1928 erhielt dieses Laboratorium nach Erweiterungen der Institutionsstruktur die Bezeichnung Gasdynamisches Laboratorium. Das GDL unterstand als Konstruktions- und Erprobungsstätte für Raketen dem Militärwissenschaftlichen Forschungskomitee beim Revolutionären Militärrat der UdSSR. Die Schaffung von militärisch verwendungsfähigen Pulverraketengeschossen war zu dieser Zeit wesentlich von der Entwicklung leistungsfähiger Pulver abhängig und stützte sich insbesondere auf das technische Wissen von am GDL beschäftigten Artillerieingenieuren.[435]

432 RNII = Reaktiwny Nautschno-Issledowatjelski Institut

433 Zur Interpretation der Entstehungsgeschichte des RNII siehe Tschertok, Boris E.: Raketen und Menschen, Klitzschen 1998, S. 32–36. Eine mehr auf Kontinuitäten abzielende Darstellung, die nicht auf Brüche in der Entwicklung eingeht, findet sich bei Stache, Sowjetische Raketen., S. 54–80.

434 Der Transfer des Laboratoriums nach Leningrad hat frühestens 1925 stattgefunden, andere Quellen datieren ihn auf 1927. Siehe Kulagin, Developments in Rocket Engineering, S. 91.

435 Gluschko, Entwicklung des Raketenbaus, S. 6f und Stache, Sowjetische Raketen, S. 22 sowie Kulagin, Developments in Rocket Engineering, S. 91–102. Bezeichnend für die Darstellung Gluschkos ist deren heroisierender Ton. Der Autor bricht den angekündig-

Nach dem Eintritt W. P. Gluschkos (1908–1989) in das GDL wurden 1929 die Kompetenzen dieser Institution auf die Triebwerksentwicklung für Flüssigkeitsraketen erweitert. Gluschko, der aus dem Kreis raumfahrtbegeisterter Raketenenthusiasten stammte, engagierte sich für die Einrichtung einer speziellen Abteilung für elektrische und Flüssigkeitstriebwerke des GDL – die im Mai 1929 erfolgte – und gilt als Gründer einer Schule sowjetischer Raketentechnik nach 1945. Die ersten von 1930 bis 1931 am GDL entwickelten und gefertigten Versuchsraketentriebwerke halfen den sowjetischen Raketentechnikern genauso wie die von Zander in Kooperation mit der GIRD entwickelten Triebwerke, wichtiges Erfahrungswissen zu dieser neuen Triebwerkstechnologie zu sammeln.[436] Die Abteilung für Flüssigkeitstriebwerke des GDL praktizierte von Beginn eine theoriebasierte Experimentalforschung: Triebwerksaufbauten wurden im Experiment getestet und die Messergebnisse zur Bewertung der theoretischen Ansätze genutzt.[437]

Die indirekte Kontrolle des GDL durch den Technischen Stab des Chefs für Bewaffnung der Roten Armee, Marschall M. N. Tuchatschewskij (1893–1937), zeigt die Verzahnung dieser raketentechnischen FuE-Institution mit dem sowjetischen Militär. Tuchatschewskij hatte schon Ende der 1920er Jahre als Chef des Leningrader Militärbezirks die Arbeiten Tichomirows verfolgt und die Vergrößerung des Instituts Tichomirows sowie dessen Umwandlung in das GDL angewiesen. Wie in Deutschland, wird die federführende Rolle des Militärs bei der Institutionalisierung der Raketentechnik auch in der UdSSR nachweisbar.[438]

Der Ausbau des GDL ging insgesamt zügig voran: Im Jahr 1933 waren dort unter dem Direktorat I. T. Klejmenows (1898–1938) bereits 200 Mitarbeiter tätig.[439] Neben den von der Roten Armee erfolgreich erprobten Feststoffraketengeschossen wurden im Zeitraum von 1929 bis 1933 auch Flüssigkeitstriebwerke entwickelt. Die theoretischen Untersuchungen schlugen sich zusammen mit den Experimentalarbeiten in einer Reihe von Versuchstriebwerken nieder und konnten 1933 zu einem ersten Zwischenergebnis geführt werden. Nach Tests mit verschiedenen Oxidator-Brennstoff-Kombinationen konzentrierte man sich auf die

---

ten Längsschnitt durch die Frühphase der sowjetischen Raketentechnik noch vor deren Agonie Ende der 30er Jahre ab und vermeidet zugunsten eines geglätteten Fortschrittsmythos die Darstellung der Phase des Niedergangs von 1938 bis 1944.

436 Siehe Tschertok, Raketen und Menschen, S. 33 und Gluschko, Entwicklung des Raketenbaus, S. 17.

437 Kulagin, Developments in Rocket Engineering, S. 92.

438 Gluschko, Entwicklung des Raketenbaus, S. 16 und Stache, Sowjetische Raketen, S. 22.

439 Tschertok, Raketen und Menschen, S. 33 und Gluschko, Entwicklung des Raketenbaus, S. 7.

Treibstoffkombination Salpetersäure/Kerosin.[440] Die Antriebe wurden vom GDL noch nicht auf einen bestimmten Verwendungskontext zugeschnitten und sollten einem breiten Einsatzspektrum gerecht werden. Sie waren in gleichem Maße für den Einsatz bei Marinetorpedos, Flugzeugen und Raketen gedacht.

Neben dem *„Gasdynamischen Laboratorium"* (GDL) spielte die *„Gruppe zum Studium der Rückstoßbewegung"* (GIRD) eine zentrale Rolle bei der Institutionalisierung der Raketentechnik in der Sowjetunion. Unter dem Dach der Ossoaviachim – einer einflussreichen Organisation mit großem Etat – bildeten sowjetische Raketenenthusiasten zuerst in Leningrad und danach in Moskau im November 1931 zwei Gruppen zum Studium der Rückstoßbewegung.[441] Die auf ehrenamtlicher Basis arbeitenden Mitglieder der beiden Gruppen in Leningrad (LenGIRD) und Moskau (MosGIRD) kamen zumeist aus Studentenkreisen oder waren Fachleute der Luftfahrttechnik. Besonders die in Leningrad gegründete Gruppe profitierte von der Nähe zum GDL, das sich aktiv an der Bildung von LenGIRD beteiligte. Im Jahr 1932 umfasste die LenGIRD ca. 400, die MosGIRD ca. 60 Mitarbeiter.[442] Die Hauptaufgaben der Gruppen waren Öffentlichkeitsarbeit zur Popularisierung der Raketentechnik und die fachliche Aus- und Weiterbildung von Raketenexperten. Insbesondere MosGIRD zeigte ein großes Engagement bei der Vortragstätigkeit und führte seit 1932 – wie LenGIRD auch – Lehrgänge zur Theorie der Reaktionsantriebe durch.[443] Darüber hinaus entwarfen die Gruppen Raketen für bestimmte Anwendungen, z. B. Photo- oder meteorologische Raketen sowie Demonstrationsmodelle auf Feststoffbasis, die sie auf Schauveranstaltungen starteten. Die Impulse und die Ausstrahlungskraft dieser beiden Gruppen führten bis zum Ende der 30er Jahre in der gesamten UdSSR zu einer Reihe von Gründungen ähnlicher, lokal arbeitender GIRD durch die Ossoaviachim.[444] In Bezug auf Programm und Aufgabenspektrum waren sich die sowjetische GIRD und der deutsche Verein für Raumschiffahrt (VfR) sehr ähnlich: Beide dienten in erster Linie der Popularisierung der Raketentechnik.

---

440 Eine ähnliche Entwicklungsrichtung verfolgte man später in Deutschland auch. Anders als bei der durch das Heereswaffenamt kontrollierten FuE, wo für das Triebwerk einer zukünftigen ballistischen Fernrakete die Treibstoffpaarung Flüssigsauerstoff/Alkohol als am meisten erfolgversprechend angesehen wurde, arbeitete man bei BMW unter H. Zborowski in Berlin-Spandau wie in der UdSSR an Salpetersäure-Triebwerken für Starthilfsraketen zum Einsatz bei Flugzeugen.

441 GIRD = Gruppa Isutschenija Reaktivnowo Dwischenija.

442 Tschertok, Raketen und Menschen, S. 34.

443 Die auch als Zentrale GIRD (ZGIRD) bezeichnete MosGIRD stand wie alle anderen von der Ossoaviachim gegründeten lokalen GIRD unabhängig von deren Professionalisierung prinzipiell allen Raumfahrtenthusiasten offen. Siehe Tikhonravov, Early Soviet Liquid-Propellant Rockets, S. 288.

444 Gluschko, Entwicklung des Raketenbaus, S. 16ff und Tikhonravov, Early Soviet Liquid-Propellant Rockets, S. 288.

Die MosGIRD gliederte sich 1932 in vier Arbeitsgruppen, die von Zander (Raketentriebwerke), Pobedonoszew (Staustrahltriebwerke), Koroljow (Raketenflugzeuge) und Tichonrawow (ballistische Flüssigkeitsraketen) geleitet wurden. Auf die Kompetenzen der einzelnen Gruppen zugeschnitten, wurde eine Agenda mit Projekten aufgestellt, die jedoch zu umfangreich und ehrgeizig waren, um sie alle zusammen mit den beschränkten Ressourcen der MosGIRD bearbeiten zu können. [445]

Das Ossoaviachim-Präsidium kam 1932 zu dem Schluss, dass auf der Grundlage der bereits existierenden GIRD-Strukturen die Möglichkeit bestehe, die Raketenentwicklung zu professionalisieren und eine Versuchsanstalt für Raketen- und Raketentriebwerke in Moskau zu gründen. Mit den Ingenieuren F. A. Zander, dem ersten Leiter der MosGIRD und glühenden Anwalt für die Möglichkeiten des Raketenfluges, S. P. Koroljow[446] (1906–1966), dem Nachfolger Zanders und Vorsitzenden des wissenschaftlich-technischen Rates der neu formierten GIRD sowie M. K. Tichonrawow (*1930) und J. A. Pobedonoszew konnten bedeutende Vertreter der zivilen sowjetischen Raketenszene für die jetzt zusammenfassend GIRD genannte Institution rekrutiert werden. Bis auf Zander gehörten diese jüngeren Ingenieure einer neuen Generation russischer Raketentechniker an: Sie hatten ihre Sozialisation unter der Sowjetmacht erfahren, zeigten sich dieser gegenüber loyal und wurden nach 1945 zu Schlüsselfiguren der sowjetischen Raketentechnik und Raumfahrt.[447]

Alle Entwicklungsarbeiten der GIRD waren an spezielle Abteilungen gebunden; diese befassten sich mit Flüssigkeitstriebwerken, Staustrahltriebwerken, Raketenantrieben für Flugzeuge sowie Flügelraketen und hatten eindeutig militärischen Charakter.[448] Die Finanzierung dieser, gemessen an der Mitarbeiterzahl eher kleinen Versuchsanstalt übernahmen seit August 1932 die Verwaltung für militärische Erfindungen der Roten Armee und die Ossoaviachim gemeinsam. Im Sommer des gleichen Jahres kam es zu ersten Gesprächen zwischen leitenden GIRD- und GDL-Mitarbeitern, die eine Fusion der Kompetenzen auf dem Triebwerkssektor – vertreten durch das GDL – mit denen auf dem Gebiet der allgemeinen Raketenkonstruktion – vertreten durch die GIRD – vorbereiteten. Bis zur Zusammenführung von GIRD und GDL erzielte die Moskauer GIRD

445 Die zehn MosGIRD-Projekte umfassten drei völlig unterschiedliche Triebwerksprojekte, den Bau eines Überschallwindkanals und fünf Projekte zu Raketen bzw. Artilleriegeschossen. Siehe Stache, Sowjetische Raketen, S. 27.

446 Zur Person Koroljows siehe auch Raushenbakh, B. V.; Biryukow, Y. V.: S. P. Korolyev and the Development of Soviet Rocket Engineering to 1939. In: Durant, F. C.; James (Hrsg.): First Steps Toward Space, S. 203–208.

447 Tokaty, Soviet Rocket Technology, S. 520.

448 Siehe Pobedonostsev, Y. A.: First Rocket and Aircraft Flight Tests of Ramjets. In: Durant, F. C.; James, G. S. (Hrsg.): First Steps Toward Space, S. 177f.

erste Erfolge bei der Entwicklung und Erprobung von Flüssigtreibstoffraketen: Auf den Konzepten Zanders und Koroljows aufbauend, wurden seit August 1933 kleinere, ungelenkte Flüssigkeitsraketen zu Studienzwecken erfolgreich gestartet.[449]

Die Planungen der Verwaltung für militärische Erfindungen der Roten Armee und des Präsidiums der Ossoaviachim, ein wissenschaftlich-technisches Raketeninstitut zu schaffen, fielen indes mit dem 1932 von LenGIRD an Marschall Tuchatschewskij herangetragenen Vorschlag zusammen, LenGIRD als Keimzelle eines neuen komplexen Forschungsinstituts für Raketentechnik zu verwenden. Die Rote Armee begründete im gleichen Jahr gegenüber dem KPdSU-Zentralkomitee die Notwendigkeit der Schaffung eines zentralen Forschungsinstituts für Rückstoßantriebe mit der großen Relevanz dieser Technologie für die Militärtechnik.[450] Die Gründung des Wissenschaftlichen Instituts für Rückstoßforschungen (RNII) auf der Grundlage der Strukturen von GIRD und GDL war im September des Jahres 1933 das Ergebnis der vor allem vom sowjetischen Militär forcierten Institutsplanung und zielte auf eine bessere Koordinierung der Entwicklungsarbeiten ab. Der Direktor des GDL, Klejmenow, wurde Chef des RNII, der Vorsitzende der GIRD, Koroljow, dessen Stellvertreter. Die wissenschaftliche Leitung des Instituts lag nicht in den Händen einer Einzelperson, sondern wurde von einem wissenschaftlichen Rat ausgeübt.[451]

Bereits im Oktober 1933 fiel der Beschluss, das RNII zur Sicherstellung der Produktionsbasis und zur Verzahnung mit der Industrie aus dem direkten Zuständigkeitsbereich der Roten Armee zu entlassen und dem Volkskommissariat für Verteidigungsindustrie zu unterstellen.[452] Das neu gegründete RNII entwickelte sich rasch zu einem wichtigen Fachkräftereservoir, das besonders nach 1945 viele Spezialisten der sowjetischen Raketen- und Raumfahrttechnik lieferte.[453] War die Rote Armee in der Person Tuchatchewskijs bereits Ende der 1920er Jahre Förderer des GDL gewesen, so engagierte sie sich nicht minder für das RNII, dessen Arbeitsaufgaben nunmehr mit der Entwicklung und dem Bau

---

449 Pobedonostsev, Y. A.: Early Experiments with Ramjet Engines in Flight. In: Durant, F. C.; James, G. S. (Hrsg.): First Steps Toward Space, Washington 1974, S. 168 und Gluschko, Entwicklung des Raketenbaus, S. 18f.

450 Stache, Sowjetische Raketen, S. 55.

451 Gluschko, Entwicklung des Raketenbaus, S. 20 und Tschertok, Raketen und Menschen, S. 34f.

452 Ivkin, V. I.: U istokov otjetschestwennogo raketostrenija. In: Wojenno-istoritscheskij Jurnal (1996), Nr. 2, S. 42. Die Archivbestände der dort veröffentlichten Quellen sind in Uhl, M.: Stalins V2. Der Transfer deutscher Raketentechnik in die UdSSR 1945–1955, Dissertation Martin-Luther-Universität Halle-Wittenberg, 2000, angegeben.

453 Albrecht, U.; Heinemann-Grüder, A.; Wellmann, A.: Die Spezialisten. Deutsche Naturwissenschaftler und Techniker in der Sowjetunion nach 1945, Berlin 1992, S. 86.

von Raketenapparaten für überwiegend militärische Zwecke bezeichnet wurden. Das RNII war zugleich als sowjetische Antwort auf einschlägige raketentechnische Arbeiten in Deutschland und den USA gedacht. Der Direktor des RNII, Klejmenow, wies im Jahr 1935 Stalin darauf hin, dass die Bedeutung der Raketentechnik für Verteidigungszwecke überall im Ausland erkannt worden sei. Es wäre somit eine dringliche Aufgabe der UdSSR, die Arbeiten zur Entwicklung von Raketen so zu beschleunigen, dass man bei Ausbruch eines Krieges keine großen Überraschungen durch den Gegner zu erwarten habe und im Vergleich zum Ausland eine führende Stellung auf dem Gebiet der Raketentechnik einnehmen könne.[454]

Trotz des breiten Aufgabenspektrums[455] am RNII wurden die größten Entwicklungsfortschritte bei Feststoffraketen für den Einsatz als Flugzeugbordbewaffnung oder als taktische Gefechtsfeldwaffen gemacht. Auf diesem Gebiet profitierte das RNII von den bereits erzielten Ergebnissen seiner Vorläuferinstitutionen GDL und GIRD. Ende des Jahres 1937 übergab das Institut den Luftstreitkräften einsatzfähige Feststoffbordraketen, die zur Bewaffnung von Jagdflugzeugen eingesetzt wurden. Die Arbeiten zu Flüssigkeitstriebwerken unter Gluschko und Raketenflugzeugen unter Koroljow gingen im Vergleich dazu nur langsam vorwärts.[456]

Das RNII bereitete die Entwicklung militärisch sehr erfolgreicher Artillerieraketen vom Typ BM-13 (*„Katjuscha"*), die von 1941 an bei den Garde-Granatwerfertruppen der Roten Armee zum Einsatz kamen, seit Mitte der 30er Jahre vor und schloss diese im Jahr 1939 noch vor Beginn der allgemeinen Stagnationsphase der sowjetischen Raketenentwicklung weitgehend ab.[457]

Zusätzlich zur institutionellen Verankerung der Feststoffraketentechnologie schenkte man auch Flüssigkeitsraketen weiterhin besondere Beachtung. Neben dem RNII arbeiteten die Wissenschaftlich-technische Allunionsgesellschaft für Luftfahrt (AwiaWNITO) und die Ossoawiachim an Projekten für flüssigkeitsgetriebene Stratosphärenforschungsraketen. Auf verschiedenen Allunionskonferenzen, welche durch die Teilnahme von Astronomen, Physikern, Raketentechnikern und Biologen interdisziplinären Charakter hatten, waren in den Jahren

---

454 Siehe Schreiben Direktor des RNII Klejmenow an Stalin vom 1. Juni 1935, veröffentlicht in: Ivkin, U istokov otjetschestwennogo raketostrenija, S. 35.

455 Shchetnikov, Y. S.: Main Lines of Scientific and Technical Research at the Jet Propulsion Research Institute (RNII), 1933–1942. In: AAS History Series 7 (1986), Teil 2, S. 43–57.

456 Tschertok, Raketen und Menschen, S. 35f.

457 Kusnezow, K. A.: Raketen- und Lenkwaffen des Zweiten Weltkrieges. Bd. 1: Raketen der Klasse „Boden – Boden", Klitzschen 1999, S. 3–10 und Tschertok, Raketen und Menschen, S. 37.

1934 und 1935 die Erforschung der Stratosphäre und der Einsatz rückstoßgetriebener Flugkörper auf die Tagesordnung gesetzt worden.[458]

Diesen durchaus zivilen Programmen standen militärisch induzierte gegenüber: Im August 1935 wurde auf Vorschlag L. K. Kornejews (1895–1972), einem früheren Mitglied von MosGIRD und Mitarbeiter des RNII, unter der Protektion Tuchatschewskijs das Konstruktionsbüro für Raketengeschosse Nr. 7 (KB-7) gebildet und der Artillerieverwaltung innerhalb der Verwaltung für militärische Erfindungen der Roten Armee unterstellt. Aufgabe dieses Konstruktionsbüros war die Konzentration der Entwicklungsarbeiten auf Flüssigkeitsraketen. Das KB-7 stand bis zu seiner Auflösung unter der Leitung Kornejews und wurde nach dessen politisch begründeter Verhaftung im April 1939 in den Bestand der RNII-Nachfolgeinstitution übernommen.[459] Schon im Dezember des Jahres 1936 wurde das RNII in Wissenschaftliches Forschungsinstitut Nr. 3 (NII-3)[460] umbenannt, ohne dass sich dessen Aufgabenspektrum jedoch wesentlich wandelte.

Abseits der Prioritäten des RNII/NII-3 entwickelte das KB-7 zwischen 1935 und 1939 zahlreiche Versuchstriebwerke für Flüssigkeitsraketen. Im April 1937 konnte die erste militärische Versuchsrakete mit einem Flüssigkeitstriebwerk auf der Basis von flüssigem Sauerstoff und Alkohol getestet werden.[461] Die Reichweite des ersten Erprobungsmusters nahm sich mit zwölf Kilometern noch sehr bescheiden aus. Kornejew stellte jedoch bei angemessener finanzieller Förderung der Entwicklung Distanzen bis zu tausend Kilometer in Aussicht. Er beklagte allerdings, dass es nur mit einer staatlichen Unterstützung, wie sie bereits im Ausland durch das Militär praktiziert werde, gelingen könne, diese Erfolge zu erzielen. Die erforderlichen Kosten für den weiteren Ausbau der Forschungen, vor allem der apparatetechnischen Basis und der Versuchsanlagen, wurden vom KB-7 auf sechs Millionen Rubel geschätzt. Im Forderungskatalog war vor allem der Aufbau moderner Speziallaboratorien – besonders für Probleme der Gasdynamik, der Steuerungstechnik und der Triebwerkstechnik – enthalten. Damit hatte Kornejew die gleichen „Schlüsseltechnologien" als wichtig erkannt, die auch beim Aufbau der Heeresversuchsstelle Peenemünde 1936/37 zu Kernbereichen der FuE gemacht wurden. Unter der Voraussetzung, dass dem

---

458 Stache, Sowjetische Raketen, S. 44 und Polyarny, A. I.: On some Work Done in Rocket Techniques, 1931–1938. In: Durant, F. C.; James, G. S. (Hrsg.): First Steps Toward Space, S. 187–191.

459 Ivkin, U istokov otjetschestwennogo raketostrenija, S. 43.

460 NII = Nautschno-Issledowatjelski Institut (dt., wissenschaftliches Forschungsinstitut)

461 Auch diese Ergebnisse fallen wiederum zeitlich mit gleichartigen Arbeiten und Versuchsreihen des Heereswaffenamtes in Deutschland zusammen. Die Entwicklung der „Aggregat 3"- Raketen im Zeitraum von 1935 bis 1937 führte allerdings bei den Starts Ende 1937 nicht zu den gewünschten Ergebnissen.

RNII/KB-7 diese Summe zufließen werde, stellte Kornejew nach geschätzter Entwicklungszeit von eineinhalb Jahren eine Fernrakete in Aussicht, welche die UdSSR in die Lage versetzen würde, von Wladiwostok aus Tokio zu beschießen.[462]

Im Frühjahr 1937 fiel den stalinistischen „Säuberungen", die durch Ermordung eines Großteils der sowjetischen Funktionärs- und Offizierselite vollzogen wurden, innerhalb der Roten Armee auch der wichtigste Förderer der sowjetischen Raketenentwicklung, Marschall Tuchatschewskij, zum Opfer.[463] Aus dem Einflussbereich Tuchatschewkijs wurden auch der ehemalige Direktor des RNII, Klejmenow, und G. E. Langemak, der Vorsitzende des Technischen Rates des RNII, zum Tode verurteilt und hingerichtet. Die leitenden Mitarbeiter des RNII, Gluschko und Koroljow, die man zweifellos zu den entscheidenden Ideengebern des Instituts zählen muss, wurden 1938 zu langen Haftstrafen verurteilt. Damit dezimierte man erheblich die Basis an Förderern und Experten der Raketentechnik im wichtigsten sowjetischen FuE-Institut für Raketentechnik. Zusätzlich zu den technischen Schwierigkeiten und dem bis zum Jahr 1944 verflachten Interesse der sowjetischen Militärführung an ballistischen Fernraketen können die entstandenen Personaldefizite als wichtiger Grund für die seit diesem Zeitpunkt nur schleppend vorangehende sowjetische Raketenentwicklung angesehen werden. Die zahlreichen Verhaftungen und Hinrichtungen unter den leitenden Mitarbeitern des RNII/NII-3 paralysierten die sowjetische Flüssigkeitsraketenentwicklung bis zum Jahr 1945 nachhaltig. Nach der beeindruckenden Startphase zu Beginn der 30er Jahre hatten die Raketenspezialisten zudem die Förderer in der Führung der Roten Armee verloren.[464]

Die staatliche Unterstützung der Raketentechnik in Deutschland und der UdSSR durch das Militär macht neben dem reinen Institutionalisierungsprozess auch die Arbeitsgebiete vergleichbar. In der Reflexion sowjetischer Zeitzeugen fallen zwei relativierende Einschätzungen auf: Die Raketentechniker der UdSSR konstatieren rückblickend – besonders auf die Breite der FuE bezogen – eine große Dynamik der sowjetischen Arbeiten in den Jahren von 1932 bis 1935. Seit dem Jahr 1935 begannen sich die FuE-Arbeiten auf dem Gebiet leistungsstarker Flüssigkeitstriebwerke in Deutschland so zu vervielfachen, dass die Sowjetunion

---

462 Siehe Schreiben Chef des Konstruktionsbüros Nr. 7 der Artillerieverwaltung innerhalb der Verwaltung für militärische Erfindungen der Roten Armee, Kornejew, an Stalin und Woroschilow vom 14. April 1937, veröffentlicht in: Ivkin, U istokov otjetschestwennogo raketostrenija. S. 37f.

463 Die Anklagen, die im Jahre 1937 gegen Tuchatschewskij und andere hochrangige Militärs erhoben wurden, resultierten einzig und allein aus dem Verfolgungswahn der stalinistischen Führung. Siehe Taylor, B.: Politics and the Russian Army. Civil-Military Relations, 1689–2000, Cambridge 2003, S. 170.

464 Vgl. Tschertok, Raketen und Menschen, S. 36 sowie Albrecht, Die Spezialisten, S. 86f.

auf diesem Technologiesektor den Anschluss endgültig verlor. Die Kenntnis der konstruktiven Gestaltung von militärisch eingesetzten A4-Raketen gegen Kriegsende veranlasste sowjetische Triebwerkstechniker zu der Einschätzung, dass es sich bei den sowjetischen Flüssigkeitstriebwerken im Vergleich zu deutschen Entwicklungen allenfalls um reine Versuchstriebwerke mit untergeordneten Leistungsparametern gehandelt habe.[465]

Das NII-3 wurde im Jahr 1940 dem Volkskommissariat für Munition unterstellt, was die Prioritäten der Forschungsarbeiten nochmals unterstrich: Flüssigkeitsraketen zum Fernkampf und Flüssigkeitstriebwerke waren der Entwicklung reaktiver Geschosse nachgeordnet.[466] Dem NII-3 mangelte es an Fachkräften, Laborausrüstung und Versuchsanlagen. Zudem gelang es nicht, die für die Umsetzung der einzelnen Teiltechnologien wichtige experimentelle Basis zu errichten. In der Sowjetunion wurden bis zum Jahr 1944 Raketentriebwerke sowohl für Geschosse als auch für Flugzeuge unter dem Begriff „Reaktivtechnik" zusammengefasst, ihre Entwicklung war weder organisatorisch getrennt noch institutionell differenziert: Raketenflugzeuge, Strahltriebwerke und reaktive Geschosse waren allesamt in den Projekten des NII-3 anzutreffen. Die ehrgeizigen Projekte blieben meist in einem Zwischenstadium stecken oder wurden aus Ressourcenmangel bis auf die oben geschilderten Ausnahmen nie zum Abschluss geführt. Die funktionale Differenzierung zwischen den Versuchsstellen der Luftwaffe und des Heeres war zu diesem Zeitpunkt in Deutschland bereits weiter vorangeschritten. Im Vergleich zu Deutschland fällt außerdem auf, dass die raketentechnischen FuE-Institutionen in der Sowjetunion keine Netzwerke mit anderen Expertengruppen, z. B. an den technischen Bildungseinrichtungen der UdSSR, aufgebaut haben.[467]

Zum Zwecke der Koordinierung und Konzentration sowohl der Arbeiten als auch der Fachleute auf dem Gebiet der Reaktivtechnik veränderte man im Jahr 1942 auf Beschluss des Rates der Volkskommissare die institutionelle Basis der sowjetischen Reaktivtechnik erneut: Aus dem NII-3 wurde am 15. Juli 1942 das Staatliche Institut für Reaktivtechnik (GIRT) gebildet und dem Rat der Volkskommissare, der höchsten staatlichen Institution der UdSSR, direkt unterstellt. Die Entwicklungsaufgaben des GIRT orientierten sich an den Bedürfnissen der Landesverteidigung sowie der Volkswirtschaft und sollten dem sowjetischen Heer, der Seekriegsflotte und den Luftstreitkräften Reaktivtechnik zur Verfügung stellen. Der Rat der Volkskommissare beauftragte das GIRT sowohl mit Forschungs- als auch mit Entwicklungsaufgaben: es sollten theoretische Fragen

---

465 Albrecht, Die Spezialisten, S. 87 sowie Tschertok, Raketen und Menschen, S. 38 u. 107.
466 Tschertok, Raketen und Menschen, S. 37.
467 Siehe Schreiben Direktor des NII-3 Kostikow an Stalin v. 16. Juni 1942, veröffentlicht in: Ivkin, U istokov otjetschestwennogo raketostrenija, S. 38.

der Reaktivtechnik gelöst und Versuchsmuster geschaffen werden. Neben der Entwicklung von Geschossen für Heer und Marine war auch die Entwicklung von reaktiven Antrieben für Militärflugzeuge vorgesehen. Im Katalog der Aufgaben des GIRT erschien auch explizit die Forderung, Raketen mit großer Reichweite zu schaffen.[468]

Die geplante Struktur des GIRT ist im Bild 10 dargestellt,[469] das GIRT konnte aber wegen des Mangels an geeigneten Fachleuten und Apparaturen keine kontinuierliche Arbeit aufnehmen.[470]

Nach den Verhaftungen und Hinrichtungen der Jahre 1937/38 wurde bald darauf der Chefingenieur des NII-3, A. G. Kostikow (1899–1950), zum Direktor des NII-3 ernannt. Kostikow war seit 1933 als Gruppen- und Abteilungsleiter im NII-3 beschäftigt gewesen und vertrat seit 1937 den Institutsdirektor in wissenschaftlich-technischen Fragen, im Jahr 1939 übernahm er nach der Absetzung des amtierenden Institutsdirektors dessen Amt. Mit Kostikow stellte man hinsichtlich der Leitungsfunktion bei der Umbildung des NII-3 in das GIRT eine personelle Kontinuität her, 1942 wurde ihm auch die Leitung des GIRT übertragen. Kostikows wissenschaftliche Karriere verlief parallel zur militärischen: Im Jahr 1941 war er bereits im Range eines Generalmajors und wurde für die Leitung der Entwicklungsarbeiten zum Raketenwerfer BM-13 als *„Held der sozialistischen Arbeit"* ausgezeichnet.[471]

Die Bildung des GIRT konnte weder eine neue Aufschwungphase der sowjetischen Raketentechnik bewirken noch die Entwicklungsarbeiten auf ballistische Fernraketen ausrichten. Die Entwicklung von Fernraketen kam nach einer Phase des Abstiegs im Jahr 1944, als erste Nachrichten über deutsche Raketenwaffen zu einer neuerlichen Intensivierung der Arbeiten führten, nahezu vollkommen zum Erliegen. In einem Untersuchungsbericht des Volkskommissariats für Luftfahrt über den Zustand des GIRT aus dem Jahr 1944 attestierte man dem GIRT eine prinzipiell falsche Ausrichtung der Forschungsarbeiten und sprach dem Institut eine wissenschaftlich-experimentelle Arbeitsweise ab. Letztendlich seien trotz erheblicher Verspätungen – wenn überhaupt – nur technisch unausgereifte Konstruktionen entstanden.[472]

---

468 Siehe Beschluss des Staatlichen Verteidigungskomitees Nr. 2046 (Über die Organisation eines Staatlichen Instituts für Reaktivtechnik), veröffentlicht in: Ivkin, U istokov otjetschestwennogo raketostrenija, S. 40f.

469 Entwickelt nach dem Beschluss des Rates der Volkskommissare über die Gründung des GIRT, veröffentlicht in: Ivkin, U istokov otjetschestwennogo raketostrenija, S. 41.

470 Siehe Uhl, Stalins V2, S. 13.

471 Ivkin, U istokov otjetschestwennogo raketostrenija, S. 43

472 Siehe Uhl, M.: Stalins V2. Der Transfer deutscher Raketentechnik in die UdSSR 1945–1955, Dissertation Martin-Luther-Universität Halle-Wittenberg, 2000, S. 11.

Ein wichtiger Grund dafür ist neben organisatorischen Mängeln der FuE vor allem in der Tatsache zu sehen, dass die militärische Lage der Sowjetunion in den Kriegsjahren 1942 und 1943 enorme Rüstungsanstrengungen auf dem konventionellen Sektor erforderte: Das Hauptaugenmerk lag auf der Heeres- und Luftrüstung, man benötigte Panzer, Artilleriesysteme und Flugzeuge.[473] Die prekäre Kriegs- und damit die angespannte Rüstungslage gestattete es nicht, sich in kostspieligen Sonderprojekten, deren Wirksamkeit zudem militärstrategisch nicht hinreichend gesichert war, zu verzetteln. Wegen mangelnder Forschungsergebnisse und des organisatorischen Chaos, das eine höchst unsystematische Entwicklungsarbeit zur Folge hatte und durch den stetigen Mangel an Fachkräften noch verschärft wurde, löste das Staatliche Verteidigungskomitee das GIRT 1944 auf.[474] Einzelne Ressorts wie Flugzeugantriebe, Feststoffraketen und Luftabwehrraketen wechselten zu anderen staatlichen Instituten. Die Fernraketenprojekte empfingen erst durch die nachrichtendienstliche Aufklärungstätigkeit der UdSSR und den Transfer deutscher Raketenspezialisten in die Sowjetunion nach dem Ende des Zweiten Weltkrieges neue Impulse. Trotz Konzentration der raketentechnischen Spezialisten im Institut für Reaktivtechnik war die Institution unfähig, die gestellten Aufgaben zu lösen. Die Auflösung des GIRT erscheint in diesem Zusammenhang und im Kontext der erforderlichen rüstungstechnischen Anstrengungen auf sowjetischer Seite als gerechtfertigt. Die frei werdenden personellen Ressourcen des GIRT lenkte man teilweise in Institutionen der Luftfahrtindustrie um. Viele qualifizierte Wissenschaftler und Techniker des GIRT wurden im NII-1 des Volkskommissariates für Luftfahrtindustrie angestellt und entwickelten dort Flüssigkeitsraketenantriebe für Flugzeuge. Die innerhalb der sowjetischen Reaktivtechnik sehr erfolgreich bearbeiteten Projekte zu Raketengeschossen führte man im Zentralen Staatlichen Konstruktionsbüro Nr. 1 (GZKB-1) unter Leitung des Volkskommissariates für Landwirtschaftlichen Maschinenbau weiter. Die bereits begonnenen Arbeiten zur Entwicklung von Fliegerabwehrraketen wurden dem Konstruktionsbüro des Werkes Nr. 88 (KB-88) übertragen, das dem Volkskommissariat für Bewaffnung unterstellt war. Mit dieser Aufteilung der FuE in verschiedene Ressorts dezentralisierte man die sowjetische Reaktivtechnik. Das aus dem KB-88 hervorgegangene, als NII-88 bezeichnete Institut koordinierte zwar nach dem Ende des Zweiten Weltkrieges alle sowjetischen Entwicklungsarbeiten auf raketentechnischem Gebiet und betreute auch die zur Mitarbeit verpflichteten deutschen Spezialisten. Trotz allem gelangten in den Folgejahren die Schulen einzelner Chefkonstrukteure zu großer Wirkungsmacht: Namen wie A. M. Issajew (1908–1971), S. P. Koroljow (1906–1966), M. K. Jangel (1911–1971), G. P. Gluschko (1908–1989), B. E. Tschertok

---

473 Siehe Anmerkung 29 bei Uhl, Stalins V2, S. 10
474 Ivkin, U istokov otjetschestwennogo raketostrenija, S. 42.

(*1912) und W.P. Mischin (*1917) dominierten die sowjetischen Raketen- und Raumfahrtkonstruktionen bis in die 1970er Jahre.[475]

Der kriegsbedingte Mangel an materiellen Ressourcen und Fachkräften führte in der UdSSR trotz guter institutioneller Basis seit Ende der 30er Jahre bis zum Kriegsende zu einer Stagnation der sowjetischen Raketentechnik. Wie die institutionelle Entwicklung und das Spektrum der Forschungsarbeiten zeigen, wurden in den 20er und 30er Jahren in der UdSSR alle zu dieser Zeit auch international mit Aufmerksamkeit bedachten Themen der Raketentechnik – ballistische Fernraketen, Starthilfs- und Bordraketen für Flugzeuge oder Raketenflugzeuge – ventiliert, die Akzente der Entwicklung wurden aber aus den genannten Gründen anders als in Deutschland gesetzt. Die UdSSR hatte auf dem Gebiet der Feststoffraketentechnik in einem Umfang Kompetenzen erworben, der es gestattete, dieses technische Wissen in funktionstüchtige und militärisch verwertbare Waffensysteme umzusetzen. Der rasante Technologietransfer nach Ende des Zweiten Weltkriegs aus Deutschland heraus beweist aber auch, wie schnell sich die UdSSR als Siegermacht den vom deutschen Militär konstruierten Verwendungskontext der ballistischen Fernrakete nahezu unbesehen aneignete.

3. Raketentechnik in den USA

Bereits die dargestellten Prozesse in der Sowjetunion zeigen, dass die Genese von Raketentechnologie in zivilen und militärischen Netzwerken keinesfalls ein auf Deutschland beschränktes Phänomen gewesen ist. Ausgehend von einer globalen Euphoriephase, in der die Rakete zum Vehikel und zur Projektionsfläche zahlreicher Transport- und Raumfahrtvisionen geworden war, bleibt die Frage, welche Kreise die technische Vision Rakete in den USA popularisierten und welche Bedeutung der Rakete als Waffe zugemessen wurde.

---

475 Ebd., S. 43, Anmerkung 38 und Gluschko, Entwicklung des Raketenbaus, S. 39f sowie Mischin, W. P.: Sowjetische Mondprojekte, Klitzschen 1999, S. 16.

3.1. Robert Goddard

Zu Beginn des Jahres 1920 veröffentlichte Robert Goddard[476] (1882–1945) die theoretischen Ergebnisse seiner raketentechnischen Untersuchungen. Sie erschienen in der Schriftenreihe der Smithsonian Institution Washington unter dem Titel *„A Method of Reaching Extreme Altitudes"*. Anders als bei Ziolkowski und Oberth war Goddards Ausgangspunkt für die Raketentechnik keine Raumfahrtvision. Goddard propagierte den Raketenflug in erster Linie als neuartiges Verfahren zur Erforschung hoher Atmosphärenschichten.[477] Seine Überlegung, Forschungssonden mit Reaktionsantrieben auszustatten und damit die meteorologische Forschung zu erleichtern, wurde in seinem Aufsatz von einer theoriegeleiteten Argumentation gestützt. Der Beitrag nutzte vorwiegend mathematische Ableitungen, Gleichungen und Diagramme zu Schlussfolgerungen in Bezug auf die Raketendynamik und betonte die Vorteile der Höhenforschung mittels Raketen gegenüber der mit Ballonen. Goddard parallelisierte seine theoretischen Untersuchungen von Anfang an mit der konstruktiven Umsetzung der bereits gewonnenen Resultate, hielt sich aber aus patentrechtlichen Gründen vor allem bei der Publikation konstruktiver Details bedeckt. Nach einer Auftragsarbeit für die US-Army kurz vor Ende des Ersten Weltkrieges konzentrierte er seine Anstrengungen in den 20er und 30er Jahren wieder ausschließlich auf die ursprüngliche Aufgabenstellung, eine gelenkte Höhenforschungsrakete zu entwickeln. Schon Anfang der 1920er Jahre versuchte Goddard, dafür die Flüssigkeitsraketen zu nutzen. Im Jahr 1940 reaktivierte er seine Kontakte zum US-Militär und wandte sich wie im Ersten Weltkrieg militärischen Anwendungen, wie z. B. Starthilfsraketen für Flugzeuge, zu.[478]

Die besondere Rolle Goddards bei der Genese der Raketentechnik zeigt sich darin, dass er neben den Raumfahrt- und Raketentheoretikern Ziolkowski und Oberth als erster Forscher ein fundiertes Erfahrungswissen beim Umgang mit

---

476 Auch die erste moderne Biographie Goddards stilisiert ihn zum Begründer der Raumfahrt und verweist wieder einmal mehr darauf, wie nationale Befindlichkeiten – in Deutschland wird Hermann Oberth von einigen Autoren als *„ Vater der Weltraumfahrt"* bezeichnet – die Wahrnehmung der Leistung von Einzelerfindern beeinflussen: Clary, D.: Rocket Man: Robert H. Goddard and the Birth of the Space Age, New York 2003.

477 Sehr bald erkannte Goddard auch die Möglichkeiten der Rakete für die Weltraumforschung. Im März 1920 schloss er einen Bericht *„On Further Developments of the Rocket Method of Investigating Space"* ab. Darin betonte er vor allem die unbemannte Erkundung des Weltraums und dessen photographische Aufklärung von Raumflugkörpern aus. Siehe Goddard, E. C.; Pendray, E. G. (Hrsg.): The Papers of Robert H. Goddard, Bd. 1, New York 1970, S. 413–430.

478 Winter, F. H.: Rockets into Space, Cambridge 1990, S. 27–34 und Hunley, J. D.: The Enigma of Robert H. Goddard. In: Technology and Culture 36 (1995), S. 337–340.

Raketenapparaten sammelte. So gelang Goddard im Jahr 1926 die erste praktische Realisierung des Starts einer Flüssigkeitsrakete. Zu diesem Zeitpunkt waren die Teilprobleme Triebwerk, aerodynamische Gestaltung und Steuerung der Rakete sowie Startvorrichtung noch nicht ausdifferenziert, das Triebwerk forderte insgesamt den größten Entwurfsaufwand.

In einem Zeitraum von ca. 30 Jahren, 1915 bis 1945, in dem Goddard sowohl mit Feststoff- als auch mit Flüssigkeitsraketen experimentierte, nahm er über 200 Patente auf seine Erfindungen. Seine Arbeiten zum Funktionsnachweis der Flüssigkeitsrakete unterschieden sich allein durch die Vielzahl der Arbeitsergebnisse von der in den 1920er Jahren üblichen *„Projektmacherei"* zahlreicher Raketenerfinder. Trotzdem hatten seine theoretischen und experimentellen Ergebnisse keinen entscheidenden Einfluss auf die Genese der amerikanischen Raketentechnik.[479]

Wie ist dieser nicht zustande gekommene Wissenstransfer zu erklären? Zunächst soll einmal Goddards Motivation, sich der Raketentechnik zuzuwenden, untersucht werden. Goddard erwarb im Jahr 1908 am Worcester Polytechnical Institute, einer technischen Bildungsanstalt, den Grad eines Bachelor of Science. Nach dem Wechsel an die Clark University wurde er 1910 Master of Science und im Jahr 1911 zum Doktor der Physik promoviert. Die Physikausbildung an der Clark University war nach deutschem Wissenschaftsvorbild stark forschungsorientiert und ermöglichte Goddard die Ausprägung theorieorientierter und experimenteller Fähigkeiten. Goddard erwarb so Voraussetzungen für die methodische Planung zukünftiger Forschungsarbeiten.[480] Trotz seines raketentechnischen Interesses, das schon während seiner Schulzeit durch die Lektüre wissenschaftlich-phantastischer Schriften geweckt worden war, wandte er sich erst nach dem Ende seines Studiums in Worcester ernsthaft raketentechnischen Fragen zu. Dieses private Interesse fand allerdings zu Beginn seiner wissenschaftlichen Karriere noch keinen Niederschlag in der Forschungsarbeit: Goddard bearbeitete während seines Postdoktorates an der Princeton University von 1912 bis 1913 zunächst Problemstellungen aus der Elektrotechnik. Bereits in dieser ersten Phase wissenschaftlichen Arbeitens zeigte sich Goddards Interesse an der patentrechtlichen Verwertung seiner Forschungsergebnisse. Goddards Scheu vor öffentlicher Rezeption seiner Arbeiten und die Abschottung der Arbeitsergebnisse behinderten sicherlich den wissenschaftlichen Diskurs zu Fragen der Raketentechnik in den USA. Sie sollten aber bei der Argumentation, warum Goddard weder seine gesteckten Ziele bei der Entwicklung der Höhenforschungsrakete erreichte, noch um ein nationales FuE-Netzwerk der Raketen-

479 Pendray, E. G.: Pioneer Rocket Development in the United States. In: Technology and Culture 4 (1963), S. 385.

480 Hunley, The Enigma of Goddard, S. 334.

technik in den USA bemüht war, nicht überbewertet werden. Zweifellos sah Goddard die neue Raketentechnologie noch nicht als komplexe Systemtechnik an. Obwohl er sich des großen Bedarfs an finanziellen Mitteln für seine Forschungsarbeiten bewusst war, unterschätzte er den Aufwand für die Entwicklung gelenkter einsatzfähiger Flüssigkeitsraketen abseits des Prototypenniveaus.[481]

Die ersten Notizen Goddards zur 1920 publizierten Schrift „*A Method of Reaching Extreme Altitudes*" stammen aus dem Jahr 1914 und gingen seinen ersten Experimenten mit Feststoffraketen im Jahr 1915/16 voraus. Obwohl er bereits 1909/10 eine generelle Theorie der Wasserstoff/Sauerstoff-Rakete plante, begann er zunächst mit klassischen Pulverraketen zu experimentieren. Der erste Ansatzpunkt war die Erhöhung des Wirkungsgrades dieser Pulverraketen durch Umkonstruktion und Verwendung neuer rauchloser Pulversorten.[482]

Die Smithsonian Institution und das US-Signal Corps gehörten zu den ersten Geldgebern Goddards. Nachdem er 1916 aus gesundheitlichen Gründen von der Princeton an die Clark University zurückgekehrt war und dort seine akademische Karriere fortsetzte, widmete er sich ausschließlich raketentechnischen Problemen. Noch im gleichen Jahr nahm er zur Unterstützung seiner Forschungsvorhaben Kontakt mit der Smithsonian Institution in Washington auf: Goddard schilderte in seinem Schreiben vom September 1916, dass er infolge des großen Aufgabenspektrums der zu bewältigenden raketentechnischen Forschung als Einzelforscher der Clark University an seine Leistungsgrenzen gestoßen sei. In der Begründung, warum er eine Forschungsförderung durch die Smithsonian Institution anstrebe, wies er zwar auf die militärischen Nutzungsmöglichkeiten einer Langstreckenrakete hin, stellte aber unter Verweis auf sein 1914 patentiertes Mehrstufenprinzip die rein wissenschaftliche Anwendung der Rakete zur Höhenforschung in den Mittelpunkt. Goddard ging optimistisch davon aus, mit einem Budget von ca. 5 000 US $ in Jahresfrist Steighöhen von 100 bis 200 Meilen realisieren zu können. Die Smithsonian Institution bewilligte die einjährige Förderung und beschaffte aus der Thomas-George-Hodgkins-Stiftung Forschungsmittel im genannten Umfang, die sie Goddard im Oktober 1916 zuwies.[483]

Nach dem Eintritt der USA in den Ersten Weltkrieg wandte sich Goddard im April 1917 erneut an die Smithsonian Institution: Diesmal verwies er auf die Verwendung einer leistungsfähigen Rakete für das Bombardement feindlicher Ziele über große Strecken. Das Direktorium der Smithsonian Institution leitete

---

481 Ebd., S. 343.
482 Ebd., S. 333–337.
483 Durant, F. C.: Robert H. Goddard and the Smithsonian Institution. In: Durant, F. C.; James, G. S. (Hrsg.): First Steps Toward Space (Smithsonian Annals of Flight 10), Washington 1974, S. 57f. und Hunley, The Enigma of Goddard, S. 337.

den Projektvorschlag zusammen mit der Bitte um Förderung an die US-Army weiter und ersuchte das Militär, ein Budget von 10 000 US $ zur Verfügung zu stellen. Charles Walcott (1850–1927), Direktor der Smithsonian Institution und zugleich Vorsitzender des Military Committee im National Research Council (NRC), förderte den Vorschlag zu Beginn des Jahres 1918 in Militärkreisen. Das Signal Corps der US-Army gab dem Projekt ein ehrgeiziges Ziel: Als Möglichkeit war eine Fernrakete auf Feststoffbasis mit 120 Meilen Reichweite und einem ca. 1,5 Kilogramm (drei lb.) schweren Gefechtskopf geplant. Goddard beschäftigte jetzt sieben Mitarbeiter, richtete an der Clark University eine Werkstatt sowie ein spezielles Versuchslaboratorium ein und nahm Kontakte zu einem amerikanischen Pulverhersteller auf. Da die US-Army kontinuierlich Gelder investierte, waren besonders die Arbeiten zu kleinkalibrigen Kampfraketen schon nach kurzer Zeit erfolgreich. Im Herbst 1918 wurde vom Army Ordnance Corps auf dem Schießplatz *„Aberdeen Proving Ground"* im Bundesstaat Maryland ein Testschießen durchgeführt. Die erfolgreichen Tests überschnitten sich jedoch mit dem Ende des Ersten Weltkrieges. Trotz der offensichtlichen Möglichkeiten des Waffensystems Rakete zog sich das US-Militär aus den Entwicklungen zurück. Mit dem Ende des Krieges schwand zugleich die Motivation, Geld in die Fortführung neuer und unerprobter Waffensysteme zu investieren. Der Kontakt Goddards zur Smithsonian Institution und deren Protektion jedoch blieb bestehen und ebnete ihm auch nach dem Ausscheiden des Militärs den Weg bei der Suche nach Geldgebern.[484]

Goddard profitierte in den Folgejahren von der in den USA weitverbreiteten Möglichkeit der Forschungsfinanzierung durch Stiftungen. Einziger Nachteil dieser Finanzierungsmöglichkeit war der Umstand, dass er die jeweils relativ kurze Förderungsdauer für seine Forschungsplanung berücksichtigen musste. Bis zum Jahr 1941 bezog er ca. 210 000 US $ aus Stiftungen.[485] Auf Drängen von Harry Guggenheim (1890–1971) und Charles Lindbergh (1902–1974) veröffentlichte Goddard seine zweite programmatische Schrift *„Liquid-Propellant Rocket Development"*, die jedoch im Gegensatz zur ersten weniger theoriebetont war. Zwei Jahre später trug er der Guggenheim-Stiftung seine Zehn-Jahres-Planungen zu raketentechnischen Entwicklungsfragen vor. Die Sorge, für ein längeres, detailliertes und abgestuftes Forschungsprogramm keine Sponsoren gewinnen zu können und somit keine Fördergelder zu erhalten, veranlasste ihn dazu, oft auf Kosten der Systematik schnelle Entwicklungserfolge anzustreben und bewog ihn mehr und mehr zum konstruktionsorientierten Experimentieren.[486]

---

484 Durant, Goddard and the Smithsonian Institution, S. 59f.
485 Hunley, The Enigma of Goddard, S. 337.
486 Ebd., S. 345 und S. 347.

Goddard hatte während seiner Tätigkeit für die US-Army die Vorzüge von Raketenexperimenten auf Versuchsplätzen in schwach besiedelten Landesteilen schätzen gelernt. Im Jahr 1924 verlagerte er daraufhin die gesamte Tätigkeit seiner kleinen Arbeitsgruppe nach Roswell in den Bundesstaat New Mexico. Schon 1921 hatte er sich forschungsmethodisch von Feststoffraketen abgewandt und mit der praktischen Untersuchung von Flüssigkeitsraketentriebwerken begonnen.[487] Das Guggenheim Aeronautical Laboratory des California Institute of Technology (GALCIT) suchte unter seinem Direktor Theodore von Karman Mitte der 1930er Jahre Kontakt zu Goddard, stieß jedoch auf Desinteresse. Goddard war nach seinem Besuch in Pasadena 1936 lediglich darum bemüht, raketentechnisch qualifizierte Absolventen des GALCIT wie Frank Malina – eine der späteren Schlüsselfiguren der Raketentechnik am Caltech – in seine Arbeitsgruppe abzuwerben. Malinas Verdikt „...the day of the isolated inventor of complex devices was over"[488] offenbart das Grundproblem Goddards. Trotz seiner Angebote zur Zusammenarbeit mit anderen Wissenschaftlern und Ingenieuren konnte weder mit dem National Advisory Committee for Aeronautics (NACA), dem GALCIT noch dem MIT eine gemeinsame Basis gefunden werden.

Im Oktober 1936 besann sich das US-Militär erneut auf Goddard: Das Army Air Corps (AAC) nahm Kontakt mit Goddard auf, um den militärischen Wert seiner Arbeiten zu überprüfen. Relativ schnell attestierte das AAC den Projekten geringe militärische Relevanz und zog sich ohne die Absicht einer Kooperation wieder zurück. Trotz dieser offensichtlichen Ablehnung stellte Goddard im Mai 1940 seine Forschungsergebnisse, Patente und Versuchsanlagen für die militärische Nutzung zur Verfügung. Das Treffen mit Vertretern von Army und Navy führte aber keineswegs zu militärischen Anwendungen der Goddardschen Arbeiten, lediglich die Nutzung von Flüssigkeitsraketentriebwerken als Starthilfe für Flugzeuge wurde vom US-Militär in Betracht gezogen. Dieser Vorstoß ist umso bemerkenswerter, als Goddard seine bis dahin gängige Praxis der Abschottung von Arbeitsergebnissen zugunsten der Wahrung der nationalen Sicherheit der USA aufzugeben bereit war.[489]

Im September 1941, noch vor der deutschen Kriegserklärung an die USA, wurde Goddard von der US-Navy und der Army Air Force, dem Vorläufer der US-Air Force, unter Vertrag genommen. Das zu entwickelnde Starthilfsraketen-

487 Winter, Rockets into Space, S. 29.
488 Malina, F. J.: America' s first Long-Range-Missile and Space Exploration Program: The Ordcit Project of the Jet Propulsion Laboratory, 1943–1946: A Memoir. In: AAS History Series 7 (1986), Teil 2, S. 358.
489 Emme, Eugene M.: Aeronautics and Astronautics. An American Chronology of Science and Technology in the Exploration of Space 1915–1960, Washington 1961, S. 40.

triebwerk war nach dem Ende der Entwicklungsarbeiten für den Einsatz in beiden Teilstreitkräften des US-Militärs vorgesehen.[490]

Die Suche nach einer Führungspersönlichkeit und Integrationsfigur für die amerikanische Raketenentwicklung, zu der Vannevar Bush (1890–1974) im Jahr 1942 nach Kenntnisnahme der schlechten raketentechnischen Arbeitsergebnisse des „ Office of Scientific Research and Development" (OSRD) aufrief, rückte Goddard als den US-Forscher mit den umfangreichsten einschlägigen Kenntnissen trotzdem nicht in den Mittelpunkt. Goddard verkörperte nach Bushs Einschätzung eher einen introvertierten Gelehrtentypus, er war weder charismatisch noch hatte er seine Fähigkeit zur Führung von größeren Forschergruppen unter Beweis gestellt.[491]

Die Bewertung des Beitrags Goddards zur Entwicklung von Flüssigkeitsraketen in den USA ist problematisch: Das Spektrum der Urteile reicht von euphorischen Einschätzungen, in denen er zu den „great pioneers of modern rocketry"[492] gezählt wird, bis hin zu kritischen, in denen ihm ein entscheidender Einfluss auf die raketentechnische Entwicklung seiner Zeit abgesprochen wird.[493]

Goddard erkannte sehr spät, dass die Entwicklung einer gelenkten Flüssigkeitsrakete großer Leistung zu viele Probleme aufwirft, um von einem Einzelforscher befriedigend gelöst zu werden. Er realisierte nicht, dass es sich bei der Raketentechnologie vielmehr um eine „Systemtechnik" handelt, die einer Vernetzung der Forschung und Entwicklung bedarf. Zusammen mit Finanzierungsschwierigkeiten und der Persönlichkeitsstruktur Goddards ergibt sich ein Gemenge von Gründen, die dafür herangezogen werden müssen, wenn man die fehlende Ausstrahlungskraft Goddards auf die amerikanische Raketentechnologie betrachtet. Goddard meldete bis zu seinem Tod 48 raketentechnische Patente an, weitere 131 Patente wurden ihm posthum zuerkannt. Erst im Jahr 1960 zahlten US-Army, US-Air Force und NASA eine Summe von einer Million US $, um sich die Nutzungsrechte für diese Patente zu sichern.[494]

---

490 Emme, Aeronautics and Astronautics, S. 42.

491 Zachary, P. G.: Endless Frontier. Vannevar Bush, Engineer of the American Century, Cambridge 1999, S. 179.

492 McDougall, Walter A.: ...the Heavens and the Earth: A Political History of the Space Age, New York 1985, S. 20.

493 Hunley, J. D.: The Enigma of Robert H. Goddard. In: Technology and Culture 36 (1995), S. 327ff.

494 Winter, Rockets into Space, S. 34 und Hunley, S. 330f.

3.2. Die Amerikanische Raketengesellschaft

Am 4. April 1930 konstituierte sich in New York die „*American Interplanetary Society*" (AIS). Sie war in Analogie zum deutschen Verein für Raumschiffahrt (VfR) die wichtigste Kommunikationsplattform für Raumfahrtenthusiasten in den USA. Ihre Gründungsmitglieder waren bekannte Autoren von Science Fiction-Literatur oder gehörten zu deren „*Fan*"-Klientel. Zumeist als Journalisten oder Schriftsteller tätig, betrachteten sie den Problemkreis Raumfahrt vor allem als Projektionsfläche von Phantasien. Technische Geneseprozesse waren nicht primär Absicht und Zweck der Institutionalisierung ihrer Interessen. Von den zwölf Gründungsmitgliedern standen neun entweder in direktem Kontakt mit dem SF-Verleger Hugo Gernsback oder schrieben für SF-Magazine wie „*Science Wonder Stories*" oder dessen Nachfolger „*Wonder Stories*". Sowohl David Lasser, der erste Präsident der AIS, als auch Vizepräsident Edward Pendray waren nicht nur Adepten der amerikanischen SF-Literatur, sondern konstruierten als Verleger und Autoren das, was in den „*Pulp-magazines*" als Science Fiction verkauft wurde. Selbst Gernsback trat der AIS als passives Mitglied bei und betrachtete die Gesellschaft als ein Podium für raumfahrtinteressierte Science Fiction-Anhänger.[495]

Die Aufmerksamkeit der AIS-Mitglieder richtete sich gleich zu Beginn besonders auf die europäischen Aktivitäten zur Raumfahrt und Raketentechnik. Durch Kontakt mit dem deutschen Publizisten Willy Ley war man bereits im September 1930 über die Aktivitäten Rudolf Nebels auf dem VfR-Raketenflugplatz Berlin informiert. Auch die Einladung des französischen Raumfahrttheoretikers Robert Esnault-Peltiere (1881–1957) zur ersten öffentlichen Großveranstaltung der AIS im Februar 1931 verfolgte die Absicht, dessen publizistische Tätigkeit für die Raumfahrtidee in den USA auszunutzen. Die europäischen Raumfahrtenthusiasten indessen verweigerten sich einem Gedankenaustausch nicht. Anfang der 1930er Jahre gingen sie nicht ohne Grund davon aus, den amerikanischen Arbeiten und theoretischen Ansätzen – die Projekte Goddards ausgenommen – weit voraus zu sein. Mit dem sowjetischen Wissenschaftler N. A. Rynin und dem Schriftsteller und Raumfahrtpublizisten J. I. Perelman gehörten der AIS auch zwei Russen als Ehrenmitglieder an. Trotz nationaler Befindlichkeiten wurde Raumfahrt zum Vehikel eines kosmopolitischen Denkens: Eine Expedition in den interplanetaren Raum auszurüsten, sei die Aufgabe der ganzen Welt.[496]

---

495 Winter, F.: Prelude to the Space Age. The Rocket Societies 1924–1940, Washington 1983, S. 73.
496 Ebd., S. 75 und S. 80.

Die AIS präsentierte im Februar 1931 das erste „*AIS Bulletin*"[497], in dem vor allem Übersetzungen europäischer Beiträge und der Schriftwechsel der AIS mit deutschen Vertretern des Vereins für Raumschiffahrt abgedruckt wurden. Im September des gleichen Jahres erschien mit großer finanzieller Unterstützung durch die AIS unter dem Titel „*The Conquest of Space*" die erste englischsprachige Monographie zum Raumfahrtproblem. Der Autor David Lasser, SF-Autor und bis 1932 Präsident der AIS, beabsichtigte mit dem Buch keine technische Einführung für Spezialisten, sondern wollte die Öffentlichkeit für das Raumfahrtproblem gewinnen. Auch der Nachfolger Lassers im Präsidentenamt, Edward G. Pendray, setzte auf die Möglichkeit, durch Publikationen in populärwissenschaftlichen Zeitschriften wie dem „*Scientific American*" das Problem interplanetarer Expeditionen mittels Raketen und Raumschiffen einem breiteren Publikum als den Anhängern der Science Fiction-Magazine zu erschließen.[498]

Im ersten Jahr des Bestehens der AIS traten etwa 100 Mitglieder in die Gesellschaft ein, fünf Jahre nach der Gründung hatte die Zahl der AIS-Mitglieder bereits ca. 300 erreicht, war aber in eine Sättigungsphase eingetreten, so dass sie sich bis 1940 lediglich auf 400 erhöhte. Waren die ersten Mitglieder überwiegend Literaten und Science Fiction-Begeisterte gewesen, traten in der Folgezeit auch rein technisch Interessierte und Ingenieure in die AIS ein. Der ersten Phase, die zwei Jahre bis 1932 dauerte und in der man vor allem die Thematik Raumfahrt in der Öffentlichkeit propagierte, folgte eine zweite Phase, in der reale raketentechnische Kleinprojekte in Angriff genommen wurden. Die AIS formte sich damit zu einer Interessengemeinschaft, die einerseits noch in phantastischer Verklärung Raumfahrt als Vollendung menschlicher Zivilisation betrachtete, andererseits aber auch diesbezügliche Experimentalarbeiten zur Raketentechnik förderte. Robert Goddard, der gleich nach Gründung der AIS vom Präsidium um Mitarbeit gebeten wurde und der auf Grund seiner Vorarbeiten durchaus als Schrittmacher der AIS denkbar gewesen wäre, nahm von einem Eintritt in die Gesellschaft Abstand. Er begründete seine Ablehnung damit, dass eine zu populistische Inszenierung der Raketentechnik deren sachliche Entwicklung eher behindere: „*So far as I know, I am the only one who has worked out the problem ... and who has at the same time checked conclusions by actual experiments ... I do not feel in a position to present the whole story yet, and any talk, however informal, is bound to lead to questions which will leave matters in*

---

497 Mit dem Rücktritt Lassers vom Präsidentenamt der AIS übernahm Edward Pendray 1932 den Vorsitz der Gesellschaft. Unter seiner Leitung wurde das AIS-Bulletin unter dem neuen Titel „*Astronautics*" herausgegeben.

498 Freeman, M.: Hin zu neuen Welten. Die Geschichte der deutschen Raumfahrt, Wiesbaden 1995, S. 101–109. Siehe Pendray, E. G: What's in the Rocket? In: Scientific American 151 (1934), Nr. 1, S. 10–12.

an unsatisfactory state if they are not answered. "[499] Erst im Jahr 1945, kurz vor seinem Tod, ließ sich Goddard in das Direktorium der American Rocket Society (ARS) wählen.[500]

Im Jahr 1931 unternahm der AIS-Vizepräsident Pendray eine Europareise, auf der er unter anderem Robert Esnault Peltiere in Paris und Rudolf Nebel auf dem Raketenflugplatz Berlin besuchte. Besonders in Deutschland hoffte Pendray, bei den praktisch erfahrenen Akteuren des Vereins für Raumschiffahrt Anregungen für die Planung und Durchführung von eigenen Experimentalarbeiten holen zu können. Nach Einrichtung eines *„Experimental Committee"* begann die AIS schließlich im Jahr 1932 auch mit der Konstruktion von Flüssigkeitsraketentriebwerken nach deutschem Vorbild. Die einzelnen Triebwerksmodelle, die zusammen mit der Raketenkonstruktion entstanden, wurden von verschiedenen Entwicklern der AIS realisiert. Die Serie der Entwickler begann mit Hugh Franklin Pierce, einem Autodidakten mit guter technischer Auffassungsgabe, dessen Modell im November 1932 auf dem Prüfstand getestet wurde. In der Folgezeit traten auch Bernard Smith, der später Technischer Direktor des Naval Weapons Laboratory wurde und Edward G. Pendray, der Vizepräsident der AIS, als Konstrukteure in Erscheinung. Geglückte Flüge blieben trotz des ersten gelungenen Starts einer AIS-Rakete im Mai 1933 selten. Im Herbst des Jahres 1934 kamen die einzelnen Konstrukteursgruppen zu dem Schluss, dass nur eine systematische Konstruktionstechnik und die Nutzung von Standardbaugruppen zu reproduzierbaren Flugtests führen können. Zudem verhinderten Finanzierungsnöte eine kontinuierliche Versuchsarbeit. Die Lücke bei der Finanzierung der Versuche sollte, einem Vorschlag Pendrays gemäß, durch die Gründung eines Fonds für die Entwicklung von Höhenforschungsraketen geschlossen werden. Im Zuge eines Vierjahresprogramms und mit einem Budget von 100 000 US $ hoffte Pendray, Höhenforschungsraketen entwickeln und damit einen Aufschwung der US-Raketentechnologie bewirken zu können. Die gewünschten Sponsoren konnten jedoch nicht gewonnen werden, da die finanziellen Planungen nicht mit entsprechenden technischen untersetzt wurden.[501]

---

499 Brief Goddards an den Präsidenten der AIS, Lasser, vom 12 April 1930. In: Goddard/Pendray, The Papers of Goddard, S. 735. Siehe auch Winter, The Rocket Societies, S. 74f.

500 Römer, H. v.; Römer, B. v.: Prof. Dr. Robert Hutchins Goddard, der Vater der amerikanischen Raketentechnik. In: Flugkörper (1961), S. 104.

501 Pendrays *„Proposal for the Establishment of a Fund for the Rocket Research with the Object of Developing High-Altitude Rockets for Scientific and Meteorological Investigations"* aus dem Jahr 1934 sollte einen Finanzierungsverbund, bestehend aus der American Rocket Society, der Guggenheim School for Aeronautics, der Smithsonian Institution und dem United States Weather Bureau, begründen. Siehe Winter, The Rocket Societies, S. 82.

Vier Jahre nach Gründung der AIS reagierten die Mitglieder auf die Verschiebung der Interessenlage hin zu den Grundlagen der Raketentechnologie als Voraussetzung für die Weltraumfahrt. Im April 1934 benannte man sich um in *„American Rocket Society"* (ARS). Beherrschte anfangs allein die Raumfahrt-Euphorie das Klima der Gesellschaft, erhielt nun die ingenieurtechnische Konstruktionsarbeit den gleichen Stellenwert.[502] Das Experimental Committee der AIS wurde dabei zu einem Podium für die kommerzielle Aufbereitung der anfänglichen *„Bastelarbeiten"*. Alle Gesellschafter des 1942 gegründeten privatwirtschaftlichen Unternehmens *„Reaction Motors Inc."* waren zuvor Mitglieder des Experimental Committee der AIS/ARS gewesen.[503]

Im Dezember 1938 begann die ARS mit dem Test verschiedener unter Federführung der Gesellschaft entwickelter Flüssigkeitstriebwerke: neben dem Triebwerk von Frank Wyld wurde auch der Aufbau von R. C. Truax einem Brennversuch mit Schubkraftmessung unterzogen. Wyld konstruierte sein Triebwerk bis zum Jahr 1941 mehrfach um, so dass sein Antriebskonzept 1942 als Basis für die Gründung der Reaction Motors Inc. genutzt werden konnte. Das Risiko der ARS-Mitglieder, den Reaktionsantrieb wirtschaftlich zu vermarkten, war nicht unerheblich, trat doch als potentieller Kunde dieses Unternehmens zunächst einzig das US-Militär auf.[504]

Die raketentechnischen Experimentalarbeiten der ARS und Goddards bewirkten, gemeinsam mit der Verbreitung und publikumswirksamen Inszenierung des Raumfahrtgedankens besonders in populärwissenschaftlichen oder wissenschaftlich-phantastischen Zeitschriften und Büchern, Anfang der 1930er Jahre auch in den USA ein verstärktes Interesse an Raketentechnik. Diese stetige Zunahme des raketentechnischen Interesses in Amateurkreisen lässt sich durchaus mit den Prozessen in Deutschland oder der Sowjetunion vergleichen. Die Raumfahrtszenarien der wissenschaftlichen Phantastik bereiteten ähnlich wie in Europa den Boden für die Institutionalisierung privater raketentechnischer Interessen. Die Gründungsmitglieder der AIS/ARS waren zunächst sehr stark von Raumfahrtphantasien in Werken der Science Fiction beeinflusst. Erst nach einer gewissen Zeit konzentrierte sich das Interesse auf konstruktive Arbeiten, die sich an deutschen Vorbildern orientierten. Die Frage, ob und inwiefern die Raketentechnik in akademischen Institutionen wahrgenommen und untersucht wurde, bleibt indessen noch zu beantworten.

---

502 Pendray, E. G.: Early Rocket Development of the American Rocket Society. In: Durant, F. C.; James, G. S. (Hrsg.): First Steps Toward Space (Smithsonian Annals of Flight 10), Washington 1974, S. 141–155.

503 Pendray, E. G.: Pioneer Rocket Development in the United States. In: Technology and Culture 4 (1963), S. 390.

504 Emme, Aeronautics and Astronautics, S. 36 u. 42.

3.3. Akademisierung der Raketentechnik

Der amerikanische Industrielle Daniel Guggenheim (1856–1930) richtete im Dezember 1925 den mit 2,5 Mio. US $ dotierten „Guggenheim Fund for the Promotion of Aeronautics" ein, der zur Förderung der Luftfahrtforschung in den USA gedacht war. Die Guggenheim-Stiftung finanzierte in den Folgejahren unter anderem Projekte am Massachusetts Institute of Technology (MIT) in Boston, den Universitäten in New York, Stanford und Michigan sowie dem California Institute of Technology (Caltech) in Pasadena. Insbesondere das Caltech entwickelte sich in den 1930er Jahren zu einem führenden Hochschulstandort der Luftfahrtforschung in den USA. Obwohl die Aktivitäten der Stiftung bereits 1930 wieder eingestellt wurden, waren an den genannten Hochschulen Forschungsstrukturen entstanden, die als Grundlage luftfahrt- und raketentechnischer Unternehmungen im akademischen Kontext gelten können.[505]

Das Guggenheim Aeronautical Laboratory des California Institute of Technology (GALCIT) in Pasadena stand ab 1930 unter dem Direktorat des Prandtl-Schülers Theodore von Karman[506] (1881–1963). Karman, selbst Aerodynamiker und von 1913 bis 1929 Professor an der in Bezug auf aerodynamische Forschung bedeutendsten Technischen Hochschule Deutschlands, der TH Aachen, leitete das GALCIT von 1930 bis 1949 und entwickelte das Institut zu einem Zentrum für Aerodynamik und Strömungsmechanik. Durch die Konzentration der Arbeiten auf den Hochgeschwindigkeitsflug rückten zunehmend auch neue Antriebskonzepte in das Blickfeld. Neben konventionellen Propellerantrieben diskutierte man im GALCIT ab 1935 besonders die Aussagen des Österreichers Eugen Sänger zum Raketenflug. Sängers 1934 publizierte Arbeiten, die den Reaktionsantrieb für Anwendungen im Grenzbereich zwischen Luft- und Raumfahrt nahelegten, wurden analysiert und waren der Grund dafür, dass einige der Luftfahrtforscher erstmals ihr Interesse auf Reaktionsantriebe richteten.[507]

Im Februar 1936 stellte man am Caltech das FuE-Programm einer Höhenforschungsrakete vor. Mit Zustimmung von Karmans konstituierte sich innerhalb

---

505 Emme, Aeronautics and Astronautics, S. 22.

506 Karman gehörte im Frühjahr 1945 als Ermittler dem Combined Intelligence Objectives Subcommittee (CIOS) an, das nach der Besetzung Deutschlands vor Ort den deutschen Leistungsstand militärisch relevanter Technologien dokumentieren sollte. In dieser Funktion besichtigte er im Mai 1945 die Mittelwerke in Nordhausen und konnte sich dort einen Überblick über das erreichte Niveau der deutschen Fernraketentechnolgie verschaffen. Trischler, H.: Luft- und Raumfahrtforschung in Deutschland 1900–1970. Politische Geschichte einer Wisssenschaft, Frankfurt a. M. 1992.

507 Malina, F. J.: On the GALCIT Rocket Research Project, 1936–1938. In: Durant, F. C.; James, G. S. (Hrsg.): First Steps Toward Space (Smithsonian Annals of Flight 10), Washington 1974, S. 113.

des GALCIT eine sechsköpfige Rocket Research Group. Die Planungen der Rocket Research Group wurden ausschließlich von den Akteuren selbst bestimmt. Allein das am Caltech vorhandene Interesse, durch Höhenforschung mittels Raketen Untersuchungen der kosmischen Strahlung und meteorologischer Effekte durchführen zu können, legitimierte das GALCIT-Projekt. Der Hintergrund der Arbeiten war somit kein waffentechnischer, die spätere Verwendung der Reaktionsantriebe als Starthilfen für schwer beladene Flugzeuge lag 1936 noch nicht im Bereich der Planungen. Karman legte Wert auf ein forschungsmethodisch durchdachtes Vorgehen der Gruppe: Er forderte, erst mit Versuchsreihen zu beginnen, nachdem man sich über die physikalischen Mechanismen klar geworden sei, und nicht einer von Versuch und Irrtum geprägten empirischen Arbeitsweise anzuhängen.[508]

Die Rocket Research Group verstand ihr Projekt als angewandte Wissenschaft und war sich dessen bewusst, dass Raketentechnologie im Schnittpunkt unterschiedlicher ingenieurtechnischer Disziplinen angesiedelt ist. Theoretische Untersuchungen zur Thermodynamik des Reaktionsantriebs und zur Ballistik der Höhenforschungsrakete gehörten zu den ersten Arbeitsschritten der Gruppe, Versuchsaufbauten zur Messung der Leistungsparameter des Triebwerks und zur Gewinnung von Datenmaterial folgten. Um die Probleme besser einordnen und abgrenzen zu können, verfolgte man in Pasadena auch die Experimentalarbeiten der American Rocket Society (ARS) und nahm Einblick in die Veröffentlichungen von Ziolkowski, Goddard, Esnault-Pelterie und Oberth. Dem Projekt mangelte es jedoch an finanzieller Unterstützung. Das Caltech hatte zwar die Erlaubnis für die Versuche erteilt, die Arbeiten kamen jedoch wegen der Finanzlage nur sehr langsam vorwärts. Auch der kurze Kontakt zu Goddard, der 1936 das Caltech besuchte und an einem ähnlichen Projekt arbeitete, erschloss keine Finanzierungsquelle. Das Army Ordnance Department äußerte sich noch nach dem Besuch eines ihrer Vertreter am Caltech im Oktober 1938 skeptisch über eine waffentechnische Verwertung von Flüssigkeitsraketen. Zu diesem Zeitpunkt war die Rocket Research Group schon in das Blickfeld des US-Army Air Corps gerückt.[509]

3.4. Konstruktion eines militärischen Verwendungskontextes

Dadurch, dass die Arbeiten in Pasadena bis zum Jahr 1938 keinen militärischen Auftraggeber hatten, waren sie keinen Geheimhaltungsbestimmungen unterworfen, sondern wurden auch von der amerikanischen Presse kommentiert. Im Mai

---

508 Malina, GALCIT Rocket Reserach Project, S. 114f.
509 Ebd., S. 115f. und S. 125.

1938 bat das Army Air Corps (AAC) von Karman, der Mitglied des National Academy of Sciences Committee on Army Air Corps Research war, um eine Einschätzung der militärischen Verwendungsmöglichkeiten des Reaktionsantriebs. Frank Malina wurde als Leiter der Rocket Research Group hinzugezogen und legte der National Academy of Sciences im Dezember 1938 einen Bericht über den Entwicklungsstand von Reaktionsantrieben am Caltech vor.[510]

Der Bericht umfasste neben der Vorstellung theoretischer Grundkonzepte und einer Typenklassifikation von Strahlantrieben auch die Verwendung derartiger Antriebe als Starthilfe für Flugzeuge. Außerdem unterrichtete Malina über den aktuellen Entwicklungsstand bei Strahlantrieben.[511]

Die Anfrage des Army Air Corps, ob Reaktionsantriebe als Starthilfen für Flugzeuge Verwendung finden könnten, war damit entschieden. Die Untersuchungen der GALCIT Rocket Research Group erhielten von diesem Zeitpunkt an eine militärische Ausrichtung, da nun Forschung und Entwicklung von Starthilfsraketen für schwerbeladene (Bomben-) Flugzeuge dominierten. Die Army unterstützte das GALCIT besonders beim Aufbau von Testständen. Im Gegensatz zur ersten Phase der GALCIT-Forschung über Reaktionsantriebe von 1936 bis 1938 wurde die Forschung jetzt als geheim eingestuft, was eine Publikation der Ergebnisse ausschloss.[512]

Die National Academy of Sciences gab zunächst eine Explorationsstudie in Auftrag, die für die Dauer eines halben Jahres mit 1 000 US $ aus Regierungsfonds finanziert wurde. Die Studie, welche im Frühjahr 1939 am GALCIT angefertigt wurde, untersuchte sowohl die Möglichkeiten von Feststoffraketenantrieben als auch von Flüssigkeitstriebwerken und enthielt ein entsprechendes Forschungsprogramm, für dessen Realisierung in einem Jahr Laufzeit 100 000 US $ gefordert wurden. Die National Academy of Sciences und das Army Air Corps bezeichneten das Programm als zu ehrgeizig und das Forschungsbudget damit als zu überdimensioniert. Im Juli 1939 wurde die Förderungssumme für das *„Army Air Corps Jet Propulsion Project"* mit 10 000 US $ festgesetzt. Damit kürzte man die ursprünglichen Forderungen auf ein Zehntel. Die zunächst von

---

510 Der Terminus technicus *„rocket"* hatte 1938 in den USA eine negativ besetzte Konnotation, so dass die Bezeichnung *„rocket"* bestenfalls im Kontext der Science Fiction verwendbar erschien. Die Wissenschaftler des Caltech legten deshalb bei der Präsentation ihrer Planungen vor der National Academy of Sciences Wert darauf, von *„jet propulsion"* zu sprechen und sich damit von den Akteursgruppen der *„Projektemacher"* abzugrenzen. Siehe Malina, GALCIT Rocket Reserach Project, S. 125.

511 Malina, F. J.: The U.S. Army Air Corps Jet Propulsion Research Project, Calcit Project No. 1, 1939–1946: A Memoir. In: AAS History Series 7 (1986), Teil 2, S. 155.

512 Malina, GALCIT Rocket Research Project, S. 125 und Ders..: America's first Long-Range-Missile and Space Exploration Program: The Ordcit Project of the Jet Propulsion Laboratory, 1943–1946: A Memoir. In: AAS History Series 7 (1986), Teil 2, S. 340.

der National Academy of Sciences übernommene Finanzierung fiel nach einem Jahr in den Zuständigkeitsbereich des AAC.[513]

Im Vergleich zur Frühphase von 1936 bis 1938, in der von Karman lediglich den Weg für die Forschungen zu Raketentriebwerken am GALCIT geebnet hatte, schaltete er sich mit Beginn des militärisch induzierten Projekts ab 1939 aktiv ein und gab die Richtung vor. Malina wurde zum Chefingenieur ernannt und führte die zunächst noch kleine Gruppe, die im Jahr 1943 aber schon 85 Mitarbeiter umfasste. Besonders kam den Arbeiten von Karmans Erfahrung zugute, mathematische Methoden und physikalische Analysen bei der Lösung von anspruchsvollen ingenieurtechnischen Problemen einzusetzen.[514]

Das Army Air Corps Jet Propulsion Project führte von 1939 bis 1943 zu einer Konzentration der Caltech-Forschergruppe auf das Gebiet der Raketentriebwerkstechnik.[515] Fragen der Steuerung und Lenkung von Raketen blieben marginal. Die Forderung des Army Air Corps, nur lagerbare Treibstoffe für die Starthilfstriebwerke zu verwenden, ließen flüssigen Sauerstoff als Oxidator von vornherein aus den Versuchsreihen ausscheiden. Das Militär nahm stattdessen die toxischen und korrosiven Eigenschaften von Salpetersäure in Kauf, die darüber hinaus auch eine besondere Auswahl der Konstruktionswerkstoffe für das Triebwerk erforderte.[516]

Die Entwicklung von Feststofftriebwerken und lagerbaren Flüssigkeitstriebwerken zur Unterstützung von Flugzeugmanövern war am GALCIT bald so weit gediehen, dass nach erfolgreichen Tests mit der Fertigung begonnen werden konnte. Die Suche nach Unternehmen der US-Luftfahrtindustrie, welche die Fertigung der Triebwerke übernehmen konnten, blieb jedoch erfolglos. Keines der kontaktierten kalifornischen Unternehmen räumte 1941 Raketenantrieben in der Zukunft Entwicklungspotentiale und kommerziellen Erfolg ein.[517] Karman, Malina und andere Mitarbeiter des GALCIT gründeten nach Rücksprache mit dem US-Militär Anfang des Jahres 1942 die Aerojet Engineering Corporation und überführten die Entwicklung und Fertigung der Triebwerke dorthin. Die als Ergebnisse der Forschungsarbeiten von Mitarbeitern der Rocket Research Group angemeldeten Patente wurden in der Aerojet Corporation industriell verwertet. Damit bewegten sich die GALCIT-Raketenforscher in drei unterschiedlichen Sphären: der Ingenieurausbildung am Caltech, den an Grundlagenforschung ori-

---

513 Emme, Aeronautics and Astronautics, S. 38 und Malina, Army Air Corps Jet Propulsion Research Project, S. 158.

514 Malina, The Ordcit Project, S. 339 und Army Air Corps Jet Propulsion Research Project, S. 158.

515 Pickering, W. H.; Wilson, J. H.: Countdown to Space Exploration: A Memoir of the Jet Propulsion Laboratory, 1944–1958. In: AAS History Series 7 (1986), Teil 2, S. 389.

516 Malina, Army Air Corps Jet Propulsion Research Project, S. 167.

517 Ebd., S. 194.

entierten allgemeinen Arbeiten zu reaktiven Antrieben und der kommerziellen Sphäre der Entwicklung und Fertigung von Triebwerken für das US-Militär bei Aerojet.[518]

Die parallele Orientierung der Forschungsarbeiten auf Triebwerke mit festen und flüssigen Treibstoffen zeigte unterschiedliche Resonanz beim Militär. Das Navy Department – ursprünglich nicht im Kreis der Auftraggeber vertreten – sah in den konstruktiv einfachen und leicht handhabbaren Feststoffraketen geeignete Starthilfen für Flugzeuge, die von Flugzeugträgern starteten und dort nur eine begrenzte Startstrecke zur Verfügung hatten. 1942 erteilte die Navy einen entsprechenden Entwicklungsauftrag an die Aerojet Corporation.[519] Das in Army Air Force (AAF) umbenannte Army Air Corps wiederum ließ die Arbeiten zu Feststoffantrieben im Juni 1944 abbrechen, sie wurden zu diesem Zeitpunkt Bestandteil des ORDCIT-Projektes, dessen Bearbeitung im Juli 1944 am Caltech begann. Stattdessen gab die AAF 1943 zusätzlich die Untersuchung der Möglichkeiten des Unterwassereinsatzes von Reaktionsantrieben für Torpedos und Flugkörper in Auftrag.[520] Im Jahr 1943 organisierte von Karman am Caltech erstmals einen Fortbildungslehrgang auf dem Gebiet der Reaktionsantriebstechnik. Die Teilnahme war zunächst auf Offiziere der Army und Navy beschränkt, erst später wurden auch zivile Studenten zugelassen.[521]

Anfang des Jahres 1944 begann man bei Aerojet als Reaktion auf einen Auftrag des Navy Bureau of Aeronautics hochenergetische Triebwerke, die flüssigen Sauerstoff und flüssigen Wasserstoff als Treibstoffe verwendeten, zu untersuchen. Noch vor Eintreffen der deutschen Raketenexperten um Wernher v. Braun 1945 lief damit in den USA ein Entwicklungsprogramm an, das sich einerseits nicht an deutschen Leitbildern orientierte und andererseits den USA vom Beginn der praktischen Erprobung dieser Triebwerke im Jahr 1949 an eigene Grundlagen für raumfahrtrelevante Raketenantriebe sicherte.[522]

In der Reflexion der US-Raketentechniker, die sich bereits seit 1936 mit Arbeiten zur Triebwerksentwicklung beschäftigt hatten, dominiert das Urteil, Deutschland habe einzig und allein in der Entwicklung und im Umgang mit leistungsstarken Flüssigkeitstriebwerken, die flüssigen Sauerstoff als Oxidator nutzten, bis zum Ende des Zweiten Weltkrieges besondere Kompetenzen erworben. Die Entwicklung von Feststofftriebwerken mit großer Schubkraft und langer

518 Malina, The Ordcit Project, S. 342 und Pickering/Wilson, Countdown to Space Exploration, S. 389.
519 Malina, Army Air Corps Jet Propulsion Research Project, S. 173.
520 Diese Arbeiten wurden im sogenannten „GALCIT Project No. 2" zusammengefasst.
521 Malina, Army Air Corps Jet Propulsion Research Project, S. 181 u. 195
522 Osborn, G. H. u. a.: Liquid-Hydrogen Rocket Engine Development at Aerojet, 1944–1950. In: AAS History Series 7 (1986), Teil 2, S. 279–324.

Brenndauer hingegen sei bis 1945 in den USA wesentlich weiter vorangeschritten als in Deutschland.[523]

Gemäß der 1938/39 vom Army Air Corps vorgegebenen Ausrichtung der Forschung auf Raketentriebwerke beschäftigten sich bis 1946 die GALCIT-Mitarbeiter mit reaktiven Antrieben für Flugzeuge. Obwohl 1944 mit einem eigenen Fernraketenprogramm begonnen wurde, liefen die Arbeiten zu Starthilfsraketen weiter. Die nachrichtendienstliche Aufklärungstätigkeit Großbritanniens, in deren Folge Informationen über mit Reaktionsantrieben ausgestattete Geschosse deutscher Entwicklung in die USA gelangten, veranlasste das US-Militär, Stellungnahmen von US-Experten zu diesem Thema einzufordern. Das Caltech wurde im Juli 1943 durch die Army Air Force (AAF) um eine solche Stellungnahme gebeten. Die Verbindung zwischen Militär und Hochschule stellten dabei sogenannte *„Liaison Officers"* der AAF und des Army Ordnance Department her.[524] Der entsprechende AAF-Verbindungsoffizier des Caltech ermutigte von Karman und seine an der Stellungnahme beteiligten GALCIT-Mitarbeiter, auf den britischen Geheimdienstberichten aufzubauen und eine weitergehende Studie zur Perspektive der Raketentechnologie in den USA zu erarbeiten. Diese Studie sollte klären, ob mit den bereits von der Aerojet Corporation gefertigten Triebwerken der Antrieb von ballistischen Flugkörpern möglich wäre. Im November 1943 lag das Ergebnis vor: Mit den gegebenen Triebwerken würde man Reichweiten der Geschosse von 160 km nicht übertreffen können. Jetzt ergriff von Karman seinerseits die Initiative und erarbeitete eine Denkschrift, in der er dem US-Militär ein detailliertes Entwicklungsprogramm empfahl, auf dessen Grundlage die in der Explorationsstudie in Aussicht gestellten Ergebnisse erreicht werden könnten. Um auf die am Caltech bereits bestehende Institutionenstruktur für Arbeiten zur Reaktivtechnik hinzuweisen, verwendete von Karman für seine Forschergruppe die noch inoffizielle Bezeichnung *„Jet Propulsion Laboratory"*.[525]

Während die GALCIT-Mitarbeiter auf dem seit 1936 erworbenen raketentechnischen Wissen sowie den bereits erzielten Entwicklungserfolgen und den erprobten Forschungsmethoden aufbauen wollten, favorisierte das Militär ein komplexes FuE-Programm, in dessen Rahmen nicht nur die bisherige Forschungstätigkeit des GALCIT mit anderen Akzenten weitergeführt, sondern um-

---

523 Malina, Army Air Corps Jet Propulsion Research Project, S. 196.

524 Das Army Ordnance Department ist als *„Feldzeugmeisterei"* der US-Landstreitkräfte in Bezug auf sein Aufgabenspektrum, das Entwicklung und Beschaffung von Waffen und Ausrüstung umfasste, mit dem Heereswaffenamt vergleichbar.

525 Malina, The Ordcit Project, S. 343. Vgl. auch Emme, Aeronautics and Astronautics, S. 47. Dort wird der Vorgang – der Chronologie geschuldet – stark verkürzt geschildert. Dadurch entsteht der Eindruck, als beauftragte das Army Ordnance Department im Januar 1944 das Caltech mit der Ausarbeitung eines Fernraketenprojekts.

fassend erweitert werden sollte. Eine derartige Extensivierung der Raketenforschung, noch zu Zeiten der investitionsfreundlichen Kriegswirtschaft ausgehandelt, hätte das GALCIT nach den Vorstellungen des Militärs infolge der unvermeidlichen institutionellen Eigendynamik nach der Startphase des Projekts von allen Konjunkturen der staatlichen Förderung von Wehrforschung unabhängiger gemacht. Außerdem hätte sich das US-Militär den unmittelbaren Zugriff auf eine wichtige Wehrtechnologie gesichert. Die GALCIT-Mitarbeiter äußerten zum Problemkreis Raketentechnologie eher sachliche Bedenken: Viele der Caltech-Wissenschaftler standen den mit der Konstruktion von Raketen verbundenen Fragen sowie Problemen bei der Überführung in die Massenproduktion skeptisch gegenüber. Trotz sachlicher Projektarbeit führten die Zuständigkeitsprobleme innerhalb der US-Teilstreitkräfte zu weiteren Unwägbarkeiten. Würde das geplante Projekt in den Zuständigkeitsbereich des Army Ordnance Department oder Army Air Force fallen? Würde die geplante Fernrakete als ballistisches Geschoss oder als Luftfahrzeug ohne Piloten aufgefasst werden?[526]

Da allein das Army Ordnance Department im Januar 1944 auf die Denkschrift von Karmans reagierte, waren die Zuständigkeitsverhältnisse sehr schnell geklärt. Seit September 1943 verfügte das Army Ordnance Department zur Koordinierung der militärischen FuE-Arbeiten auf dem Gebiet der Raketentechnik über eine Rocket Development Branch.[527] Im Antwortschreiben des Chefs der Rocket Development Branch an von Karman bekundete die Army nicht nur ihr Interesse, sondern war an einem noch umfassenderen Programm, als es von Karman vorgeschlagen hatte, interessiert. Bezüglich der Laufzeit jedoch setzte die Rocket Development Branch enge Grenzen: Die Forschungsarbeiten wurden auf ein Jahr befristet und dafür ein Budget von 3 Mio. US $ in Aussicht gestellt. Karman unterbereitete daraufhin im Februar 1944 dem Army Ordnance Department im Auftrag des Caltech einen neuen Vorschlag zum Umfang der Arbeiten:

„1. Theoretical investigations on the possible range as a function of the initial weight and the ratio between warhead and initial weight. It is especially necessary to decide whether pure projectiles or wing missiles or both types should be developed.
2. Theoretical and experimental investigations on stability and aerodynamic control. ...
3. Development of an adequate propulsion system. Liquid rockets for indefinite duration, and solid rockets up to 45-second duration have been developed by the GALCIT Project and the Aerojet Engineering Corporation. ...
4. Study of launching system ...

526 Malina, The Ordcit Project, S. 344f.
527 Emme, Aeronautics and Astronautics, S. 47.

5. Construction of model projectiles of moderate size ...
6. Methods of remote control.
7. Development of adequate experimental technique for firing tests, execution of firing tests, and evaluation of results. "[528]

Damit hatten die Caltech-Wissenschaftler alle Kernprobleme der Raketentechnologie erfasst. Fragen der aerodynamischen Gestaltung, der Triebwerkskonstruktion sowie der Steuerung und Lenkung der Rakete waren auch in Deutschland die Hauptarbeitsgebiete. Wie das Heereswaffenamt versuchte das Caltech, zunächst durch theoretische Ballistik Einsatzbedingungen für die Fernrakete zu ermitteln und, durch die Schaffung kleinerer Versuchsgeräte, Wissen beim Umgang mit Flüssigkeitsraketen zu erwerben und Erfahrungen mit den Teiltechnologien zu sammeln.

Im Vertrag zwischen Army und Caltech, der am 16. Januar 1945 unterzeichnet wurde, stockte man diese Mittel weiter auf: Die Zusammenarbeit diente dem Zweck, eine militärisch einsatzfähige Fernrakete zu entwickeln und war ursprünglich bis zum Jahr 1954 geplant. Dieser Zeitraum wurde aber kurz darauf auf eineinhalb Jahre bis 1946 verkürzt. Bis zu diesem Zeitpunkt wurden 3,6 Mio. US $ an Forschungsmitteln zur Verfügung gestellt. Ziel war es, relativ schnell eine ballistische Fernrakete zu schaffen, die eine Nutzlast von ca. 4,5 t (1 000 lb.) über eine Entfernung von ca. 240 km (150 mi.) transportieren könne, wobei durch eine geeignete Fernsteuerung nicht mehr als 2 % Längenstreuung auftreten dürfe.[529]

Das nunmehr vertraglich geregelte Anschlussprojekt an das Air Force Jet Propulsion Project wurde als ORDCIT-Projekt bezeichnet und machte eine generelle Umstrukturierung der Forschung am GALCIT notwendig. Im Frühjahr 1944 wurde deshalb offiziell das Jet Propulsion Laboratory (JPL) des Caltech gegründet. Besondere Schwierigkeiten bereitete die Koordination der Arbeitsgebiete, der Arbeitskräfte und der Finanzen des neuen Forschungslaboratoriums. Das JPL war bis zur Emeritierung von Karmans im Jahr 1949 Bestandteil des GALCIT. Erst danach wurde es eigenständig und von einem Direktor geleitet. Zur Planung der Arbeiten stand dem JPL bis 1948 ein „*Executive Board*" vor, der sowohl administrative als auch fachliche Entscheidungen traf. Die am Caltech akkreditierten Verbindungsoffiziere der Teilstreitkräfte überwachten die Arbeiten mit der ihnen gegebenen Kompetenz. Das National Defense Research Committe hatte im Juli 1940 ein Jet Propulsion Research Committee eingerichtet und der Naval Powder Factory in Indian Head angegliedert. Der Caltech-

---

528   Zitiert nach Malina, The Ordcit Project, S. 377.
529   Malina, The Ordcit Project, S. 345f.

Verbindungsoffizier des Army Ordnance Department war in Indian Head tätig gewesen und konnte daher Probleme in Bezug auf Raketenantriebe beurteilen.[530] Die Organisationsstruktur des JPL ist ein Abbild der im Februar 1944 gemachten Vorschläge zum Umfang des Forschungsprogramms. Der integrative Charakter des ORDCIT-Projekts zeigt sich in der Verschmelzung von Werkstoffwissenschaften (Section Materials), Elektro- und Regelungstechnik (Section Remote Control), technischer Thermodynamik (Sections of Rocket Engines), physikalischer Chemie (Section Propellants) und Maschinenbau. Insgesamt kam man immer mehr zu dem Schluss, die Raketentechnologie als *„system engineering"* aufzufassen, das nicht von einem Einzelerfinder, sondern von einer Gruppe getragen wird. Die Caltech-Wissenschaftler sahen schon 1936 den Hauptgrund für die unbefriedigenden Entwicklungserfolge Goddards in dessen fehlender Fähigkeit, mit Fachkollegen zu kommunizieren und Forschungsarbeit in einer funktional ausdifferenzierten Gruppe zu organisieren: *„...Goddard had not succeeded in constructing a successful sounding rocket because he had underestimated the difficulties involveld."*[531]

Bild 11 zeigt die dem Entwicklungswerk der Heeresversuchsanstalt Peenemünde ähnliche Struktur (siehe Bild 1) des Jet Propulsion Laboratory, welches einer technischen Hochschule, nämlich dem California Institute of Technology, angegliedert war.[532]

Im Jahr 1944 bearbeitete das JPL neben dem ORDCIT noch drei weitere Projekte zur Entwicklung von Reaktivtechnik: das bereits dargestellte Air Corps Jet Propulsion Project, Forschungsarbeiten zu Staustrahltriebwerken und Studien zur Realisierbarkeit eines reaktiven Marine-Torpedos. Allein das ORDCIT-Projekt war im Gegensatz zu den anderen genannten Projekten eine direkte Reaktion der USA auf den Kriegseinsatz der deutschen Fernrakete A4. Die verfügbaren Ressourcen und Teststandkapazitäten wurden von allen Projekten gleichermaßen genutzt. Im Vergleich zu den anderen Teilstreitkräften des US-Militärs engagierte sich die Army Air Force bei der Forschungsförderung reaktiver Antriebe besonders stark.[533]

Das ORDCIT-Projekt hatte von allen Raketenprojekten der USA die größten Wachstumsraten zu verzeichnen. Eine Vielzahl von Ingenieurdisziplinen musste

530 Malina, F.: Origins and First Decade of Jet Propulsion Laboratory. In: Emme, E. M. (Hrsg.): The History of Rocket Technology: Essays on Research, Development and Utility, Detroit 1964, S. 46–65. Siehe auch Malina, The Ordcit-Project, S. 346f. und Emme, Aeronautics and Astronautics, S. 40.
531 Malina, The Ordcit-Project, S. 358.
532 Ebd., S. 349.
533 Pickering, W. H.; Wilson, J. H.: Countdown to Space Exploration: A Memoir of the Jet Propulsion Laboratory, 1944–1958. In: AAS History Series 7 (1986), Teil 2, S. 386f. und Malina, The Ordcit-Project, S. 347.

zusammengeführt, weitläufige Versuchsstände in Texas und New Mexiko aufgebaut sowie eine leistungsfähige Beobachtungsbasis für die Flugversuche errichtet werden.[534]

Das Projekt war klar umrissen und sollte die Entwicklung einer militärisch einsatzfähigen Fernrakete als Ergebnis haben. Über diese reine Auftragsarbeit hinaus legte das Army Ordnance Department großen Wert auf eine systematische Forschung, bei der angewandte Disziplinen zur Raketentechnologie zusammengeführt werden sollten. Ein modulares Vorgehen, das, von einfachen Aufbauten ausgehend, eine stetige Leistungs- und Genauigkeitssteigerung des Raketensystems zuließ, wurde als wichtiger angesehen als überstürzte, dem Zeitdruck geschuldete Werkstattlösungen.[535] Das sogenannte ORDCIT[536]-Projekt führte in den Jahren 1944 bis 1947 zunächst zur Entwicklung von zwei Typen ungelenkter Feststoffraketen („*Private A*"/„*Private B*"), die reine Forschungsobjekte waren, sowie einer gelenkten Flüssigkeitsrakete („*Corporal*"). Das gesteckte militärische Ziel wurde in den ersten drei Jahren nicht erreicht, stattdessen dienten die Experimentalraketen im Wesentlichen dazu, für die Problematik ballistischer Fernraketen eine Forschungsmethodik zu begründen.[537]

Karman erwies sich als vorausschauender Wissenschaftsplaner, indem er das JPL als Bindeglied zwischen den Auftraggebern und potentiellen Nutzern von Raketentechnik – allen voran das US-Militär – und dem GALCIT aufbaute. Karman regte einen „*...two-dimensional mixing process between rocket technology and the applied sciences on the one hand and between Caltech and the government on the other...*" an.[538]

3.5. Raketentechnik und Wehrforschung

Die Geneseprobleme der Raketentechnologie in den USA müssen für den Zeitraum von 1940 bis 1945 stets im Zusammenhang mit der generellen Ausrichtung der US-Wehrforschung betrachtet werden. Vannevar Bush, einer der bedeutendsten Organisatoren der amerikanischen Rüstungsforschung während des Zweiten Weltkrieges, fühlte sich in den 1930er Jahren dem US-Paradigma einer militärischen Stärke durch Luftherrschaft verpflichtet. Bush, langjähriger Motor des 1915 gegründeten „*National Advisory Committee of Aeronautics*" (NACA), gab dabei der Entwicklung neuer funktechnischer Ortungsverfahren und Luft-

---

534 Siehe Malina, The Ordcit Project, S. 339–383.
535 Pickering/Wilson, Countdown to Space Exploration, S. 389.
536 ORDCIT ist ein Kunstwort aus den Bezeichnungen der kooperierenden Institutionen: Army Ordnance und California Institute of Technology.
537 Pickering/Wilson, Countdown to Space Exploration, S. 390.
538 Ebd., S. 386.

abwehrmittel höchste Priorität. Raketentechnologie wurde in den Planungen für die amerikanische Rüstungsforschung zunächst nicht oder allenfalls für den Einsatz bei der Luftabwehr thematisiert.[539] Trotz der Forschungserfolge auf den Gebieten Radar-Technik und Nuklearwaffen nannte Bush 1944 nach dem Kriegseinsatz der deutschen Fernraketen die Entwicklung der Raketentechnologie in den USA eine der dringendsten Aufgaben der nationalen Rüstungsforschung. Die Entwicklungserfolge der USA auf dem Gebiet ungelenkter Feststoffraketen hätten zwar die Leistungsfähigkeit der amerikanischen Rüstungsforschung unter Beweis gestellt, jetzt käme es aber darauf an, die technologische Lücke zum Kriegsgegner Deutschland nicht zu groß werden zu lassen und die Forschung an gelenkten Raketen zu aktivieren und zu zentralisieren.[540]

Das US-Militär, besonders aber das Army Ordnance Department, zeigte noch vor Kriegsende ein großes Interesse an einem langfristigen amerikanischen FuE-Programm für Fernraketen. Hintergrund für die Forderung nach dem umgehenden Beginn und der guten finanziellen Ausstattung eines solchen Programms war die Erfahrung des Militärs, dass die Regierung mit dem sich abzeichnenden Kriegsende auch technologisch weiterreichende Projekte streichen würde.[541]

Die Strukturen der Rüstungsforschung in den USA reichen bis zum Ersten Weltkrieg zurück. Das 1916 gegründete National Research Council (NRC) war formal eine Gliederung der National Academy of Sciences; die dort vertretenen Wissenschaftler sollten sich mit Waffentechnik befassen. Die innerhalb des NRC gebildete Abteilung Engineering and Industrial Research stand von 1935 bis 1939 unter der Leitung von Vannevar Bush. Bereits in dieser Phase reifte in Bush die Erkenntnis, dass Rüstungsforschung in einem zukünftigen Krieg eine zentrale Rolle spielen würde. Wegen der beschränkten Ressourcen einer Kriegswirtschaft müsse sie zwangsläufig strategischen Planungen folgen. Überdies rücke die Koordinierung von ziviler und militärischer Forschung immer mehr in den Mittelpunkt. Bush erkannte 1939, dass die von ihm geleitete Abteilung des NRC genau diesem Anspruch, die zivile Forschung zu mobilisieren, nicht gerecht wurde und trat trotz seiner vorherigen Aktivitäten zur Intensivierung der Ausschussarbeit vom Vorsitz zurück.[542]

Bush präsentierte im Juni 1940 dem US-Präsidenten Roosevelt als Reaktion auf die bisher gesammelten Erfahrungen sein Konzept eines National Defense Research Committee (NDRC): Mit Ausnahme der Luftfahrtforschung, die weiterhin vom NACA koordiniert werden sollte, war das NDRC dazu gedacht, sämtliche wissenschaftliche Forschung zur Schaffung neuer Rüstungstechnik zu

539 Zachary, Endless Frontier, S. 96.
540 Ebd., S. 178f.
541 Malina, The Ordcit-Project, S. 344.
542 Zachary, Endless Frontier, S. 101.

unterstützen, anzuleiten und auf der Basis eines vertraglich geregelten Föderalismus Forschungsaufträge zu vergeben. Vertreter von Army und Navy sollten dabei genauso wie die Vertreter von Forschungsinstituten und der Industrie im NDRC mitarbeiten. Die Gründung erfolgte im Juni 1940, den Vorsitz führte Bush selbst. Die Finanzierung des NDRC aus Notfonds des Präsidenten konnte indes nicht befriedigen, aus diesem Grund wurde Mitte des Jahres 1941 das Office of Scientific Research and Development (OSRD) geschaffen und auf Beschluss des Kongresses mit öffentlichen Mitteln finanziert. Durch die neue Organisationsstruktur erhoffte sich Bush auch einen größeren Einfluss auf die US-Teilstreitkräfte. Bush konnte jetzt durch das OSRD Prototypen von Waffen und Ausrüstung entwickeln lassen und war auch bei der Waffenproduktion nicht mehr auf die Initiative der Teilstreitkräfte angewiesen.[543]

Bush – zugleich Direktor des OSRD und Vorsitzender des Army and Navy's Joint Committee on New Weapons and Equipment (JNC) – regte eine enge Zusammenarbeit von OSRD und JNC an und suchte die Verbindung zum British Central Scientific Office. Das NDRC wurde ein Bestandteil des OSRD und dessen wesentliche Operationsbasis. Insgesamt ca. 6 000 Wissenschaftler an 300 Universitäten und Forschungseinrichtungen der Industrie arbeiteten bis Kriegsende für das OSRD. Die Ausgaben des Amtes beliefen sich im Jahresdurchschnitt auf 135 Mio. US $. Anfang des Jahres 1944 waren über 2 000 Einzelprojekte in Bearbeitung, 564 waren abgeschlossen, 200 neu entwickelte Geräte in die Fertigung überführt. Von den insgesamt 18 Abteilungen verfügte die Abteilung für Entwicklung von Funkmesstechnik mit 30 Mio. US $ über das größte Jahresbudget. Daneben existierte als kleinere Organisationseinheit die Abteilung für Raketenentwicklung, die sich bis 1945 mit der Entwicklung von Starthilfsraketen für Flugzeuge und Panzerabwehrraketen beschäftigte.[544]

Ein Jahr nach der Gründung schätzte Bush die Arbeit der Raketenabteilung des OSRD als schlecht ein. Die vom US-Militär geleistete Entwicklungsarbeit an ungelenkten Feststoffraketen und Starthilfsraketen bildete insgesamt eine zu schwache Basis.[545] Im Februar 1944 legten das Jet Propulsion Laboratory und die Aerojet Corporation in Washington dem OSRD einen Übersichtsbericht über die in Pasadena gelaufenen Entwicklungsarbeiten an Flüssigkeitsraketen vor. Zu diesem Zeitpunkt war das Fernraketenprojekt am Caltech noch nicht angelaufen, die Arbeiten für die Army Air Force wiesen aber bereits akzeptable Ergebnisse auf. Der dem JPL für das Jahr 1944 von der Army Air Force zur Verfügung ge-

543 Ebd., S. 112 und 129.
544 Bericht des OKM vom 1. August 1944 zur Nachrichtenauswertung über das Amt für wissenschaftliche Forschung und Entwicklung in den USA (OSRD), BArch R26III/5126, Bl. 71–73.
545 Zachary, Endless Frontier, S. 179.

stellte Forschungsetat von 944 000 US $ war Ende des Jahres merklich überzogen, das Caltech hatte bereits 954 211,52 US $ in die Arbeiten fließen lassen.[546]

Im Vergleich zu der ab 1944 in den USA rapide gewachsenen Bedeutung der Raketentechnik in der strategischen Wehrforschungsplanung wurde die Thematik auf deutscher Seite zumindest auf der zentralen Ebene der 1944 gegründeten Wehrforschungsgemeinschaft nur am Rande thematisiert. Werkstoff- und Hochfrequenzforschung bestimmten in Deutschland die Planungen, Raketentechnik, sofern sie nicht dem Fliegerabwehrprogramm zuzurechnen war, wurde in der Wehrforschungsgemeinschaft auf einem Niveau diskutiert, das an die Werkstatt- bzw. Einzelerfinderphase der 1920er Jahre erinnerte.[547]

Bush schuf durch die Arbeit des OSRD und NDRC zweifellos ein leistungsfähiges Netzwerk aus Militär, Industrie und Wissenschaft, sein Planungshorizont war indes stets der Zweite Weltkrieg. In den zahlreichen Sondierungsgesprächen befragte er die zu kooptierenden Wissenschaftler in jedem Fall nach dem Zeitrahmen, in dem die Projekte einer Realisierung zugeführt werden können. Langfristige Projekte wurden als ressourcenblockierend abgewiesen.[548]

Nur durch die amerikanischen Vorarbeiten auf dem Gebiet der Raketentechnologie ist es zu erklären, dass der Wert der deutschen Spezialisten erkannt wurde, auch wenn diese nur einen besonderen Sektor der Flüssigkeitsraketentechnologie abdeckten. Anfang 1945, als die militärischen Potenzen des Einsatzes von Flüssigkeitsraketen endgültig sichtbar geworden waren, setzte das JNW eine neue Fachinstanz, das Guided Missiles Committee, ein. Diesem Komitee war die Ausarbeitung eines längerfristigen und umfassenden Programms für die FuE von gelenkten Raketen in den USA zugedacht. Als institutionelle Mitglieder dieses Raketenkomitees traten Army, Navy, OSRD und NACA auf.[549]

Die Aktivierung wissenschaftlicher Ressourcen an Universitäten, Forschungsinstituten und Industrielaboratorien durch Auftragsvergabe sowie die Orientierung dieser Institutionen auf rüstungsrelevante Sachverhalte bereitete eine Entwicklung vor, die nach dem Zweiten Weltkrieg zur substanziellen Verschränkung von Militär, Industrie und Wissenschaft führte. Bush klagte noch

---

546 Malina, Army Air Corps Jet Propulsion Research Project, S. 180f.

547 Siehe Korrespondenz des Reichsforschungsrates zum Projekt der „*kreisenden Geschoß-raketen*" als Abwehrmittel für Bombenflugzeuge aus dem Jahr 1945, BArch, R26III/58 und R26III/87.

548 Zachary, Endless Frontier, S. 131. Die strategische Orientierung der USA auf die Atombombe wird – auch im Sinne eines angenommenen Wettlaufs mit Deutschland – vertieft von Mark Walker behandelt. Siehe dazu: Walker, M.: German National Socialism and the Quest for Nuclear Power, 1939–1949, Cambridge 1989; Ders.: Nazi Science. Myth, Truth, and the German Atomic Bomb, New York 1995; Ders.: Die Uranmaschine. Mythos und Wirklichkeit der deutschen Atombombe, Berlin 1990.

549 Emme, Aeronautics and Astronautics, S. 49.

1944 darüber, dass es dem US-Militär bisher nicht gelungen sei, die Raketenforschung zentral zu leiten und man sich nicht in Zuständigkeitskämpfen verlieren dürfe. Bush konstatierte: Die Potenzen des Forschungsnetzwerkes der USA würden bei einer entsprechenden militärstrategischen Orientierung auf ballistische Fernraketen ausreichen, um nach einer Kräftekonzentration mittelfristig eine Flüssigkeitsraketentechnologie zu schaffen. Bush war aber der Ansicht, dass die USA erst nach einem Zeitraum von mindestens drei Jahren in der Lage wären, leistungsfähige Fernraketen zu bauen. Bei der jetzigen Kriegslage wäre es sinnvoller, alle Kapazitäten in die Forschung und Entwicklung von Nuklearwaffen zu stecken, da dieses Projekt berechtigte Hoffnung habe, noch in diesem Krieg zum Einsatz zu kommen. Bush stellte den ausgeprägten fernartilleristischen Ambitionen der deutschen Wehrmacht, der es seiner Meinung nach vorrangig darum ging, ein bestimmtes Ziel – nämlich London – von Kontinentaleuropa aus zu beschießen, das fehlende Motiv der Vereinigten Staaten für eine solche Kriegführung gegenüber: Die potentiellen Ziele der Kriegsgegner im Zweiten Weltkrieg befänden sich zu weit von Amerika entfernt, um sie mit Raketen bedrohen zu können. Diese Ansicht wurde nach Ende des Zweiten Weltkrieges einer grundsätzlichen Revision unterzogen.[550]

Eine völlig andere Haltung nahm das amerikanische Militär zum Einsatz von Marschflugkörpern ein. Nachdem im Juni 1944 von der deutschen Luftwaffe mit dem Verschuss der gesteuerten Fernbombe Fi 103 (V1) gegen Ziele in Großbritannien begonnen worden war, erhielten die Alliierten, durch technisches Versagen zahlreicher Geräte bedingt, sehr schnell Einblick in deren Konstruktion. Diese Kenntnisse ermöglichten als Reaktion auf den deutschen Angriff nicht nur Maßnahmen zur Abwehr, sondern veranlassten besonders die USA, den Nachbau des Gerätes und dessen Einsatz auf dem pazifischen Kriegsschauplatz ins Kalkül zu ziehen. Durch die schnelle vertragliche Verpflichtung privatwirtschaftlicher Unternehmen, wie z. B. der Ford Motor Company für die Fertigung des Triebwerks und der Republic Aviation Corporation für die Herstellung der Zelle im Sommer 1944 konnte – allein auf Vermessung und Funktionsanalyse der erbeuteten Geräte basierend – mit dem Nachbau des in den USA als „robot bomb" bezeichneten Gerätes begonnen werden. Schon die Art der Genese machte zahlreiche Probleme bei der ab Oktober 1944 beginnenden Flugerprobung unausweichlich. Über das Nach-Erfinden des Gerätes hinaus ließen die Entwicklungsstellen der Army Air Force jedoch beim Entwurf der Starteinrichtung ihr bereits akkumuliertes Wissen beim Umgang mit Feststoffraketen einfließen: Anstelle des in Deutschland verwendeten Dampfkatapults wurde in den USA mit Starthilfsraketen experimentiert. Infolge der Kapitulation Japans und der damit

---

550 Zachary, Endless Frontier, S. 178ff.

verbundenen Entspannung auf dem pazifischen Kriegsschauplatz beendete das US-Militär das Nachbauprogramm 1945.[551]

Der Verlauf des Zweiten Weltkrieges gab den US-Planungen vor 1945 recht: Allein mit den neu entwickelten defensiv ausgerichteten Waffensystemen, vor allem der Nutzung von Radar-Ortungstechnik, die das Hauptentwicklungsgebiet des NRDC gewesen war, wurde die Offensivkraft der Wehrmacht – besonders der Kriegsmarine und Luftwaffe – wirkungsvoll gebrochen.[552] Die strategische Rüstungsplanung der USA legitimierte sich im Wesentlichen durch die Einsatzerfolge der entwickelten Militärtechnik und gab – mit Ausnahme der Nuklearwaffen – der Konzentration auf vor Beginn des Zweiten Weltkrieges festgelegte Paradigmen recht. Die außerordentliche Bedeutung der drei Technologien – Radar, Nuklearwaffen und Fernrakete – stand in den USA schon vor Kriegsende außer Zweifel. Die Entwicklung der beiden erstgenannten hatte man im Falle der Radar-Technik forciert, im Falle der Nuklearwaffen selbst induziert. Die technologische Lücke bei Fernraketen gestand man sich ein. Die US-Rüstungsplaner

---

551 Michels, J.: Peenemünde und seine Erben in Ost und West, Bonn 1997, S. 254 und Stapfer, H. H.: Die Erprobung und Weiterentwicklung der V1 in den USA. In: Jet und Prop (1997), Nr. 3, S. 42 sowie Emme, Aeronautics and Astronautics, S. 48. Der militärische Einsatz der Fi 103 in Europa traf Bush nicht unerwartet. Seine größte Befürchtung war nicht die Existenz des Waffensystems an sich, sondern die Möglichkeit, die Wehrmacht könnte mit der Fi 103 biologische oder chemische Kampfstoffe verschießen. Siehe Zachary, Endless Frontier, S. 177.

552 Diese Erfahrungen der USA mit den Wirkungen von Defensivwaffen scheinen sich bis in die heutige Zeit erhalten zu haben. Die Rüstungsprojekte des Zweiten Weltkrieges und des Kalten Krieges beförderten in den USA seit den 1950er Jahren eine Auseinandersetzung um die Entwicklung von Systemen zur Abwehr ballistischer Fernraketen und Marschflugkörper. Allerdings wurden erst mit der Gründung des „United States Space Command" (US-Spacecom) im Jahr 1985 alle diesbezüglichen Aktivitäten von US-Air Force, US-Navy und US-Army von einer Institution koordiniert. Die gegenwärtigen Pläne der USA in Bezug auf das Raketenabwehrsystem „National Missile Defense" (NMD) knüpfen zwar an die „Strategic Defense Initiative" (SDI) der 1980er Jahre an, lassen jedoch wie SDI die angesprochene militärstrategische Orientierung der USA auf Defensiv-Waffen weit hinter sich. Das NMD soll zwar lediglich als Teilsystem eines gestuften US-Raketenabwehrschildes installiert werden, ist aber doch in erster Linie ein Vehikel, um eine langfristige Dominanz der USA im Weltraum zu sichern. In dem 1997 veröffentlichten und bis 2020 zu realisierenden langfristigen Plan zum globalen Engagement der US-Weltraumstreitkräfte ist die Raketenabwehr mittels Raketen neben der Überwachung potentieller Gegner aus dem Weltraum zur Planung militärischer Operationen und der Anwendung militärischer Gewalt nur ein Aspekt der Pläne des US-Spacecom. Zur Problematik weltraumgestützter Waffen und des NMD siehe: Engels, D.; Scheffran, J.; Sieker, E.: Die Front im All – SDI: Weltraumrüstung und atomarer Erstschlag, 3. Aufl., Köln 1986 sowie US Space Command (Hrsg.): Long Range Plan. Implementing USSPACECOM Vision for 2020, Peterson Air Force Base/Colorado 1998.

nahmen jedoch 1944, nachdem sich die zukünftige Rolle der Raketentechnologie bereits immer klarer abzuzeichnen begann, zugunsten eines raschen Endes der Nuklearwaffenentwicklung von einer Parallelisierung der drei Projekte Abstand. Das JPL schaltete sich schon kurz nach Ende des Krieges in Diskussionen um die Entwicklungspotentiale von Fernraketen ein. Unter der Voraussetzung, dass die Masse der entwickelten Atombombe reduziert werden könne, biete sie sich als wirksamer Gefechtskopf für eine solche Langstreckenrakete an.[553]

Die Argumente amerikanischer Rüstungsplaner gegen die Sinnhaftigkeit der Fernraketenentwicklung im Zweiten Weltkrieg schienen so stark gewesen zu sein, dass sie nach Kriegsende auch von deutschen Protagonisten der Raketenentwicklung übernommen wurden. Der letzte Chef des Heereswaffenamtes, Erich Schneider, resümierte im Jahr 1953: *„Von den drei bedeutendsten ganz neuen Waffen des Zweiten Weltkrieges, den Großraketen, den Radarmeßgeräten und der Atombombe, kann man nur der Radartechnik einen größeren Einfluß auf das Kriegsgeschehen zubilligen. Bei den V-Waffen war das ebensowenig der Fall wie bei der Atombombe, die dem fast schon niedergerungenen Japan allenfalls noch einen letzten Schock gab...“*[554]

4. Bedeutung der Raketentechnologie außerhalb Deutschlands

Während in der UdSSR die politisch begründete Inhaftierung und Hinrichtung von Förderern und Fachkräften der Raketentechnik Mitte der 1930er Jahre und später der kriegsbedingte Mangel an materiellen Ressourcen und Fachkräften trotz guter institutioneller Basis bis zum Kriegsende zu einer Stagnation der sowjetischen Raketentechnik führte, kann die besondere strategische Orientierung der USA auf dem Gebiet der Rüstungsforschung, die eine untergeordnete Thematisierung der Raketentechnik zur Folge hatte, als eine der Ursachen für die technologische Lücke auf diesem Gebiet angesehen werden. Zudem formierte das US-Militär keine interne Interessengemeinschaft, die stark genug gewesen wäre, sich für Raketentechnologie ausreichend Gehör zu verschaffen und genaue Entwicklungsziele vorzugeben.

553 Malina, Frank J.: America's first Long-Range-Missile and Space Exploration Program: The Ordcit Project of the Jet Propulsion Laboratory, 1943–1946: A Memoir. In: AAS History Series 7 (1986), Teil 2, S. 340.
554 Schneider, E.: Technik und Waffenentwicklung im Kriege. In: Bilanz des Zweiten Weltkrieges. Erkenntnisse und Verpflichtungen für die Zukunft, Oldenburg 1953, S. 244.

Die Sowjetunion besann sich keineswegs erst im Ergebnis des heraufziehenden „Kalten Krieges" auf die Entwicklung von Flüssigkeitsraketen. Zwar nutzte sie das technische Wissen deutscher „Spezialisten", um ihre brachliegende Flüssigkeitsraketenentwicklung wieder anzukurbeln, die generellen Aktivitäten der Sowjetunion auf diesem Gebiet sind in etwa mit denen in Deutschland zu parallelisieren. Dennoch wurden die sowjetischen Entwicklungsressourcen seit Beginn der militärischen Auseinandersetzung mit Deutschland im Jahr 1941 zugunsten der herkömmlichen Heeres- und Luftrüstung gebunden. Nach dem Angriff Deutschlands verlor die Sowjetunion zunächst ihre wichtigen Industriezentren im europäischen Teil des Landes. Die sowjetischen Raketentechniker konnten trotz ins Auge gefasster Projekte bis zum Ende des Zweiten Weltkriegs kein produktionsreifes Waffensystem einer ballistischen Fernrakete vorweisen. Durch die Verlagerung des Schwerpunkts der gesamten sowjetischen Rüstungsindustrie in den uralnahen und asiatischen Teil des Landes hätte die Massenproduktion der fertigungstechnisch anspruchsvollen Flüssigkeitsraketen, die auf Zulieferungen aus zahlreichen Spezialbranchen, wie z. B. der Feinwerk-, der Hochfrequenz- und Elektrotechnik angewiesen war, erst nach einer erheblichen Zeitverzögerung beginnen können. Doch diese Szenarien bleiben ob der von der Sowjetunion gewählten wehrwirtschaftlichen Präferenzen reine Spekulation.[555]

Die Transformation des Entwicklungsnetzwerks ist nur auf einen sehr schmalen Sektor der Raketentechnik, nämlich den leistungsstarker, ballistischer Fernraketen, bezogen. Der Einsatz dieses Waffensystems war bis zum Ende des Zweiten Weltkriegs militärisch nicht ausschlaggebend, so dass das Urteil nahe liegt, in Deutschland seien beträchtliche Ressourcen der Heeresrüstung strategisch fehlgeleitet worden.[556]

Die Kriegsgegner Sowjetunion und USA hatten im Gegensatz dazu auf dem Gebiet der Feststoffraketentechnik in einem Umfang Kompetenzen erworben, der es ihnen gestattete, dieses technische Wissen in funktionstüchtigen Waffensystemen umzusetzen. Der rasante Technologietransfer nach Ende des Zweiten Weltkriegs aus Deutschland heraus zeigt aber, wie schnell sich die Siegermächte den von deutschen Militärs konstruierten Verwendungskontext der ballistischen Fernrakete nahezu unbesehen aneigneten.

555 Tokaty, Soviet Rocket Technology, „ S. 522.
556 Zur strategischen Orientierung der Kriegsgegner siehe Hillgruber, A.: Der 2. Weltkrieg. Kriegsziele und Strategie der großen Mächte, 6. Aufl., Stuttgart 1996.

Zusammenfassung

Die Fernraketentechnologie gehört – nicht zuletzt gemessen an ihren wehrtechnischen Anwendungen – zu den folgenreichsten Innovationen des 20. Jahrhunderts. Das Thema Technik und Wissenschaft im Nationalsozialismus wiederum gilt in der modernen Technikgeschichte zu Beginn des 21. Jahrhunderts als gut erschlossener Untersuchungsgegenstand. In der Menge der dazu publizierten Monographien gibt es aber neben einer Fülle artefaktzentrierter und hagiographischer Arbeiten nur wenige essentielle Untersuchungen, die die Schwerpunkte Raketentechnik in Deutschland und auch den diesbezüglichen Technologietransfer behandeln. Diese Arbeiten stellen vor allem politikhistorische Aspekte in den Mittelpunkt. Untersuchungen, die konsequent das aus Militär, Industrie und Hochschulen konstituierte Netzwerk bei der Entwicklung gelenkter Raketen in Deutschland analysiert und die Resultate international verglichen haben, fehlen bisher.

Die Entwicklung von Flüssigkeitsraketen in Deutschland bis zum Ende des Zweiten Weltkrieges hatte technik-, wirtschafts-, militär- und kulturhistorische Facetten, wobei im Verlauf der Darstellung alle Gesichtspunkte mit unterschiedlicher Intensität beleuchtet worden sind. Methodisch orientierte sich die Arbeit an netzwerktheoretischen Ansätzen, doch wurden die historischen Befunde nicht in das Prokrustesbett dieser techniksoziologischen Theorie gepresst. Das verwendete Phasenmodell nach Weyer konnte in Bezug auf die veränderliche Akteurskonstellation, die Nutzungsabsichten der Flüssigkeitsraketentechnik und die Wissensformen bei der Technikgenese teilweise verifiziert werden. Unter der Annahme eines dreistufigen Prozesses ließen sich die ersten beiden Phasen, die Entstehung des sozio-technischen Kerns der Flüssigkeitsrakete in der Bastlerszene der Weimarer Republik und die Stabilisierung des Kerns durch das Fernraketenprogramm des Heereswaffenamtes, sehr detailliert illustrieren. In bewusster Abkehr von Einzelerfindermythen, die in älteren technikhistorischen Monographien der Raketentechnik besonders um Wernher v. Braun tradiert werden, standen Aushandlungsprozesse innerhalb von Gruppen im Mittelpunkt.

Bei der Bewertung, wie gut sich das verwendete techniksoziologische Netzwerkkonzept für die Arbeit geeignet bzw. wo es seine Grenzen offenbart hat, lässt sich Folgendes konstatieren: Generell bot das Konzept mit seiner Abgrenzung von Akteuren, Netzwerkelementen in Form von Institutionen und Periodisierungsschemata eine praktikable und keineswegs theorieverliebte Arbeitsgrundlage. Die Kriterien Akteurswechsel, institutionelle Einbindung und Wechsel der Nutzungsabsichten der Raketentechnik in den einzelnen Phasen ließen sich quellentechnisch sehr gut herausarbeiten. Einzig und allein die Tatsache, dass das Konzept im Untersuchungszeitraum nur für die Phasen Genese und Stabilisierung verifiziert werden konnte, stellt einen Nachteil dar. Dieser Mangel ist jedoch auf die Beschränkung des Untersuchungszeitraums der Arbeit zurückzuführen. Die Phase der Durchsetzung der Flüssigkeitsrakete außerhalb des militärischen Sektors bleibt der zweiten Hälfte des 20. Jahrhunderts mit der rein kommerziellen Anwendung der Raketentechnik und dem bevorstehenden Einzug privat finanzierter Raumfahrt in das Tourismusgeschäft vorbehalten.

Die umfangreiche Analyse von Unterhaltungs- und Fachliteratur aus den ersten drei Dekaden des 20. Jahrhunderts hat gezeigt, dass Rakete und Raumfahrt zu diesem Zeitpunkt als signifikante Medien einer technisierten Fortschrittsutopie angesehen wurden. Nahezu gleichzeitig wurde Weltraumfahrt in Europa, der Sowjetunion und den USA zu einer Projektionsfläche für technische und soziale Wünsche und Sehnsüchte. Die als Symbole einer Fortschrittsmetaphorik gebrauchten Raketenprojekte waren zunächst von den waffentechnischen Intentionen des Militärs abgekoppelt. Im weiten Spannungsfeld zwischen utopischem Roman und technischem Sachbuch hatte die Weltraumfahrt auf dem Papier Hochkonjunktur. Die 1920er und 1930er Jahre lieferten nicht nur in Deutschland eine Fülle technischer Sachbücher, die über Raketentechnik und Raumfahrt belehren wollten. Viele der später im Fernraketenprogramm des Heereswaffenamtes tätigen Akteure wurden von diesen Schriften beeinflusst und waren durch ihre Arbeit in Erfindergruppen, wie z. B. dem Verein für Raumschiffahrt, an der Popularisierung der Raketentechnik in der Weimarer Republik beteiligt. Im Vergleich mit der Sowjetunion und den USA kann festgestellt werden, dass raketentechnische Visionen keineswegs auf Deutschland konzentriert waren. Unabhängig davon, ob wir Europa, Nordamerika oder die Sowjetunion betrachten, eine privat organisierte Bastler- und Amateurszene griff etwa gleichzeitig den Flüssigkeitsraketenantrieb auf.

Bei der Entstehung von Flüssigtreibstoffraketen in den 1920er und 1930er Jahren finden wir in Deutschland – aber auch in der UdSSR und in den USA – zunächst relativ unstrukturierte Erfindergruppen. Unter den Akteuren herrschte eine informelle Kommunikation, das relevante technische Wissen war zunächst nicht verwissenschaftlicht. Meist aus dem Lager der Astronomie- und Raumfahrtbegeisterten kommend, sahen diese Akteure in der Fernrakete das entscheidende Mittel zur Weltraumfahrt und forcierten deren konstruktive Weiterentwicklung. Am Ende der vom Heereswaffenamt in Deutschland 1930 eingeleiteten Stabilisierungsphase existierte 1942 ein Prototyp, die „*Aggregat 4*"- Rakete, die jedoch keineswegs marktfähig war. Besonders in der abgeschotteten militärischen Sphäre waren kostenbezogene Regulative der Entwicklung zweitrangig gewesen. Für die Exploration der Flüssigkeitsraketentechnologie durch das Heereswaffenamt spielten die Raumfahrtvisionen keine Rolle mehr. Die Rakete wurde im Heereswaffenamt ausschließlich als Fernwaffe betrachtet, die innerhalb ihrer Reichweite möglichst mit großer Präzision beliebig vorgegebene Zielpunkte treffen sollte und deshalb automatisch gesteuert werden musste. Zur Durchsetzung der Flüssigkeitsraketentechnologie kam es bis zum Ende des Zweiten Weltkriegs nicht mehr. Die durch einen erneuten Akteurswechsel gekennzeichnete Durchsetzung war erst den Raumfahrtprojekten der Großmächte UdSSR und USA in der Zeit des Kalten Krieges vorbehalten.

Das Fernraketenprogramm der Reichswehr wurde vom Heereswaffenamt getragen und stabilisierte den soziotechnischen Kern der Flüssigkeitsrakete. Nach den Planungen des von Artilleristen dominierten Amtes sollte die gesteuerte Fernrakete die in Bezug auf das Aufwand-Nutzen-Verhältnis unzureichende schwere Artillerie des Ersten Weltkrieges ersetzen. Die federführende Rolle des Militärs war in diesem Zusammenhang offensichtlich, so dass man später im Netzwerk von Hochschulen, Militär und Industrie nicht von einer Gleichberechtigung der Partner sprechen kann.

Das Heereswaffenamt griff die in der zivilen „Raketenszene" der Weimarer Republik bestehenden Überlegungen auf, Raketen für Langstreckentransporte zu benutzen. Die Diskussion über die Entwicklungsrichtung militärischer Raketen war anfangs allerdings noch offen: Man debattierte zunächst über ungesteuerte Feststoffraketen, die für den Verschuss chemischer Kampfstoffe auf Flächenziele eingesetzt werden konnten und über gesteuerte Flüssigtreibstoffraketen zum Angriff auf weit entfernte Punktziele. Geradezu technikbesessen degradierten die wissenschaftlich ambitionierten Artillerieoffiziere des Heereswaffenamtes die strategische Verwendbarkeit von Fernraketen und das Kosten-Nutzen-Verhältnis des Projekts zu Marginalien.

Einerseits wurde im Zuge des deutschen Fernraketenprogramms weltweit erstmals systematisch und unter straffer militärischer Führung zu Flüssigkeitsraketen gearbeitet, andererseits aber unterschätzten die Planer des Heereswaffenamtes, welcher Zeitumfang und welche Kosten für dieses mittelfristige Projekt zu veranschlagen waren. Neuere Arbeiten geben für das deutsche Heeresraketenprogramm Kosten von 36 Mrd. Reichsmark an. Damit liegen sie über den in Los Alamos für die Entwicklung von Nuklearwaffen angefallenen Summen. Selbst bei übertriebener Kostenschätzung verschlang das Waffensystem V2 in erheblichem Umfang finanzielle Mittel, die der konventionellen Heeresrüstung des Dritten Reiches entzogen wurden. Das Waffensystem funktionierte bis zum Kriegsende unbefriedigend, da Trefferquote und Ausfallrate der in Großserie hergestellten Raketen nicht die gewünschten Parameter aufwiesen.

Von den drei für die Entwicklung gesteuerter Großraketen erforderlichen Basistechnologien – Überschallaerodynamik, Raketentriebwerkstechnik sowie Lenk- und Steuerungstechnik – wurde letztere im Wesentlichen von der Industrie und von Hochschulinstituten entwickelt. Die Industrie versuchte zunächst,

Flugzeugsteuerungen in Raketensteuerungen zu modifizieren. Im Gegensatz zur Triebwerkstechnik wurde die Entwicklung von Steuerungs- und Lenksystemen für die Rakete von 1930 bis 1936/37 nicht mit einer eigenen Forschungstätigkeit des Heereswaffenamtes untersetzt. Erst das Scheitern der ersten Flugversuche veranlasste das Heereswaffenamt im Jahr 1937 schließlich, ein eigenes steuerungstechnisches Laboratorium in der Heeresversuchsanstalt Peenemünde einzurichten und mehrere Industrieunternehmen bei der Suche nach dem besten Steuerungskonzept miteinander konkurrieren zu lassen.

Die Firmen, welche vom Heereswaffenamt mit Entwicklungsaufträgen bedacht wurden, gehörten im Wesentlichen zum Siemens-Konzern. Sowohl die Firmen Siemens Apparate und Maschinen GmbH und Luftfahrtgerätewerk Hakenfelde GmbH als auch die spätere Kreiselgeräte GmbH verfügten bereits in den 1920er Jahren über sehr enge Verbindungen zur Reichswehr und empfahlen sich damit in den 1930er Jahren für das Heereswaffenamt.

Mit dem Aufbau der Arbeitsgemeinschaft „Vorhaben Peenemünde" gliederte das Heereswaffenamt seit Herbst 1939 gezielt Technische Hochschulen und Universitäten in die Organisation der Raketenentwicklung ein. Nach dem Beginn des Zweiten Weltkrieges warb die Heersversuchsanstalt Peenemünde um die Mitarbeit von zivilen Wissenschaftlern und mobilisierte akademische Ressourcen. Die Problemstellungen, die vom Heereswaffenamt an die Hochschulinstitute herangetragen wurden, deckten ein breites Spektrum natur- und ingenieurwissenschaftlicher Disziplinen ab. Neben theoretischen Untersuchungen und Machbarkeitsstudien vergab das Heereswaffenamt aber auch Experimentaluntersuchungen und Konstruktionsaufträge an die Hochschulen. Die zwei größten Partner im „Vorhaben Peenemünde" waren die TH Darmstadt und die TH Dresden. Die TH Dresden profilierte sich dabei als Zentrum für die funktechnische Instrumentierung der A4-Rakete und bearbeitete Spezialfragen bei der Entwicklung des Raketentriebwerks. Die Darmstädter Arbeiten sind untrennbar mit dem Problemkreis des maschinellen Rechnens verbunden. Die Simulation abstrahierter mathematisch-physikalischer Systemmodelle unter Verwendung von Rechenmaschinen wurde in der zweiten Hälfte des 20. Jahrhunderts zu einem neuen Leitbild in den Ingenieurwissenschaften und prägte auch die mit dem Heereswaffenamt verbundenen Projekte des Darmstädter Instituts für Praktische Mathematik.

Im Vergleich zu Deutschland lassen die Entstehungsfaktoren der Raketentechnik in der UdSSR und den USA vor 1945 Ähnlichkeiten, aber auch gravierende Unterschiede erkennen. Die im Verlauf des Zweiten Weltkrieges gesetzten raketentechnischen Prioritäten in den USA und in der Sowjetunion waren ein Abbild der jeweiligen militärstrategischen Planungen bzw. der kriegswirtschaftlichen Zwänge. So konzentrierte man sich in den USA im Zuge der Luftmacht-Doktrin bis 1945 auf die Entwicklung von Raketentriebwerken als Starthilfen für Bombenflugzeuge. In der Sowjetunion standen Arbeiten zur Entwicklung von Feststoffraketenwerfern als taktische Gefechtsfeldwaffe im Mittelpunkt. In der UdSSR führte die politisch begründete Inhaftierung und Hinrichtung von Förderern und Fachkräften der Raketentechnik Mitte der 1930er Jahre und seit 1941 der kriegsbedingte Mangel an materiellen Ressourcen und Fachkräften trotz guter institutioneller Basis bis zum Kriegsende zu einer Stagnation der Raketentechnik. Geplante Fernraketenprojekte wurden auf Eis gelegt. Dem gegenüber hatte die besondere strategische Orientierung der USA auf dem Gebiet der Rüstungsforschung (Hochfrequenzforschung und Nuklearwaffen) eine untergeordnete Thematisierung der Fernraketentechnik zur Folge. Die Kriegsgegner Sowjetunion und USA hatten auf dem Gebiet der Feststoffraketentechnik in einem Umfang Kompetenzen erworben, der es ihnen gestattete, dieses technische Wissen in funktionstüchtige Waffensysteme umzusetzen. Der rasante Technologietransfer nach Ende des Zweiten Weltkrieges aus Deutschland heraus zeigt aber, wie schnell sich die Siegermächte den von deutschen Militärs konstruierten Verwendungskontext der ballistischen Fernrakete nahezu unbesehen aneigneten.

Das die Raketentechnologie generierende Netzwerk aus Militär, Industrie und Hochschulen war für die Forschungs- und Technikpolitik des Dritten Reichs nicht paradigmatisch. Vergleichbare Netze lassen sich allenfalls in der Luftfahrtforschung und der Chemie- bzw. Werkstofforschung finden. Auf militärischer und rüstungspolitischer Führungsebene wurde Raketentechnik zu keinem Zeitpunkt zentral thematisiert. Lange Zeit im abgeschirmten Klima des Heereswaffenamtes angesiedelt, profitierte die Forschung und Entwicklung ballistischer Fernraketen davon, dass sie nicht im polykratischen Machtgefüge des Dritten Reichs zerrieben wurde. Die im Heereswaffenamt konzentrierte raketentechnische Interessengemeinschaft des Militärs half der Raketentechnologie über konjunkturelle Krisen innerhalb der militärischen und wehrwirtschaftlichen Führung hinweg.

Aufgrund der starken militärischen Lobby, der Protektion der Raketentechnik durch das Rüstungsministerium sowie der im Vergleich zur Sowjetunion und den USA kontinuierlich und verbissen fortgeführten Arbeiten konnte die Entwicklung der ballistischen Fernrakete „Aggregat 4" 1942 abgeschlossen werden. Das Arsenal der Wehrmacht füllte sich darüber hinaus im Verlauf des Zweiten Weltkrieges mit Raketenwaffen der unterschiedlichsten Typen. Die A4-Rakete befand sich bis 1945 militärisch eher erfolglos im Einsatz, andere dringend benötigte Raketenwaffen – vor allem Flugzeugabwehrraketen – verharrten bei Kriegsende noch im Projektstadium der Entwicklung.

In Deutschland lassen sich bereits in den 1930er und 1940er Jahren im Netzwerk der Flüssigkeitsraketentechnologie Vorläufer von Strukturen erkennen, die sich später, in den 1970er Jahren, weltweit als militär-industriell-akademischer Komplex der Rüstungstechnik manifestiert haben. Da die raketentechnischen

Innovationsprozesse in Deutschland unter der Suprematie des Militärs und außerhalb eines demokratisch verfassten marktwirtschaftlichen Systems abgelau-
fen sind, erschien die Anwendung des in der neueren Forschungsliteratur etablierten Modells der Triple-Helix wenig praktikabel. Darüber hinaus wurde of-
fenkundig, dass sich ähnliche Organisationsformen und eine Verwissenschaftlichung der Raketentechnik noch vor Ende des Zweiten Weltkriegs auch in der
Sowjetunion und den USA abzeichneten – den Ländern also, die nach Kriegsende den Transfer deutscher Raketentechnologie am intensivsten betrieben. Die
Fernraketentechnologie fiel dort auf vorbereiteten Boden.

Letztendlich fanden beim Bau der Produktions- und Versuchsanlagen sowie
bei der Herstellung des Waffensystems A4/V2 bis 1945 mehr Menschen den
Tod, als Opfer bei deren Kriegseinsatz zu beklagen waren. Die Raumfahrtambitionen der am Raketenprogramm beteiligten Akteure des Heereswaffenamtes
lassen sich zwar aus der kulturellen Prägung der Weimarer Republik rekonstruieren, einer Reflexion ihrer Verantwortung jedoch konnten sie die beteiligten
Techniker und Wissenschaftler nicht entheben.

Archivalische Quellen

Bundesarchiv Berlin (BArch)
- Bestand R 3 (Reichsministerium für Rüstung und Kriegsproduktion)
- Bestand R 26 III (Reichsforschungsrat)
- Bestand R 3112 (Produktion von Antriebsstoffen für das Raketenprogramm)
- Bestand R 4901 (Reichsministerium für Wissenschaft, Erziehung und Volksbildung)
- Bestand NS 19 (Persönlicher Stab des Reichsführers-SS)

Bundesarchiv/Filmarchiv Berlin
- Raketenflug. Ein Filmdokument aus der Entwicklungsgeschichte der Rakete (Signatur-Nr. 1139)

Bundesarchiv/Militärarchiv Freiburg (BArch/MArch)
- Bestand RH 8 I (Heereswaffenamt)
- Bestand RH 8 II (Heeresversuchsanstalt Peenemünde)
- Bestand MSg 2 (Spezialsammlung zur Militärgeschichte, militärhistorisches Schriftgut zum Wehrwesen sowie zur Militär- und Kriegsgeschichte seit 1857)
- Bestand MSg 109 (Spezialsammlung zur Militärgeschichte, Personengeschichte deutscher Generale 1918–1945)

Deutsches Museum München, Archiv
- Bestand HVP 11 (Heeresversuchsanstalt Peenemünde), German Documents (GD), Peenemünder Archivberichte (ARCH)
- Luft- und Raumfahrtdokumentation
- Bestand Persönlichkeiten: Walter Dornberger
- Bestand Persönlichkeiten: Wernher v. Braun
- Bestand Persönlichkeiten: Rudolf Nebel

Heinrich-Hertz-Institut für Schwingungsforschung Berlin
- Tätigkeitsberichte der Geschäftsjahre 1932/33 und 1939/40
- Dokumentation zur Entwicklung des Heinrich-Hertz-Instituts in Berlin Charlottenburg von seiner Gründung im Jahre 1928 bis heute (1998)

Historisch-Technisches Informationszentrum Peenemünde (HTI)
- Mikrofilmbestand des Ordnance and Development Translation Center, Ft. Eustis (F.E.) (insgesamt 64 Filmrollen, durchgängig mit F.E.-Signaturen)

- Bestände HTI-E, HTI-EA, HTI-EB, HTI-EC

Sächsisches Hauptstaatsarchiv Dresden (SächsHStA)
- Bestand Ministerium für Volksbildung

Siemens-Forum München, Archiv (SAA)
- SAA 21/Lm 334 (Lizenzverträge zur Luftfahrtnavigation, 1932–1934)
- SAA 35-44/Lc 168 (Entwicklungsgeschichte Kreiselsteuerungen, Trägheitsnavigation)
- SAA 35-44/Le 117 (Entwicklung der Siemens Apparate und Maschinen GmbH)
- SAA 35-70 (Luftfahrtgerätewerk Hakenfelde, Kreiselgeräte)
- SAA 77 (SAM-Abteilung für Luftfahrtgeräte, Versuchsberichte)
- SAA 7553 (Verwaltungsakten SAM und LGW, 1933–1944)
- SAA 9699 (Geschichte der GELAP/SAM, 1920–1944)

Universitätsarchiv der Technischen Universtät Dresden
- Bestand Professorenkatalog: Georg Beck, Hans Mehlig, Walther Pauer, Walter Wolman
- A/44 (Gehaltsliste Vorhaben DE 12, Peenemünde)
- A/483 (Verlagerung der Institute der TH Dresden während des Krieges)
- A/510 (Institut für Kraftfahrwesen, 1931–1941)
- A/630 (Institut für Wärmetechnik und Wärmewirtschaft 1931–1946, Kriegsaufgaben)
- A/632 (Institut für Kraftfahrwesen, Personalangelegenheiten 1939–1943)

Gedruckte Quellen und Literatur

Absolon, Rudolf: Die Wehrmacht im Dritten Reich, 6 Bde., Boppard 1969–1995.

Albrecht, Ulrich; Heinemann-Grüder, Andreas; Wellmann, Arend: Die Spezialisten. Deutsche Naturwissenschaftler und Techniker in der Sowjetunion nach 1945, Berlin 1992.

Albrecht, Ulrich: Der Wahn als Wunderwaffe. Eine sozio-technische Skizze. In: Technik und Gesellschaft 2 (1983), S. 161–187.

Albrecht, Ulrich: Military Technology and National Socialist Ideology. In: Renneberg, Monika; Walker, Mark (Hrsg.): Science, Technology and National Socialism, Cambridge 1994, S. 88–125.

Albring, Werner: Gorodomlia. Deutsche Raketenforscher in Rußland, Hamburg/Zürich 1991.

Ash, Mitchell G.: Wissenschaft – Krieg – Modernität: Einführende Bemerkungen. In: Berichte zur Wissenschaftsgeschichte 19 (1996), S. 69–75.

Attlmayr, Ernst: Siegfried Reisch – 70 Jahre. In: Österreichische Ingenieur-Zeitschrift 18 (1975), S. 382.

Bader, Joseph: Forschung und Forschungsinstitute. Eine Monographie der technisch-wissenschaftlichen Forschungseinrichtungen, Teil 1: Der Staat als Forscher, München 1941.

Bainbridge, W.: The German Space Program. In: Bainbridge, W. (Hrsg.): The Spacefligth Revulotion. A Sociological Study, New York 1976.

Barkai, Avraham: Das Wirtschaftssystem des Nationalsozialismus, Frankfurt a. M. 1988.

Barmeyer, Eike (Hrsg.): Science fiction. Theorie und Geschichte, München 1972.

Barth, Hans (Hrsg.): Hermann Oberth, Briefwechsel, Bd. 1, Bukarest 1980.

Barth, Hans: Hermann Oberth – Begründer der Raumfahrt, München 1991.

Bartocci, Aldo: Some Jet Propulsion Formulas of Over Thirty Years Ago. In: Durant, Frederick C.; James, George S. (Hrsg.): First Steps Toward Space (Smithsonian Annals of Flight 10), Washington 1974, S. 1–3.

Bauer, Friedrich L.: Alwin Walther im Urteil seiner Zeitgenossen. In: Informatikspektrum (1998), Nr. 3, S. 98–99.

Baumgarten-Crusius, Artur: Die Rakete als Weltfriedenstaube, Leipzig 1931.

Becklake, John: The V2 Rocket – a Convergence of Technologies? In: Transactions of the Newcomen Society 67 (1995/96), S. 109–123.

Benecke, Theodor (Hrsg.): History of German guided missiles, AGARD First Guided Missiles Seminar Munich 1956, Brunswick 1957.

Benecke, Theodor; Hedwig, Karl-Heinz; Hermann, Joachim (Hrsg.): Flugkörper und Lenkraketen. Die Entwicklungsgeschichte der deutschen gelenkten Flugkörper vom Beginn dieses Jahrhunderts bis heute, Koblenz 1987.

Bennett, Stuart: A history of control engineering 1800–1930, London/New York 1979.

Bennett, Stuart: A history of control engineering 1930–1945, London 1993.

Benz, Wolfgang; Graml, Hermann; Weiß, Hermann (Hrsg.): Enzyklopädie des Nationalsozialismus, Stuttgart 1997.

Bergaust, Erik: Wernher von Braun, Washington 1976.

Beyerle, Konrad: Kreiselgeräte. In: Naturforschung und Medizin in Deutschland 1933–1946. Für Deutschland bestimmte Ausgabe des FIAT Review of German Science (84 Bde., Weinheim 1947–1949), Wiesbaden 1953, Bd. 4 - Angewandte Mathematik, Teil V, S. 211–233.

Bijker, Wiebe E.; Hughes, Thomas P.; Pinch, Trevor (Hrsg.): The Social Construction of Technological Systems. New Directions in the Sociology and History of Technology, 4. Aufl., Cambridge (Mass.) 1993.

Bijker, Wiebe E.; Law, John (Hrsg.): Shaping Technology/Building Society. Studies in Sociotechnical Change, 2. Aufl., Cambridge (Mass.) 1997.

Blaich, F.: Wirtschaft und Rüstung im Dritten Reich, Düsseldorf 1987.

Bleiler, Everett F.: Science-Fiction: The Early Years, London 1990.

Blosset, Lise: Robert Esnault-Pelterie: Space Pioneer. In: Durant, Frederick C.; James, George S. (Hrsg.): First Steps Toward Space (Smithsonian Annals of Flight 10), Washington 1974, S. 5–31.

Bode, Volkhard; Kaiser, Gerhard: Raketenspuren. Peenemünde 1936-1994, Berlin 1995.

Boelcke, Willi A. (Hrsg.): Deutschlands Rüstung im Zweiten Weltkrieg. Hitlers Konferenzen mit Albert Speer 1942–1945, Frankfurt a. M. 1969.

Böhm, Siegfried: Zur Entwicklung des Heinrich-Hertz-Institutes in Berlin-Charlottenburg von seiner Gründung im Jahre 1928 bis heute, Manuskript, Berlin 1998.

Booker, Keith M.: Dystopian literature: A Theory and Research Guide, Westport 1994, S. 292–297.

Bornemann, Manfred: Geheimprojekt Mittelbau. Vom Öllager des Deutschen Reiches zur größten Raketenfabrik im Zweiten Weltkrieg, 2. Aufl., Bonn 1994.

Böttger, Rudolf: Vorbereitende Arbeiten für den Bau von Kreiselhorizonten nach dem Prinzip der Relativbewegung. In: Luftfahrtforschung 14 (1937), S. 266–269.

Bower, Tom: Verschwörung Paperclip: NS-Wissenschaftler im Dienst der Siegermächte, München 1988.

Boykow, Johann Maria: Navigation mittels Derivator. In: Zeitschrift für Flugtechnik und Motorluftschiffahrt 11 (1911), S. 144–147.

Braun, Hans-Joachim: „Krieg der Ingenieure": das mechanisierte Schlachtfeld. In: Braun, Hans-Joachim; Kaiser, Walter (Hrsg.): Energiewirtschaft, Automatisierung, Information seit 1914, Berlin 1992, S. 172–206.

Braun, Hans-Joachim: Militärische und zivile Technik. Ihr Verhältnis in historischer Perspektive. In: Forschungsmagazin der Universität der Bundeswehr Hamburg 1 (1991), S. 58- 66.

Braun, Wernher v.: „German Rocketry", The Coming of the Space Age, New York 1967.

Braun, Wernher v.: Das Geheimnis der Flüssigkeitsrakete. In: Die Umschau 36 (1932), S. 449–452.

Braun, Wernher v.: Konstruktive, theoretische und experimentelle Beiträge zu dem Problem der Flüssigkeitsrakete, Dissertation Friedrich-Wilhelms-Universität Berlin 1934. Sonderdruck in: Deutsche Gesellschaft für Raketentechnik und Raumfahrt (Hrsg.): Raketentechnik und Raumfahrtforschung, Sonderheft Nr. 1.

Braun, Wernher v.: Reminiscences of German Rocketry. In: Journal of the British Interplanetary Society 15 (1956), S. 125–145.

Braun, Wernher v.: Survey of Development of Liquid Rockets in Germany and Their Future Prospects. In: Journal of the British Interplanetary Society 10 (1951), S. 75–145.

Braun, Wernher v.: The Redstone, Jupiter, and Juno. In: Technology and Culture 4 (1963), S. 452–465.

Braun, Wernher v.; Seidel, Albert: Prüfstandstechnik für Raketentriebwerke. In: Z. d. VDI 107 (1965), S. 1171–1176 (Teil 1), 1259–1266 (Teil 2) und 1311–1315 (Teil 3).

Breitwieser, J.: Die Bedeutung der kreiselstabilisierten Plattform für die Trägheitsnavigation. In: Inter-Avia 11 (1956), S. 447–450.

Broelmann, Jobst: Intuition und Wissenschaft in der Kreiseltechnik, 1750 bis 1930, München 2002.

Bruch, Walter: Peenemünde 1942. Die Anfänge des „Industriefernsehens". In: Funkschau (1974), Nr. 5, S. 420–424.

Buchheim, Gisela; Sonnemann, Rolf (Hrsg.): Geschichte der Technikwissenschaften, Basel/Boston/Berlin 1990.

Büdeler, Werner: Geschichte der Raumfahrt, 2. Aufl., Künzelsau 1982.

Bueckling, Adrian: Peenemünde aus historischer Sicht. In: Luft- und Raumfahrt (1982), Nr. 3, S. 84–87.

Burgess, Eric: German Guided and Rocket Missiles. In: The Engineer (1947), S. 308–310, S. 332–333, S. 356–358, S. 381–383, S. 407–409.

Bush, Vannevar: The Differential Analyzer. A New Machine for Solving Differential Equations. In: Journal of the Franklin Institute 212 (1931), S. 447–488.

Ciesla, Burghard: Abschied von der „reinen" Wissenschaft. "Wehrtechnik" und Anwendungsforschung in der Preußischen Akademie nach 1933. In: Fischer, Wolfram (Hrsg.): Die Preußische Akademie der Wissenschaften zu Berlin 1914–1945, Berlin 2000, S. 483–513.

Ciesla, Burghard: Das „Project Paperclip" – deutsche Naturwissenschaftler und Techniker in den USA (1946 bis 1952). In: Kocka, Jürgen (Hrsg.): Historische DDR-Forschung, Berlin 1993, S. 287–301.

Ciesla, Burghard: Der Spezialistentransfer in die UdSSR und seine Auswirkungen in der SBZ und DDR. In: Aus Politik und Zeitgeschichte 49/50 (1993), S. 23–31.

Ciesla, Burghard: Ein „Meister deutscher Waffentechnik". General-Professor Karl Becker zwischen Militär und Wissenschaft (1918–1940). In: Bruch, Rüdiger v., Kaderas, Brigitte (Hrsg.): Wissenschaften und Wissenschaftspolitik. Bestandsaufnahme zu Formationen, Brüchen und Kontinuitäten im Deutschland des 20. Jahrhunderts, Stuttgart 2002, S. 263–281.

Ciesla, Burghard: German High-Velocity Aerodynamics and Their Significance for the US Air Force 1945–1952. In: Judt, Matthias; Ciesla, Burghard (Hrsg.): Technology Transfer Out of Germany After 1945, Studies in the History of Science, Technology and Medicine, Bd. 2, Amsterdam 1996, S. 93–106.

Ciesla, Burghard; Karlsch, Rainer: Vom „Karthago-Frieden" zum „Besatzungspragmatismus", Wandlungen der sowjetischen Reparationspolitik und ihre Umsetzung 1945/46. In: Mehringer, Hartmut; Schwartz, Michael; Wentker, Hermann (Hrsg.): Erobert oder befreit? Deutschland im internationalen Kräftefeld und die sowjetische Besatzungszone (1945/46), München 1999, S. 71–92.

Ciesla, Burghard; Mick, Christoph; Uhl, Matthias: Rüstungsgesellschaft und Technologietransfer. Flugzeug- und Raketenentwicklung im Military-Industrial-Academic Complex der UdSSR (1945 bis 1958). In: Karlsch, Rainer; Laufer, Jochen; Sattler, Friedericke (Hrsg.): Sowjetische Demontagen in Deutschland 1944–1949. Hintergründe, Ziele und Wirkungen, Berlin 2002, S. 188–225.

Ciesla, Burghard; Trischler, Helmuth: Legitimation through Use: Rocket and Aeronautic Research in the Third Reich and the USA. In: Walker, Mark (Hrsg.): Science and Ideology: A Comparative History, London/New York 2002, S. 156–185.

Ciesla, Burghardt; Judt, Mathias (Hrsg.): Technology Transfer out of Germany, Chur 1995.

Clary, David A.: Rocket Man: Robert H. Goddard and the Birth of the Space Age, New York 2003.

Cornett, Lloyd H. (Hrsg.): History of Rocketry and Astronautics (AAS History Series; 15IAA History Symposia 9), San Diego 1993.

Creveld, Martin van: Technology and War from 2000 B. C. to the Present, New York/London 1989.

Crocco, Luigi: Early Italian Rocket and Propellant Research. In: Durant, Frederick C.; James, George S. (Hrsg.): First Steps Toward Space (Smithsonian Annals of Flight 10), Washington 1974, S. 33–48.

Damblanc, Louis: My Theoretical and Experimental Work from 1930 to 1939, Which Has Accelerated the Development of Multistage Rockets. In: Durant, Frederick C.; James, George S. (Hrsg.): First Steps Towards Space (Smithsonian Annals of Flight 10), Washington 1974, S. 49–55.

de Beauclair, Wilfried: Alwin Walther, IPM, and the Development of Calculator/Computer Technology in Germany, 1930–1945. In: Annals of the History of Computing 8 (1986), S. 334–350.

de Beauclair, Wilfried: Meine Erinnerungen an Prof. Walther und das IPM aus den Jahren 1930–1945, unveröffentlichtes Vortragsmanuskript zum 100. Geburtstag Walthers im Jahr 1998.

Debus, Kurt H.: Abschußeinrichtungen für Raumfahrzeuge. In: Z. d. VDI 107 (1965), S. 1350–1362.

Dietz, Burkhard; Fessner, Michael; Maier, Helmut (Hrsg.): Technische Intelligenz und „Kulturfaktor" Technik. Kulturvorstellungen von Technikern und Ingenieuren zwischen Kaiserreich und früher Bundesrepublik Deutschland, Münster 1996.

Dornberger, Walter: Die Entwicklung der Pulverrakete als Waffe des letzten Krieges. In: Festschrift zum 5. Jahrestreffen der ehemaligen Nebeltruppe am 4. und 5. September 1954 in Celle, S. 14–19.

Dornberger, Walter: European Rocketry after World War I. In: Journal of the British Interplanetary Society 13 (1954), S. 245–262.

Dornberger, Walter: Peenemünde. Die Geschichte der V-Waffen, 3. Aufl., Frankfurt a. M./München, 1992.

Dornberger, Walter: The German V-2. In: Technology and Culture 4 (1963), S. 393–409.

Dornberger, Walter: The Lessons of Peenemünde. In: Astronautics 3 (1958), S. 18–60.

Dornberger, Walter: Verkehrsflugzeuge mit Raketenantrieb. In: Inter-Avia 10 (1955), S. 320–323.

Draper, Charles: On the Course to Modern Guidance. In: Astronautics and Aeronautics 18 (1980), Nr. 2, S. 56–62.

Draper, Charles: Origins of Inertial Navigation. In: Journal of Guidance and Control 4 (1981), S. 449–463.

Durant, Frederick C.: Robert H. Goddard and the Smithsonian Institution. In: Durant, Frederick C.; James, George S. (Hrsg.): First Steps Toward Space (Smithsonian Annals of Flight 10), Washington 1974, S. 57–59.

Durant, Frederick C.; James, George S. (Hrsg.): First Steps Toward Space (Smithsonian Annals of Flight 10), Proceedings of the First and Second History Symposia of the International Academy of Astronautics at Belgrade, Yugoslavia, 26. September 1967, and New York, USA., 16. October 1968, Washington 1974.

Dushkin, Leonid S.: Experimental Research and Design Planning in the Field of Liquid-Propellant Rocket Engines conducted between 1934 and 1944 by the Followers of F.A. Tsander. In: AAS History Series 7 (1986), Teil 2, S. 79–97.

Dushkin, Leonid S.; Moshkin, Yevgeny K.: Analysis of Liquid-Propellant Rocket Engines designed by F. A. Tsander. In: AAS History Series 7 (1986), Teil 2, S. 99–105.

Ebert, Hans; Rupieper, Hermann Josef: Technische Wissenschaft und nationalsozialistische Rüstungspolitik: Die Wehrtechnische Fakultät der Technischen Hochschule Berlin 1933–1945. In: Rürup, Reinhard (Hrsg.): Wissenschaft und Gesellschaft. Beiträge zur Geschichte der TU Berlin 1879–1979, Bd. 1, Berlin 1979, S. 469–491.

Ehricke, Krafft A.: The Peenemuende Rocket Center, Part 2. In: Rocketscience 4 (June 1950), Nr. 1 (March), S. 17–22; Nr. 2 (June), S. 31– 36; Nr. 3 (September), S. 57–63; Nr. 4 (December), S. 81–88.

Eichholtz, Dietrich: Geschichte der deutschen Kriegswirtschaft 1939–1945, Bd. 1: 1939–1941, Berlin 1969.

Eichholtz, Dietrich: Geschichte der deutschen Kriegswirtschaft 1939–1945, Bd. 2: 1942–1943, Berlin 1985.

Eichholtz, Dietrich: Geschichte der deutschen Kriegswirtschaft 1939–1945, Bd. 3: 1943–1945, Berlin 1996.

Eisfeld, Rainer: Mondsüchtig. Wernher v. Braun und die Geburt der Raumfahrt aus dem Geist der Barbarei, Reinbek 1996.

Emme, Eugene M. (Hrsg.): The History of Rocket Technology: Essays on Research, Development and Utility, Detroit 1964.

Emme, Eugene M.: Aeronautics and Astronautics. An American Chronology of Science and Technology in the Exploration of Space 1915–1960, Washington 1961.

Emme, Eugene M.: Introduction in the History of Rocket Technology. In: Technology and Culture 4 (1963), S. 377–383.

Emme, Eugene M.: The Challenge of Space. In: Kranzberg, M.; Pursell, C. W. (Hrsg.): Technology in Western Civilisation, Band 2: Technology in the Twentieth Century, New York 1967, S. 673–686.

Emmrich, Wolfgang; Wege, Carl (Hrsg.): Der Technikdiskurs der Hitler-Stalin-Ära, Stuttgart/Weimar 1985.

Engel, Christine: Nautschnaja fantastika und Science-fiction – Ansprüche und ihre Realisierung in Kurzgeschichten. In: Kasack, Wolfgang (Hrsg.): Science-fiction in Osteuropa, Berlin 1984, S. 11–25.

Engelmann, Joachim: V2 – Aufbruch zur Raumfahrt, Friedberg 1985.

Erdmann, S. F.: Die Entwicklung der V2. In: Inter-Avia 2 (1947), Nr. 5, S. 27–32; Nr. 6, S. 33–37.

Essers, Ilse: Hermann Ganswindt. Vorkämpfer der Raumfahrt mit seinem Weltenfahrzeug seit 1881, Düsseldorf 1977.

Essers, Ilse: Max Valier. Ein Vorkämpfer der Weltraumfahrt. In: Technikgeschichte 35 (1968), S. 163–166.

Etzkowitz, Henry; Leydesdorff, Loet (Hrsg.): Universities and the Global Knowledge Economy. A Triple Helix of University-Industry-Government Relations, London/Washington 1997.

Etzkowitz, Henry; Leydesdorff, Loet: The Dynamics of Innovation. From National Systems and „Mode 2" to a Triple Helix of University-Industry-Government Relations. In: Research Policy 29 (2000), S. 109–123.

Etzkowitz, Henry; Webster, Andrew; Healey, Peter (Hrsg.): Capitalizing Knowledge. New Intersections of Industry an Academia, New York 1998.

Eula, Antonio: Giulio Costanzi: Italian Space Pioneer. In: Durant, Frederick C.; James, George S. (Hrsg.): First Steps Toward Space (Smithsonian Annals of Flight 10), Washington 1974, S. 71–73.

Federspiel, Ruth: Mobilisierung der Rüstungsforschung? Werner Osenberg und das Planungsamt im Reichsforschungsrat 1943–1945. In: Maier, Helmut (Hrsg.): Rüstungsforschung im Nationalsozialismus. Organisation, Mobilisierung und Entgrenzung der Technikwissenschaften, Göttingen 2002, S. 72–105.

Feldenkirchen, Wilfried: Siemens 1918–1945, München 1995.

Feldenkirchen, Wilfried: Zur Unternehmenspolitik des Hauses Siemens in der Zwischenkriegszeit. In: Zeitschrift für Unternehmensgeschichte 33 (1988), S. 22–57.

Fetzer, Günter: Der Bestand RH 8 I (Das Heereswaffenamt außer der Heeresversuchsstelle Peenemünde und sonstige nachgeordnete Stellen) im Bundesarchiv/Militärarchiv, Freiburg (Brsg.) 1995.

Filthaut, Klaus F.: Projekt RAK. Das Raketenzeitalter begann in Rüsselsheim, Petershausen 1999.

Ford, Brian: German Secret Weapons, Blueprint for Mars, Illustrated History of World War II; Bd. 5, New York 1969.

Freeman, Marsha: Hin zu neuen Welten. Die Geschichte der deutschen Raumfahrt, Wiesbaden 1995.

Friedländer, Saul: Die Faszination des Nationalsozialismus. In: Henke, Klaus-Dietmar (Hrsg.): Die Verführungskraft des Totalitären, Dresden 1997, S. 25–30.

Fröbe, Rainer: Der Arbeitseinsatz von KZ-Häftlingen und die Perspektive der Industrie 1943–1945. In: Hamburger Stiftung zur Förderung von Wissenschaft und Kultur (Hrsg.): „Deutsche Wirtschaft" – Zwangsarbeit von KZ-Häftlingen für Industrie und Behörden, Hamburg 1991, S. 33–65.

Fröbe, Rainer: Hans Kammler – Technokrat der Vernichtung. In: Smelser, Ronald; Syring, Enrico (Hrsg.): Die SS: Elite unter dem Totenkopf, Paderborn 2000, S. 305–319.

Garlinski, Josef: Hitler's Last Weapons, The Underground War against the V1 and V2, New York 1978.

Gartmann, Heinz: Träumer, Forscher, Konstrukteure, Berlin/Darmstadt 1957.

Gatland, Kenneth: Missiles and Rockets, New York 1975.

Genser, Friedrich; Jänike, Johannes: Die Vergangenheit der Zukunft. Deutsche Computerpioniere, 2. Aufl., Aufsatzsammlung, Düsseldorf 1995.

Geser, Guntram: Fritz Lang. Metropolis & Die Frau im Mond. Zukunftsfilm und Zukunftstechnik in der Stabilisierungszeit der Weimarer Republik, Meitingen 1996.

Gievers, Johannes G.. Erinnerungen an Kreiselgeräte. Herrn Professor Dr.-Ing., Dr.-Ing.E.h. Max Schuler zum 90. Geburtstag. In: Jahrbuch der DGLR (1971), S. 263–291.

Gimbel, John: Science, Technology and Reparations: Exploitation and Plunder in Postwar Germany, Stanford 1990.

Gluschko, W. P.: Entwicklung des Raketenbaus und der Raumfahrt in der UdSSR, Moskau 1973.

Goddard, Esther C.; Pendray, Edward G. (Hrsg.): The Papers of Robert H. Goddard, 3 Bde., New York 1970.

Grieger, Manfred: Fakten der NS-Illusion. Produkte und Projekte der deutschen Rüstungswirtschaft am Ende des Zweiten Weltkriegs. In: Informationsdienst Wissenschaft Frieden 1 (1990), S. 25–28.

Griehl, Manfred: Fla-Rakete Schmetterling. In: Flugzeug (1998), Nr. 4, S. 18–23 u. Nr. 5, S. 18–20.

Günzel, Karl-Werner: Die fliegenden Flüssigkeitsraketen – Raketenpionier Klaus Riedel, Holzminden 1988.

Hahn, Fritz: Waffen und Geheimwaffen des deutschen Heeres 1933–1945, 2. Aufl., Bonn 1992.

Hahn, Gert: Der Anteil Rechlins an der Entwicklung von Flugreglern und Kreiselgeräten der Luftfahrt, Rechliner Briefe 3 (1978), Nr. 35, S. 1–96.

Hammerstein, Notker: Die Deutsche Forschungsgemeinschaft in der Weimarer Republik und im Dritten Reich. Wissenschaftspolitik in Republik und Diktatur, München 1999.

Hansen, Ernst Willi: „Moderner Krieg" im Schatten von Versailles. Die „Wehrgedanken des Auslandes" und die Reichswehr. In: Ders.: Politischer Wandel, organisierte Gewalt und nationale Sicherheit: Beiträge zur neueren Geschichte Deutschlands und Frankreichs. Festschrift für Klaus-Jürgen Müller, München 1995, S. 193–210.

Hård, Mikael: „Die Praxis der Forschung". Zur Alltäglichkeit der Technikentwicklung am Beispiel einer britischen Ingenieurfirma. In: Dresdener Beiträge zur Geschichte der Technikwissenschaften 27 (2001), S. 1–17.

Häussermann, Walter: Developments in the Field of Automatic Guidance and Control of Rockets. In: Guidance and Control 4 (1981), S. 225–239.

Hehl, Ulrich v.: Nationalsozialistische Herrschaft, München 1996.

Heilbron, Hans; Klein, Gerald: Ein Rückblick auf die Entstehung der Trägheitsnavigation. In: Zeitschrift der Deutschen Gesellschaft für Ortung und Navigation (1980), Nr. 1, S. 36–64.

Heinemann-Grüder, Andreas: „Keinerlei Untergang": German Armaments Engineers During the Second World War and in the Service of the Victorious Power. In: Renneberg, Monika; Walker, Mark (Hrsg.): Science, Technology and National Socialism, Cambridge 1994, S. 30–50.

Heintz, Bettina: Die Herrschaft der Regel. Zur Grundlagengeschichte des Computers, Frankfurt a. M./New York 1993.

Hellmann, H.: The Development of Inertial Navigation. In: Navigation 9 (1962), S. 83–94.

Herbst, Ludolf: Der totale Krieg und die Ordnung der Wirtschaft. Die Kriegswirtschaft im Spannungsfeld von Politik, Ideologie und Propaganda 1939–1945, Stuttgart 1982.

Herf, Jeffrey: Der nationalsozialistische Technikdiskurs. Die deutschen Eigenheiten des reaktionären Modernismus. In: Emmrich, Wolfgang; Wege, Carl (Hrsg.): Der Technikdiskurs der Hitler-Stalin-Ära, Stuttgart/Weimar 1985, S. 72–93.

Herf, Jeffrey: Reactionary Modernism. Technology, Culture and Politics in Weimar and the Third Reich, Cambridge 1984.

Hermann, Armin: Naturwissenschaft und Technik im Dienste der Kriegswirtschaft. In: Tröger, Jörg (Hrsg.): Hochschule und Wissenschaft im Dritten Reich, Frankfurt a. M. 1984.

Hermann, Armin: Wie die Wissenschaft ihre Unschuld verlor. Macht und Mißbrauch der Forscher, Stuttgart 1982.

Hillgruber, Andreas: Der 2. Weltkrieg. Kriegsziele und Strategie der großen Mächte, 6. Aufl., Stuttgart 1996.

Hirsch, Walter: The Autonomy of Science in Totalitarian Societies: The Case of Nazi Germany. In: Knorr, Karin D.; Strasser, Hermann; Zilian, Hans Georg: Determinants and Controls of Scientific Development, Dordrecht/Boston 1975, S. 343–366.

Hochberg, Stephanie v.; Steinle, Holger: „Von der Hölle zu den Sternen". Wernher von Braun, die Entwicklung der Rakete und das „Dritte Reich". In: Ich diente nur der Technik. Sieben Karrieren zwischen 1940 und 1950, Ausstellungskatalog Museum für Verkehr und Technik Berlin 1995, S. 139–152.

Hölsken, Dieter: Die V-Waffen. Entstehung, Propaganda, Kriegseinsatz, Stuttgart 1984. (Englisch: V-Missiles of the Third Reich: The V-1 and V-2, Sturbridge 1994.)

Hölzer, Helmut: Remarks at a Guidance and Control Symposium. In: Steinhoff, Ernst (Hrsg.): The Eagle has Returned (AAS Science and Technology Series 42 (1976)), S. 301–316.

Hölzer, Helmut: Anwendung elektrischer Netzwerke zur Lösung von Differentialgleichungen und zur Stabilisierung von Regelvorgängen, gezeigt an der Stabilisierung des Fluges einer selbst- bezw. ferngesteuerten Großrakete, Dissertation TH Darmstadt 1946.

Hoffmann, Horst: Die Deutschen im Weltraum. Zur Geschichte der Kosmosforschung in der DDR, Berlin 1998.

Hofstätter, Rudolf: Sowjet-Raumfahrt, Basel/Boston/Berlin 1989.

Horeis, Heinz: Rolf Engel – Raketenbauer der ersten Stunde, München 1992.

Hughes, Thomas P.: Elmer Sperry. Inventor and Engineer, Baltimore/London 1971.

Hughes, Thomas P.: Rescuing Prometheus, New York 1998.

Hughes, Thomas P.: The Evolution of Large Technological Systems. In: Bijker, W. E.; Hughes, T. P.; Pinch, T. (Hrsg.): The Social Construction of Technological Systems. New Directions in the Sociology and History of Technology, 4. Aufl., Cambridge (Mass.) 1993, S. 51–82.

Hunley, J. D.: The Enigma of Robert H. Goddard. In: Technology and Culture 36 (1995), S. 327–350.

Huzel, Dieter: Von Peenemünde nach Canaveral, Berlin 1994. (Englisch: Peenemünde to Canaveral, Englewood Cliffs 1962)

Innerhofer, Roland: Deutsche Science Fiction 1870–1914. Rekonstruktion und Analyse der Anfänge einer Gattung, Wien/Köln/Weimar 1996.

Irving, David: Die Geheimwaffen des Dritten Reichs, Gütersloh 1965. (Englisch: The Mare's Nest, London 1964.)

Ivkin, V. I.: U istokov otjetschestwennogo raketostrenija, VIZ (1996), Nr. 2, S. 35–42.

Janssen, Gregor: Das Ministerium Speer. Deutschlands Rüstung im Krieg, Berlin 1968.

Jenak, Rudolf: Der Mißbrauch der Wissenschaft in der Zeit des Faschismus. Dargestellt am Beispiel der Technischen Hochschule Dresden 1933–1945, Dissertation Humboldt-Universität Berlin 1964.

Johnson, Brian: Streng Geheim. Wissenschaft und Technik im Zweiten Weltkrieg, Augsburg 1996.

Junghans, Georg: Der Raketenprinz. In: Abendzeitung (Azet) Leipzig/Halle, zwölfteilige Dokumentation, erschienen vom 7. März 1966 bis zum 19. März 1966.

Kahlenberg, Friedrich P. (Hrsg.): Reichswehr und Rote Armee. Dokumente aus den Militärarchiven Deutschlands und Rußlands 1925–1931, Koblenz 1995.

Karner, Stefan: Die Steuerung der V2. Zum Anteil der Firma Siemens an der Entwicklung der ersten selbstgesteuerten Großrakete. In: Technikgeschichte 46 (1979), S. 45–66.

Kasper, Hartmut (Hrsg.): Lexikon der wunderbaren Fahrzeuge, Leipzig 1999.

Kennedy, Gregory P.: Vengeance Weapon 2: The V-2 Guided Missile, Washington 1983.

Kens, Karlheinz; Nowarra, Heinz J.: Die deutschen Flugzeuge 1933–1945, München 1961.

Kirschstein, F.: Die Steuerung von Raumschiffen und ihre Stabilität. In: Merten, R. (Hrsg): Hochfrequenztechnik und Weltraumfahrt, Stuttgart 1951, S. 70–91.

Kirschstein, F.: Elektrotechnisches von der V-2. In: Elektrotechnische Zeitschrift 71 (1950), S. 281–287.

Klamka, Norbert: Steuerung der Raketen. In: Z. d. VDI 107 (1965), S. 701–706 (Teil 1) und 782–788 (Teil 2).

Klee, Ernst; Merk, Otto: Damals in Peenemünde. An der Geburtsstätte der Weltraumfahrt. Ein Dokumentarbericht, Oldenburg/Hamburg 1963. (Englisch: The Birth of the Missile: The Secrets of Peenemünde, New York 1965.)

Klein, Heinrich: Vom Geschoß zum Feuerpfeil. Der große Umbruch der Waffentechnik in Deutschland 1900–1970, Neckargemünd 1977.

Kluge, Rolf-Dieter: Alexander A. Bogdanow (Malinowskij) als Science-Fiction-Autor. In Kasack, Wolfgang (Hrsg.): Science-Fiction in Osteuropa, Berlin 1984, S. 26–37.

Kolchenko, I. A.; Strazheva, I. V.: The Ideas of K. E. Tsiolkovsky on Orbital Space Stations. In: AAS History Series 7 (1986), Teil 1, S. 170–175.

Kölle, Dietrich: Steuerschema und Steuerorgane der A4-Rakete (V2). In: Raketentechnik und Raumfahrtforschung 1(1957), S. 50–52.

Kopal, Vladimir: Vladimir Mandl: Founding Writer on Space Law. In: Durant, Frederick C.; James, George S. (Hrsg.): First Steps Toward Space (Smithsonian Annals of Flight 10), Washington 1974, S. 87–90.

Kosmodemiansky, Arkady A.: First Works by K. E. Tsiolkowvsky and I. V. Meshchersky on Rocket Dynamics. In: AAS History Series 7 (1986), Teil 1, S. 115–124.

Kracheel, Kurt: Flugführungssysteme – Blindfluginstrumente, Autopiloten, Flugsteuerungen (Die Deutsche Luftfahrt Bd. 20), Bonn 1993.

Kracheel, Kurt: Flugreglerentwicklung deutscher Spezialisten in der UdSSR 1946–1958. In: Schubert, Helmut (Hrsg): Die Tätigkeit deutscher Luftfahrtingenieure und -wissenschaftler im Ausland. Beiträge einer Vortragsveranstaltung der DGLR-Fachgruppe 12 „Geschichte der Luft- und Raumfahrt" am 19. März 1991 im Deutschen Museum München. Blätter zur Geschichte der Deutschen Luft- und Raumfahrt V (1992), S. 70–91.

Kroener, Bernhard: Strukturelle Veränderungen in der militärischen Gesellschaft des Dritten Reiches. In: Prinz, Michael; Zitelmann, Rainer (Hrsg.): Nationalsozialismus und Modernisierung, Darmstadt 1991, S. 267–296.

Krüger, E.: Fernlenkwaffen-Entwicklung im ersten Weltkrieg. In: Flugkörper (1959), Nr. 2, S. 53–56.

Krüger, K.: J. M. Boykow. In: Luftwissen 2 (1935), S. 255.

Kulagin, I. I.: Developments in Rocket Engineering Achieved by the Gas Dynamics Laboratory in Leningrad. In: Durant, Frederick C.; James, George S. (Hrsg.): First Steps Toward Space (Smithsonian Annals of Flight 10), Washington 1974, S. 91–102.

Kusnezow, K. A.: Raketen- und Lenkwaffen des Zweiten Weltkrieges. Bd. 1: Raketen der Klasse „Boden – Boden", Klitzschen 1999.

Lange, Thomas: Helmut Hoelzer. Inventor of the Electronic Analog Computer and his Contributions to the Development of the A4-Rocket. In: International Conference on the History of Computing, Vortragsband, Paderborn 1998.

Lasby, Clarence G.: Project Paperclip. German Scientists and the Cold War, New York 1971.

Lauck, Friedrich: Der Lufttorpedo. Entwicklung und Technik in Deutschland 1915–1945, München 1981.

Ledebur, G. v.: Reinhold Tilling. In: Flugkörper (1960), S. 263.

Leeb, Emil: Aus der Rüstung des Dritten Reiches. (Das Heerswaffenamt 1938–1945.) In: Wehrtechnische Monatshefte, Beiheft 4. Berlin/Frankfurt a. M. 1958.

Lehmann, N. Joachim: Alwin Walther und seine Mathesis. In: Der Präsident der Technischen Universität Darmstadt (Hrsg.): Alwin Walther: Pionier des Wissenschaftlichen Rechnens. Wissenschaftliches Kolloquium anläßlich des hundertsten Geburtstages, Darmstadt 1998, S. 15–36.

Lem, Stanislaw: Phantastik und Futurologie, Bd. 2, Frankfurt a. M. 1980.

Levine, Alan J.: The Missile and Space Race, Westport 1994.

Ley, Willy: Grundriß einer Geschichte der Rakete, Leipzig 1932.

Ley, Willy: Rockets, Missiles and Space Travel, London 1954.

Locke, Arthur S.: Guidance, (=Merill, Grayson (Hrsg.): Principles of Guided Missile Design, Bd. Guidance), Princeton 1955.

Lorenz, Hans: Die Möglichkeit der Weltraumfahrt. In: Z. d. VDI 71 (1927), Nr. 19, S. 651–654.

Luck, Werner: Erich Schumann und die Studentenkompanie des Heereswaffenamtes – Ein Zeitzeugenbericht. In: Dresdener Beiträge zur Geschichte der Technik und der Technikwissenschaften 27 (2001), S. 27–45.

Ludwig, Karl-Heinz: Raketentreibstoffe im Zweiten Weltkrieg. In: Technikgeschichte 42 (1975), S. 44- 71.

Ludwig, Karl-Heinz: Technik und Ingenieure im Dritten Reich, Königstein (Ts.) 1979.

Ludwig, Karl-Heinz: Widersprüchlichkeiten der technisch-wissenschaftlichen Gemeinschaftsarbeit im Dritten Reich. In: Technikgeschichte 46 (1979), S. 245–254.

Ludwig, Karl-Heinz: Die „Hochdruckpumpe", ein Beispiel technischer Fehleinschätzung im 2. Weltkrieg. In: Technikgeschichte 38 (1971), S. 142–157.

Ludwig, Karl-Heinz: Ingenieure im Dritten Reich, 1933–1945. In: Lundgreen, Peter; Grelon, André (Hrsg.): Ingenieure in Deutschland, 1770-1990, Frankfurt a. M./ New York 1994.

Ludwig, Karl-Heinz: Politische Lösungen für technische Innovationen 1933–1945. Die antitechnische Mobilisierung, Ausformung und Instrumentalisierung von Technik. In: Technikgeschichte 62 (1995), S. 333–344.

Lundgreen, Peter u. a.: Staatliche Forschung in Deutschland 1870–1980, Frankfurt a. M./New York 1986.

Lundgreen, Peter: Hochschulpolitik und Wissenschaft im Dritten Reich. In: Lundgreen, Peter (Hrsg.): Wissenschaft im Dritten Reich, Frankfurt a. M. 1985, S. 9–30.

Lusar, Rudolf: Die deutschen Waffen und Geheimwaffen des Zweiten Weltkrieges und ihre Weiterentwicklung, 5. Aufl., München 1964.

Lutz, O.: A Historical Review of Development in Propellants and Materials for Rocket Engines. In: Durant, Frederick C.; James, George S. (Hrsg.): First Steps Toward Space (Smithsonian Annals of Flight 10), Washington 1974, S. 103–112.

Lux, H.: Technische Entwicklung und Forschung bei Telefunken während des Krieges. In: Telefunken-Zeitung 23 (1950), Nr. 87/88, S. 11–26.

MacKenzie, Donald: Inventing Accuracy. A Historical Sociology of Nuclear Missile Guidance System, Cambridge (Mass.) 1990.

MacKenzie, Donald: Missile Accuracy: A Case Study in the Social Progress of Technological Change. In: Bijker, W. E.; Hughes, T. P.; Pinch, T. (Hrsg.): The Social Construction of Technological Systems. New Directions in the Sociology and History of Technology, 4. Aufl., Cambridge (Mass.) 1993, S. 195–222.

Magnus, K.: Zum Geburtstag von Prof. Dr.-Ing. Max Schuler. In: Regelungstechnik 5 (1957), S. 37–40.

Magnus, Kurt: Raketensklaven. Deutsche Forscher hinter rotem Stacheldraht, Stuttgart 1993.

Magnus, Kurt: Zur Geschichte der Anwendung von Kreiseln in Deutschland. In: Akademija nauk SSSR (Hrsg.): Raswitije mechaniki giroskopitscheskich i inertialnich sistem, Moskau 1973, S. 285–306.

Maier, Helmut (Hrsg.): Rüstungsforschung im Nationalsozialismus. Organisation, Mobilisierung und Entgrenzung der Technikwissenschaften, Göttingen 2002.

Malina, Frank J.: The U.S.Army Air Corps Jet Propulsion Research Project, Calcit Project No. 1, 1939–1946: A Memoir. In: AAS History Series 7 (1986), Teil 2, S. 153–201.

Malina, Frank J.: America's first Long-Range-Missile and Space Exploration Program: The Ordcit Project of the Jet Propulsion Laboratory, 1943–1946: A Memoir. In: AAS History Series 7 (1986), Teil 2, S. 339–383.

Malina, Frank J.: On the GALCIT Rocket Research Project, 1936–1938. In: Durant, Frederick C.; James, George S. (Hrsg.): First Steps Toward Space (Smithsonian Annals of Flight 10), Washington 1974, S. 113–127.

McDougall, Walter A.: ...the Heavens and the Earth: A Political History of the Space Age, New York 1985.

Mehrtens, Herbert: Die Naturwissenschaften im Nationalsozialismus. In: Rürup, Reinhard (Hrsg.): Wissenschaft und Gesellschaft. Beiträge zur Geschichte der TU Berlin 1879–1979, Bd. 1, Berlin 1979, S. 427–443.

Mehrtens, Herbert: Kollaborationsverhältnisse. Natur- und Technikwissenschaften im NS- Staat und ihre Historie. In: Meinel, Christoph; Voswinckel, Christoph (Hrsg.): Medizin, Naturwissenschaft, Technik und Nationalsozialismus. Kontinuitäten und Diskontinuitäten, Stuttgart 1994, S. 13–32.

Meinel, Christoph; Voswinckel, Christoph (Hrsg.): Medizin, Naturwissenschaft, Technik und Nationalsozialismus. Kontinuitäten und Diskontinuitäten, Stuttgart 1994.

Mertens, Lothar: Forschungsförderung im Dritten Reich. In: ZfG (1996), Nr. 2, S. 119–126.

Michel, Jean: Dora, London 1979.

Michels, Jürgen: Peenemünde und seine Erben in Ost und West, Bonn 1997.

Militärgeschichtliches Forschungsamt (Hrsg.): Deutsche Militärgeschichte, Bd. 3: Reichswehr und Republik (1918–1933), München 1983.

Militärgeschichtliches Forschungsamt (Hrsg.): Deutsche Militärgeschichte, Bd. 4: Wehrmacht und Nationalsozialismus (1933–1939), München 1983.

Mommsen, Hans: „Nationalsozialismus als vorgetäuschte Modernisierung". In: Niethammer, Lutz; Weisbrod, Bernd (Hrsg.): Der Nationalsozialismus und die deutsche Gesellschaft, Reinbek 1991.

Mommsen, Hans: Noch einmal: Nationalsozialismus und Modernisierung. In: Geschichte und Gesellschaft (1995), S. 391–402.

Mommsen, Hans: Der Mythos der Modernität. Zur Entwicklung der Rüstungsindustrie im Dritten Reich, Essen 1999.

Moore, Thomas M.: German Missile Accelerometers. In: Electrical Engineering 68 (1949), S. 996–999.

Moore, Thomas M.: V-2 Range Control Technique. In: Electrical Engineering 65 (1946), S. 303–305.

Mosch, Rudolf: Geschwindigkeitsmessungen nach dem Dopplerprinzip und ihre Anwendung für Flugweitensteuerungen und Bahnvermessungen. In: Merten, R. (Hrsg): Hochfrequenztechnik und Weltraumfahrt, Stuttgart 1951, S. 102–116.

Müller, Fritz: A History of Inertial Guidance. In: Journal of the British Interplanetary Society 38 (1985), S. 180–192.

Müller, Otto: The Control System of the V2. In: Bencckc, Thcodor (Hrsg.): History of German guided missiles, AGARD First Guided Missiles Seminar Munich 1956, Brunswick 1957, S. 80–101.

Müller, Rolf-Dieter: Albert Speer und die Rüstungspolitik im totalen Krieg. In: Militärgeschichtliches Forschungsamt (Hrsg.): Das Deutsche Reich und der Zweite Weltkrieg, Bd. 5/2: Kriegsverwaltung, Wirtschaft und personelle Ressourcen 1942–1944/45, Stuttgart 1999, S. 545–776.

Müller, Rolf-Dieter: Die Mobilisierung der deutschen Wirtschaft für Hitlers Kriegsführung. In: Militärgeschichtliches Forschungsamt (Hrsg.): Das Deutsche Reich und der Zweite Weltkrieg, Bd. 5/1: Kriegsverwaltung, Wirtschaft und personelle Ressourcen 1939–1941, Stuttgart 1988, S. 349–677.

Müller, Rolf-Dieter: Kriegsführung, Rüstung und Wissenschaft. Zur Rolle des Militärs bei der Steuerung der Kriegstechnik unter besonderer Berücksichtigung des Heereswaffenamtes 1935–1945. In: Maier, Helmut (Hrsg.): Rüstungsforschung im Nationalsozialismus. Organisation, Mobilisierung und Entgrenzung der Technikwissenschaften, Göttingen 2002, S. 52–71.

Müller, Rolf-Dieter: Der Zweite Weltkrieg, Stuttgart 2004.

Müller, Rolf-Dieter: Der letzte deutsche Krieg 1939–1945, Stuttgart 2005.

Naasner, Walter: Neue Machtzentren in der deutschen Kriegswirtschaft 1942–1945. Die Wirtschaftsorganisation der SS, das Amt des Generalbevollmächtigten für den Arbeitseinsatz und das Reichsministerium für Bewaffnung und Munition /Reichsministerium für Rüstung und Kriegsproduktion im nationalsozialistischen Herrschaftssystem, Boppard a. Rh. 1994.

Naasner, Walter: SS-Wirtschaft und SS-Verwaltung, Düsseldorf 1998.

Nagl, Manfred: Science Fiction. Ein Segment populärer Kultur im Medien- und Projektverbund, Tübingen 1981.

Nebel, Rudolf: Die Narren von Tegel, Düsseldorf 1972.

Nebel, Rudolf: Raketenflug, Berlin 1932.

Nelson, Richard R. (Hrsg.): National Innovation Systems. A Comparative Analysis, New York/Oxford 1993.

Neufeld, Michael J.: Hitler, the V2 and the Battle of Priority 1939–1943. In: The Journal of Military History 57 (1993), Nr. 3, S. 511–538.

Neufeld, Michael J.: Rolf Engel vs. The German Army: A Nazi Career in Rocketry and Repression. In: History and Technology 13 (1996), S. 53–72.

Neufeld, Michael J.: The guided missile and the Third Reich: Peenemünde and the forging of a technological revolution. In: Renneberg, Monika; Walker, Mark (Hrsg.): Science, Technology and National Socialism, Cambridge 1994, S. 51–71.

Neufeld, Michael J.: The Rocket and the Reich. Peenemünde and the coming of the ballistic missile era, Cambridge (Mass.) 1996. (Deutsch: Die Rakete und das Reich. Wernher von Braun, Peenemünde und der Beginn des Raketenzeitalters, Berlin 1997)

Neufeld, Michael J.: Weimar Culture and Futuristic Technology. The Rocket and Spaceflight Fad in Germany 1923–1933. In: Technology and Culture 31 (1990), S. 725–752.

Niethammer, Lutz (Hrsg.): Lebenserfahrung und kollektives Gedächtnis. Die Praxis der „Oral History", Frankfurt a. M. 1985.

Niethammer, Lutz: Fragen – Antworten – Fragen. Methodische Erfahrungen und Erwägungen zur Oral History. In: Niethammer, L.; Plato, L. von (Hrsg.): „Wir kriegen jetzt andere Zeiten." Auf der Suche nach der Erfahrung des Volkes in nachfaschistischen Ländern, Bonn 1985, S. 392–445.

Nipperdey, Thomas; Schmugge, Ludwig: 50 Jahre Forschungsförderung in Deutschland. Ein Abriß der Deutschen Forschungsgemeinschaft 1920–1970, Bonn 1970.

Nitschke, Helmut: Der Weg der Nebeltruppe. Von der Nebelbüchse bis zum Werfer 42. In: Festschrift zum 5. Jahrestreffen der ehemaligen Nebeltruppe am 4. und 5. September 1954 in Celle, S. 5–14.

Nowarra, Heinz J.: Die deutsche Luftrüstung 1933–1945, Teil 4: Flugkörper, Bonn o.J.

Oberth, Hermann: My Contributions to Astronautics. In: Durant, Frederick C.; James, George S. (Hrsg.): First Steps Toward Space (Smithsonian Annals of Flight 10), Washington 1974, S. 129–140.

Oppelt, Winfried: Theorie der Regelung und Steuerung. In: Naturforschung und Medizin in Deutschland 1933–1946. Für Deutschland bestimmte Ausgabe des FIAT Review of German Science (84 Bde., Weinheim 1947–1949), Wiesbaden 1953, Bd. 4, Teil II, S. 127–135.

Oppelt, Winfried: A Historical Reviev of Autopilot Development, Research, and Theory in Germany. In: Journal of Dynamic Systems, Measurment, and Control (1976), S. 215–223.

Ordway, Frederick I.; Sharpe, Mitchell R.: The Rocket Team: From the V-2 to the Saturn Rocket, Cambridge (Mass.) 1982.

Osborn, George H.; Gordon, Robert et al.: Liquid-Hydrogen Rocket Engine Development at Aerojet, 1944–1950. In: AAS History Series 7 (1986), Teil 2, S. 279–324.

Oswald, Ingrid: Der Staat der Wissenschaftler. Das Gesellschaftsbild der sowjetischen wissenschaftlich-technischen Intelligenz in der wissenschaftlichen Phantastik der Sowjetunion, Berlin 1991.

Pendray, Edward G.: Early Rocket Development of the American Rocket Society. In: Durant, Frederick C.; James, George S. (Hrsg.): First Steps Toward Space (Smithsonian Annals of Flight 10), Washington 1974, S. 141–155.

Pendray, Edward G.: Pioneer Rocket Development in the United States. In: Technology and Culture 4 (1963), S. 385–392.

Petzold, Hartmut: Moderne Rechenkünstler. Die Industrialisierung der Rechentechnik in Deutschland, München 1992.

Pickering, William H.; Wilson, James H.: Countdown to Space Exploration: A Memoir of the Jet Propulsion Laboratory, 1944–1958. In: AAS History Series 7 (1986), Teil 2, S. 385–421.

Piszkiewicz, Dennis: The Nazi Rocketeers. Dreams of Space and Crimes of War, Westport/London 1995.

Prinz, Michael; Zitelmann, Rainer (Hrsg.): Nationalsozialismus und Modernisierung, Darmstadt 1991.

Pobedonostsev, Yuri A.: Early Experiments with Ramjet Engines in Flight. In: Durant, Frederick C.; James, George S. (Hrsg.): First Steps Toward Space (Smithsonian Annals of Flight 10), Washington 1974, S. 167–175

Pobedonostsev, Yuri A.: First Rocket and Aircraft Flight Tests of Ramjets. In: Durant, Frederick C.; James, George S. (Hrsg.): First Steps Toward Space (Smithsonian Annals of Flight 10), Washington 1974, S. 177–184.

Pobedonostsev, Yuri A.: On the History of the Development of Solid-Propellant Rockets in the Soviet Union. In: AAS History Series 7 (1986), Teil 2, S. 59–63.

Pocock, Rowland F.: German Guided Missiles of the Second World War, New York 1967.

Polyarny, A. I.: On some Work Done in Rocket Techniques, 1931–1938. In: Durant, Frederick C.; James, George S. (Hrsg.): First Steps Toward Space (Smithsonian Annals of Flight 10), Washington 1974, S. 185–201.

Pulla, Ralf: Über die strukturelle Bedeutung der Hochschule in der institutionalisierten Großraketenforschung und -entwicklung des Dritten Reiches. In: Dresdener Beiträge zur Geschichte der Technikwissenschaften 25 (1998), S. 89–103.

Rammert, Werner: Technik aus soziologischer Perspektive, Opladen 1993.

Rauschenbach, Boris V.: Hermann Oberth 1894–1989. Über die Erde hinaus, Wiesbaden 1995.

Raushenbakh, B. V.; Biryukow, Y. V.: S. P. Korolyev and the Development of Soviet Rocket Engineering to 1939. In: Durant, Frederick C.; James, George S. (Hrsg.): First Steps Toward Space (Smithsonian Annals of Flight 10), Washington 1974, S. 203–208.

Reichel, Rudolf H.: Die ferngesteuerte Flabrakete C2 „Wasserfall". In: Inter-Avia 6 (1951), S. 569–574.

Reisig, Gerhard H. R.: Raketenforschung in Deutschland. Wie Menschen das All eroberten, Münster 1997.

Reisig, Gerhard H. R.: Von den Peenemünder „Aggregaten" zur amerikanischen Mondrakete. In: Astronautik (1986), Nr. 1: S. 5–9, Nr. 2: S. 44–47, Nr. 3: S. 73–78.

Rellstab, Ludwig: Über selbsttätige Stabilisierung von Schiffen und Luftfahrzeugen. In: Jahrbuch der Schiffbautechnischen Gesellschaft 35 (1934), S. 286–291.

Renneberg, Monika; Walker, Mark (Hrsg.): Science, Technology and National Socialism, Cambridge 1994.

Renneberg, Monika; Walker, Mark: Naturwissenschaftler, Techniker und der Nationalsozialismus. In: Ich diente nur der Technik. Sieben Karrieren zwischen 1940 und 1950, Ausstellungskatalog Museum für Verkehr und Technik Berlin 1995, S. 15–24.

Römer, Hans v.; Römer, Botho v.: Die erste Raketenbewaffnung in Flugzeugen. In: Flugkörper (1959), S. 222.

Römer, Hans v.; Römer, Botho v.: Die ersten Postraketen. In: Flugkörper (1961), S. 140–141.

Römer, Hans v.; Römer, Botho v.: Die Flüssigkeitsraketen des Ingenieurs Johannes Winkler. In: Flugkörper (1960), S. 292–293.

Römer, Hans v.; Römer, Botho v.: Die interessanten Flugraketen des Ingenieurs Reinhold Tilling. In: Flugkörper (1960), S. 167–168.

Römer, Hans v.; Römer, Botho v.: Die Postraketenversuche von Gerhard Zucker und Albert Püllenberg. In: Flugkörper (1961), S. 210–211.

Römer, Hans v.; Römer, Botho v.: Die Raketenprojekte von Dr. Franz von Hoefft. In: Flugkörper (1960), S. 353–354.

Römer, Hans v.; Römer, Botho v.: Erinnerungen an Max Valier. In: Flugkörper (1959), Nr. 8, 3. Umschlagseite.

Römer, Hans v.; Römer, Botho v.: Gottlob Espenlaub, ein Wegbereiter des Segel-, Sport und Raketenfluges. In: Flugkörper (1960), S. 132–133.

Römer, Hans v.; Römer, Botho v.: Opels Raketenflug in Frankfurt am Main. In: Flugkörper (1960), S. 98–99.

Römer, Hans v.; Römer, Botho v.: Prof. Dr. Robert Hutchins Goddard, der Vater der amerikanischen Raketentechnik. In: Flugkörper (1961), S. 103–104.

Römer, Hans v.; Römer, Botho v.: Raketenflüge schon im Jahre 1928. In: Flugkörper (1959), S. 332–332a.

Rörentrop, Klaus: Entwicklung der modernen Regelungstechnik, München/Wien 1971.

Rörentrop, Klaus: Zur Entwicklung der Regelungstechnik, in: Technikgeschichte 37 (1970), S. 65– 81.

Ross, H. E.: The British Interplanetary Society's Astronautical Studies, 1937–1939. In: Durant, Frederick C.; James, George S. (Hrsg.): First Steps Toward Space (Smithsonian Annals of Flight 10), Washington 1974, S. 209–216.

Ruland, Bernd: Wernher v. Braun. Mein Leben für die Raumfahrt, Offenburg 1969.

Sänger-Bredt, Irene: The Silver Bird Story: A Memoir. In: AAS History Series 7 (1986), Teil 1, S. 195–228.

Sänger-Bredt, Irene; Engel, Rolf: The Development of Regenerativly Cooled Liquid Rocket Engines in Austria and Germany, 1926–1942. In: Durant, Frederick C.; James, George S. (Hrsg.): First Steps Toward Space (Smithsonian Annals of Flight 10), Washington 1974, S. 217–246.

Schabel, Ralf: Die Illusion der Wunderwaffen: Die Rolle der Düsenflugzeuge und Flugabwehrraketen in der Rüstungspolitik des Dritten Reiches, München 1994.

Schlink, Wilhelm (Hrsg.): Die Technische Hochschule Darmstadt 1836 bis 1936. Ein Bild ihres Werdens und Wirkens, Darmstadt 1936.

Schneider, Erich: Technik und Waffenentwicklung im Kriege. In: Gerhard Stalling Verlag (Hrsg.): Bilanz des Zweiten Weltkrieges. Erkenntnisse und Verpflichtungen für die Zukunft, Oldenburg 1953, S. 223–247.

Scholze, O.: Wissenschaftliche, wirtschaftliche und militärische Raumprogramme. In: Flugkörper (1960), S. 358–365.

Scholze, Oscar: Die deutsche Taifun als Vorbild für vollbetankt-lagerfähige Flüssigkeitsraketen (prepacked liquid rockets). In: Flugkörper (1959), S. 108–110.

Scholze, Oscar: Flugkörper-Übersichten. In: Flugkörper (1959), S. 67–71.

Schuler, Max: Die geschichtliche Entwicklung des Kreiselkompasses in Deutschland. In: Z. VDI 104 (1962), S. 469–476 u. S. 593–598.

Schulz, Mathias: Himmelfahrt auf Usedom. In: Der Spiegel (2001), Nr. 22, S. 214–216.

Schumann, Erich: Wehrmacht und Forschung. In: Donnevert, Richard (Hrsg.): Wehrmacht und Partei, Leipzig 1938, S. 111–129.

Schwonke, Martin: Vom Staatsroman zur Science Fiction. Eine Untersuchung über Geschichte und Funktion der naturwissenschaftlich-technischen Utopie, Stuttgart 1957.

Segeberg, Harro: Literarische Technik-Bilder. Studien zum Verhältnis von Technik und Literaturgeschichte im 19. und frühen 20. Jahrhundert, Tübingen 1987.

Segeberg, Harro: Literatur im technischen Zeitalter. Von der Frühzeit der deutschen Aufklärung bis zum Beginn des Ersten Weltkrieges, Darmstadt 1997.

Sellier, André: Zwangsarbeit im Raketentunnel. Geschichte des Lagers Dora, Lüneburg 2000.

Shchetinkov, Yevgeny S.: Development of Winged Rockets in the USSR, 1930–1939. In: Durant, Frederick C.; James, George S. (Hrsg.): First Steps Toward Space (Smithsonian Annals of Flight 10), Washington 1974, S. 247–257.

Shchetinkov, Yevgeny S.: Main Lines of Scientific and Technical Research at the Jet Propulsion Research Institute (RNII), 1933–1942. In: AAS History Series 7 (1986), Teil 2, S. 43–57.

Siemens, Georg: Der Weg der Elektrotechnik. Geschichte des Hauses Siemens, Bd. 2: Das Zeitalter der Weltkriege 1910–1945, Freiburg/München 1961.

Simon, L.: Secret Weapons of the Third Reich, Conneticut 1971. (Erstausgabe unter dem Titel: German Research in World War II. An Analysis of the Conduct of Research, New York/London 1947.)

Skoog, Ingemar A.: Wilhelm Theodor Unge: An Evaluation of His Contributions. In: Durant, Frederick C.; James, George S. (Hrsg.): First Steps Toward Space (Smithsonian Annals of Flight Number 10), Washington 1974, S. 259–267.

Sokolsky, Victor N.: On the Works of S. S. Nezhdanovsky in the Field of Flight based on Reactive Principles, 1880–1895. In: AAS History Series 7 (1986), Teil 1, S. 125–139.

Sokolsky, Victor N.: Some New Data on Early Work of the Soviet Scientist-Pioneers in Rocket Engineering. In: Durant, Frederick C.; James, George S. (Hrsg.): First Steps Toward Space (Smithsonian Annals of Flight Number 10), Washington 1974, S. 269–276.

Sokolsky, Victor N.: Comparative Analysis of the Designs and Implementation of Vehicles based on Reactive Propulsion proposed during the Nineteenth and Beginning of the Twentieth Centuries. In: AAS History Series 7 (1986), Teil 2, S. 3–24.

Sorg, H. W.: From Serson to Draper – Two Centuries of Gyroscopic Development. In: Navigation: Journal of the Institute of Navigation 23 (1976/77), S. 313–324.

Speer, Albert: Erinnerungen, Frankfurt a. M./Berlin 1993.

Stache, Peter: Sowjetische Raketen. Im Dienst von Wissenschaft und Verteidigung, Berlin 1987.

Stapfer, H. H.: Die Erprobung und Weiterentwicklung der V1 in den USA. In: Jet und Prop (1997), Nr. 3, S. 42.

Draper, Charles: The Evolution of Aerospace Guidance Technology at the Massachusetts Institute of Technology, 1935–1951. In: AAS History Series 7 (1986), Teil 2, S. 219–252.

Steinhoff, Ernst A. Weltraumfahrt. Wissenschaftler planen die Zukunft, Darmstadt 1973.

Steinhoff, Ernst A.: Development of the German A4 Guidance and Control System. In: AAS History Series 7 (1986), part II, S. 203–215.

Steinhoff, Ernst A.: Early Development in Rocket and Spacecraft Performance, Guidance, and Instrumentation. In: Durant, Frederick C.; James, George S. (Hrsg.): First Steps Toward Space (Smithsonian Annals of Flight 10), Washington 1974, S. 277–285.

Stemmer, Josef: Die deutsche Raketenbombe V2. In: Flugtechnik (1945), S. 50–54.

Stich, Karl: Die ballistische Rakete A4 (V2). Entwicklung und Einsatz. In: Militärgeschichte (1980), Nr. 2, S. 210–217.

Stuhlinger, Ernst; Ordway, Frederick I.: Wernher von Braun. Aufbruch in den Weltraum, Esslingen/München 1992.

Stüwe, Botho: Peenemünde West. Die Erprobungsstelle der Luftwaffe, Esslingen/München 1995.

Suerbaum, Ulrich; Broich, Ulrich; Borgmeier, Raimund: Science Fiction. Theorie und Geschichte, Themen und Typen, Form und Weltbild, Stuttgart 1981.

Sykora, Fritz: Guido von Pirquet. Austrian Pioneer of Astronautics. In: AAS History Series 7 (1986), Teil 1, S. 140–155.

Szöllösi-Janze, Margit: Fritz Haber 1868 bis 1934, Eine Biographie, München 1998.

Szöllösi-Janze, Margit; Trischler, Helmuth (Hrsg.): Großforschung in Deutschland, Frankfurt a. M. 1990.

Tarter, Donald E. : Peenemünde and Los Alamos: Two Studies. In: Cornett, Lloyd H. (Hrsg.): History of Rocketry and Astronautics (AAS History Series; 15IAA History Symposia 9), San Diego 1993.

Tarter, Donald E.: Peenemünde and Los Alamos – Two Studies. In: History of Technology 14 (1992), S. 150–170.

Taylor, B.: Politics and the Russian Army. Civil-Military Relations, 1689–2000, Cambridge 2003.

Technische Hochschule Darmstadt (Hrsg.): 100 Jahre Technische Hochschule Darmstadt, Darmstadt 1977.

Technische Universität Darmstadt (Hrsg.): Technische Bildung in Darmstadt. Die Entwicklung der Technischen Hochschule 1836–1996, Bd. 4: Die THD unter dem NS-Regime 1933–1945, Darmstadt 1998.

Thiessen, Peter A.: Wehrchemie in Deutschland. Karl Becker zum Gedächtnis. In: Angewandte Chemie 53 (1940), S. 377–378.

Thomas, Georg: Geschichte der deutschen Wehr- und Rüstungswirtschaft 1918–1943/45, Boppard 1966.

Tikhonravov, Mikhail K.: From the History of Early Soviet Liquid-Propellant Rockets. In: Durant, Frederick C.; James, George S. (Hrsg.): First Steps Toward Space (Smithsonian Annals of Flight 10), Washington 1974, S. 287–293.

Tikhonravov, Mikhail K.; Zaytsev, V. P.: On the History of the Stratospheric Rocket Sonde in the USSR, 1933–1946. In: AAS History Series 7 (1986), Teil 2, S. 65–78.

Tokaty, G. A.: Soviet Rocket Technology. In: Technology and Culture 4 (1963), S. 515–528.

Tomayko, James E.: Helmut Hoelzer's Fully Electronic Analog Computer. In: Annals of the History of Computing 7 (1985), S. 227–240.

Treinies, Norman: Von Eugen Sängers Raketenfernbomber zum Space Shuttle. Ein Beitrag zur Geschichte geflügelter Raumtransporter. In: Weyer, Johannes (Hrsg.): Technische Visionen – politische Kompromisse. Geschichte und Perspektiven der deutschen Raumfahrt, Berlin 1993, S. 153–178.

Trendlenburg, Ferdinand: Aus der Geschichte der Forschung im Hause Siemens (Technikgeschichte in Einzeldarstellungen 31), Düsseldorf 1975.

Tresp, Harald: Klaus Riedel – der Macher im Hintergrund, Peenemünde 1995.

Tresp, Harald; Rohrwild, Karlheinz: Hermann Oberth – Vater der Raumfahrt, Peenemünde 1994.

Treue, Wilhelm: Hitlers Denkschrift zum Vierjahresplan 1936. In: Vierteljahreshefte für Zeitgeschichte 3 (1955), S. 184–210.

Trischler, Helmuth: Luft- und Raumfahrtforschung in Deutschland 1900–1970. Politische Geschichte einer Wissenschaft, Frankfurt a. M./ New York 1992.

Trischler, Helmuth: Self-mobilization or resistance? Aeronautical research and National Socialism. In: Renneberg, Monika; Walker, Mark (Hrsg.): Science, Technology and National Socialism, Cambridge 1994, S. 72–87.

Truax, R. C.: Annapolis Rocket Motor Development, 1936–1938. In: Durant, Frederick C.; James, George S. (Hrsg.): First Steps Toward Space (Smithsonian Annals of Flight 10), Washington 1974, S. 295–301.

Tschertok, Boris E.: Raketen und Menschen, Bd. 1, Klitzschen 1998.

Uhl, Matthias: Die Rolle von Gosplan bei der Entwicklung der sowjetischen Raketentechnik. In: Osteuropa 50 (2000), Nr. 5, S. A175–A189.

Uhl, Matthias: High-Tech unter realsozialistischen Bedingungen? Das sowjetische Raketenbauprogramm aus dem Jahre 1946. Mittel und Ergebnisse seiner Umsetzung. In: Technikgeschichte 68 (2001), S. 255–278.

Uhl, Matthias: Stalins V2. Der Technologietransfer der deutschen Fernlenkwaffentechnik in die UdSSR und der Aufbau der sowjetischen Raketenindustrie 1945 bis 1955, Bonn 2001.

Uhl, Matthias: Stalins V2. Der Transfer deutscher Raketentechnik in die UdSSR 1945–1955, Dissertation Martin-Luther-Universität Halle-Wittenberg 2000.

Urban, Dieter: Technikentwicklung. Zur Soziologie technischen Wissens, Stuttgart 1986.

US Space Command (Hrsg.): Long Range Plan. Implementing USSPACECOM Vision for 2020, Peterson Air Force Base (Colorado) 1998.

Vilter, H.-A.: Raketen in Vergangenheit, Gegenwart und Zukunft, Teil 1. In: Die Technik 14 (1959), Nr. 5, S. 333–341.

Vilter, H.-A.: Raketen in Vergangenheit, Gegenwart und Zukunft, Teil 2. In: Die Technik 14 (1959), Nr. 6, S. 393–398.

Wagner, Jens-Christian: Noch einmal: Arbeit und Vernichtung im KZ Mittel-bau-Dora 1943–1945. In: Frei, Norbert ; Steinbacher, Sybille; Wagner, Bernd C. (Hrsg.): Ausbeutung, Vernichtung, Öffentlichkeit. Neue Studien zur nationalsozialistischen Lagerpolitik (Darstellungen und Quellen zur Geschichte von Auschwitz, Bd. 4), München 2000, S. 11–41.

Wagner, Jens-Christian: Produktion des Todes. Das KZ Mittelbau-Dora, Göttingen 2001.

Walker, M. (Hrsg.): Science and Ideology: A Comparative History, London 2002.

Walker, M.: German National Socialism and the Quest for Nuclear Power, 1939–1949, Cambridge 1989.

Walker, M.: Die Uranmaschine. Mythos und Wirklichkeit der deutschen Atombombe, Berlin 1990

Walker, M.: Nazi Science. Myth, Truth, and the German Atomic Bomb, New York 1995

Walther, Alwin; Dreyer, Hans-Joachim: Die Integrieranlage IPM-Ott für gewöhnliche Differential-gleichungen. In: Die Naturwissenschaften 36 (1949), S. 199–206.

Wegener, Peter P.: The Peenemünde Wind Tunnels, New Haven/London 1996.

Wengenroth, Ulrich: Der unaufhaltsame Weg von der klassischen zur reflexiven Moderne in der Technik. In: Hänseroth, Thomas (Hrsg.): Technik und Wissenschaft als produktive Kräfte in der Geschichte. Rolf Sonnemann zum 70. Geburtstag, Dresden 1998, S. 129–140.

Westphal, Ernst: Dr.-Ing.E.H. Waldemar Möller – Ein Leben für die Fliegerei. In: Rechliner Briefe 3 (1978), Nr. 34, S. 1–27.

Weyer, Johannes (Hrsg.): Technische Visionen – politische Kompromisse. Geschichte und Perspektiven der deutschen Raumfahrt, Berlin 1993.

Weyer, Johannes u. a. (Hrsg.): Technik, die Gesellschaft schafft. Soziale Netzwerke als Ort der Technikgenese, Berlin 1997.

Weyer, Johannes: System und Akteur. Zum Nutzen zweier soziologischer Paradigmen bei der Erklärung erfolgreichen Scheiterns. In: Kölner Zeitschrift für Soziologie und Sozioalpsychologie 45 (1993), S. 1–22.

Weyer, Johannes: Wernher v. Braun, Reinbek 1999.

Winter, Frank H.: Prelude to the Space Age. The Rocket Societies 1924–1940, Washington 1983.

Winter, Frank H.: Birth of the VfR: The Start of Modern Astronautics. In: Spacefligth 19 (1977), S. 243–256.

Winter; Frank H.: Rockets into Space, Cambridge (Mass.) 1990.

Winter; Frank H.: The First Golden Age of Rocketry: Congreve and Hale Rockets of the Nineteenth Century, Washington 1990.

Wolf, Christa; Viefaus, Marianne: Verzeichnis der Hochschullehrer der TH Darmstadt, Teil 1: Kurzbiographien 1836–1945, Darmstadt 1977.

Wollé, Georg: Das Rechlin der Anfangsjahre. In: Rechliner Briefe 3 (1978), Nr. 24, S. 1–16.

Wuckel, Dieter: Science Fiction. Eine illustrierte Literaturgeschichte, Hildesheim 1986.

Wunsch, Gerhard: Geschichte der Systemtheorie. Dynamische Systeme und Prozesse, München/Wien 1985.

Zachary, Pascal G.: Endless Frontier. Vannevar Bush, Engineer of the American Century, Cambridge (Mass.)1999.

Zeidler, Manfred: Reichswehr und Rote Armee 1920–1933. Wege und Stationen einer ungewöhnlichen Zusammenarbeit, 2. Aufl., München 1994.

Zellmer, Rolf: Die Entstehung der deutschen Computerindustrie. Von den Pionierleistungen Konrad Zuses und Gerhard Dirks' bis zu den ersten Serienprodukten der 50er und 60er Jahre, Dissertation Universität Köln 1990.

Zeunert, Gerhard: Zur Entwicklung der Flüssigkeitsrakete. In: Z. d. VDI 91 (1949), S. 57–64.

Zierold, Kurt: Forschungsförderung in drei Epochen. Deutsche Forschungsgemeinschaft: Geschichte, Arbeitsweise, Kommentar, Wiesbaden 1968.

Zum Tode von General Becker. In: Luftwissen 7 (1940), Nr. 4, S. 123.

Anlage: German Guided Missile Research [7]

GENERAL DISCUSSION OF GERMAN GUIDED-MISSILES PROJECTS

1. Appendix 1 to this report is a chart which lists Guided Missiles. This chart is probably not complete but lists most of the types in the German war effort.

A-Series of Missiles

The complete A-series of weapons had 16 models designated A-0 through A-15. They are all associated with developments up to the V-2 or developments of improvements of the V-2 as it is known to have been used.

The first six A-series models resulted in the V-2 weapon:

A0- Was the first attempt to develop a rocket motor whose thrust was sufficient to propel a 13.75 ton projectile. The A0 was never capable of sufficient thrust, however, through the study of A0, A1, A2, the small version of the V-2 was developed and became the A5.

A1, A2 & Were additional attempts to develop the thrust units and fuel for V-2.
A3
A4- Development completed after the A5 had been successful. The V-2 was the production model of the A4.

A5- Was a small version of the V-2. It was the first successful attempt at large scale, long range rocket propelled projectiles be Germany. Through the experience gained from the A5 and its predecessors A0, A1, A2 and A3, the A4 (V-2) was finally perfected.

A6, A7 & Were experimental developments of the A4 (V-2) with the addition of wings so
A8 that the range could be increased.

A9 Was the result of work on the A6, A7 and A8, and was a V-2 with wings so that instead of following a normal hyperbolic trajectory, it would glide to earth after reaching a maximum height from the rocket propellant. Its range was increased to about 600-km or about 375 miles. Thus, the projectile could be launched well inside Germany, itself, and still reach England.

A10- Was an experimental model of an additional thrust unit which was to be fastened to eighter the A4 (V-2) or the A9 to give an additional range. It was to carry its own fuel, and when the fuel was completely burned the unit was released, at the same time starting the normal thrust unit in the A4 (V-2) or A9.

A11,	Were development models of the A9–A10 series attempt to produce a long range
A12, A13	rocket projectile for attacks on the North American continent. The range strived
& A14	for in these and the A15 model was 3500 miles.

A15   Was to have been a 3500 mile range projectile using the A9 and A10 developments. This project probably never progressed beyond the drawing board stage.

V-Series of Missiles

The V-series of missiles, four known types, two being used by the end of the war in Europe, have been covered by large numbers of technical investigation teams whose reports are available; therefore, it was decided that CIOS Team 367 would not make a complete Technical Investigation of them. However, all guided missile work in Germany was related to the developments of these and the A-series weapons since they were projects which required much research work, the results, in many cases, being applicable to all jet and rocket propulsion problems. Further, the testing of most Guided-missiles was the responsibility of the scientific group at Peenemünde, and their evaluation and ideas were circulated through most of the scientific and development personnel of Germany.

V1   Was a jet-propelled ground-to-ground missile which was aerodynamically stabilized. It flew at sub-sonic speeds and could be overtaken be an airscrew propelled aircraft. It was launched either from the ground, or from a „motherplane". Its maximum range was about 350 km, although this depended on wind. The warhead was 830 kg for a range of 250 km but was later reduced to 500 kg for longer ranges up to 350 km. Maximum fuel load was 1000 liters. Speed between 620 and 650 km/hour. Maximum altitude 2500 meters but normal operating altitude was 1000 meters or lower, depending on cloud cover and wind conditions. Overall length 25-ft 4½ inches, wing span 15-ft. The V-1 was gyro-stabilized and compass guided. Except in experimental launchings, no radio or other external control was used. The cut-off time was regulated by the turning of a small airscrew on the nose of the missile.

V2   Was a rocket-propelled ground-to-ground missile which was not aerodynamically stabilized. It flew at super-sonic speeds. The missile was 45-ft 10-inches long and 4-ft 5½ inches in diameter at the maximum body diameter; however, the tail fans were 11-ft 8½ inches from opposite tips. At the time CIOS team 367 was at Nordhausen, there were evacuation teams moving complete V2 units back to England (and the U.S.) for study, and firing trials; therefore, very little detailed study was made of the equipment. However, in the Technical Analysis Section of this report is a short section on Radio Control of V2. The V2 missile was radio-controlled, especially in its early use. It had gyro control and time-measurement control.

V3   Was a larger version of the V1 with an incendiary warhead instead of the normal HE as normally used. Very little information is available concerning V3 control systems.

The Henschel-Series of Guided Missiles

Henschel's guided missile program was under the scientific direction of Professor Wagner. The series of guided missiles includes about 27 models for a wide variety of purposes and using several methods of control. The models will be listed below, with a brief explanation of their characteristics and reference to their control methods. A more complete explanation of their electrical and control equipment is given in the Technical Analysis Section of this report. The missiles are listed according to their serial numbers so that the evaluation of their control systems can be logically followed.

HS-293-V2
First experimental models 1940/41. Glider without rocket motor. Standard control system employing potentiometers. Lateral control by flags, elevator control by engine unit. No rudder. Receiver Strassburg E-230. Filter and DC-amplifier. (Aufschaltgerät Strassburg)
Power supply by batteries for 24 and 210-volts. Current approx. 30 Amp. Number of valves: 27. High frequency: „Kehl"-frequency (Approx. 6-m band)
Control frequencies: 1000, 1500, 8000, 12000 cycl./sec.
Control-stick-contact-frequency: 10 cycl./sec.

HS-293-V3
Improved experimental model 1941. Rocket motor attached. Wiring and separate apparatus combined in unit. (SAO)
24 volt-supply by accumulator. 210 volts converter. Production begun.

HS-293-Ac
Production model 1942. Improved 293 V3. Later equipped with relays instead of DC-amplifier. Electric damping system by relays. Supplementary equipment for remote control be wire was available.

HS-293-A1
Improved production model 1943. Receiver Strassburg E-230 with relays in output stage. DC-relays-amplifier ASG 230 Universal connecting unit SAG 230. Number of valves reduced to 12. Total amount of 293 V2–A1 built is approx. 12,000.

HS-293-A2
Latest production model 1944. New simplified control system. Control-stick-contact-frequency, lateral: 16 cycl. elevator: 5 cycl.
Lateral control: new 16 cycl. filter and new potentiometer (6500 Ohms), Wagner-flaps. For elevator control Wagner-flaps were used which were operated by magnets energized directly from the receiver relays. DC-gyro. Forerunner of 298/117 controlling system. Ready for production, but stopped by air ministry.

HS-293-B
This designation does not refer to a special glider model, but indicates employment of a wire control system which was started in 1941. Upon completion of this development, all models HS-293 to HS-296 could be controlled by either radio or wire. For this purpose the receiver E-237 (Duisburg) and in the carrier plane the transmitter FuG 207 (Dortmund). Also two coils had to be attached to the glider and two more to the carrier-plane. Built as supplementary equipment.

HS-293-Cl-3	Glider was small edition of HS-294. Production only in small quantity for experimental work and for testing new control systems in 1942/43 such as systems 293-E, 293-A2, etc.
HS-293-D	Experimental type. Glider like 293 but with television equipment. A small number was produced, trials being carried out in conjunction with Forschungsanstalt der Reichspost und Fernseh A.G. Berlin 1942–44. Result: Prof. Wagner preferred „Fevi".
HS-293-E	Model for a new remote control system based on a turn-coil instead of potentiometers. Development started in 1942. Trials with glider 293-C. Plan then given up in 1943 in favor of a new potentiometer control system.
HS-293-F	Design of a tail-less glider. Modified controls of 293-A not built.
HS-293-G	Experimental type. Glider and control system similar to 293 but capable of vertical as well as horizontal flight path, thus possessing the characteristics of HS-293 and of the the „Fritz X" (Dr. Kramer). For this purpose a special gyro was constructed, which could be tilted over 90 degrees from vertical to lateral axis. Ten models built in 1942, then work stopped by air ministry in favor of „Fritz X".
HS-293-H	Glider 293-A1 for use as anti-aircraft weapon. Special radio equipment used for remote control of fuse by means of 5th control channel. Standard type 293-A1 could be converted to a 293-H by exchanging receiver E-230 with E-230 H/I and by attaching a special relays box. Small quantity built in 1943/44 by conversion and use of supplementary equipment.
HS-293-I	Like 293-H but different amount of explosives. Only planned 1943.
HS-294-A	Special model combining glider with torpedo. Controls like 293-A1 but special fuse devices for blowing off fuselage rear section and wings as soon as body touches water surface, fuselage front section then cruising as torpedo under water. Small quantity built for experimental purposes 1941–43. (Largest type designed by Prof. Wagner.)
HS-294-H	Like 294-A but equipped with AEG-controlling system. Only planned 1942.
HS-295 & HS-296	Modifications of 293-A with the same electric equipment. Only different fuselage front section and amount of explosives. Small quantity built 1942/43.
HS-297	Special model. Anti-aircraft weapon for fighting planes from the ground. First planned in 1941 but rejected by air ministry as being a defence weapon. In 1943, urgently requested and therefore replanned on large scale with the designation 8-117.

HS-298	Special model. Anti-aircraft weapon carried by fighters or bombers. First planned in 1941 but rejected by air ministry, only work on receiver E-232 (Colmar) being carried on. In 1943 urgently requested and therefore replanned on large scale production basis. New controlling system similar to 293-A2 but simplified. Power supply by generator with airscrew. Additional electric distance-meter for special fuse. Experimental series since 1944, mass-production ready. Smallest type designed by Prof. Wagner. (Competitor to Dr. Kramer's „X4".)
8-117	(„Schmetterling"). Continuation of design HS-297. Special model launched from the ground for fighting aircraft. Controlling system and electric equipment like HS-298 but affording several additional facilities such as igniting system for launching-rockets, speed-regulator, special control-motor for gyro, etc. Experimental models begun in 1944. Special production planned for 1945 on large scale as „Führer-Notprogramm" (Competitors: Wasserfall, Rheintochter and Enzian) but 8-117 was the simplest design requiring the smallest amount of energy.
8-117-C	Development of 8-117 in autumn 1944. Equipped with receiver E-232 (Colmar) and distance-meter „Kakadu" or „Fox".
8-117-A1 (A2)	Production model. Latest model of 8-117 in March 1945. Type ready for production. New developments: Receiver for 6-m-band or decimeter-band (E-232 a/b Colmar or Strassburg E-230/3 or Brigg E-531. Distance-meter: Kakadu, Marabu, Fox or Meise. Pilot transmitter „Ruse" for radiolocation. Automatic detonation when control-system fails. (Additional homing-apparatus planned.)
8-117-H	Modification of 8-117 to be carried by planes as anti-aircraft weapon. Improvement of the 293-H idea with the advantage that the 8-117-H possesses a rate of climb. Controlling system and electric equipment resembling 298.

LATE EXPERIMENTAL TYPES

HS-293-V4	Experimental model 1943/44 based on 293-A but elevator engine replaced by magnets and Wagner-flaps.
HS-293-V5	Experimental model 1944 resembling 293-A but containing alterations for use by jet-propelled carrier-planes: Electrical features like 293-A2.
HS-293-V6	Experimental model 1944 like 293-V5 but with electric controlling sytem of 298.
HS-293-V8	Experimental model 1944 like 293-A1 but equipped with receiver E-531 (Brigg) for testing the decimeter system „Kogge".

This list does not completely cover all experimental and production types, but it contains all the outstanding models which are of any interest because of their controlling system and electric equipment.

The X-Weapons – Guided Missiles

The X-weapons were known to be in process of being investigated at the time CIOS team 367 was going to Germany, consequently no complete technical investigation was carried out. The X-series of guided missiles was designed by Dr. Kramer of Ruhrstahl A.G., and were used in combat with some success. The X-series, like the Henschel-series, were designed for a variety of purposes.

X1 Primarily an air-to-ground (sea) missile also known as Fritz X or PC-1400-X. It was designed for either radio (Strassburg-Kehl) or wire control, and was adapted for launching from normal aircraft bomb shackles. Length 10-ft 8-inches. Wing span 4-ft 4-inches. No propulsion unit was used and the speed was sub-sonic (280 meters per second maximum flying velocity). Range 5000 meters.

X2 Primarily an air-to-ground (sea) missile. It was very similar to the X1 but designed for higher velocity (310 meters per second maximum flying velocity) but still sub-sonic. Length and span same as X1. Length 10-ft 8-inches. Wing span 7-ft 4-inches. Range 5000 meters. Used radio or wire control. None produced. No propulsion unit.

X3 Primarily an air-to-ground (sea) missile. It was a super-sonic version of the X1 or X2. (400 meters per second maximum flying velocity.) Length 12-ft 2-inches, wing span 4-ft 2-inches. The X3 has swept back wings and a small tail compared to the X1 an X2. Radio or wire control. No propulsion unit. None produced.

X4 Primarily an air-to-air missile. Its speed was sub-sonic (240 meters per second) using 3 BMW, 110 kg maximum thrust, liquid rocket propulsion units at the tips of its three wings. Length 6-ft 3-inches. Wire and gyro control was used. Operating range 2000 meters approximately. None produced.

X5 Primarily an air-to-ground (sea) missile. Only planned, none built. Designed as a super-sonic (maximum speed 400 meters per second.) Wire or radio controlled missile. Range 10 to 15 km. Length 15-ft 5-inches. Three symmetrically spaced wings. No propulsion unit. Uses A.P. warhead.

X6 The X6 is exactly the same as X5 in all details except that a H.E. warhead has been fitted. None produced.

X7 Primarily a ground-to-ground, or ground-to-air missile; is also known as Rottkappchen. A small missile, length 32-inches, span 21 ½ inches, wire controlled. Uses 2 WASAG dry powder propulsion units. Range 1000 meters. Speed sub-sonic (100 meters per second). Produced in small quantities.

Flak & Ground Guided Missiles

This classification pertains primarily ground-to-air missiles which were designed for air-combat and their guiding and homing devices are of special interest. It is to be noted that these missiles were designed by established research agencies (with the exception of Komet 2) and represent the best developments in propulsion, guiding and homing devices and a third

250

involving proximity fuses, and, since a homing device can be employed in several, if not all of the following weapons, those encountered by CIOS team 367 will be separately considered under the Technical Analysis Section of this report.

ENZIAN   Designed by Dr. Wurster of Holzbau Kissing A.G., and constructed by Messerschmitt. There were five models. Models I, II, III and IV will be considered together, and Model V separately.

Models   These models, also known as E1, E2, E3 and E4, are all very similar in me-
I, II, III, IV   chanical construction, all being designed for sub-sonic speeds. Models E1, E2 and E3-speed 240 meters per second, and E4-speed 300 meters per second. Length 13-ft 2-inches; span (counting body) 13-ft 2-inches. A complete technical analysis of Enzian, including fligth test analysis, is included in the Technical Analysis Section of this report. The control system was radio (ground), radar or other homing head. A discussion of the propulsion units and their propulsion problems is in the Technical Analysis Section.

Model V   Also known as E5, was a super-sonic ground-to-air missile (maximum speed 660 meters per second). The wings were smaller (7-ft 10-inches) while the length is greater then E1 to E4 (17-ft 1-inch). However, four swept-back wings are provided symmetrically spaced around the body of the missile. The propulsion units, aerodynamics and control mechanism is discussed in the Technical Analysis Section of this report. The guiding and control system was in an early stage of development, and would probably have been a homing device, perhaps infra-red.

WASSER-   Also known as C-2 is a ground-to-air missile and is a small V-2. It is very
FALL   large for a flak rocket and was considered to be too big and expensive to be of practical value by some German research scientists. It was 25-ft 10-inches long with the wing span 9-ft 5-inches, having four wings spaced symmetrically about the body of the missile. This missile is completely discussed in the Technical Analysis Section. Its control system was primarily by radio (Kehl-Strassburg) with special apparatus for ground control. This special equipment is necessary since C-2 missile is launched vertically and must be brought into colinearity with the target by a precompleted course and system of movements. This is accomplished by the „Einlenk Gerät“ which is fully discussed. Wasserfall had a maximum range of 18 km. Total explosives 305 kg. None produced for combat.

RHEIN-   Two models I and III are known to have been developed by Rheinmetal-
TOCHTER   Borsig:

Model I	Was a super-sonic missile (maximum speed 360 meters per second) developed by Dr. Hennies of Rheinmetal-Borsig. It was 20-ft 7-inches in length and had six symmetrically spaced wings measuring 7-ft 2-inches, from tip to tip of opposite wings. The wings and tail were well swept back. Propulsion was by one Rheinmetal-Borsig solid fuel jet engine mounted in the body of the missile. Range 12 km. Altitude (maximum) 6 km. Warhead 150 kg.
Model III	Model III was a smaller missile than Model I, and did not include separate tail surfaces. It was a super-sonic (maximum speed 419 meters per second) missile, using two externally mounted propulsion units burning solid fuel. This unit was constructed by Rheinmetal-Borsig. The missile has four symmetrically spaced wings located well back near the end of missile. The wings are well swept back. Wings span 7-ft 3-inches. This missile was not studied by CIOS team 367 since it was known to be adequately covered by other technical investigation teams.
KOMET 2	A ground-to-air jet steered missile designed by Helmuth Rogge but never constructed. Length 4-ft 2-inches. No wings. This missile is described in the Technical Analysis Section of this report. KOMET 2 is of general interest only, and is not of sufficient technical value to merit further consideration.
FEUER-LILIE	This ground-to-air missile was built in two models F-25 and F-55 by LFA Braunschweig, designed by Dr. Braun:
Model F-25	Was a sub-sonic missile (220 meters per second) which was never produced. It was designed to use solid fuel propulsion unit constructed by Rheinmetal-Borsig. Length 6-ft 8-inches. Wing span 3-ft 8-inches. Two wings. Control surfaces on wings and tail. No warhead or explosive charge was included in its original design. The control method was not decided upon, although gyro stabilization was used.
Model F-55	Was a super-sonic missile (maximum speed 400 meters per second), which is much larger than the F-25. The F-55 refers to a missile whose body diameter is 55-cms., while the F-25 has a 25-cm body. F-55 is 15-ft 9-inches long and has a span of 8-ft 2-inches. They were never produced in quantity. An auxiliary launching propulsion unit was used which burned solid fuel, while the main internal propulsion unit was a liquid fuel jet propulsion unit model SG-20 manufactured by Conrad. It was proposed to use gyro and radio control, but experimental models only gyro control had been used.

BV-143	Was an aerial torpedo glider designed by Dr. Zisker of Blohm and Voss. It was designed specifically as an air-to-surface missile or a liquid fuel rocket powered glide bomb. The flight path was a slow descent to a fixed level a few feet above the surface of the sea, and then to travel along at a fixed height until it strikes the target. Its flight direction was to be controlled in azimuth from the launching plane but this stage of development was never achieved. There were about 100 constructed for test flights but were completely successful. Gyro control was used for azimuth and glide angle (10 to 20 degrees). A variometer was used to control the glide at a fixed angle until the proper height above the surface was reached. Then the level was to be held constant by means of a Zeiss polarized light altimeter; however, this method of height control was never successful. Length 19-ft 8-inches. Span 8-ft 2-inches.

BV-143 Was an aerial torpedo glider designed by Dr. Zisker of Blohm and Voss. It was designed specifically as an air-to-surface missile or a liquid fuel rocket powered glide bomb. The flight path was a slow descent to a fixed level a few feet above the surface of the sea, and then to travel along at a fixed height until it strikes the target. Its flight direction was to be controlled in azimuth from the launching plane but this stage of development was never achieved. There were about 100 constructed for test flights but were completely successful. Gyro control was used for azimuth and glide angle (10 to 20 degrees). A variometer was used to control the glide at a fixed angle until the proper height above the surface was reached. Then the level was to be held constant by means of a Zeiss polarized light altimeter; however, this method of height control was never successful. Length 19-ft 8-inches. Span 8-ft 2-inches.

BV-246 There were about 10 models of this glide bomb missile. No propulsion unit was used. It was designed by Dr. Vogt of Blohm and Voss, and was originally called „Hagelkorn". All models of the BV-246 had a wing span of 14-ft 7-inches and a length of 11-ft 1-inch. The early models were tested using gyro-stabilization, while some of the later models were radio controlled, as well as gyro-stabilized. All models were designed to be launched from launching aircraft and were fastened by bomb shackles. They were long range missiles, having a range of 100-miles when launched from 20,000-ft. This means a glide ratio better than 25:1. There were a total of 400 of all models manufactured, these being used for test purposes. Because of political reasons, favor was shown to the V1, and production of the BV-246 was never started..

PETER-X Was a sub-sonic air-to-ground missile, manufactured by Rheinmetal-Borsig. The approximate speed was 280 meters per second. It was purely a glide bomb, no propulsion unit being used. It was radio or wire controlled. Range maximum 5000 meters. Length approximately 140-ft; span 47-ft 6-inches.

Unguided Missiles
This class of missile is often associated with guided missiles, and some of the principles, especially their rocket propulsion units, are adaptions of guided missile work. The three missiles under this classification are all rocket propelled:

TAIFUN Is covered under Technical Analysis Section of this report. It is a rocket propelled ground-to-ground, or ground-to-air missile. It was designed to replace normal artillery.

RHEIN-BOTE Was a four-stage ground-to-ground rocket and was fired from a smooth bore barrel. Later it was used as only a three-stage missile with a length of 25-ft. The anticipated range was 150 km, but on trial firing a maximum of about 100 km was obtained.

R-100-BS Was an air-to-air rocket assisted bomb.

Development of Missile Projects

The following is a list of projects which were in some stage of development. Probably none were ever produced. No exact technical data is available for this report on these projects.

Kurt-1 and 2	Rocket motivated sea mine.
MV-1	Sub-sonic rocket propelled test missile.
MF-5	Surface-to-air sub-sonic missile. Dry fuel propulsion unit.
Pirat-H	Air-to-ground missile.
Hecht	Sub-sonic test missile.
Rochen	Impulse wire controlled missile – rocket propelled.

L2
L10
L11   Series of Unguided Glide Torpedos
L30
L40
L50
LT-950

Bild 1: Organigramm Heeresversuchsanstalt/Entwicklungswerk, Januar 1943 [148]

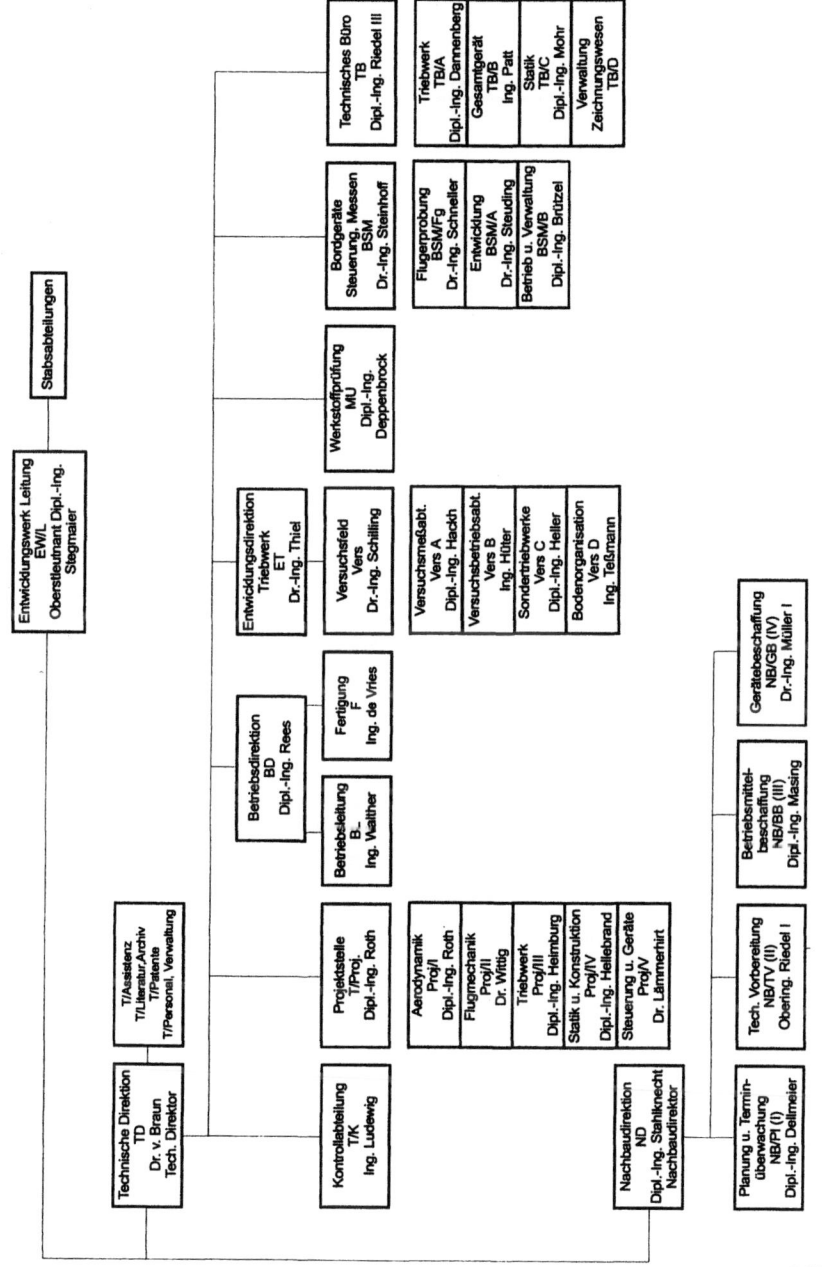

Bild 2: Organigramm Elektromechanische Werke GmbH, August 1944 [149]

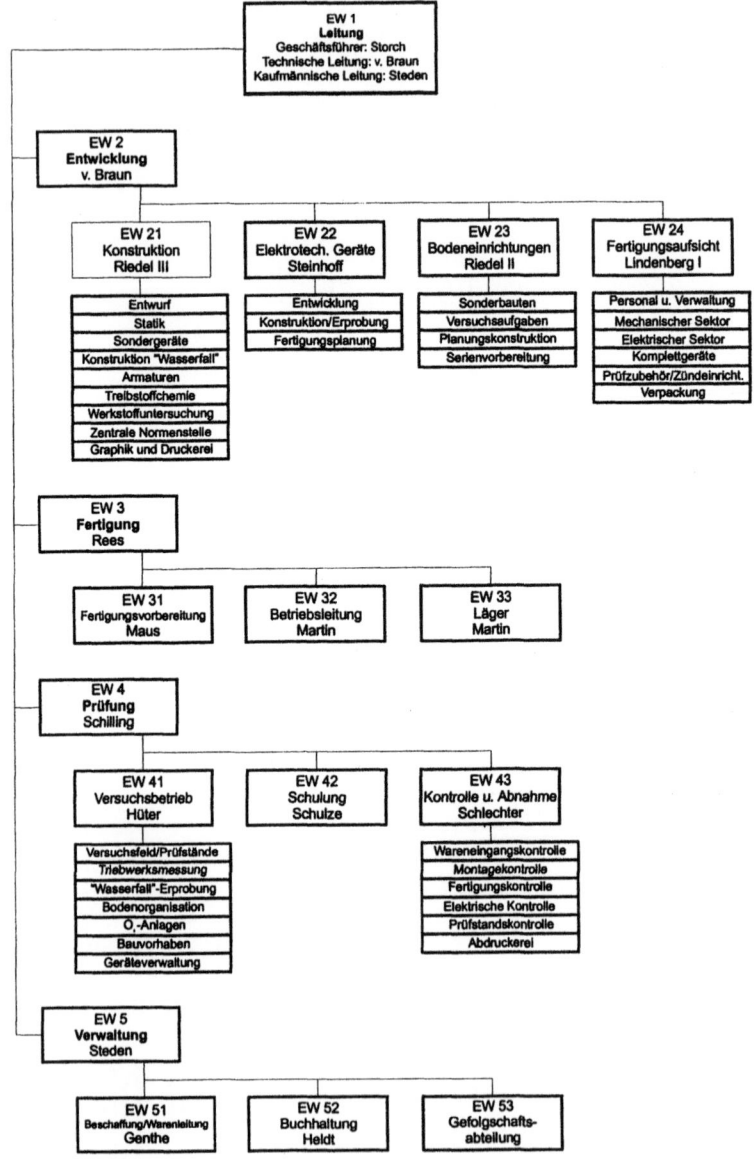

Bild 3: Verteilung der Zuständigkeiten für die A4-Entwicklung und -Fertigung zwischen der militärischen Führung und dem Rüstungsministerium, 1944 [152]

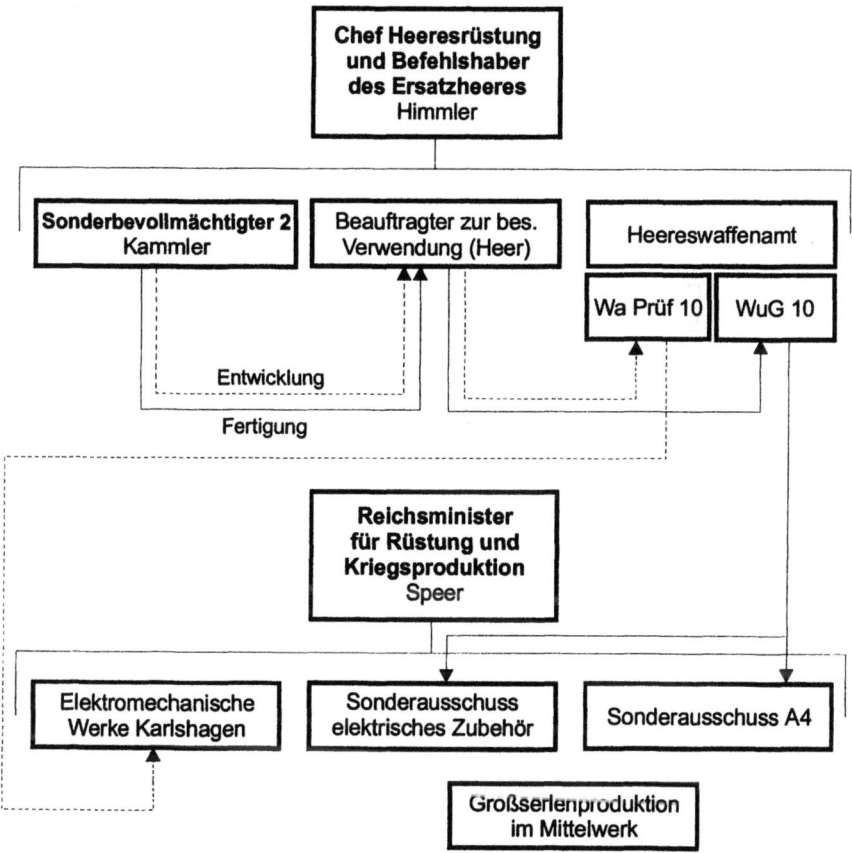

Bild 4: Organigramm der militärischen Hierarchie der Raketentechnik, 1944 [154]

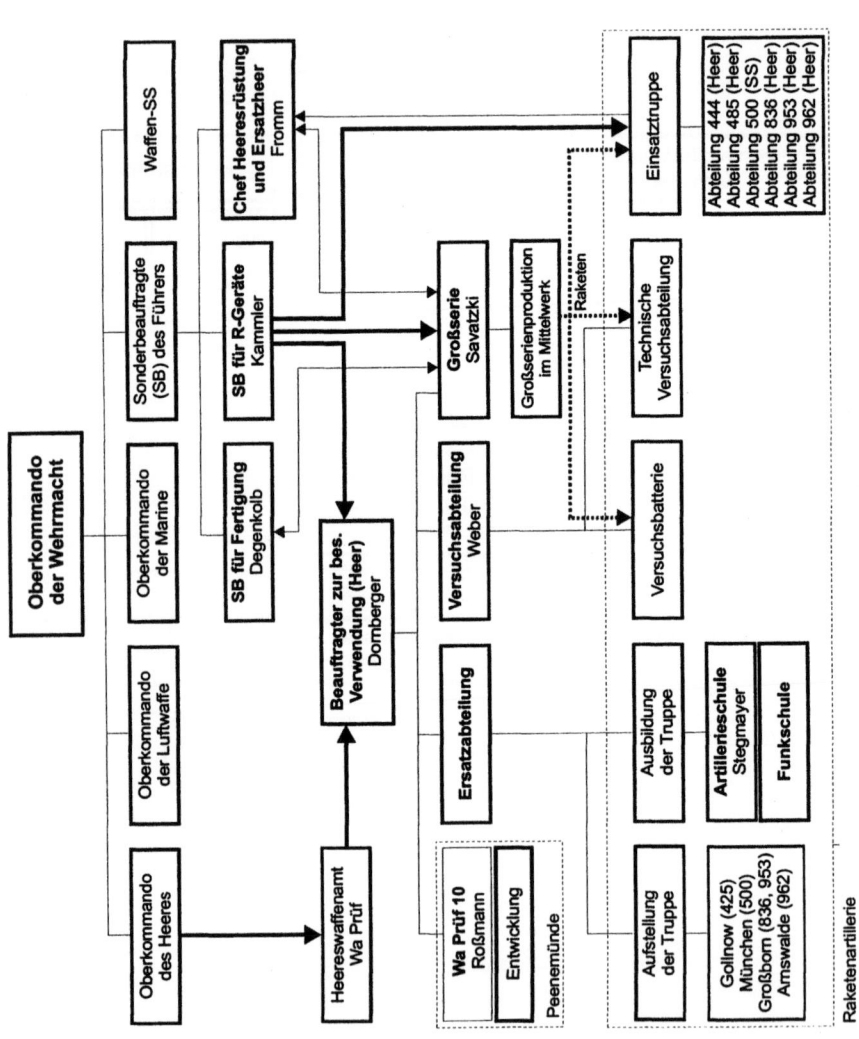

Bild 5: Organigramm Sonderausschuss A4, Sommer 1943 [167]

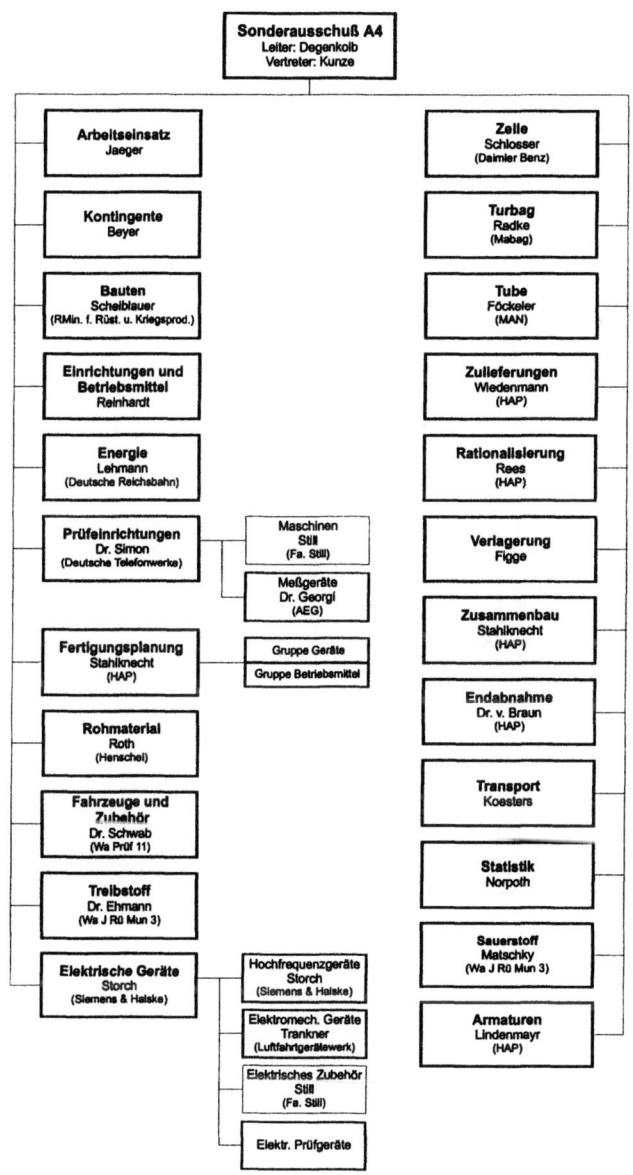

Bild 6: Organigramm der Wehrforschungsgemeinschaft, 1944 [204]

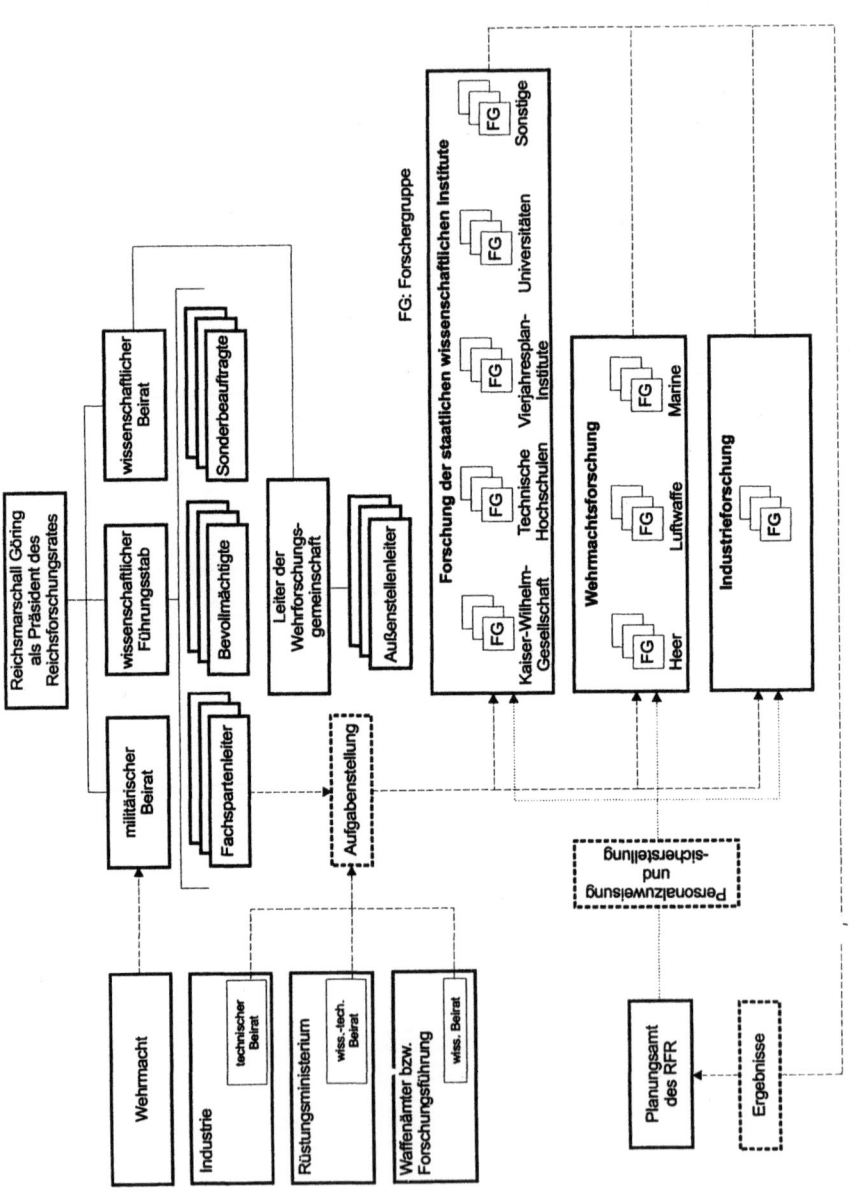

Bild 7: Organigramm der Abteilung BSM, 1942 [273]

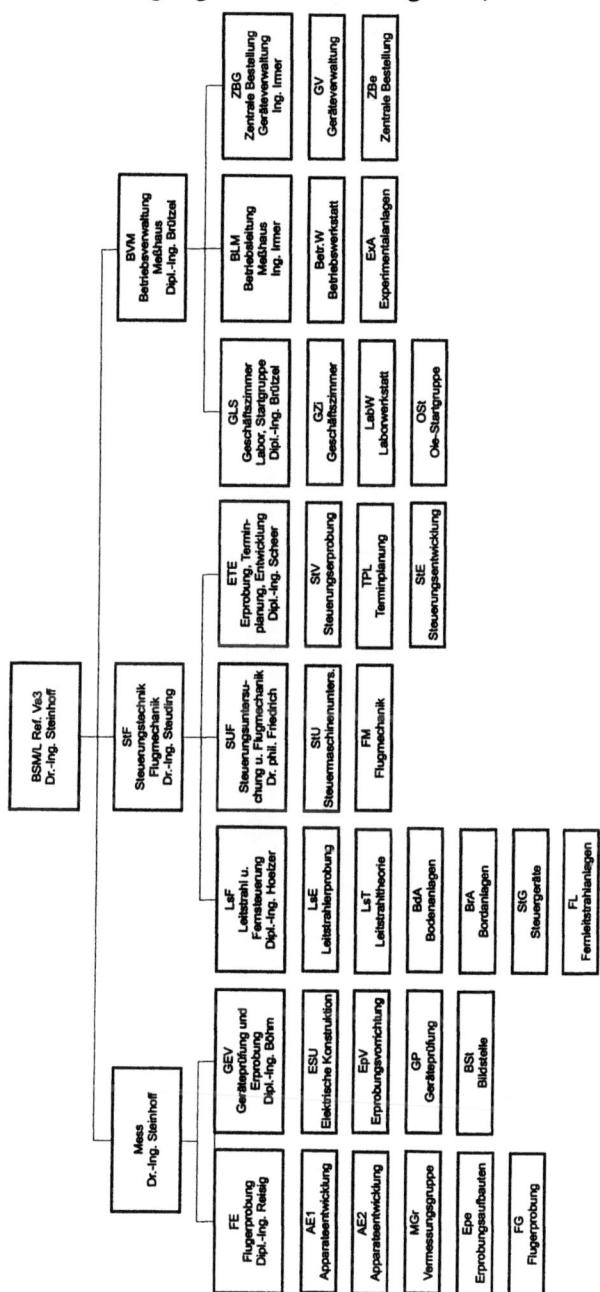

Bild 8: Organigramm der Abteilung BSM, Januar 1943 [274]

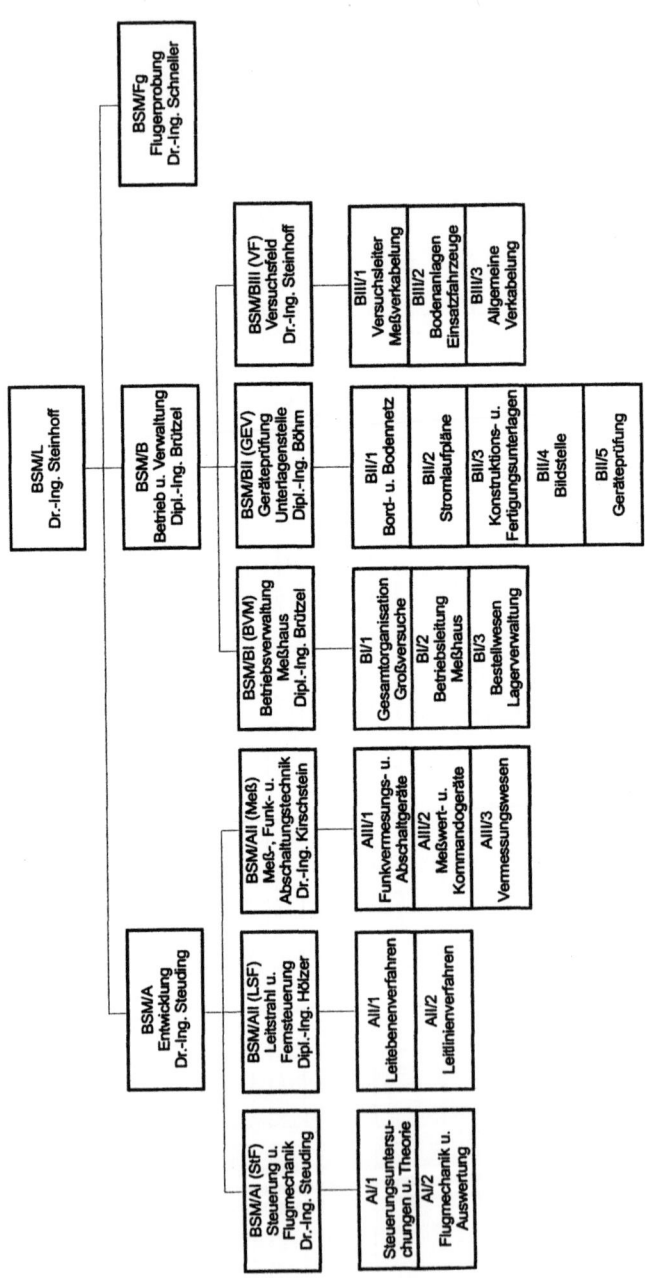

Bild 9: Forschungsnetzwerk aus Militär und Hochschulen, 1944/45 [280]

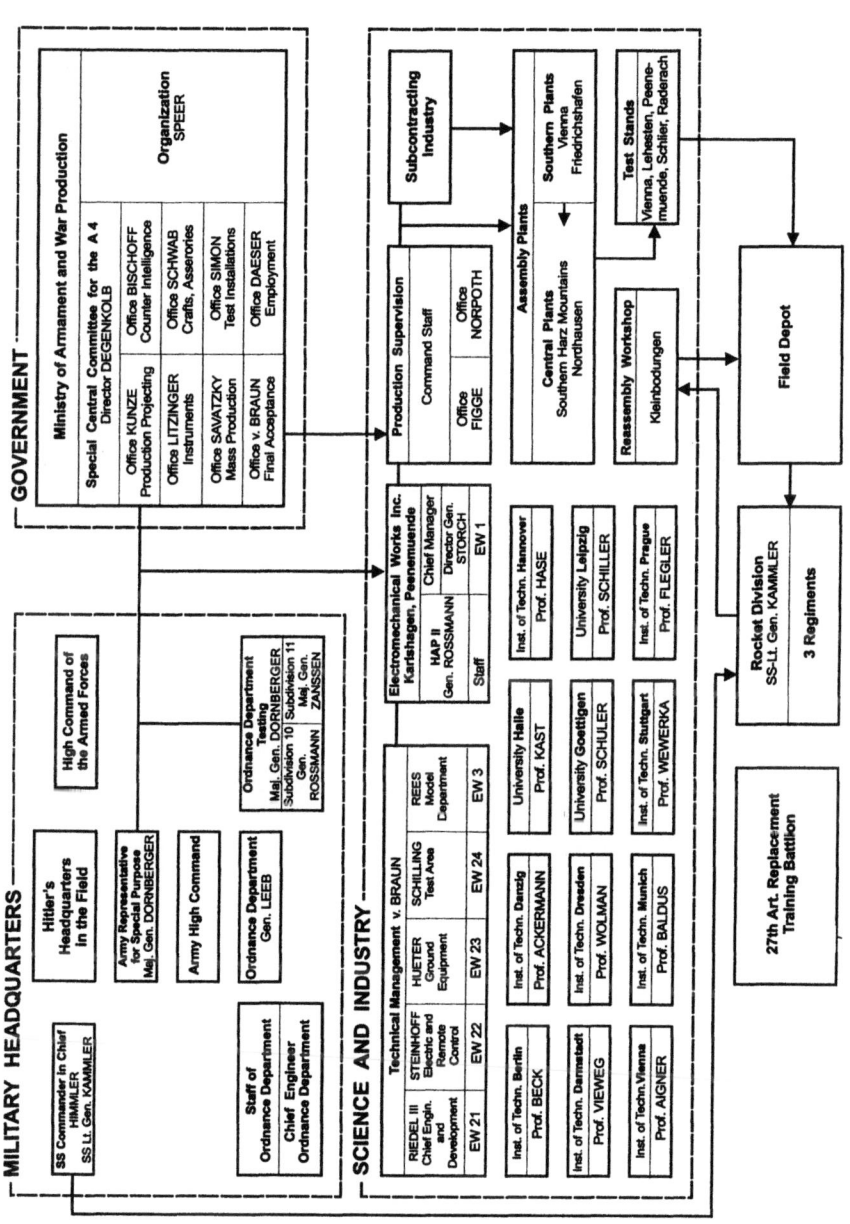

Bild 10: Organigramm des GIRT nach den Planungen von 1942 [469]

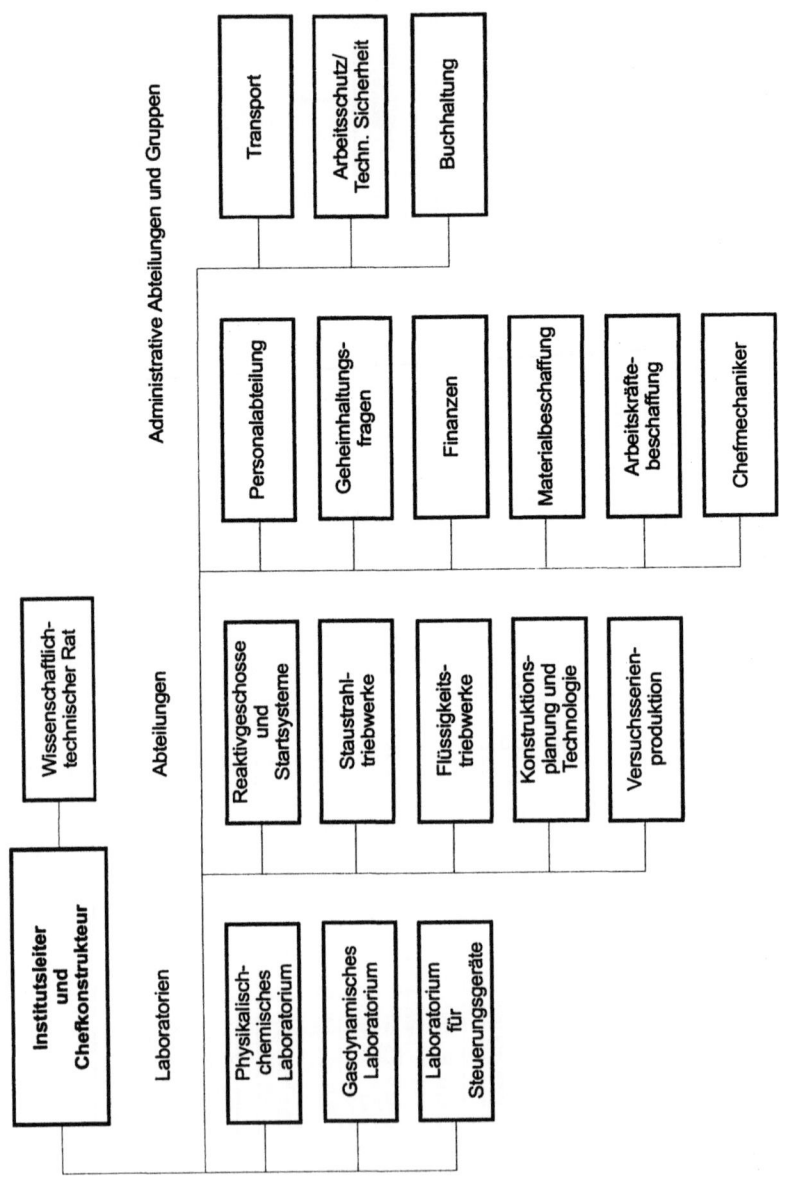

Bild 11: Organigramm des Jet Propulsion Laboratory, August 1945 [532]

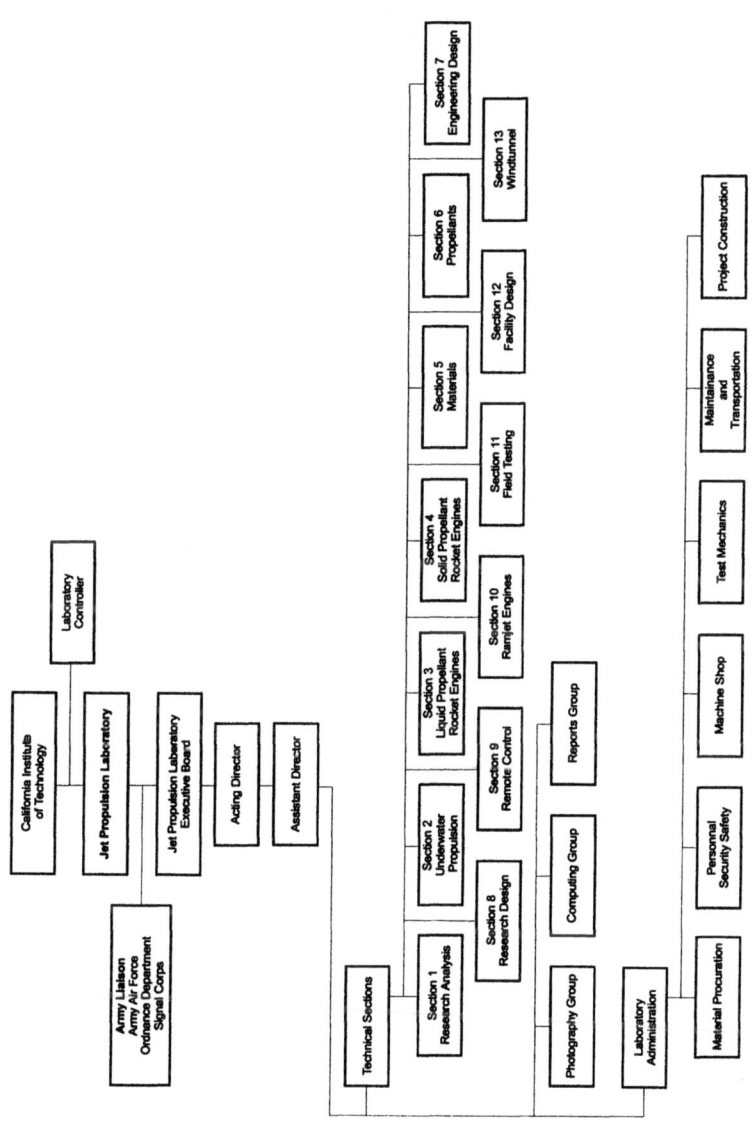

STUDIEN ZUR TECHNIK-, WIRTSCHAFTS- UND SOZIALGESCHICHTE

Herausgegeben von Hans-Joachim Braun

Band 1 Hans-Joachim Braun / Rainer H. Kluwe (Hg.): Entwicklung und Selbstverständnis von Wissenschaften. Ein interdisziplinäres Colloquium. 1985.

Band 2 Stephan Tank: Stagnation oder Aufschwung? Die wirtschaftliche Entwicklung der Stadt Iserlohn in Westfalen im 19. Jahrhundert. 1990.

Band 3 Uwe Beckmann: Gewerbeausstellungen in Westeuropa vor 1851. Ausstellungswesen in Frankreich, Belgien und Deutschland, Gemeinsamkeiten und Rezeption der Veranstaltungen. 1991.

Band 4 Heike Knortz: Wirtschaftliche Demobilmachung 1918/22. Das Beispiel Rhein-Main-Gebiet. 1992.

Band 5 Bettina Dodenhoeft: "Laßt mich nach Rußland heim". Russische Emigranten in Deutschland von 1918 bis 1945. 1993.

Band 6 Hans-Ulrich Niemitz: Dampfturbinenkonstruktion bei der Brown Boveri AG & Cie nach dem Zweiten Weltkrieg. 1993.

Band 7 Stefan Willeke: Die Technokratiebewegung in Nordamerika und Deutschland zwischen den Weltkriegen. Eine vergleichende Analyse. 1995.

Band 8 Carmelita Lindemann: Chancen und Grenzen kommunaler Elektrizitätspolitik. Die Entwicklung des Elektrizitätswerkes Aachen und der Rurtalsperren-Gesellschaft von 1890-1928. 1996.

Band 9 Peter Knost: Die Interessenpolitik der Elektrotechniker in Deutschland zwischen Industrie, Staat und Wissenschaft 1880 bis 1914. 1996.

Band 10 Arne Steinert: Konzepte der Musealisierung von Technik und Arbeit. Museale Erschließung – Perspektive für das Industriedenkmal Saline Luisenhall. 1997.

Band 11 Rudolf Boch (Hrsg.): Patentschutz und Innovation in Geschichte und Gegenwart. 1999.

Band 12 Reinhold Bauer: Pkw-Bau in der DDR. Zur Innovationsschwäche von Zentralverwaltungswirtschaften. 1999.

Band 13 Heike Knortz: Ökonomische Integration und Desintegration am Oberrhein. Eine clustertheoretisch-wirtschaftshistorische Dokumentation und Analyse zum Europa der Regionen. 2003.

Band 14 Ralf Pulla: Raketentechnik in Deutschland. Ein Netzwerk aus Militär, Industrie und Hochschulen 1930 bis 1945. 2006.

www.peterlang.de

Peter Lang · Europäischer Verlag der Wissenschaften

Heinz Schreckenberg

Hitler – Motive und Methoden einer unwahrscheinlichen Karriere

Eine biographische Studie

Frankfurt am Main, Berlin, Bern, Bruxelles, New York, Oxford, Wien, 2006.
214 S., 17 Abb.
ISBN 3-631-54616-5 · br. € 19.80*

Nach dem Ende des Ersten Weltkriegs war der Gefreite Hitler in einer verzweifelten Lage, da ihn bei seiner Entlassung aus der Armee der Rückfall in die alte soziale Misere eines familien-, heimat- und talentlosen Malers erwartete, der in Männerheimen nächtigte oder in schäbigen möblierten Zimmern hauste. Als im Jahre 1919 die Reichswehr Propagandisten zur politischen Aufklärung der zu entlassenden Soldaten im Sinne der neuen Republik und zur Immunisierung gegen den Bolschewismus suchte, nutzte der redegewandte Hitler diese Chance. Er sog das ihm in Lehrgängen der Reichswehr vermittelte Wissen wie ein Schwamm auf und reproduzierte es, zunächst vor Kameraden, dann auch auf Versammlungen der Deutschen Arbeiter-Partei (später NSDAP), in der er sich als Redner bald unentbehrlich machte. Sozusagen als beruflicher Spätstarter nutzte er die Aufstiegsmöglichkeiten und verschmolz autosuggestiv mit seiner Rolle als angeblicher Retter des Vaterlandes. Unverhoffte Erfolge ließen die Ruhmgier grenzenlos werden, doch die Charaktermaske eines bedeutenden Staatsmannes zerbrach schließlich und zum Vorschein kam, was immer dahinter war: hemmungslose Geltungssucht, gepaart mit einem amoralischen, destruktiven Nihilismus.

Aus dem Inhalt: Kleinbürgersohn ohne Schulabschluss · Erfolge als Reichswehr-propagandist · *Werbeobmann* der Deutschen Arbeiter-Partei · Politiker und Machtmensch · *Sieben-Mann-Legende* · Eile und Zeitnot des Karrierespätstarters · Werbe- und Redetechnik des Propagandisten · Weltbild Hitlers und des National-sozialismus · Weltanschauliche Bausteine · Theatralik und Autosuggestion · uvm.

Frankfurt am Main · Berlin · Bern · Bruxelles · New York · Oxford · Wien
Auslieferung: Verlag Peter Lang AG
Moosstr. 1, CH-2542 Pieterlen
Telefax 00 41 (0) 32 / 376 17 27

*inklusive der in Deutschland gültigen Mehrwertsteuer
Preisänderungen vorbehalten

Homepage http://www.peterlang.de